从零开始学液压
元件选用与系统设计

浦艳敏 牛海山 龚雪 等编著

化学工业出版社

·北京·

内 容 简 介

《从零开始学液压元件选用与系统设计》立足于工程设计及应用实际，系统介绍了目前液压行业常用的各种液压元件的结构原理、规格型号、应用范围，以及液压系统传动技术的基础知识和典型机械液压系统的设计。

本书可供从事液压系统设计、制造和使用维护的工程技术人员学习参考，也可作为高等院校机械电子工程、机械工程及自动化、工程机械等专业的学生进行课程设计、毕业设计的教材和参考书。

图书在版编目（CIP）数据

从零开始学液压元件选用与系统设计/浦艳敏等编著.—北京：化学工业出版社，2020.10（2024.1重印）
ISBN 978-7-122-37424-0

Ⅰ.①从⋯　Ⅱ.①浦⋯　Ⅲ.①液压系统–系统设计
Ⅳ.①TH137

中国版本图书馆CIP数据核字（2020）第136533号

责任编辑：王　烨　项　潋
责任校对：宋　玮　　　　　　　　　　　　装帧设计：刘丽华

出版发行：化学工业出版社（北京市东城区青年湖南街13号　邮政编码100011）
印　　装：北京建宏印刷有限公司
787mm×1092mm　1/16　印张26　字数708千字　2024年1月北京第1版第5次印刷

购书咨询：010-64518888　　　　　　　　　售后服务：010-64518899
网　　址：http://www.cip.com.cn
凡购买本书，如有缺损质量问题，本社销售中心负责调换。

定　　价：98.00元　　　　　　　　　　　　　　版权所有　违者必究

前 言

液压元件选用及系统设计是各类工程技术人员必备的主要知识内容之一，是保障和提高各类机械设备液压系统及其装置工作性能和延长其使用寿命的重要理论基础。本书立足工程设计及应用实际，系统介绍了目前液压行业常用的各种液压元件（液压泵、液压缸、液压马达、液压阀、液压辅助装置、液压伺服控制元件、电液比例控制元件等）的结构原理、规格型号、应用范围，以及液压系统传动技术的基础知识和典型机械液压系统的设计。

本书在编写过程中，紧密结合液压技术的最新成果，融先进性、实用性、知识性、资料性、指导性于一体，读者通过阅读本书，可了解和把握液压元件的技术、产品等现状，并利用液压元件设计液压系统，解决实际工作中液压传动与控制的各类问题。

本书可供从事液压系统设计、制造和使用维护的工程技术人员学习参考，也可作为高等院校机械电子工程、机械工程及自动化、工程机械等专业的学生进行课程设计、毕业设计的教材和参考书。

本书由辽宁石油化工大学的浦艳敏、牛海山、龚雪、郭玲、高晶晶、李志武、孙海军编写。其中第1~4章由浦艳敏、李志武、高晶晶编写；第5~7章由牛海山编写；第8~10章由孙海军编写；第11章由郭玲编写；第12~14章由龚雪编写。另外，杨伟、冷冬、孙玲、李晓红、胡金玲、董壮生、刘勇刚、王红宇、赵丹杨、赵伟、宋然、王军、孙喜冬、叶丽霞、张丽红、张娇、高霞、郭丽莉、张景丽、郭庆梁、衣娟、闫兵等同志为本书的编写提供了帮助，在此一并表示衷心的感谢。

由于水平有限，加之时间仓促，书中难免有不妥之处，敬请读者批评指正。

编著者

目 录

绪论

液压传动技术早在18世纪末就已开始应用，1795年英国制成第一台水压机，至今已有200多年的历史。液压传动技术的研究被各国普遍重视，目前已广泛应用在机械制造、工程建筑、交通运输、矿山、冶金、航空、航海、军事、轻工、农机等工业部门，也被应用到宇宙航行、海洋开发、预测地震等方面。在机床行业中，液压传动的应用更为普遍，如应用在磨床、车床、拉床、刨床、镗床、锻压机床、组合机床、数控机床、仿形机床、单机自动化、机械手和自动线等机械加工设备中。

1.1 液压传动的工作原理和基本特征

1.1.1 液压传动的工作原理

液压传动在机床上应用很广，具体的结构也比较复杂。下面介绍一个简化了的机床液压传动系统，用以概括地说明液压传动的工作原理。

图 1-1 所示为简化了的机床工作台往复送进的液压系统图。液压缸 10 固定不动，活塞 8 连同活塞杆 9 带动工作台 14 可以做向左或向右的往复运动。图中所示为电磁换向阀 7 的左端电磁铁通电而右端的电磁铁断电状态，将阀芯推向右端。液压泵 3 由电动机带动旋转，通过其内部的密封腔容积变化，将油液从油箱 1 中，经滤油器 2、油管 15 吸入，并经油管 16、节流阀 5、油管 17、电磁换向阀 7、油管 20，压入液压缸 10 的左腔，迫使液压缸左腔容积不断增大，推动活塞及活塞杆连同工作台向右移动。液压缸右腔的回油，经油管 21、电磁换向阀 7、油管 19 排回油箱。当撞块 12 碰上行程开关 11 时，电磁换向阀 7 左端的电磁铁断电而右端的电磁铁通电，便将阀芯推向左端。这时，从油管 17 输来的压力油经电磁换向阀 7，由油管 21 进入液压缸的右腔，使活塞及活塞杆连同工作台向左移动。液压缸左腔的回油，经油管 20、电磁换向阀 7、油管 19 排回油箱。电磁换向阀的左、右端电磁铁交替通电，活塞及活塞杆连同工作台便循环往复左、右移动。当电磁换向阀 7 的左、右端电磁铁都断电时，阀芯在两端的弹簧作用下，处于中间位置。这时，液压缸的左腔、右腔、进油路及回油路之间均不相通，活塞及活塞杆连同工作台便停止不动。由此可见，

电磁换向阀是控制油液流动方向的。

调节节流阀5的开口大小，可控制进入液压缸的油液流量，改变活塞及活塞杆连同工作台移动的速度。

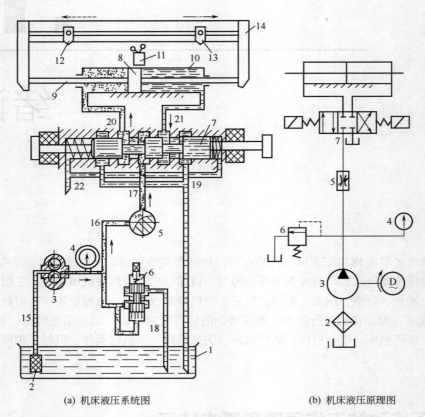

(a) 机床液压系统图　　　　　　　　　(b) 机床液压原理图

图 1-1　简化的机床液压系统图

1—油箱；2—滤油器；3液压泵；4—压力表；5—节流阀；6—溢流阀；7—电磁换向阀；
8—活塞；9—活塞杆；10—液压缸；11—行程开关；
12，13—撞块；14—工作台；15~22—油管

在进油路上安装溢流阀6，且与液压泵旁路连接。液压泵的输出压力，可从压力表4中读出。当油液的压力升高到稍超过溢流阀的调定压力时，溢流阀开启，油液经油管18排回油箱，这时油液的压力不再升高，稳定在调定的压力值范围内。溢流阀在稳定系统压力和防止系统过载的同时，还起着把液压泵输出的多余油液排回油箱的作用。

电磁换向阀7的阀芯两端弹簧腔泄漏油，通过油管22（泄漏口）排回油箱。

在图 1-1 所示液压系统中，所采用的液压泵为定量泵，即在单位时间内所输出压力油的体积（称为流量）为定值。定量泵所输出的压力油，除供给系统工作所需外，多余的油液由溢流阀排回油箱，能量损耗就增大。为了节约能源，可以采用在单位时间内所输出的流量根据系统工作所需而调节的变量泵。如果机床液压系统的工作是旋转运动，则可以将液压缸改用液压马达。

通过上述例子可以看到：

① 液压传动是以有压力的油液作为传递动力的介质，液压泵把电动机供给的机械能转换成油液的液压能，油液输入液压缸后，又通过液压缸把油液的液压能转变成驱动工作台运动的机械能。

② 在液压泵中，电动机旋转运动的机械能是依靠密封容积的变化转变为液压能，即输出具有一定压力与流量的液压油。在液压缸中，也是依靠其密封容积的变化，把输入的液压能转换为活塞直线往复运动的机械能。这种依靠密封容积变化来实现能量转换与传递的传动方式称为液压传

动。它与主要依靠液体的动能来传递动力的"液力传动"（例如水轮机、离心泵、液力变矩器等）不同，后者在机床上用得极少。液压传动与液力传动，都是液体传动。

③ 工作台运动时所能克服的阻力大小与油液的压力和活塞的有效工作面积有关，工作台运动的速度决定于在单位时间内通过节流阀流入液压缸中油液体积的多少。

④ 在液压传动系统中，控制液压执行元件（液压缸或液压马达）的运动（速度、方向和驱动负载能力）是通过控制与调节油液的压力、流量及液流方向来实现的，即液流是处在液压控制的状态下进行工作的，因此液压传动与液压控制是不可分割的。然而通常所谓的液压控制系统是指具有液压动力机构的反馈控制系统。

1.1.2　液压传动的基本特征

液压传动是以液体为工作介质，通过驱动装置将原动机的机械能转换为液体的压力能，然后通过管道、液压控制及调节装置等，借助执行装置，将液体的压力能转换为机械能，驱动负载实现直线或回转等运动。

液压传动的基本特征如下。

（1）力的传递

如图 1-1 所示，设大活塞面积为 A_2，作用其上的负载力为 F_2，该力在大缸中所产生的液体压力为 $p_2=F_2/A_2$。根据帕斯卡原理，小缸中的液体压力 p_1 等于大缸中的液体压力 p_2，即 $p_1=p_2=p$。由此可得

$$\frac{F_1}{A_1} = \frac{F_2}{A_2} = p \quad 或 \quad F_1 = F_2\frac{A_1}{A_2} \tag{1-1}$$

式中　F_1——小活塞上的作用力；

A_1——小活塞面积。

在 A_1、A_2 一定时，负载力 F_2 越大，系统中的压力 p 也越大，所需要的作用力 F_1 也就越大，即系统压力与外负载密切相关。这是液压传动工作原理的第一个特征，即液压传动中工作压力取决于外负载（包括外力和液阻力）。

（2）运动的传递

如图 1-2 所示，如果不考虑液体的可压缩性、漏损和缸体、管路的变形等，小缸排出的液体体积必然等于进入大缸的液体体积。设小活塞位移为 s_1，大活塞位移为 s_2，则有

$$s_1 A_1 = s_2 A_2 \tag{1-2}$$

上式两边同除以运动时间 t，得

$$q_1 = v_1 A_1 = v_2 A_2 = q_2 = q \tag{1-3}$$

式中　v_1，v_2——小缸活塞、大缸活塞的平均运动速度；

q_1，q_2——小缸排出液体的平均流量、进入大缸液体的平均流量。

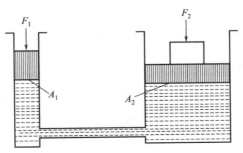

图1-2　液压传动简化模型

由上所述可见，液压传动是靠密闭腔工作容积变化相等的原理实现运动（速度和位移）的传递。调节进入大缸的流量 q_2，即可调节其活塞的运动速度 v_2，这是液压传动工作原理的第二个特征，即活塞的运动速度取决于输入流量的大小。

1.2 液压传动系统的组成及图形符号

1.2.1 液压系统的组成

从分析机床液压系统可以看出，液压传动系统均由以下四个部分所组成。

（1）动力元件（液压泵）

液压泵的作用是向液压系统提供压力油，是动力的来源。它是将原动机（电动机）输出的机械能转变为油液液压能的能量转换元件。

（2）执行元件（液压缸或液压马达）

它的作用是在压力油的推动下，完成对外做功，驱动工作部件。它是将油液的液压能转变为机械能的能量转换元件。

（3）控制元件

控制元件主要包括溢流阀（压力阀）、节流阀（流量阀）及换向阀（方向阀）等，它们的作用是分别控制液压系统油液的压力、流量及液流方向，以满足执行元件对力、速度和运动方向的要求。

（4）辅助元件

辅助元件主要包括油箱、油管、管接头、滤油器、蓄能器、压力表等，分别起储油、输油、连接、过滤、储存压力能、测压等作用，是液压系统中不可缺少的重要组成部分。但从液压系统的工作原理来看，它们是起辅助作用的。

1.2.2 液压传动系统图形符号

图1-1（b）为一种半结构式液压系统的工作原理图，它有直观性强、容易理解的优点，当液压系统发生故障时，根据原理图检查十分方便，但图形比较复杂，绘制比较麻烦。我国已经制定了一种用规定的图形符号来表示液压原理图中各元件和连接管路的国家标准，即《流体传动系统及元件图形符号和回路图　第1部分：用于常规用途和数据处理的图形符号》（GB/T 786.1—2009）。图1-1（b）为图1-1（a）系统用此标准绘制的工作原理图。使用这些图形符号可使液压系统图简单明了，且便于绘图。对这些图形符号有以下几条基本规定。

① 图形符号只表示元件的职能和连接系统的通路，不表示元件的具体结构和参数，也不表示元件在机器中的实际安装位置。

② 元件图形符号内的油液流动方向用箭头表示，但箭头方向并不表示实际流动方向。

③ 图形符号均以元件的原始位置或中间零位置表示，当系统的动作另有说明时，可作例外。

1.2.3 液压传动的应用领域

液压技术与现代社会中人们的日常生活、工农业生产、科学研究活动正产生着日益密切的关系，已成为现代机械设备和装置中的基本技术构成、现代控制工程的基本技术要素和工业及国防自动化的重要手段，并在国民经济各行业以及几乎所有技术领域中广泛应用，应用液压技术的程度已成为衡量一个国家工业化水平的重要标志。表1-1列举了近年来液压传动技术与控制技术的应用领域。

表1-1　现代液压技术的应用领域及举例

应用领域	采用液压技术的机器设备和装置
机械制造及汽车工业	铸造机械（铸造生产线振实台、离心铸造机等）；金属成形设备（液压机、折弯机、剪切机、带轮辊轧机、铜铝屑压块机）；焊接设备（焊条压涂机、自动缝焊机、摩擦焊接剂等）；热处理设备（各类淬火机及上下料机械手、淬火炉工件传动机等）；金属切削机床（自动车床、组合铣床、仿形刨床、平面及外圆磨床、数控刃磨机床、深孔钻床、金刚镗床、拉床、深孔研磨机床、带锯机床、冲床等）；汽车摩托车制造设备（轿车座椅泡沫生产线、汽车带轮旋压机、发动机气缸体加工机床、摩托车车轮压窝冲孔机、发动机连杆销压装机、汽车大梁生产线铆接机、无内胎铝合金车轮气密性检测机、汽车零部件试验台）
家用电器与五金制造	家电行业（显像管玻壳剪切机、电冰箱压缩机、电机转子叠片机、冰箱箱体折弯机、电冰箱内胆热成形机、制冷热交换器、U形管自动成形机等）；五金行业（制钉机、工具锤装柄机、门锁整体成形压机等）
计量质检装置、特种设备及公共设施	计量与产品质量检验设备（标准动态力源装置、万能试验机、商品出入境检验试验机、墙体砖及砌块试验机、木材力学试验机等各种产品质量检验设备）；特种设备（液压电梯、纯水灭火机等）；公共设施（循环式客运索道、广播电视塔天线桅杆提升装置、大型剧院升降舞台、各类游艺机、自动捆钞机、磁卡层压机、医用牵引床、X射线机隔室透视站等）；环保设备（垃圾压缩车、垃圾破碎机和压榨机、污泥自卸车等）
能源与冶金工业	电力行业（电站锅炉、火电厂大型烟囱顶升设备、变压器绝缘纸热压成形机组、高压输电线间隔棒振摆试验机、电力导线压接钳等）；煤炭工业（煤矿液压支架、煤矿多绳绞车、卸煤生产线定位机车等）；石油天然气探采机械（海洋石油钻井平台、石油钻机、各类抽油机及修井机、绞车、输油管道阀口启闭装置、捞油车、油田管材矫直机及管线试压装置等）；冶炼轧制设备（高炉液压泥炮、冶炼电炉、轧机及板坯连铸机、热浸镀模拟试验机等）；冶金产品整理（高速线材打捆机、卷材小车、带材导向器、钢管锯机及平头倒棱机、打号机、铝型材连续挤压生产线等）；冶金企业环保设备（钢厂废水处理自动压滤机）
轻工、纺织及化工机械	轻工机械（表壳热冲压成形机、煮糖罐搅拌器、蔗糖生产用自动板框式压滤机、皮革熨平机、原木屑片输送机、人造板热压机、弯曲木家具多向压机、纸张复卷机、植物纤维餐具成形机、竹制菜盘成形机、骨肉分割机等）；纺织机械（纺丝机、印花机、冷压堆卷布机、毛呢罐蒸机、自动堆染机等）；化工机械（注塑机、吹塑挤出机、橡胶平板硫化机、琼脂自动压榨机、催化剂高压挤条机、乳化炸药装药机、集装箱塑料颗粒倾斜机等）
铁路公路工程	铁路工程施工设备（铺轨机、路基渣石机、边坡整形机、钢轨电极接触面磨光机、铁道轮对轴承压装机等）；公路工程及运输（高速公路钢护栏冲孔切断机、隧道工程衬砌台车、汽车维修举升机、地下汽车库升降平台、公交汽车、汽车刹车皮铆钉机、架桥机等）
航空航天工程、河海工程及武器装备	航空航天工程（大型客车、飞机机轮轴承清洗补油装置、飞机包伞机、飞机场地面设备、飞机起落架收放试验车、卫星发射设备等）；河海工程（河流穿越设备、水槽不规则造波机、舵机、深潜救生艇对接机械手、水下机器人及钻孔机、船舰模拟平台、波浪补偿起重机等）；武装设备（炮塔仰俯装置、地空导弹发射装置、枪管旋压机等）
建材、建筑、工程机械及农林牧机械	建材行业（卫生瓷高压注浆成形机、石材肥料模压成形机及石材连续磨机、墙地砖压机等）；建筑行业（钢筋弯箍机及自动校直切断机、混凝土泵、液压锤、自动打桩机等）；工程机械（沥青道路修补机、重型多轴挂车、冲击压路机、越野起重机、起重高空作业车、公路养护车）；农林牧机械（联合收割机、拖拉机、玉米及谷物收割机、饲草打包机、饲料压块机等）

1.3 液压技术发展

1.3.1 液压传动技术的历史

液压技术的发展是与流体力学、材料学、机构学、机械制造等相关基础学科的发展紧密相关的。

对流体力学学科的形成最早作出贡献的是古希腊人阿基米德（Archimedes）。1648年，法国人帕斯卡（B.Pascal）提出静止液体中压力传递的基本定律，奠定了液体静力学基础。

17世纪，力学奠基人牛顿（Newton）研究了在流体中运动的物体所受到的阻力，针对黏性流体运动时的内摩擦力提出了牛顿黏性定律。

1738年，瑞士人伯努利（D.Bernoulli）从经典力学的能量守恒出发，研究供水管道中水的流动，通过试验分析，得到了流体定常运动下的流速、压力和流道高度之间的关系——伯努利方程。

欧拉（L.Euler）方程和伯努利方程的建立，是流体动力学作为一个分支学科建立的标志，从此开始了用微分方程和试验测量进行流体运动定量研究的阶段。

1827年，法国人纳维（C.L.M.Navier）建立了黏性流体的基本运动方程；1845年，英国人斯托克斯（G.G.Stokes）又以更合理的方法导出了这组方程，这就是沿用至今的N-S方程，它是流体动力学的理论基础。

1883年，英国人雷诺（O.Reynolds）发现液体具有两种不同的流动状态——层流和湍流，并建立了湍流基本方程——雷诺方程。

自16世纪到19世纪，欧洲人对流体力学、近代摩擦学、机构学和机械制造等学科所作出的一系列贡献，为20世纪液压传动的发展奠定了科学与工艺基础。

在帕斯卡提出静压传送原理以后147年，英国人布拉默（J.J.Bramah）于1795年登记了第一项关于液压机的英国专利。两年后，他制成了由手动泵供压的水压机。到了1826年，水压机已被广泛应用，成为除蒸汽机以外应用最普遍的机械。此后，还发展了许多水压传动控制回路，并且采用机能符号取代具体的结构和设计，方便了液压技术的进一步发展。

值得提出的是，1905年，美国人詹尼（Jenney）首先将矿物油引入液压传动中，将其作为工作介质，并设计制造了第一台油压轴向柱塞泵及由其驱动的液压传动装置，并于1906年应用于军舰的炮塔装置上，揭开了现代液压技术发展的序幕。

汽车工业的发展及第二次世界大战中大规模的武器生产，促进了机械制造工业标准化、模块化概念和技术的形成与发展。1936年，美国人威克斯（Harry Vickers）发明了以先导控制压力阀为标志的管式系列液压控制元件，20世纪60年代出现了板式及叠加式液压元件系列，70年代出现了插装式液压元件系列，从而逐步形成了以标准化功能控制单元为特征的模块化集成单元技术。

20世纪，控制理论及其工程实践得到了飞速发展，为电液控制工程的进步提供了理论基础和技术支持。

电液伺服机构首先被应用于飞机、火炮液压控制系统，后来也被用于机床及仿真装置等伺服驱动中。在20世纪60年代后期，发展了采用比例电磁铁作为电液转换装置的比例控制元件，其鲁棒性更好，价格更低廉，对油质也无特殊要求。此后，比例阀被广泛用于工业控制。

在20世纪，液压技术的应用领域不断得到拓展。液压传动与控制已成为现代机械工程的基本要素和工程控制的关键技术之一。

1.3.2 液压技术的发展趋势

液压技术是实现现代化传动与控制的关键技术之一，世界各国对液压工业的发展都给予了很大的关注。据2008年统计，世界液压元件的总销售额为400亿美元。世界各主要发达国家液压工业销售额占机械工业产值的2%~3.5%，而我国只占1%左右，这充分说明我国液压技术使用率较低，努力扩大其应用领域将有广阔的发展前景。

液压技术具有独特的优点，如液压技术具有功率重量比大，体积小，频响高，压力、流量可控性好，可柔性传送动力，易实现直线运动等优点；气动传动具有节能、无污染、低成本、安全可靠、结构简单等优点，并易与微电子、电气技术相结合，形成自动控制系统。显然，液压技术广泛应用于国民经济各部门。但是近年来，液压气动技术面临与机械传动和电气传动的竞争，如数控机床、中小型塑机已采用电控伺服系统取代或部分取代液压传动。其主要原因是液压技术存在渗漏、维护性差等缺点。为此，必须努力发挥液压气动技术的优点，克服缺点，注意和电子技术相结合，不断扩大其应用领域，同时降低能耗、提高效率、适应环保需求、提高可靠性，这些都是液压技术继续努力的目标，也是液压产品参与市场竞争能否取胜的关键。

由于液压技术广泛应用了高科技成果，如自控技术、计算机技术、微电子技术、可靠性及新工艺新材料等，因此使传统技术有了新的发展，也使产品的质量、水平有了一定的提高。尽管如此，目前的液压技术不可能有惊人的技术突破，应当主要靠现有技术的改进和扩展，不断扩大其应用领域，以满足未来的要求。其主要的发展趋势将集中在以下几个方面。

（1）液压节能技术

液压技术在将机械能转换成压力能及反转换过程中总存在能量损耗。为减小能量的损失，必须解决下面几个问题：减少元件和减小系统的内部压力损失，以减小功率损失；减小或消除系统的节流损失，尽量减少非安全需要的溢流量；采用静压技术和新型密封材料，减小摩擦损失；改善液压系统性能，采用负荷传感系统、二次调节系统和蓄能器回路。

（2）泄漏控制技术

泄漏控制包括防止液体泄漏到外部造成环境污染和外部环境对系统的侵害两个方面。今后将发展无泄漏元件和系统，如发展集成化和复合化的元件和系统，实现无管连接，研制新型密封和无泄漏管接头、电动机液压泵组合装置等。无泄漏将是世界液压界今后努力的重要方向之一。

（3）污染控制技术

过去，液压界主要致力于控制固体颗粒的污染，而对水、空气等的污染控制往往不够重视。今后应重视解决以下问题：严格控制产品生产过程中的污染，发展封闭式系统，防止外部污染物侵入系统；应改进元件和系统设计，使之具有更大的耐污染能力。同时应开发耐污染能力强的高效滤材和过滤器，如研究对污染的在线测量；开发油水分离净化装置和排湿元件，以及开发能清除油中的气体、水分、化学物质和微生物的过滤元件及检测装置。

（4）主动维护技术

开展液压系统的故障预测，实现主动维护技术。必须使液压系统故障诊断现代化，加强专家系统的开发研究，建立完整的、具有学习功能的专家知识库，并利用计算机和知识库中的知识，推算出引起故障的原因，提出维修方案和预防措施。要进一步开发液压系统故障诊断专家系统通用工具软件，开发液压系统自偿系统，包括自调整、自校正，在故障发生之前进行补偿，这是液压行业努力的方向。

（5）机电液一体化技术

机电液一体化可实现液压系统柔性化、智能化，充分发挥液压传动出力大、惯性小、响应快等优点，其主要发展动向如下：液压系统将由过去的电液开发系统和开环比例控制系统转向闭环比例伺服系统，同时对压力、流量、位置、温度、速度等传感器实现标准化；提高液压元件性能，在性能、可靠性、智能化等方面更适应机电一体化需求，发展与计算机直接接口的高频、低功耗的电磁电控元件；液压系统的流量、压力、温度、油污染度等数值将实现自动测量和诊断；电子直接控制元件将得到广泛采用，如电控液压泵可实现液压泵的各种调节方式，实现软启动、合理分配功率、自动保护等；借助现场总线实现高水平信息系统简化液压系统的调节、争端和维护。

（6）液压CAD技术

充分利用现有的液压CAD设计软件，进行二次开发，建立知识库信息系统，它将构成设计—制造—销售—使用—设计的闭环系统。将计算机仿真及实时控制结合起来，在试制样机前，便可用软件修改其特性参数，以达到最佳设计效果。下一个目标是，利用CAD技术支持液压产品到零部件设计的全过程，并把CAD/CAM/CAPP/CAT以及现代管理系统集成在一起，建立集成计算机制造系统（CIMS），使液压设计与制造技术有一个突破性的发展。

（7）新材料、新工艺的应用

新型材料的使用，如陶瓷、聚合物或涂敷料，可使液压技术的发展发生新的飞跃。为了保护环境，研究采用生物降解迅速的压力流体，如采用菜油基和合成酯基或者水及海水等介质替代矿物液压油。铸造工艺的发展将促进液压元件性能的提高，如铸造流道在阀体和集成块中的广泛使用，可优化元件内部流动，减小压力损失和降低噪声，实现元件小型化。

1.4 现代液压技术

液压控制系统是在液压传动系统和自动控制技术与控制理论的基础上发展起来的，它包括机械-液压控制系统、电气-液压控制系统和气动-液压控制系统等多种类型。电液控制系统是电气-液压控制系统的简称，是指以电液伺服阀、电液比例阀或数字控制阀作为电液控制元件的阀控液压系统和以电液伺服或比例变量泵为动力元件的泵控液压系统，它是液压控制中的主流系统。

1.4.1 液压控制系统与液压传动系统的比较

液压控制系统有别于一般液压传动系统，它们之间的差异可通过下面列举的液压速度传动系统和电液速度伺服控制系统示例加以说明。

图1-3所示为两种形式的液压速度系统原理图。图1-3（a）所示的液压速度传动系统主要由液压缸、负载、电磁换向阀、单向调速阀及液压能源装置组成。其工作原理为：当电磁铁CT_1通电时，电磁换向阀左位工作，液压油经电磁换向阀、单向阀进入液压缸右腔，活塞在压力油的作用下向左快速移动，运动速度由液压泵的输出流量决定；当电磁铁CT_2通电时，电磁换向阀换向，右位工作，液压油经电磁换向阀直接进入液压缸左腔，活塞在压力油的作用下向右移动，液压缸右腔的油经单向调速阀、电磁换向阀回油箱，回油流量受单向调速阀的控制。因此，可通过调节单向调速阀的节流口大小改变负载的运动速度。需要指出的是，单向调速阀虽然具有压力和温度补偿功能，其输出的流量不受负载和温度变化的影响，但它不能补偿液压缸、单向阀等液压元件泄漏的影响，所以在负载增加时，系统的速度也会由于泄漏的增加有所减慢。

图1-3（b）所示为电液速度伺服控制系统，它主要由指令元件（指令电位器）、伺服放大器、电液伺服阀、液压伺服缸、速度传感器（测速发电机）、工作台及液压能源装置组成。其工作原理为：当指令电位器给定一个指令信号u_r时，通过比较器与反馈信号u_f比较，输出偏差信号Δu，偏差信号经伺服放大器输出控制电流i，控制电液伺服阀的开口，输出相应的压力油驱动液压伺服缸，带动工作台运动。

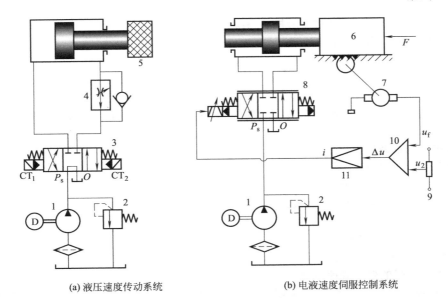

(a) 液压速度传动系统　　　　　　(b) 电液速度伺服控制系统

图1-3　液压速度系统原理图

1—液压泵；2—溢流阀；3—电磁换向阀；4—单向调速阀；5—负载；6—工作台；7—测速发电机；8—电液伺服阀；9—指令电位器；10—比较器；11—伺服放大器

由图1-3（b）所示电液速度伺服控制系统的工作原理可知，液压伺服缸活塞的运动方向由控制电流的正负极性决定，而运动速度由电液伺服阀的输出流量即控制电流的大小确定。系统由于加入了检测、反馈构成了闭环控制，故具有抗干扰、抗环内参数变化的能力，该电液速度伺服控制系统对温度、负载、泄漏等影响因素均有自动补偿功能，能在有外部干扰的情况下获得精确的速度控制。

从图1-3分析可知，液压控制系统与液压传动系统在工作任务、控制原理、控制元件、控制功能和性能要求等方面均有区别。两者之间的主要区别如表1-2所示。

表1-2　液压传动系统和液压控制系统的区别

项目	液压传动系统	液压控制系统
工作任务	以传递动力为主，信息传递为辅。基本任务是驱动和调速	以传递信息为主、传递动力为辅。主要任务是使被控制量，如位移、速度或输出力等参数，能够自动、稳定、快速而准确地跟踪输入指令变化
控制原理	一般应用在开环系统	大多应用在带反馈的闭环控制系统
控制元件	采用调速阀或变量泵手动调节流量	采用液压控制阀，如电液伺服阀、电液比例阀或电液数字阀自动调节流量
控制功能	只能实现手动调速、加载和顺序控制等功能。难以实现任意规律、连续的速度调节	能利用各种测量传感器对被控制量进行检测和反馈，从而实现对位置、速度、加速度、力和压力等各种物理量的自动控制
性能要求	追求的是传动特性的完善。侧重于静态特性要求。主要性能指标为调速范围、低速稳定性、速度刚度和效率等	追求的目标是控制特性的完善，性能指标要求应包括稳态性能和动态性能两个方面

1.4.2　液压控制系统的分类

（1）按能量转换的形式分类

① 机械-液压控制系统（也称机液伺服控制系统）。

② 电气-液压控制系统（即电液控制系统）。

③ 气动-液压控制系统（或称气液控制系统）。

④ 机、电、气、液混合控制系统。

（2）按控制元件的类型分类

① 阀控系统又称节流控制系统，是指由伺服阀或比例阀等液压控制阀利用节流原理控制输给执行元件的流量或压力的系统。

② 泵控系统又称容积控制系统，是指利用伺服（或比例）变量泵改变排量的原理控制输给执行元件的流量或压力的系统。

（3）按被控制物理量性质分类

① 位置（或转角）控制系统。

② 速度（或转速）控制系统。

③ 加速度（或角加速度）控制系统。

④ 力（或力矩）控制系统。

⑤ 压力（或压差）控制系统。

⑥ 其他控制系统（如温度控制系统等）。

（4）按输入信号的变化规律分类

① 伺服控制系统　这类系统的输入信号是时间的函数，要求系统的输出能以一定的控制精度跟随输入信号变化，是一种快速响应系统。因此，有时也称随动系统。

② 定值调节系统　若系统的输入信号是不随时间变化的常值，要求其在外干扰的作用下，能以一定的控制精度将系统的输出控制在期望值上，这种系统称为定值调节系统，亦即恒值控制系统。

③ 程序控制系统　程序控制系统的输入量按所需程序设定，它是一种实现对输出进行程序控制的系统。

1.4.3　液压伺服系统

液压伺服系统是由液压动力机构和反馈机构组成的闭环控制系统，它能控制物体的位置、方向、姿态等，并能追踪任意变化之目标的控制系统。输出量（位移、速度、力等）能够自动地、快速地、准确地复现输入量的变化规律。同时，还对输入信号进行功率放大，因此它也是一个功率放大装置。

伺服控制系统分为机械液压伺服系统和电气液压伺服系统（简称电液伺服系统）两类。机械液压伺服系统应用较早，主要用于飞机的舵面控制和机床仿形装置上。随着电液伺服阀的出现，电液伺服系统在自动化领域占有重要位置。很多大功率快速响应的位置控制和力控制都应用电液伺服系统，如轧钢机械的液压压下系统；机械手控制和各种科学试验装置（飞行模拟转台、振动试验台）等。

（1）机液伺服系统

图1-4所示为一简单的机液伺服控制系统原理图。

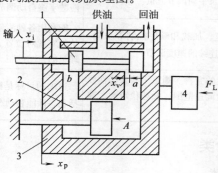

图1-4　机液伺服控制系统原理图

1—阀芯；2—液压缸；3—阀体与缸体；4—负载

图1-4中供油是来自恒压油源的压力油，回油通油箱。液压动力元件由四边滑阀和液压缸组成。滑阀是一个转换放大元件，它将输入的机械信号（阀芯位移）转换成液压信号（流量、压力）输出，并加以功率放大。液压缸为执行元件，输入是压力油的流量，输出是运动速度或位移。在这个系统中，阀体与液压缸缸体做成一体，构成了机械反馈伺服控制回路。其反馈控制过程是：当阀芯处于中间位置（零位）时，阀的四个窗口关闭，阀无流量输出，缸体不动，系统处于静止平衡状态。若阀芯 1 向右移 x_i，则节流窗口 a、b 便各有一个相应的开口量 x_v、x_i，压力油经窗口 a 进入液压缸无杆腔，推动缸体右移 x_p，液压缸左腔的油液经窗口 b 回油箱。在缸体右移的同时，也带动阀体右移，使阀的开口量减小，即 $x_v - x_i - x_p$。而当缸体位移 x_p 等于阀芯位移 x_i 时，x_v 为 0，即阀的开口关闭，输出流量为零，液压缸停止运动，处在一个新的平衡位置上。如果阀芯反向运动，则液压缸也反向跟随运动。这就是说，在该系统中，滑阀阀芯不动，液压缸缸体也不动；阀芯向哪个方向移动，缸体也向哪个方向移动；阀芯移动速度快，缸体也移动速度快；阀芯移动多少距离，缸体也移动多少距离。液压缸的位移（系统的输出）能够自动地、快速而准确地跟踪阀芯的位移（系统的输入）运动。系统的原理框图如图1-5所示。

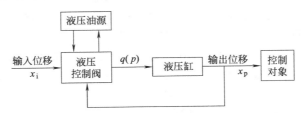

图1-5　机液位置伺服控制系统的原理框图

该系统是一个靠偏差工作的负反馈闭环控制系统，其输出量是位移，故称为位置控制系统。由于其输入信号和反馈信号皆由机械构件实现，所以也称机液位置伺服控制系统。还因它的机液转换元件为滑阀，靠节流原理工作，也称阀控式液压伺服系统。

图1-5是机液伺服控制系统的情况，其反馈为机械连接形式。事实上，反馈形式可以是机械、电气、气动、液压之一或它们的组合，所以液压控制系统还有电液控制和气液控制等多种形式。

（2）电液伺服系统

电液伺服系统是一种由电信号处理装置和液压动力机构组成的反馈控制系统。电液伺服系统又可分为模拟伺服系统和数字伺服系统。

① 模拟伺服系统　在图1-6所示模拟伺服系统中，全部信号都是连续的模拟量，模拟伺服系统重复精度高，但分辨能力较低（绝对精度低）。伺服系统的精度在很大程度上取决于检测装置的精度。模拟式检测装置的精度一般低于数字式检测装置，所以模拟伺服系统分辨能力低于数字伺服系统。另外模拟伺服系统中微小信号容易受到噪声和零漂的影响，因此当输入信号接近或小于输入端的噪声和零漂时，就不能进行有效控制。

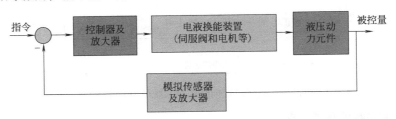

图1-6　模拟伺服系统

② 数字伺服系统　在图1-7所示数字伺服系统中，全部信号或部分信号是离散参量。因此数字伺服系统又分为全数字伺服系统和数字—模拟伺服系统两种。

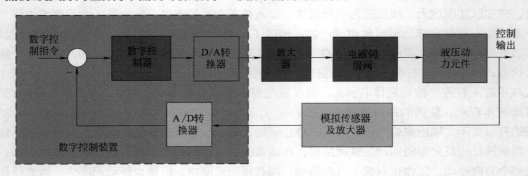

图1-7　数字伺服系统

最常见的有电液位置伺服系统、电液速度控制系统和电液力（或力矩）控制系统。

图1-8所示为一个典型的电液位置伺服系统原理图。其工作原理是：由计算机（指令元件）发出数字指令信号，经D/A转换器转换为模拟信号u_r后输给比较器，再通过比较器与位移传感器传来的反馈信号u_f相比较，形成偏差信号Δu，然后通过校正，放大器输出控制电流i，操纵电液伺服阀（电液转换元件）产生较大功率的液压信号（压力、流量），从而驱动液压伺服缸，并带动负载（被控对象）按指令要求运动。当偏差信号趋于零时，被控对象（负载）被控制在指令期望的位置上。该电液位置伺服控制系统的原理框图如图1-9所示。

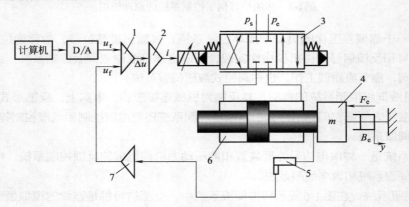

图1-8　电液位置伺服控制系统原理图

1—比较器；2—校正、放大器；3—电液伺服阀；4—负载；5—位移传感器；6—液压伺服缸；7—信号放大器

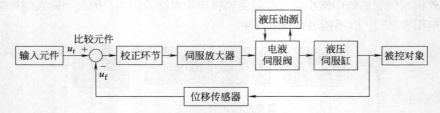

图1-9　电液位置伺服控制系统的原理框图

（3）电液控制系统的基本组成

电液控制系统与其他类型液压控制系统的基本组成都是类似的。不论其复杂程度如何，都可分解为一些基本元件。图1-10所示为一般电液控制系统的组成。

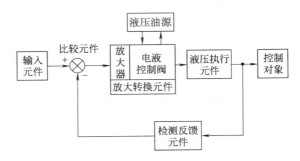

图1-10　一般电液控制系统的组成

① 输入元件　输入元件是指将指令信号施加给系统输入端的元件，所以也称指令元件。常用的有指令电位器、信号发生器或程序控制器、计算机等。

② 比较元件　也称比较器。它将反馈信号与输入信号进行比较，形成偏差信号。比较元件有时并不单独存在，而是由几类元件有机组合构成整体，其中包含比较功能，如将输入指令信号的发生、反馈信号处理、偏差信号的形成、校正与放大等多项功能集于一体的板卡或控制箱。图1-11所示的计算机电液伺服/比例控制系统，其输入指令信号的发生、偏差信号的形成、校正，即输入元件、比较元件和控制器（校正环节）的功能都由计算机实现。

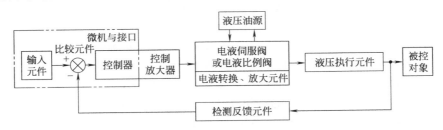

图1-11　计算机电液/比例控制系统的组成

③ 放大转换元件　该元件将比较器给出的偏差信号进行放大，并进行能量转换，以液压量（如流量、压力等）的形式输入执行机构，控制执行元件运动。例如伺服阀、比例阀或数字阀及其配套使用的控制放大器，都是常见的放大转换元件。

④ 检测反馈元件　该元件用于检测被控制量并转换成反馈信号，加在系统的输入端与输入信号相比较，从而构成反馈控制。例如位移、速度、压力或拉力等各类传感器就是常用的检测反馈元件。

⑤ 液压执行元件　该元件按指令规律动作，驱动被控对象做功，实现调节任务。例如液压缸、液压马达或摆动液压马达等。

⑥ 被控对象　它是与液压执行元件可动部分相连接并一起运动的机构或装置，也就是系统所要控制的对象，如工作台或其他负载等。

除了以上基本元件，为改善系统的控制特性，有时还增加串联校正环节和局部反馈环节。当然，为保证系统正常工作，还有不包含在控制回路中的液压油源和其他辅助装置等。

（4）电液控制系统的特点

电液控制系统具有下列液压系统的优点。

① 单位功率的质量小，力-质量比（或力矩-惯量比）大　由于液压元件的功率-质量比和力-质量比（或力矩-惯量比）大，因此可以组成结构紧凑、体积小、质量小、加速性好的控制系统。例如优质的电磁铁能产生的最大力大致为1.75MPa，即使昂贵的坡莫合金所产生的力也不超过

2.157MPa；而液压缸的最大工作压力可达32MPa，甚至更高。统计资料表明，一般液压泵的质量只是同功率电动机的10%~20%，几何尺寸为后者的12%~13%；液压马达的功率-质量比可达7000W/kg，因受磁饱和限制，电动机的功率-质量比约为700W/kg，即液压马达的功率-质量比约为相同容量电动机的10倍。

② 响应速度快　由于液压动力元件的力-质量比（或力矩-惯量比）大，因此加速能力强，能够安全、可靠地快速带动负载启动、制动和反向。例如中等功率的电动机加速需要一至几秒，而同等功率的液压马达加速只需电动机的1/10左右时间。由于油液的体积弹性模量很大，由油液压缩性形成的液压弹簧刚度也很大，而液压动力元件的惯量又比较小，因此，由液压弹簧刚度和负载惯量耦合成的液压固有频率很高，故系统的响应速度快。与具有相同压力和负载的气动系统相比，液压系统的响应速度是气动系统的50倍。

③ 负载刚度大，控制精度高　液压系统的输出位移（或转角）受负载变化的影响小，即具有较大的速度-负载刚度，定位准确，控制精度高。由于液压固有频率高，允许液压控制系统，特别是电液控制系统有较大的开环放大系数，因此可获得较高的精度和响应速度。此外，由于油液的压缩性较小，同时泄漏也较小，故液压动力元件的速度刚度较大，组成闭环系统时其位置刚度也大。液压马达的开环速度刚度约为电动机的5倍，电动机的位置刚度很低，无法与液压马达相比。因此，电动机只能用来组成闭环位置控制系统，而液压执行元件（液压缸或液压马达）却可用于开环位置控制。当然若用闭环位置控制，则系统的位置刚度比开环要高得多。相比气动系统，由于气体可压缩性的影响，气动系统的刚度只有液压系统的1/400。

④ 容易按照机器设备的需要，通过管道连接实现能量的分配与传递；利用蓄能器很容易实现液压能的贮存及系统的消振等；也易于实现过载保护和遥控等。

除了以上一般液压系统都具有的优点外，需要特别指出的是，由于电液控制系统引入了电气、电子技术，因而兼有电控和液压技术两方面的特长。系统中偏差信号的检测、校正和初始放大采用电气、电子元件来实现，系统的能源用液压油源，能量转换和控制用电液控制阀完成，它能最大限度地发挥流体动力在大功率动力控制方面的长处和电气系统在信息处理方面的优势，从而构成了一种被誉为"电子大脑和神经+液压肌肉和骨骼"的控制模式，在很多工程应用领域保持着有利的竞争地位。对中大型功率、要求控制精度高、响应速度快的工程系统来说是一种较理想的控制模式。

由于电液控制系统中电液转换元件自身的特点，电液控制系统也存在以下缺点。

① 电液控制阀的制造精度要求高，高精度要求不仅使制造成本高，而且对工作介质即油液的清洁度要求很高，一般都要求采用精细过滤器。

② 油液的体积弹性模数会随温度和空气的混入而发生变化，油液的黏度也会随油温变化。这些变化会明显影响系统的动态控制性能，因此，需要对系统进行温度控制和严格防止空气混入。

③ 同普通液压系统一样，如果元件密封设计、制造或使用不当，则容易造成油液外漏，污染环境。

④ 由于系统中的很多环节存在非线性特性，因此系统的分析和设计比较复杂；以液压方式进行信号的传输、检测和处理不及电气方式便利。

⑤ 液压能源的获得不像电控系统的电能那样方便，也不像气源那样容易贮存。

1.4.4　液压控制系统的适用场合

液压控制系统一般都带检测反馈形成的闭环控制，具有抗干扰能力，对系统参数变化不太敏感，控制精度高、响应速度快、输出功率大、信号处理灵活，但要考虑稳定性问题，设计较复杂，制造及维护成本较高，因此，多用于要求系统性能较高的场合。当然，不同类型的液压控制系统也各有其适用的场合。

（1）阀控系统与泵控系统的适用场合

阀控系统是利用节流原理工作的，故也称节流控制系统，其主要控制元件是液压控制阀（如伺服阀、电液比例阀或数字控制阀等），具有响应块、控制精度高，可利用公共恒压油源控制多个不同的执行元件的优点，其缺点是功率损失大、系统温升快，比较适用于中小功率的快速高精度控制场合。泵控系统又称容积控制系统，是用控制阀去控制变量泵或液压马达的变量机构，使其排量参数按系统控制要求变化的系统。由于泵控系统无节流和溢流损失，故效率高、节能，但响应速度比阀控系统慢、结构较复杂，适用于大功率而响应速度要求不高的控制场合。

（2）机液控制系统、电液控制系统的适用场合

机液控制系统的指令给定、反馈和比较都采用机械构件，优点是简单可靠，价格低廉，环境适应性好，缺点是偏差信号的校正及系统增益的调整不方便，难以实现远距离操作；另外，反馈机构的摩擦和间隙都会对系统的性能产生不利影响。

机液控制系统一般用于响应速度和控制精度要求不是很高的场合，绝大多数是位置控制系统。

电液控制系统的信号检测、校正和放大等都较为方便，易于实现远距离操作，易于和响应速度快、抗负载刚度大的液压动力元件实现整合，具有很大的灵活性和广泛的适应性。特别是电液控制系统与计算机的结合，可以充分运用计算机快速运算和高效信息处理的能力，可实现一般模拟控制难以完成的复杂控制规律，因而功能更强，适应性更广。电液控制系统是液压控制领域的主流系统。

第2章

液压动力元件及选用

2.1 液压泵概述

2.1.1 液压泵的分类

液压泵的分类方式很多，按压力的大小可分为低压泵、中压泵和高压泵；按流量是否可调节分为定量泵和变量泵；按泵的结构分为齿轮泵、叶片泵和柱塞泵，其中齿轮泵和叶片泵多用于中、低压系统，柱塞泵多用于高压系统。液压泵的详细分类如表2-1所示。

表2-1　液压泵的详细分类

		按啮合形式可分为	外啮合
定量泵	齿轮泵		内啮合
		按齿形曲线可分为	渐开线
			摆线
		按齿面可分为	直齿
			斜齿
			人字齿
	定量轴向柱塞泵	定量斜轴式轴向柱塞泵	
		定量斜盘式轴向柱塞泵	
	定量径向柱塞泵		
	双作用叶片泵		
	螺杆泵		
变量泵	单作用叶片泵		
	变量径向柱塞泵		
	变量轴向柱塞泵	变量斜轴式轴向柱塞泵	
		变量斜盘式轴向柱塞泵	

2.1.2 工作原理

液压泵都是依靠密封容积变化的原理进行工作的，故一般称为容积式液压泵，图2-1所示为单柱塞液压泵的工作原理图，图中柱塞2装在缸体3中形成一个密封容积（油腔），柱塞在弹簧4

的作用下始终压紧在偏心轮 1 上。原动机驱动偏心轮 1 旋转使柱塞 2 作往复运动，使密封容积的大小发生周期性的交替变化。

　　吸油过程：当油腔由小变大时就形成部分真空，使油箱中油液在大气压力作用下，经吸油管顶开单向阀 6 进入油腔而实现吸油。

　　压油过程：当油腔由大变小时，油腔中吸满的油液将顶开单向阀 5 流入系统而实现压油。

　　原动机驱动偏心轮不断旋转，这样液压泵就将原动机输入的机械能转换成液体的压力能，液压泵就不断地吸油和压油。

　　液压泵正常工作的必要条件如下。

　　① 必须有一个大小能做周期性变化的封闭容积，如图 2-1 中的油腔（又称工作腔）。

　　② 工作腔能周期性地增大和减小，当它增大时与吸油口相连，当它减小时与排油口相通，图 3-1 中单向阀 5 和 6 起到了此作用，

　　③ 吸油口与排油口不能连通，即不能同时开启。

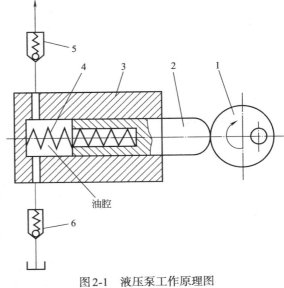

图 2-1　液压泵工作原理图

1—偏心轮；2—柱塞；3—缸体；4—弹簧；5，6—单向阀

2.1.3　液压泵的图形符号

　　不同类型液压泵的图形符号如图 2-2 所示。

2.1.4　液压泵的主要性能参数及计算公式

（1）压力

　　① 工作压力　液压泵实际工作时的输出压力称为工作压力。工作压力的大小取决于外负载的大小和排油管路上的压力损失，而与液压泵的流量无关。

　　② 额定压力　液压泵在正常工作条件下，按试验标准规定，连续长时间运转的最高压力称为液压泵的额定压力。

　　③ 最高允许压力　在超过额定压力的条件下，根据试验标准规定，允许液压泵短暂运行的最高压力值，称为液压泵的最高允许压力。

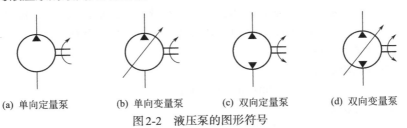

(a) 单向定量泵　　　(b) 单向变量泵　　　(c) 双向定量泵　　　(d) 双向变量泵

图 2-2　液压泵的图形符号

（2）排量

　　液压泵每转一周，由其密封容积几何尺寸变化计算而得的排出液体的体积称为液压泵的排量 V。排量可调节的液压泵称为变量泵，排量不可调节的液压泵称为定量泵。

（3）流量

　　① 理论流量 q_t　在不考虑液压泵泄漏流量的情况下，在单位时间内所排出液体体积的平均值称为理论流量。

如果液压泵的排量为 V，其主轴转速为 n，该液压泵的理论流量 q_t 为

$$q_t = Vn \qquad (2\text{-}1)$$

② 实际流量 q　液压泵在某一具体工况下，单位时间内所排出的液体体积称为实际流量，它等于理论流量 q_t 减去泄漏流量 Δq，即

$$q = q_t - \Delta q \qquad (2\text{-}2)$$

③ 额定流量 q_n　液压泵在正常工作条件下，按试验标准规定（如在额定转速和额定转速下）必须保证的流量。

（4）功率和效率

液压泵由原动机驱动，输入量是转矩 T_t 和转速 n，输出的是液体的压力 p 和流量 q。如果不考虑液压泵能量转化过程中的损失，则输出功率等于输入功率，即液压泵的理论功率为

$$P_t = pq_t = T_t\omega \qquad (2\text{-}3)$$

实际上，液压泵在能量转化过程中是有损失的，因此输出功率小于输入功率，两者之间的差值即为功率损失，功率损失包括容积损失和机械损失两部分。

容积损失是因泄漏、气穴和油液在高压下压缩等造成的流量损失，对液压泵来说，输出压力增大时，泵实际输出的流量就减少，泵的流量损失用容积效率来表示，即

$$\eta_v = \frac{q}{q_t} = \frac{q_t - \Delta q}{q_t} = 1 - \frac{\Delta q}{q_t} \qquad (2\text{-}4)$$

式中　η_v——液压泵的容积效率；

　　　Δq——液压泵的泄漏流量。

机械损失是指因摩擦而造成的转矩的损失。对液压泵来说，泵的驱动转矩总是大于其理论上需要的驱动转矩，机械损失用机械效率来表示，即

$$\eta_m = \frac{T_t}{T} = \frac{T_t}{T_t + \Delta T} = \frac{1}{1 + \dfrac{\Delta T}{T_t}} \qquad (2\text{-}5)$$

式中　η_m——液压泵的机械效率；

　　　ΔT——液压泵的损失转矩。

液压泵的总效率是其输出功率和输入功率之比，即

$$\eta = \frac{pq}{T\omega} = \frac{q}{T} \times \frac{T_t}{q_t} = \frac{q}{q_t} \times \frac{T_t}{T} = \eta_v\eta_m \qquad (2\text{-}6)$$

式中　η——液压泵的总效率，也就是说液压泵的总效率等于容积效率和机械效率的乘积。

例2.1　某液压系统泵的排量为 10mL/r，电动机转速 $n=1200\text{r/min}$，泵的输出压力 $p=5\text{MPa}$，泵容积效率 $\eta_v=0.92$，总效率 $\eta=0.84$. 求：（1）泵的理论流量；（2）泵的实际流量；（3）泵的输出功率；（4）驱动电动机的功率。

解：（1）泵的理论流量 $q_t=Vn$

$$=10\times1200\times10^{-3}=12 \;(\text{L/min})$$

（2）泵的实际流量 $q=q_t\eta_v$

$$=12\times0.92=11.04 \;(\text{L/min})$$

（3）泵的输出功率 $P=\Delta pq$

$$=5\times10^6\times200\times10^{-6}\times0.92=0.92 \;(\text{kW})$$

（4）驱动电动机功率 $P_m=\dfrac{P}{\eta}$

$$=\frac{0.92}{0.84}=1.09 \;(\text{kW})$$

而在实际上，液压泵的容积效率和机械效率在总体上与油液的泄漏和摩擦副的摩擦有关，而泄漏及摩擦损失则与泵的工作压力、油液黏度、泵的转速有关。

图3-3所示为液压泵能量传递及效率特性曲线，由图可见，在不同压力下，液压泵的效率值是不同的，在不同的转速和黏度下，液压泵的效率值也是不同的，可见液压泵的使用转速、工作压力和传动介质均会影响其工作效率。

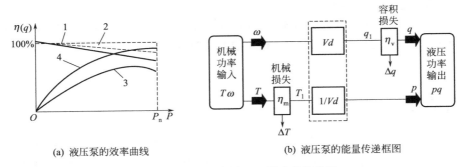

(a) 液压泵的效率曲线　　　　　　　　(b) 液压泵的能量传递框图

图2-3　液压泵能量传递及效率特性曲线

1—容积效率；2—实际流量；3—总效率；4—机械效率

2.1.5　液压泵的使用

（1）液压泵的安装

液压泵安装应遵循如下原则。

① 液压泵可以用支座或法兰安装，液压泵和原动机应采用共同的基础支座，法兰和基础都应有足够的刚度。特别注意：流量大于（或等于）160L/min的柱塞泵，不宜安装在油箱上。

② 液压泵和原动机输出轴之间应采用弹性联轴器连接，严禁在液压泵轴上安装带轮或齿轮驱动液压泵，若一定要用带轮或齿轮与液压泵连接，则应加一对支座来安装带轮或齿轮，该支座与泵轴的同轴度误差应不大于$\phi 0.05$mm。

③ 吸油管要尽量短、直、大、厚，吸油管路一般需设置公称流量不小于两倍泵流量的粗过滤器（过滤精度一般为80~180μm）。液压泵的泄油管应直接接油箱，回油背压应不大于0.05MPa。液压泵的吸油管口、回油管口均需在油箱最低油面200mm以下。特别注意：在柱塞泵吸油管道上不允许安装过滤器，吸油管道上的截止阀通径应比吸油管道通径大一挡，吸油管道长L大于2500mm，管道弯头不多于两个。

④ 液压泵进、出油口应安装牢固，密封装置要可靠，否则会产生吸入空气或漏油的现象，影响液压泵的性能。

⑤ 液压泵自吸高度不超过500mm（或进口真空度不超过0.03MPa），若采用补油泵供油，供油压力不得超过0.5MPa。当供油压力超过0.5MPa时，要改用耐压密封圈。对于柱塞泵，应尽量采用倒灌自吸方式。

⑥ 液压泵装机前，应检查安装孔的深度是否大于泵的轴伸长度，防止产生顶轴现象，否则将烧毁泵。

（2）液压泵的使用

液压泵使用时应注意以下几点。

① 液压泵启动时在正常运行前应先点动数次，当液流方向和声音都正常后，在低压下运转5~10min，然后投入正常运行。柱塞泵启动前，必须通过壳上的泄油口向泵内灌满清洁的工作油。

② 油的黏度受温度影响而变化，油温升高，黏度随之降低，故油温要求保持60℃以下，为

使液压泵在不同的工作温度下能够稳定工作，所选的油液应具有黏度受温度变化影响较小的油温特性，以及较好的化学稳定性、抗泡沫性能等。推荐使用L-Hm32或L-HM46抗磨液压油。

③ 油液必须洁净，不得混有机械杂质和腐蚀物质，吸油管路上无过滤装置的液压系统，必须经滤油车（过滤精度小于25μm）加油至油箱。

④ 液压泵的最高压力和最高转速，是指在液压泵使用中短暂时间内所允许的峰值，应避免长期在峰值下使用液压泵，否则将影响液压泵的寿命。

⑤ 液压泵的正常工作油温为15~65℃，泵壳上的最高温度一般比油箱内泵入口处的油温高10~20℃，当油箱内油温达65℃时，泵壳上最高温度为75~85℃。

2.2 齿轮泵

齿轮泵是液压系统中广泛采用的一种液压泵，其主要特点是结构简单，制造方便，价格低廉，体积小，重量轻，自吸性能好，对油液污染不敏感，工作可靠。其主要缺点是流量和压力脉动大，噪声大，排量不可调，一般做成定量泵。齿轮泵广泛应用于各种机械设备，如水利电力施工机械平地机、起重机，闸门启闭机液压回路及施工机械的行走机械中。

2.2.1 齿轮泵的分类

按结构不同，齿轮泵分为外啮合齿轮泵和内啮合齿轮泵两种，其中外啮合齿轮泵应用最广。

（1）外啮合齿轮泵及其特点

外啮合齿轮泵的优点是：结构简单、重量轻、尺寸小、加工制造容易、成本低、工作可靠，维护方便，自吸能力强，对油液的污染不敏感，可广泛用于压力要求不高的场合，如磨床、珩磨机等中低压机床中。它的缺点是：内泄漏较大，轴承上承受不平衡力，磨损严重，流量脉动和噪声较大。泵的流量脉动对泵的正常使用有较大影响，它会引起液压系统的压力脉动，从而使管道、阀等元件产生振动和噪声。同时，也影响工作部件的运动平稳性，特别是对精密机床的液压传动系统更为不利。因此，在使用时要特别注意。

（2）内啮合齿轮泵及其特点

内啮合齿轮泵的优点是：结构紧凑、尺寸小、质量轻。由于内外齿轮转向相同，相对滑移速度小，因而磨损小，寿命长，其流量脉动和噪声与外啮合齿轮泵相比要小得多。内啮合齿轮泵的缺点是：齿形复杂，加工复杂、精度要求高，因而制造成本高。

（3）齿轮泵的应用

在现有各类液压泵中，齿轮泵的工作压力仅次于柱塞泵，加之它们体积小、价格低，因而广泛用于移动设备和车辆上作为液压工作系统和转向系统的压力油源。另一方面，由于齿轮泵的转速和排量范围均较大，吸油能力较强，成本又低，也常用作各种液压系统的辅助泵。例如，闭式回路中的补液泵、先导控制系统中的低压控制油源等。但在固定液压设备领域，由于外齿轮泵的流量脉动较大、噪声高且寿命有限，作为主泵已越来越不受欢迎，用途局限于作为运行在低压下的辅助泵及预压泵。与之相反，内齿轮泵却是噪声最低、综合性能最好的液压泵之一。除价格略高这一点以外，在其他方面几乎都优于外齿轮泵。现代制造技术的发展将大大缩小内、外齿轮泵的成本差距，而在工业领域中，调速电传动技术的日益普及，在很大程度上弥补内齿轮泵本身不能变量的缺点。可以预料，今后内齿轮泵在固定和移动设备中的应用面都将会迅速扩大。

在液压工程中，摆线齿轮泵以体积小、价格低和自吸能力较强的优点，被广泛地集成在闭式油路通轴柱塞泵的后盖中，作为低压补液泵（提供控制压力）使用，有时也用作某些机床液压系统的主泵。此种泵可实现单向供油，且与输入转向无关，这一性能对于某些车辆或行走机械上需要用车轮驱动的应急转向、制动系统具有特殊的使用意义。带固定针齿环的摆线齿轮副具有很大的单位体积排量，但因其许用转速较低，多用作低速液压马达，仅在车辆用液压转向系统中作为计量泵使用。当该系统中的动力油源发生故障时，可以用手动方式使此泵成为应急油源。

2.2.2 外啮合齿轮泵

（1）外啮合齿轮泵工作原理

外啮合齿轮泵工作原理如图2-4所示，它是分离三片式结构，主要包括上下两个泵端盖、泵体及侧板和一对互相啮合的齿轮。

泵体内相互啮合的主、从动齿轮2和3，齿轮两端端盖和泵体一起构成密封容积，同时齿轮的啮合又将左、右两腔隔开，形成吸、压油腔。当齿轮按图示方向旋转时，右侧吸油腔内的轮齿脱离啮合，密封工作腔容积不断增大，形成部分真空，油液在大气压力的作用下从油箱经吸油管进入吸油腔，并被旋转的轮齿带入左侧的压油腔。左侧压油腔内的轮齿不断进入啮合，使密封工作腔容积减小，油液受到挤压被排出系统，完成齿轮泵的吸油和排油过程。在齿轮泵的啮合过程中，啮合点沿啮合线把吸油腔和压油腔隔开。

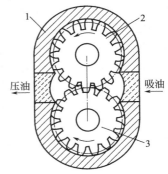

压油　吸油

图2-4　外啮合齿轮泵工作原理
1—泵体；2—主动齿轮；3—从动齿轮

（2）齿轮泵的流量和脉动率

外啮合齿轮泵的排量V可以近似相当于一对啮合齿轮所有齿谷容积之和。假如齿谷容积大致等于轮齿的体积，那么齿轮泵的排量等于一个齿轮的齿谷容积和轮齿容积体积的总和，即相当于以有效齿高h和齿宽构成的平面所扫过的环形体积，排量V可近似为

$$V = \pi dhb = 2\pi zm^2 b \tag{2-7}$$

式中　z——齿轮的齿数；

　　　m——齿轮的模数；

　　　b——齿轮的齿宽；

　　　d——齿轮的节圆直径，$d=mz$；

　　　h——齿轮的有效齿高，$h=2m$。

实际上齿谷的容积要比轮齿的体积稍大，并且齿数越少误差就越大。因此，上式中的π常以3.33代替，则式（2-7）可写为

$$V = (6.66 \sim 7) zm^2 b \tag{2-8}$$

齿轮泵的实际流量为

$$q = (6.66 \sim 7) zm^2 bn\eta_v \tag{2-9}$$

齿轮泵在工作过程中，排量是转角的周期函数，存在排量脉动，瞬时流量也是脉动的。实际上齿轮泵的输出流量是有脉动的，故式（3-9）所表示的是泵的平均流量。流量脉动会直接影响到系统工作的平稳性，引起压力脉动，使管路系统产生振动和噪声。如果脉动频率与系统的固有频率一致，还将引起共振，加剧振动和噪声。一般用流量脉动率σ度量流量脉动的大小，即

$$\sigma = \frac{q_{max} - q_{min}}{q_0} \tag{2-10}$$

式中　σ——液压泵的流量脉动率；

　　　q_{max}——液压泵最大瞬时流量；

q_{min}——液压泵最小瞬时流量；

q_0——液压泵实际平均流量。

综上所述，可得出如下结论：

① 齿轮泵的输出流量与齿轮模数 m 的二次方成正比；

② 在泵的体积一定时，齿轮齿数少，模数就大，故排量增加，但流量脉动大；反之，流量脉动小；

③ 齿轮泵的输出流量和齿宽 b、转速 n 成正比。

（3）困油现象

为保证齿轮传动平稳，供油连续，齿轮的重叠系数 ε 必须大于1，即一对轮齿即将脱开前，下一对轮齿已开始啮合，因此在某一短时间内同时有两对轮齿啮合，如图2-5（a）所示，留在齿间中的油液被困在两对轮齿间的封闭容腔内，既不与压油口连通，也不与吸油口连通。随着齿轮的旋转［由图2-5（a）转到图2-5（b）所示位置］，该封闭容积由大变小。由于油液的可压缩性很小，因而压力急剧增高，油液只能从各缝隙里硬挤出去，使齿轮轴和轴承等受到很大的冲击载荷。当齿轮继续旋转［由图2-5（b）转到图2-5（c）所示位置］，该封闭容积将由小变大，造成局部真空，使油液中的空气分离出来，油液本身也会汽化，产生气泡，这就是困油现象。困油现象会使流量不均匀，形成压力脉动，产生很大的噪声，使泵的寿命降低。为了消除困油现象，可在齿轮两侧的端盖上铣两个凹下去的卸荷槽，如图2-5（d）所示。当封闭容腔缩小时，通过右边的卸荷槽与压油口连通，当封闭容腔增大时，通过左边的卸荷槽与吸油口连通，吸荷槽之间的距离 a 应保证在任何时候吸、压油口都不会窜通。

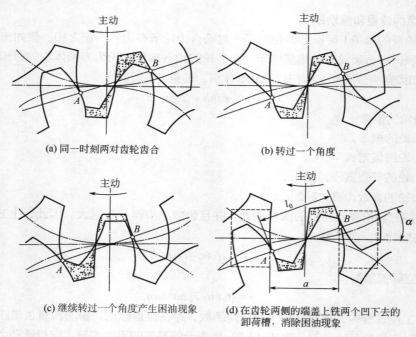

(a) 同一时刻两对齿轮齿合

(b) 转过一个角度

(c) 继续转过一个角度产生困油现象

(d) 在齿轮两侧的端盖上铣两个凹下去的卸荷槽，消除困油现象

图2-5　齿轮泵的困油现象

（4）径向液压作用力的不平衡

由图2-6可知，齿轮啮合点的左侧是压油腔，其中压力为工作压力；右侧是吸油腔，其中压力一般不低于大气压力；同时部分压力油沿齿顶圆周缝隙由压油腔漏至吸油口，压力沿周向逐渐由高降低，致使沿齿轮径向的液压作用力不平衡，如图2-6所示。再加上齿轮啮合力的联合作用，因此在齿轮轴的轴承上受到一个很大的径向力。泵的工作压力愈高，该径向力愈大，使泵的工作

条件变坏，不仅加速轴承的磨损，减低泵的寿命，而且会使轴变形，造成齿顶与壳体内表面之间的摩擦，使泵的总效率降低。为了解决齿轮泵径向受力不平衡的问题，有的泵在侧盖或座圈上开有平衡槽，如图2-7（a）所示。这种方法会增多泄漏的途径，使容积效率降低，压力上不去，此外加工较复杂。另一种方法是缩小压油口［见图2-7（b）］，通过减小压力油作用在齿轮上的面积来减小径向力，虽然采用这种方法后径向力未得到完全平衡，轴仍受径向力的作用而产生弯曲变形，但可稍加大齿顶的径向间隙以减小摩擦，由于圆周密封带较长，漏油的增加并不显著。

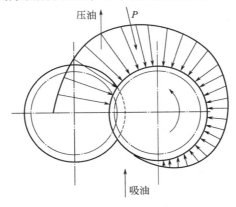

图2-6　径向液压作用力的不平衡

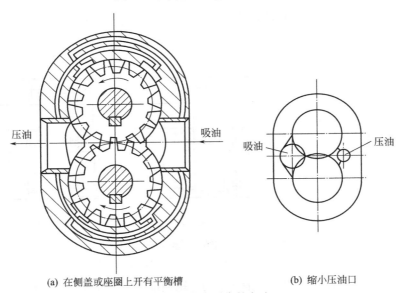

(a) 在侧盖或座圈上开有平衡槽　　　　　　　(b) 缩小压油口

图2-7　径向力平衡的方法

（5）齿轮泵的泄漏问题和高压化措施

对任何容积式液压泵来讲，为了提高其工作压力，必须使液压泵具有较好的密封性能，但为了实现密封容积的变化，相对运动的零件间又不得不具有一定的间隙，这就构成了一对矛盾。因此，提高容积式液压泵工作压力的途径就是要合理地解决这一矛盾。对齿轮泵来讲，漏油的途径有齿顶圆和壳体内孔之间的径向间隙；齿轮端面和侧盖之间的轴向间隙以及由于在齿宽方向上不能保证完全啮合而造成的齿面缝隙。而其中尤以齿轮端面的轴向间隙对泄漏的影响为最大，油压愈高，泄漏愈多。如果制造时减小此间隙，这不仅会给制造带来困难，而且将引起齿轮端面的很快磨损，容积效率仍不能提高。所以高压外啮合齿轮泵一般都采取利用液压力来补偿轴向间隙的方法。目前国内生产的外啮合齿轮泵，主要是采用浮动轴套或采用浮动侧板来自动补偿轴向间隙，这两种方法部是引入压力油使轴套或侧板贴紧齿轮端面，压力越高贴得越紧，便可自动补偿轴向磨损和间隙，这种泵结构紧凑，容积效率高，但是流量脉动较大。

（6）齿轮泵的泄漏途径及端面间隙的自动补偿

在液压泵中，运动件之间是靠微小间隙密封的，这些微小间隙形成了运动学中所谓的摩擦副，而高压腔的油液通过间隙向低压腔泄漏是不可避免的。齿轮泵压油腔的压力油可通过以下三条途径泄漏到吸油腔：①齿侧间隙，通过齿轮啮合线处的间隙；②齿顶间隙，通过泵体内孔和齿顶间隙的径向间隙；③端面间隙，通过齿轮两端面和侧板间的间隙。

在这三类间隙中，端面间隙的泄漏量最大，占泄漏总量的70%~80%。外啮合齿轮泵压力越高，吸压油腔两端的压差越大，由间隙泄漏的液压油液就越多。因此，为了实现齿轮泵的高压化，提高齿轮泵的压力和容积效率，减少泄漏，需要从结构上来考虑，对端面间隙进行自动补偿。通常采用如下自动补偿端面间隙的措施。

① 浮动轴套　图2-8（a）所示为浮动轴套式间隙补偿装置。它将泵的出口压力油引入齿轮轴上的浮动轴套1的外侧A腔，在液体压力作用下，使轴套紧贴齿轮2的侧面，因而可以消除间隙并可补偿齿轮侧面和轴套间的磨损量。在泵启动时，靠弹簧4来产生预紧力，保证了轴向间隙的密封。

② 浮动侧板　如图2-8（b）所示，浮动侧板式补偿装置的工作原理与浮动轴套式的基本相似，它也是将泵的出口压力油引到浮动侧板1的背面，使之紧贴于齿轮2的端面来补偿间隙。启动时，浮动侧板靠密封来产生预紧力。

③ 挠性侧板　图2-8（c）所示为挠性侧板式间隙补偿装置，它是将泵的出口压力油引到侧板的背面后，靠侧板自身的变形来补偿端面间隙的，侧板较薄，内侧面须耐磨，如烧结0.5~0.7mm的磷青铜，对这种结构采取一定措施后，易使侧板外侧面的压力分布大体上和齿轮侧面的压力分布相适应。

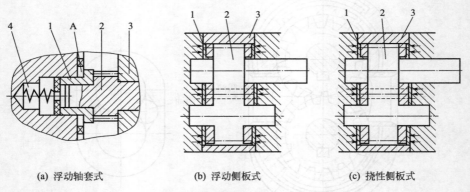

(a) 浮动轴套式　　　　(b) 浮动侧板式　　　　(c) 挠性侧板式

图2-8　端面间隙补偿装置示意图

1—浮动轴套（侧板）；2—齿轮；3—泵体；4—弹簧

④ 二次密封机构　二次密封机构是指在主动齿轮轴颈两端各放置一个密封环，由于密封环与轴颈间的间隙节流作用，相当于继浮动侧板之后的第二道密封，从而使轴向泄漏进一步减少。

（7）外啮合齿轮泵典型结构

CB-B齿轮泵的结构如图2-9所示，当泵的主动齿轮按图示箭头方向旋转时，齿轮泵右侧（吸油腔）齿轮脱开啮合，齿轮的轮齿退出齿间，使密封容积增大，形成局部真空，油箱中的油液在外界大气压的作用下，经吸油管路、吸油腔进入齿间。随着齿轮的旋转，吸入齿间的油液被带到另一侧，进入压油腔。这时轮齿进入啮合，使密封容积逐渐减小，齿轮间的油液被挤出，形成了齿轮泵的压油过程。齿轮啮合时齿向接触线把吸油腔和压油腔分开，起配油作用。当齿轮泵的主动齿轮由电动机带动不断旋转时，轮齿脱开啮合的一侧，由于密封容积变大则不断从油箱中吸油，轮齿进入啮合的一侧，由于密封容积减小则不断地排油，这就是齿轮泵的工作原理。泵的前后盖和泵体由两个定位销17定位，用6只螺钉把紧，如图2-9所示。为了保证齿轮能灵活地转动，同时又要保证泄漏最小，在齿轮端面和泵盖之间应有适当间隙（轴向间隙），小流量泵轴向间隙为0.025~0.04mm，大流量泵为0.04~0.06mm。对于齿顶和泵体内表面间的间隙（径向间隙），由于密封带长，同时齿顶线速度形成的剪切流动又和油液泄漏方向相反，故对泄漏的影响较小。这里要考虑的问题是：当齿轮受到不平衡的径向力后，应避免齿顶和泵体内壁相碰，所以径向间隙就可稍大，一般取0.13~0.16mm。

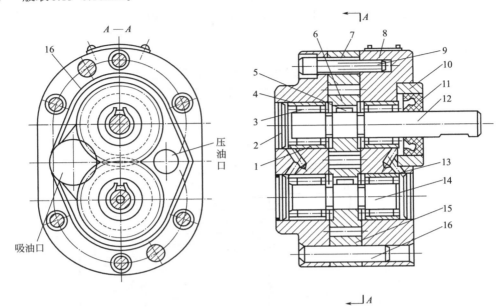

图2-9　CB-B齿轮泵的结构

1—轴承外环；2—堵头；3—滚子；4—后泵盖；5—键；6—齿轮；7—泵体；8—前泵盖；9—螺钉；10—压环；11—密封环；12—主动轴；13—泄油孔；14—从动轴；15—泄油槽；16—定位销

为了防止压力油从泵体和泵盖间泄漏到泵外，并减小压紧螺钉的拉力，在泵体两侧的端面上开有油封泄油槽16，使渗入泵体和泵盖间的压力油引入吸油腔。在泵盖和从动轴上开有小孔，其作用是将泄漏到轴承端部的压力油也引到泵的吸油腔，以防止油液外溢，同时也润滑了滚针轴承。

2.2.3　内啮合齿轮泵

（1）工作原理

内啮合齿轮泵也是利用齿间密封容积的变化来实现吸油、压油的。图2-10为内啮合齿轮泵的工作原理。

内啮合齿轮泵是由配流盘（前、后盖）、外转子（从动轮）和偏心安置在泵体内的内转子（主动轮）等组成。内、外转子相差一齿，图中内转子为6齿，外转子为7齿，由于内外转子是多齿啮合，因此形成了若干密封容积。

当内转子围绕中心 O_1 旋转时，带动外转子绕外转子中心 O_2 做同向旋转。这时，由内转子齿顶 A_1 和外转子齿谷 A_2 间形成的密封容积c（图中虚线部分），随着转子的转动密封容积就逐渐扩大，于是就形成局部真空，油液从配油窗口b被吸入密封腔，至 A_1'、A_2' 位置时封闭容积最大，这时吸油完毕。

当转子继续旋转时，充满油液的密封容积便逐渐减

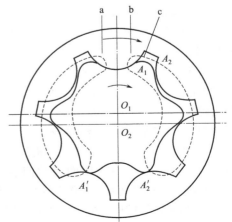

图2-10　内啮合齿轮泵的工作原理

小，油液受挤压，于是通过另一配油窗口a将油排出，转至内转子的另一齿和外转子的齿在A_2位置全部啮合时，压油完毕。

内转子每转一周，由内转子齿顶和外转子齿谷所构成的每个密封容积，完成吸油、压油各一次，当内转子连续转动时，即完成了液压泵的吸油、排油工作。

内啮合齿轮泵的最大优点是：无困油现象，流量脉动较外啮合齿轮泵小，噪声低。当采用轴向和径向间隙补偿措施后，泵的额定压力可达30MPa，容积效率和总效率比较高。缺点是齿形复杂，加工精度要求高，价格较贵。

（2）渐开线内啮合齿轮泵的典型结构

图2-11所示为带有溢流阀的内啮合齿轮泵，当泵的出口压力达到或超过出弹簧10所调定的压力时，高压腔的压力油克服弹簧力，顶开锥阀芯，溢流到吸油腔。

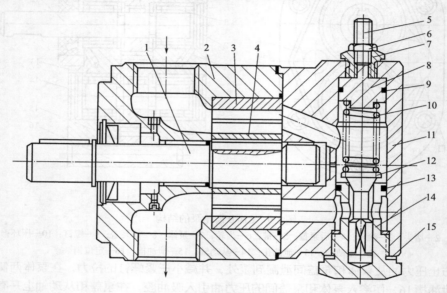

图2-11　带有溢流阀的内啮合齿轮泵

1—泵轴；2—泵体；3—内齿环；4—小齿轮；5—调节螺钉；6—锁紧螺母；7—螺塞；8—弹簧座；9，13—O形密封圈；10—弹簧；11—泵盖（阀体）；12—锥阀；14—锥阀座；15—组合密封圈

2.2.4　齿轮泵的选用原则和使用

（1）齿轮泵的选用原则

① 齿轮泵工作压力　液压系统正常工作压力应小于或等于齿轮泵的额定压力，瞬时压力峰值不得超过最大压力。齿轮泵的工作压力是决定齿轮泵寿命至关重要的因素之一。由于齿轮泵的寿命取决于轴承的寿命，负载大轴承寿命就短，尤其是采用滑动轴承结构的齿轮泵，如果超出规定的压力很多，瞬间就会使泵的轴承与齿轮轴颈咬死。合理选择齿轮泵的工作压力至关重要，可按照齿轮泵的不同压力等级（低压为小于等于2.5MPa、中压为8~14MPa、中高压为16~20MPa、高压为21~31.5MPa）选用合适的泵。

② 齿轮泵的转速　根据原动机的转速来选用齿轮泵的转速，其正常工作转速必须低于或等于齿轮泵的额定转速，短瞬的转速峰值不得超过样本规定的最高转速。对于滑动轴承来说，会因为过高的转速而发热烧死。泵的转速应与原动机的转速范围相匹配。

③ 齿轮泵的排量　根据系统需要的流量和原动机的转速来选择齿轮泵的排量。由于齿轮泵是定量泵，流量过大不仅造成不必要的功率损失，还会使系统发热而出故障。因此在确定流量时，

除考虑系统的工作流量外，还应充分考虑其他液压元件的泄漏损失，以及齿轮泵磨损后容积效率少量下降时不致影响系统的正常工作，这种矛盾在选择小排量齿轮泵时尤为突出。

④ 齿轮泵的抗污染能力 不同结构的齿轮泵抗污染能力不同。若是固定侧向间隙和滚动轴承的齿轮泵，可选用过滤精度较低的过滤器；而带轴向或径向间隙补偿及滑动轴承结构的齿轮泵，对污染的敏感性高，应选用过滤精度较高的过滤器，按样本的要求执行。通常低压齿轮泵的污染敏感度较低，允许系统选取过滤精度较低的过滤器。相反，高压齿轮泵的污染敏感度较高，故系统需选用过滤精度较高的过滤器。

⑤ 其他因素 为了节省功率和合理使用，可采用多联齿轮泵来解决多个液压源的问题，或采用串级齿轮泵来达到所需要的压力。需要提高压力等级时，可选用多级齿轮泵。要考虑对齿轮泵的噪声和流量脉动的要求，外啮合齿轮泵的噪声较大，内啮合齿轮泵的流量脉动较小。带安全阀的复合型齿轮泵可用于小型行走或移动的设备上，系统可不设安全阀，结构更紧凑简单。转向系统可选用组装单路稳定分流阀的复合型齿轮泵，该阀把齿轮泵的排油分成两部分，其中一部分稳定不变的流量供给转向系统，另一部分供其他系统使用。在要求齿轮泵能够正反两个方向旋转，进出油口又保持不变的场合，可选用与正反向阀组合的复合型齿轮泵，或选用带偏心套的摆线齿轮泵。

综合考虑齿轮泵的可靠性、经济性、使用维护方便与否、供货及时与否等条件，要优先采用经国家有关部门及行业中经过鉴定的产品。

（2）齿轮泵的使用

使用齿轮泵时，应注意以下几点。

① 泵传动轴与原动机输出轴之间的安排采用弹性联轴器，其同轴度误差不得大于$\phi0.01$mm，采用轴套式联轴器的同轴度误差不得大于$\phi0.05$mm。

② 输出轴不能承受径向力的泵，传动装置应保证泵的主动轴不承受径向力和轴向力，可以允许承受的力应严格遵守许用范围。

③ 泵的吸油高度不得大于0.5mm。

④ 泵的过滤精度应≤40μm，在吸油口常用网式过滤器，滤网可采用150目。设置在系统回油路上的过滤器的精度最好≤40μm。

⑤ 工作油液应严格按规定选用，一般常用运动黏度为25~33mm²/s，工作温度范围为-20~80℃。

⑥ 泵的旋转方向即进、出油口位置不得搞错。

⑦ 在必要的情况下，进行泵的拆卸和装配时，必须严格按厂方的使用说明书进行。

⑧ 要拧紧泵进、出口管接头连接螺钉，密封装置要可靠，以免引起吸空、漏油，影响泵的工作性能。

⑨ 应避免带负载启动及在有负载情况下停车。

⑩ 启动前必须检查系统中的溢流阀（安全阀）是否在调定的许可压力上。

⑪ 泵在工作前应进行不少于10min的空负载运转和短时间的负载运转。然后检查泵的工作情况，不应有渗漏、冲击声、过度发热和噪声现象。

⑫ 泵如长时间不用，应将它和原动机分离。再次使用时，不得立即使用最大负载，应有不小于10min的空负载运转。

⑬ 为了节省功率和合理使用，可采用多联泵来解决多个液压源的问题，或采用串级泵来达到所需要的压力。

⑭ CB-B系列齿轮泵使用时应注意，此系列齿轮泵属于低压齿轮泵，适用于机床、工程机械等低压液压系统和润滑系统作液压能源，使用32号机械油，工作油温为10~50℃。

2.3 叶片泵

2.3.1 分类及特点

（1）叶片泵的分类

叶片泵按其输出流量是否可调节分为定量叶片泵和变量叶片泵；按泵轴每转中每个叶片封闭室的吸排油次数分为单作用叶片泵、双作用叶片泵和多作用叶片泵，其中单作用叶片泵一般为变量泵，双作用叶片泵一般是定量泵。按叶片设置的部位又可分为普通叶片泵（叶片在转子上）和凸轮转子叶片泵（叶片在定子上）。某些叶片泵还有单级和多级之分。

（2）叶片泵的特点

叶片泵具有悠久的应用历史，在机床液压系统中应用广泛。现代叶片泵的构造复杂程度和制造成本都介于齿轮泵和柱塞泵之间。其主要优缺点如下。

① 优点

a. 可制成变量泵，特别是结构简单的压力补偿型变量泵。

b. 单位体积的排量较大。

c. 定量叶片泵可制成双作用或多作用的，轴承受力平衡，寿命长。

d. 多作用叶片泵的流量脉动较小，噪声较低。

② 缺点

a. 吸油能力较差。

b. 受叶片与滑道间接触应力和许用摩擦力的限制，变量叶片泵的压力和转速均难以提高，而根据叶片外伸所需离心力的要求，其转速又不能太低，故实用工况范围较窄。

c. 对污染物比较敏感。

（3）叶片泵的应用场合

传统上，叶片泵特别是变量叶片泵多用于固定安装的工矿设备和船舶上，但近年来，不少行走机械也装用了高压定量叶片泵。

各种金属加工机床广泛应用叶片泵作为液压油源，它们的液压系统一般功率不大（20kW以下），工作压力中等（常用2.5~8MPa），而要求所使用的液压泵输出流量平稳、噪声低和寿命长，这正符合了叶片泵的特点。利用排量不等的两个单元构成的双联叶片泵可经叠加切换得到三种不同的流量，适用于进给及退回速度相差悬殊的加工设备。

各种中小型锻压、冲剪、铸造、橡胶和塑料成形等设备在一个作业周期中负荷变化大，还常需对加工对象或模具"保压"，使用有压力补偿功能的变量叶片泵可以用节能的运转方式满足这些要求，且成本较低。不过由于新一代设备中液压系统工作压力的提高，以及其他元件在降低噪声及制造成本方面的长足进步，变量叶片泵在这一领域中的应用略有减少。由于种种原因，变量叶片泵属于近20年间技术进步最不明显的液压泵类元件。与现代变量柱塞泵相比，变量叶片泵在压力、转速、功率、效率和可选用的变量方式等方面均有明显差距，品种也少，除了价格较低和自吸能力稍好以外，几乎没有其他优势可言。其应用范围正日益萎缩。照此趋势发展，相当一部分变量叶片泵将不可避免地被综合性能更好、调节方式更多样的变量柱塞泵或变速电动机驱动的定量叶片泵和内齿轮泵所取代。

与变量叶片泵相反，新型高性能的定量叶片泵不仅保持并发展了自己在工业液压领域中的地位，而且以其体积小、重量轻、噪声低和寿命长的优点在行走机械中占据了许多原来属于外齿轮泵的市场。特别是在轿车液压转向助力系统领域中已形成了很大的优势。此外，在工程机械、重型车辆、船用甲板机械、航空航天设备上的应用也日益增多。它们和内齿轮泵一起将成为今后高性能定量液压泵的主流产品。

2.3.2 工作原理

叶片泵（液压马达）的核心部件是一组能在滑槽中沿径向伸缩的矩形叶片，它们把前后端盖和转子、定子间形成的环状空间沿圆周分隔成与叶片数量相同的封闭室。由于转子、定子间的径向距离沿圆周变化，在转子旋转的过程中，这些封闭室的容积会发生周期性的扩大和缩小。在泵的端盖或定子上（偶尔也有在壳体上或在固定的中心销轴上），有分隔开的腰形配流窗口，其中与正在扩大容积区域的封闭室相通的为吸油腔，与正在减小容积区域的封闭室相通的则为排油腔，从而完成吸、排油过程。叶片的作用是在各封闭室间形成密封的"隔墙"，其伸缩运动用以补偿转、定子间距离的变化。

（1）双作用式叶片泵

图2-12所示为双作用式叶片泵的工作原理。定子的两端装有配流盘，定子3的内表面曲线由两段大半径圆弧、两段小半径圆弧及四段过渡曲线组成。定子3和转子2的中心重合。在转子2上沿圆周均布开有若干条（一般为12或16条）与径向成一定角度（一般为13°）的叶片槽，槽内装有可自由滑动的叶片。在配流盘上，对应于定子3四段过渡曲线的位置开有四个腰形配流窗口，其中两个与泵吸油口4连通的是吸油窗口；另外两个与泵压油口1连通的是压油窗口。当转子2在传动轴带动下转动时，叶片在离心力和底部液压力（叶片槽底部始终与压油腔相通）的作用下压向定子3的内表面，在叶片、转子、定子与配流盘之间构成若干密封空间。当叶片从小半径曲线段向大半径曲线滑动时，叶片外伸，

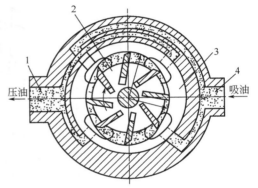

图2-12 双作用式叶片泵的工作原理
1—压油口；2—转子；3—定子；4—吸油口

这时所构成的密封容积由小变大，形成部分真空，油液经吸油窗口吸入；而处于从大半径曲线段向小半径曲线滑动的叶片缩回，所构成的密封容积由大变小，其中的油液受到挤压，经过压油窗口压出。这种叶片泵每转一周，每个密封容腔完成两次吸、压油过程，故这种泵称为双作用叶片泵。同时，泵中两吸油区和两压油区各自对称，使作用在转子上的径向液压力互相平衡，所以这种泵又称为平衡式叶片泵或双作用卸荷式叶片泵。这种泵的排量不可调，因此它是定量泵。

（2）双作用叶片泵的结构特点

双作用叶片泵如不考虑叶片厚度，泵的输出流量是均匀的，但实际叶片是有厚度的，长半径圆弧和短半径圆弧也不可能完全同心，尤其是叶片底部槽与压油腔相通，因此泵的输出流量将出现微小的脉动，但其脉动率较其他形式的泵（螺杆泵除外）小得多，且在叶片数为4的整数倍时最小。因此，双作用叶片泵的叶片数一般为12片或16片。

① 提高双作用叶片泵压力的措施 由于一般双作用叶片泵的叶片底部通压力油，就使得处于吸油区的叶片顶部和底部的液压作用力不平衡，叶片顶部以很大的压紧力抵在定子吸油区的内表面上，使磨损加剧，影响叶片泵的使用寿命，尤其是工作压力较高时，磨损更严重，吸油区叶片两端压力不平衡，限制了双作用叶片泵工作压力的提高。所以在高压叶片泵的结构上必须采取措施，使叶片压向定子的作用力减小。常用的措施如下。

a.减小作用在叶片底部的油液压力。将泵压油腔的油通过阻尼槽或内装式小减压阀通到吸油

区的叶片底部，使叶片经过吸油腔时，叶片压向定子内表面的作用力不致过大。

　　b.减小叶片底部承受压力油作用的面积。叶片底部受压面积为叶片的宽度和叶片厚度的乘积，因此减小叶片的实际受力宽度和厚度，就可减小叶片受压面积。

　　减小叶片实际受力宽度结构如图2-13（a）所示，这种结构中采用了复合式叶片（亦称子母叶片），叶片分成母叶片1与子叶片2两部分。通过配油盘使K腔总是接通压力油，引入母子叶片间的小腔c内，而母叶片底部L腔，则借助于虚线所示的油孔，始终与顶部油液压力相同。这样，无论叶片处在吸油区还是压油区，母叶片顶部和底部的压力油总是相等的。当叶片处在吸油腔时，只有c腔的高压油作用而压向定子内表面，减小了叶片和定子内表面间的作用力。图2-13（b）所示的为阶梯片结构，在这里，阶梯叶片和阶梯叶片槽之间的油室d始终和压力油相通，而叶片的底部和所在腔相通。这样，叶片在d室内油液用力作用下压向定子表面，由于作用面积减小，使其作用力不致太大，但这种结构的工艺性较差。

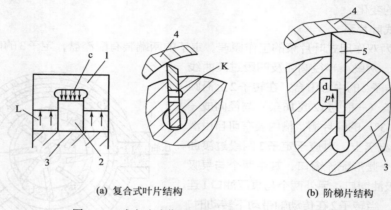

(a) 复合式叶片结构　　　　　　　　(b) 阶梯片结构

图2-13　减小叶片作用面积的高压叶片泵叶片结构

1—母叶片；2—子叶片；3—转子；4—定子；5—叶片

　　c.使叶片顶端和底部的液压作用力平衡。图2-14（a）所示的泵采用双叶片结构，叶片槽中有两个可以作相对滑动的叶片1和2，每个叶片都有一棱边与定子内表面接触，在叶片的顶部形成一个油腔a，叶片底部油腔b始终与压油腔相通，并通过两叶片间的小孔c与油腔a相连通，因而使叶片顶端和底部的液压作用力得到平衡。适当选择叶片顶部棱边的宽度，可以使叶片对定子表面既有一定的压紧力，又不致使该力过大。为了使叶片运动灵活，对零件的制造精度将提出较高的要求。

　　图2-14（b）所示为叶片装弹簧的结构，这种结构叶片1较厚，顶部与底部有孔相通，叶片底部的油液是由叶片顶部经叶片的孔引入的，因此叶片上、下油腔油液的作用力基本平衡，为使叶片紧贴定子内表面，保证密封，在叶片根部装有弹簧。

　　② 配流盘　配流盘结构如图2-15所示，在配流盘上有两个吸油窗口2、4和两个压油窗口1、3，窗口之间为密封区，密封区的中心角α略大于或大于两个叶片间的夹角β，保证密封。当两个叶片间的密封油液从吸油区过渡到密封区时，压力基本上是吸油压力。当转子在转过一个微小的角度时，该密封腔和压油腔相通，油压突然升高，油液的体积收缩，压油腔的油液倒流到该腔，泵的瞬时流量突然减小，引起液压泵的流量脉动、压力脉动、振动和噪声。为了消除这一现象，在配流盘的压油窗口靠叶片从吸油区进入密封区的一边开三角槽。在配流盘接近中心位置处开有槽c，槽c和压油腔相通，并和转子叶片槽底部相通，使叶片底部作用有压力油。

　　③ 定子曲线　定子曲线由四段圆弧和四段过渡曲线组成。过渡曲线主要为修正的阿基米德螺线、正弦加速曲线、等加速-等减速曲线、同次曲线。现在的双作用叶片泵多采用等加速-等减速曲线。

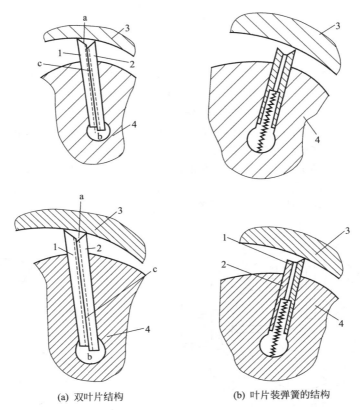

(a) 双叶片结构　　　　　(b) 叶片装弹簧的结构

图2-14　叶片液压力平衡的高压叶片泵叶片结构

1，2—叶片；3—定子；4—转子

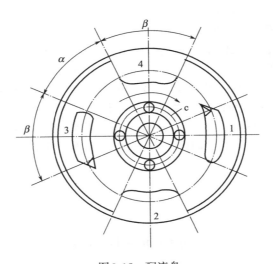

图2-15　配流盘

1，3—压油窗口；2，4—吸油窗口

④ 叶片的倾角　叶片在工作过程中，受到离心力和叶片底部的液压力作用，使叶片和定子紧密接触。当叶片转到压油区时，定子内壁迫使缩向转子中心。在双作用叶片泵中，将叶片顺着转

子回转方向前倾一个角度，可减小定子内壁对叶片作用的侧向力，使叶片在槽中移动灵活，并减少磨损。

（3）单作用叶片泵的工作原理

图2-16所示为单作用叶片泵的工作原理。与双作用叶片泵明显不同的是，单作用叶片泵的定子内表面是一个圆形，转子与定子间有一偏心量e，两端的配流盘上只开有一个吸油窗口和一个压油窗口。当转子旋转一周时，每一叶片在转子槽内往复滑动一次，每相邻两叶片间的密封容腔容积发生一次增大和缩小的变化，容积增大时，通过吸油窗口吸油；容积减小时，通过压油窗口将油挤出。由于这种泵在转子每转一周过程中，每个密封容腔容积吸油、压油各一次，故称为单作用叶片泵。又因这种泵的转子受有不平衡的液压作用力，故又称不平衡式叶片泵。由于轴和轴承上的不平衡负荷较大，因而使这种泵工作压力的提高受到了限制。改变定子和转子间的偏心距e值，可以改变泵的排量，因此单作用叶片泵是变量泵。

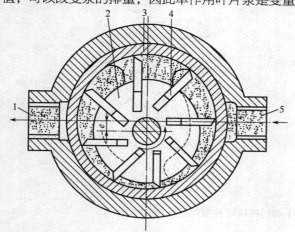

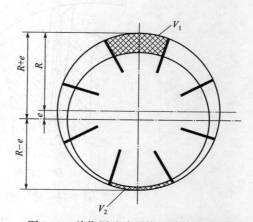

图2-16　单作用叶片泵的工作原理

1—压油口；2—转子；3—定子；4—叶片；5—吸油口

图2-17　单作用叶片泵排量计算原理图

（4）单作用叶片泵排量和流量计算

单作用叶片泵的排量和流量可以用图解法近似求出，图2-17为其计算原理图。如果相邻两叶片的在吸油腔形成的最大容积为V_1，当转子旋转π弧度后，达到最小容积V_2，两叶片间排出容积为ΔV的油液，当两叶片再由容积最小位置转到容积最大位置时，两叶片间吸入容积为ΔV的油液。由此可见，转子旋转一周，两叶片间排出油液体积为ΔV。当泵有z个叶片时，就排出z个与ΔV相等的油液体积。若将各部分体积加起来，就可近似为环形体积。因此，单作用叶片泵的理论排量为

$$V = \pi[(R + e)^2 - (R - e)^2]b = 4be\pi R \tag{2-11}$$

式中　　R——定子的半径；

　　　　b——转子的齿宽；

　　　　e——定子相对转子的偏距。

单作用叶片泵的流量为

$$q = Vn\eta_v = 4be\pi Rn\eta_v \tag{2-12}$$

式中　　n——叶片泵的转速；

　　　　η_v——叶片泵的容积效率。

单作用叶片泵的叶片底部与工作油腔相通。当叶片处于吸油腔时，它与吸油腔相通，也参与吸油；当叶片处于压油腔时，它与压油腔相通，向外压油。叶片底部的吸油和排油正好补偿了工作油腔中叶片占的体积。因此，叶片对容积的影响可以忽略。

（5）单作用叶片泵的结构特点

① 困油现象　由于配流盘吸、排油窗口间的密封角大于相邻两叶片的夹角，而单作用叶片泵

的定子不存在与转子同心的圆弧段。因此，在吸、排油过渡区，当两叶片间的密封容腔发生变化时，会产生与齿轮泵相类似的困油现象。为解决困油现象，通常在配流盘排油窗口边缘开三角卸荷槽。

② 叶片根部通油 在转子旋转时，如果只依靠离心力使叶片向外伸出，并不能保证叶片和泵体充分接触，在这种情况下，根本不能形成吸压油腔，造成泵的失效。为了解决这个问题，就在叶片根部通压力油，使叶片和泵体充分接触。

③ 叶片倾角 单作用叶片泵的叶片在吸油区是靠离心力紧贴在定子表面，与定子、转子、配流盘形成容积可变的密封空间的，叶片在运动的过程中，受到科里奥利力和摩擦力的复合作用，为了使叶片所受的合力与叶片的滑动方向一致，保证叶片更容易地从叶片槽滑出，常将叶片槽加工成沿旋转方向向后倾斜一定的角度。

④ 径向力不平衡 单作用叶片泵转子的一侧为高压油的排油腔，一侧为低压油的吸油腔，泵的转子和轴承将承受较大的液压力，这使得泵的工作压力和排量的提高受到一定的限制。

⑤ 流量脉动 单作用叶片泵的流量也是有脉动的，泵内叶片数越多，流量脉动率越小。奇数叶片的泵的脉动率比偶数叶片的泵的脉动率小，所以单作用叶片泵的叶片数均为奇数，一般为 13 或 15 片。

2.3.3 典型结构

如图 2-18 所示为 YB₁ 型双作用叶片泵的结构，它为分离式结构，由前泵体 7、后泵体 6 和端盖 10 组成泵的外壳。泵体内安装有左配流盘 1、右配流盘 5、定子 4、转子 3、叶片 11。为了拆装方便，泵体内的元件通过紧固螺钉 13 连接成一个整体部件。通过后泵体上的定位孔使 13 的头部定位，保证吸、压油窗口与定子内表面过渡曲线相对位置准确。吸油口开在后泵体上，压油口开在前泵体上，转子 3 和传动轴 9 通过花键连接，并通过两个球轴承 8、2 支承在前泵体和后泵体上。转子上开有 12 或 16 条叶片槽，叶片在槽内可自由滑动。端盖和传动轴间的密封圈 14 防止油液外泄漏以及空气和灰尘的侵入。

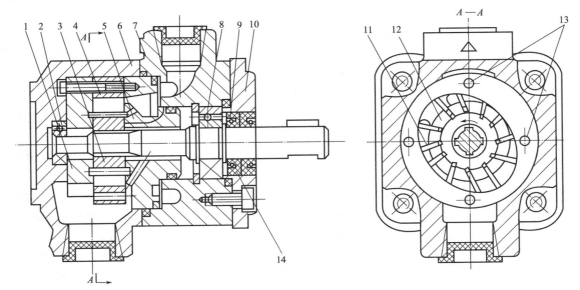

图 2-18 YB₁ 型双作用叶片泵

1—左配流盘；2—轴承；3，12—转子；4—定子；5—右配流盘；6—后泵体；7—前泵体；
8—轴承；9—传动轴；10—端盖；11—叶片；13—紧固螺钉；14—密封圈

2.3.4　叶片泵的选用原则和使用

（1）叶片泵的选择原则

① 根据液压系统使用压力来选择叶片泵　若系统常用工作压力在10MPa以下，可选用YB₁系列或YB-D型叶片泵；若常用工作压力在10MPa以上，应选用高压叶片泵。

② 根据系统对噪声的要求选择　一般来说，叶片泵的噪声较低，双作用叶片泵的噪声又比单作用泵（即变量叶片泵）的噪声低。若主机要求泵噪声低，则应选低噪声的叶片泵。

③ 从工作可靠性和寿命来考虑　双作用叶片泵的寿命较长，如YB₁系列叶片泵的寿命在10000h以上，而单作用叶片泵、柱塞泵和齿轮泵的寿命就较短。

④ 考虑污染因素　叶片泵抗污染能力较差，不如齿轮泵。若系统过滤条件较好，油箱又是密封的，则可以选用叶片泵，否则应选用齿轮泵或其他抗污染能力强的泵。

⑤ 从节能角度考虑　为了节省能量，减少功率消耗，应选用变量泵，最好选用比例压力、流量控制变量叶片泵。采用双联泵甚至三联泵也是节能的一种方案。

⑥ 考虑价格因素　价格是一个重要的因素。在保证系统可靠工作的条件下，为降低成本，应选用价格较低的泵。在选择变量泵或双联泵时，除了从节能方面进行比较外，还应从成本等多方面进行分析比较。

（2）叶片泵的使用注意事项

① 使用叶片泵时要注意泵轴的旋转方向：顺时针方向（从轴端看）为标准品，逆时针方向为特殊式样。回转方向的确认可用瞬间启动液压马达来检查。

② 要注意液压油的黏度和油品：工作压力7MPa以下时，使用40℃时黏度为20~50cSt[●]（ISO VG32）的液压油；工作压力7MPa以上时，使用40℃时黏度为30~68cSt（ISO VG46，VG68）的液压油。

③ 泄油管压力：泄油管一定要直接插到油箱的油面下，配管所产生的背压应维持在0.03MPa以下。

④ 注意泵吸油口距液面高度不应大于500mm，吸油管不得漏气。

⑤ 工作油温：连续运转的温度为15~60℃。

⑥ 安装泵时，泵的轴线与电动机或原动机轴线应保持一定的同轴度，一般要求同轴度误差不大于ϕ0.1mm，且泵与电动机之间应采用挠性连接。泵轴不得承受径向力。

⑦ 吸油压力：吸油口的压力为–0.03~0.03MPa。

⑧ 新机运转：新机开始运转时，应在无压力的状态下反复启动电动机，以排除泵内和吸油管中的空气。为确保系统内的空气排除，可在无负载的状态下，连续运转10min左右。

⑨ 注意保持油液清洁。油箱应保持清洁，液压系统应装有过滤器，油液清洁度应达到国家标准等级19/16级。

⑩ YB₁系列单级叶片泵是在YB型的基础上改进发展的，是一种新的中低压定量泵，具有结构简单、压力脉动小、工作可靠、使用寿命长等优点，广泛应用于机床设备和其他液压系统中。对于YB₁系列单级叶片泵，推荐使用L-AN32全损耗系统用油，工作油温为10~50℃。

⑪ 双联叶片泵是由两个单级叶片泵组合而成，采用同轴传动。泵有一个共同的（或各泵有单独的）进油口，有两个出油口。按两种泵的系列组合，可获得多种流量。双联叶片泵一般用于机床、油压机或其他机械上。

⑫ YBN型变量叶片泵依靠移动定子偏心位置来改变泵的排量。泵附有压力补偿装置及最大

[●] 1cSt=10⁻⁶m²/s，下同。

流量调节机构，在系统达到调定压力后，自动减少泵的输出流量，以保持系统压力恒定。这种变量叶片泵适用于组合机床及其他机械设备，可以减少油液发热及电动机的功率消耗。

2.4 柱塞泵

柱塞泵是依靠柱塞在缸体柱塞孔内往复运动，使密封容积产生变化来实现吸、压油的。与齿轮泵和叶片泵相比，这种泵有许多优点。首先，构成密封容积的零件为圆柱形的柱塞和缸孔，加工方便，可得到较高的配合精度，密封性能好，在高压状态工作仍有较高的容积效率；第二，只需改变柱塞的工作行程就能改变流量，易于实现变量；第三，柱塞泵中的主要零件均受压应力作用，材料强度性能可得到充分利用。由于柱塞泵压力高，结构紧凑，效率高，流量调节方便，故在需要高压、大流量、大功率的系统中和流量需要调节的场合，如龙门刨床、拉床、液压机、工程机械、矿山冶金机械、船舶上得到广泛的应用。

2.4.1 柱塞泵的分类、特点

（1）柱塞泵的分类

柱塞泵可按照多方面的特征进行分类，主要有：

① 按动力源可分为机动泵和手动泵（人力泵）两大类。

② 在由旋转泵轴输入动力的机动泵中，按缸体与泵轴的相对装置关系，可分为轴向柱塞泵和径向柱塞泵两类。前者柱塞的运动方向与泵轴线平行或相交角度不大于45°，后者的柱塞基本上垂直于泵轴运动。轴向柱塞泵中一般又按驱动方式分为斜盘泵、斜轴泵和旋转斜盘泵三种，径向柱塞泵则习惯上按配流装置进一步分类。近年来，还出现了弯曲缸筒的柱塞泵。另一类机动泵是由气缸或液压缸驱动的往复式柱塞泵，即增压器。

③ 按配流装置的形式，分为带间隙密封型配流装置柱塞泵和带座阀配流装置柱塞泵两种，有的柱塞泵采用两种配流装置的组合（吸、排油不同）。

（2）柱塞泵的特点

① 斜盘式轴向柱塞泵特点

a.由于柱塞与缸体内孔均为圆柱表面，因此柱塞泵具有加工方便、配合精度高、密封性能好、容积效率高的优点。

b.由于柱塞始终处于受压状态，能使材料强度性能充分发挥，所以柱塞泵具有压力高、结构紧凑等优点。

c.只要改变柱塞的工作行程，就能改变泵的排量，所以柱塞泵具有流量调节方便的优点。

② 斜轴式轴向柱塞泵特点

a.缸体驱动方式为中心铰式。优点是缸体运转平稳（与泵轴几乎是完全同步的），所受侧向力较小，允许很大的摆角（现有产品已达45°）；缺点是结构复杂，缸体中间部位要为万向节留出较大的空间，尺寸不够紧凑。

b.无铰式。泵轴由铰接在驱动盘端面球窝中的连杆-柱塞副或特别形状的柱塞交替"拨动"缸体旋转，不需另加专门的传动部件。此法由于简单、紧凑，许用的摆角较大（已达40°），现已成为定量和变量斜轴泵及液压马达的主流结构。缺点是缸体角速度有周期性波动。

c.锥齿轮式。泵轴经设置在驱动盘和缸体外缘处的一对齿数相同的锥齿轮驱动缸体旋转。优点是缸体角速度与泵轴完全同步，且摆角可做得很大；但它只适用于定量型元件，并由于齿轮传动本身产生的轴向和径向力，加大了泵轴和缸体轴承的负荷，同时外壳尺寸也比较大。

③ 径向柱塞泵的特点 流量大，工作压力较高，便于做成多排柱塞形式，轴向尺寸小，抗污染能力较强，工作可靠，寿命较长等；缺点是径向尺寸大，结构较复杂，运动副摩擦表面的速度高，最高转速受到限制，配流轴受到很大的径向力，因此配流轴直径较大。

2.4.2 工作原理

柱塞泵主要由柱塞-缸筒副、配流装置和驱动机构等组成，其结构如图2-19所示。

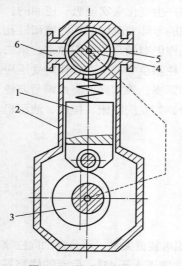

图2-19 柱塞泵的结构

1—柱塞；2—缸筒；3—驱动装置；4—配流装置；
5—吸油口；6—排油口

柱塞泵依靠在圆形（罕有矩形）截面的缸筒内作往复运动的柱塞，在介于缸盖和柱塞顶之间形成可变的工作容积，使工作容积中流体介质的体积产生变化。同一泵上的柱塞-缸筒副可以有多个，它们一般设置在公共的缸体中。旋转运动的电动机通过某种驱动机构使柱塞作往复运动，同时由配流装置通过某种位置约束机构、液压力或其他效应，使得当柱塞缸工作容积扩大时将缸筒与吸油腔接通，缩小时与排油腔接通，完成由吸油腔向排油腔泵送油液并建立一定压力的过程。大多数的柱塞泵在泵轴的一转中，每一柱塞副吸、排油各一次，为单作用泵。双作用泵和多作用泵十分少见，仅出现在多作用柱塞液压马达处于泵工况时。

2.4.3 斜盘式轴向柱塞泵

（1）斜盘式轴向柱塞泵的工作原理

斜盘式轴向柱塞泵的工作原理如图2-20所示。泵由斜盘1、柱塞2、缸体3、配流盘4等零件组成，斜盘1和配流盘4是不动的，传动轴5带动缸体3、柱塞2一起转动，柱塞2靠机械装置或在低压油作用下压紧在斜盘上。当传动轴按图2-20所示方向旋转时，柱塞2在沿斜盘自下而上回转的半周内逐渐向缸体外伸出，使缸体孔内密封工作腔容积不断增加，产生局部真空，从而将油液经配流盘4上的吸油窗口6吸入；柱塞在自上而下回转的半周内又逐渐向里推入，使密封工作腔容积不断减小，将油液从压油窗口7向外排出。缸体每转一周，每个柱塞往复运动一次，完成一次吸油和压油动作。

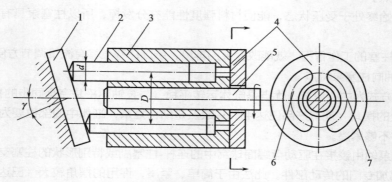

图2-20 斜盘式轴向柱塞泵的工作原理

1—斜盘；2—柱塞；3—缸体；4—配流盘；5—传动轴；6—吸油窗口；7—压油窗口

（2）斜盘式轴向柱塞泵的排量和流量计算

如图2-20所示，根据几何关系，斜盘式轴向柱塞泵的排量为

$$V = \frac{\pi}{4} d^2 zD \tan \gamma \tag{2-13}$$

输出的流量为

$$q = \frac{\pi}{4} d^2 zDn\eta_v \tan \gamma \tag{2-14}$$

式中　γ——斜盘倾角；

D——柱塞孔分布圆直径；

d——柱塞直径；

z——柱塞数目。

改变斜盘的倾角 γ，就可以改变密封工作容积的有效变化量，实现泵的变量。柱塞泵的排量是转角的函数，其输出流量是脉动的。就柱塞数而言，柱塞数为奇数时的脉动率比偶数时的小，且柱塞数越多，脉动越小，故柱塞泵的柱塞数一般都为奇数。从结构工艺性和脉动率综合考虑，常用的柱塞泵的柱塞个数是7、9或11。

（3）斜盘式轴向柱塞泵的结构和特点

① 典型结构和特点　如图2-21所示为斜盘式轴向柱塞泵，它由主体部分和变量机构两大部分组成。

a.主体部分。传动轴9与缸体6通过花键连接而驱动缸体转动，均匀分布在缸体上的柱塞7绕传动轴的轴线作旋转运动。每个柱塞的球头与滑靴5铰接，定心弹簧8通过内套、钢球、回程盘11将滑靴紧紧压在斜盘2上，由于斜盘的法线方向与传动轴的轴线方向有一夹角，当缸体旋转时，柱塞沿缸体上的柱塞孔作相对往复运动，通过配流盘10完成吸、排油。与此同时，定心弹簧反方向的作用力又将缸体压在配流盘上，起预紧密封作用。由于滑靴和配流盘均采用静压支承结构，因此具有较高的性能参数。

b.变量机构。当旋转变量手轮15时，通过丝杠14带动变量活塞13沿变量壳体上下运动，活塞通过拨叉12使斜盘及变量头组件绕其自身的旋转中心摆动，改变斜盘的法线方向与传动轴方向的夹角，从而达到变量的目的。

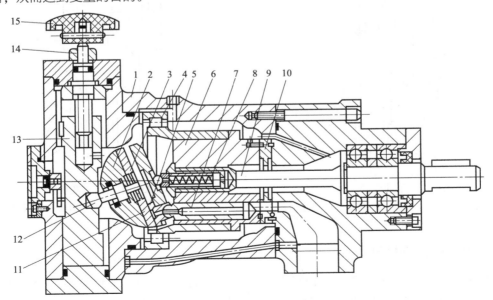

图2-21　斜盘式轴向塞泵结构

1—泵体；2—斜盘；3—压盘；4—缸体外大轴承；5—滑靴；6—缸体；7—柱塞；8—弹簧；9—传动轴；
10—配油盘；11—回程盘；12—拨叉；13—变量活塞；14—丝杠；15—转动手轮

为保证缸体紧压配流盘端面，预密封的推力除机械装置或弹簧作用力外，还有柱塞孔底部台阶面上的液压力，它比弹簧力大得多，而且随泵的工作压力增大而增大，从而端面间隙得到了自动补偿。

② 变量机构　轴向柱塞泵常用变量机构有手动变量和伺服变量机构。在斜盘式轴向柱塞泵中，通过改变斜盘的倾角大小就可调节泵的排量，变量机构的形式有多种，这里以手动变量机构和手动伺服变量机构为例来说明其工作原理。

a. 手动变量机构。图2-22所示为斜盘式轴向柱塞泵常用的手动变量机构。转动变量手轮1，使丝杠3转动，带动变量活塞4做轴向移动，通过拨叉5使斜盘6绕变量机构壳体上的圆弧导轨面的中心旋转，从而使斜盘倾角改变，达到变量的目的。当流量达到要求时，可用锁紧螺母2锁紧。这种变量机构结构简单，但操作费力，且不能在工作过程中变量。

b. 手动伺服变量机构。图2-23所示为斜盘式轴向柱塞泵的手动伺服变量机构。该机构由壳体（缸筒）1、变量活塞2和伺服阀芯3组成。变量活塞2兼作伺服阀的阀体，其中心与阀芯相配合，并有c、d和e三个孔道分别连通缸筒1的下腔a、上腔b和油箱。泵上的斜盘4通过拨叉机构与变量活塞2下端铰接，可利用变量活塞2的上下移动来改变斜盘倾角。当用手柄使伺服阀芯3向下移动时，孔道c上的阀口打开，经a腔引入的压力油p经孔道c通向b腔，活塞因上腔有效面积大于下腔有效面积而向下移动，其移动又会使伺服阀上的阀口关闭，最终使活塞2停止运动；同理，当手柄使伺服阀芯3向上移动时，孔道d上的阀口打开，b和e接通油箱，活塞2在a腔压力油的作用下向上移动，并在该阀口关闭时自行停止运动。可见，活塞2与阀芯3是随动关系，用较小的力驱动阀芯，就可以调节斜盘倾角。

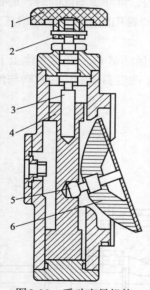

图2-22　手动变量机构

1—变量手轮；2—锁紧螺母；3—丝杠；4—变量活塞；
5—拨叉；6—斜盘

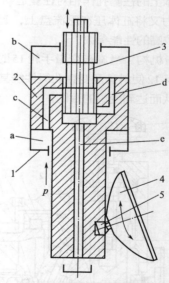

图2-23　手动伺服变量机构

1—壳体（缸筒）；2—变量活塞；3—伺服
阀芯，4—斜盘；5—拨叉

2.4.4　斜轴式轴向柱塞泵

图2-24为斜轴式轴向柱塞泵的工作原理。当传动轴5转动时，通过连杆4和柱塞2与缸体3接触带动缸体3转动。同时，柱塞2在缸体3的柱塞孔中往复运动，实现吸压油。斜轴式轴向柱塞泵的传动轴中心线与缸体中心线倾斜一个角度γ，改变γ的大小，即可改变泵的排量。

与斜盘式轴向柱塞泵相比，斜轴式轴向柱塞泵由于缸体所受的不平衡力较小，故结构强度较高，可以有较高的设计参数，其缸体曲线与驱动轴的夹角较大，故变量范围较大，但由于其外形尺寸较大，结构也较复杂。

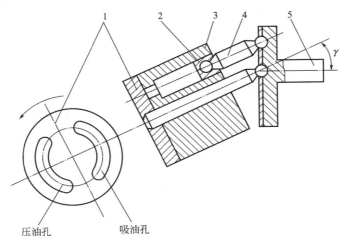

图2-24 斜轴式轴向柱塞泵工作原理
1—配流盘；2—柱塞；3—缸体；4—连杆；5—传动轴

在变量形式上，斜盘式轴向柱塞泵依靠斜盘摆动实现变量，斜轴式轴向柱塞泵依靠摆缸实现变量，有较大的惯性，故其变量系统反应较慢。

2.4.5 径向柱塞泵

（1）径向柱塞泵的工作原理

如图2-25为径向柱塞泵的工作原理。柱塞1径向排列安装在转子2中，转子2由原动机带动连同柱塞1一起旋转。

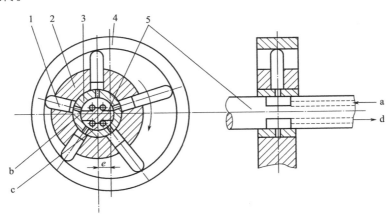

图2-25 径向柱塞泵工作原理
1—柱塞；2—转子；3—衬套；4—定子；5—配流轴

柱塞1在离心力和机械回程力作用下，其头部顶紧定子4的内壁，当转子按图示方向回转时，由于定子4和转子2之间有偏距e，柱塞绕经上半周时向外伸出，柱塞底部的容积逐渐增大，形成部分真空，经衬套3（衬套3压紧在转子内，并和转子一起回转）上的油孔从配流轴5和吸油口b吸油。当柱塞转至下半周时，定子4的内壁将柱塞向里推入，柱塞底部的容积逐渐减小，向配流轴5的压油口c压油。当转子2回转一周时，每个柱塞底部的密封容积完成一次吸压油，转子2连续运转，即完成吸、压油工作。配流轴固定不动，油液从配流轴上半部的两个孔a流入，从下半部的两个油孔d压出。

为进行配油，在配流轴5和衬套3接触的一段上加工出上下两个缺口，形成吸油口b和压油口c，余下的部分形成封油区。封油区的宽度应能封住衬套上的吸压油孔，以防吸油口和压油口相连通，但尺寸也不能过大，以免产生困油现象。

当移动定子4，改变偏距e时，泵的排量就发生改变。当偏距e从正值变为负值时，泵的吸、排油口互换，因此，径向泵可以是单向泵也可以是双向泵。

径向柱塞泵的径向尺寸大，结构比较复杂，自吸能力差，且配流轴受到径向不平衡液压力的作用，易磨损，这限制了径向柱塞泵压力和速度的提高。

（2）径向柱塞泵的排量和流量计算

径向柱塞泵的排量和流量按下述方法计算，泵的平均排量为

$$V = \frac{\pi}{2} d^2 ez \tag{2-15}$$

泵的输出流量为

$$q = \frac{\pi}{2} d^2 ezn\eta_\text{v} \tag{2-16}$$

式中　d——柱塞直径；
　　　　z——柱塞数。

第3章

变量泵

3.1 变量泵分类及组成

液压泵将机械能转换为液压能，是液压系统动力源。变量泵能够满足泵的输出流量与系统的需求能量相匹配，减少能量的损耗。实际上，每一个变量泵都为一个液压控制系统。系统中的执行机构、控制机构、能源装置、控制对象分别对应变量缸、变量控制液压阀、液压泵和泵的斜盘。变量泵的排量、压力、流量、功率都为系统的受控参数。如果变量泵采用闭环控制，还应该包括输出参数的反馈和比较环节。

3.1.1 分类

（1）按结构分类

变量泵有多种结构形式。按结构可分为叶片式、轴向柱塞式、径向柱塞式三种形式。这三种形式都是靠改变泵本身排量完成变量的，只是变量的方式不同而已。叶片式变量泵的定子曲线与定量叶片泵的定子曲线不同，叶片变量泵的定子曲线是标准的圆形，其相对转子轴线有偏心距，通过改变其偏心距可以改变泵的排量。径向柱塞式变量泵同叶片式变量泵一样，也是通过改变偏心距实现变量。轴向柱塞式变量泵则是通过改变斜盘与转轴的夹角来实现变量。

（2）按照输入信号的形式分类

按照输入信号的形式，变量泵可分为手动变量泵、机动变量泵、液动变量泵、电动变量泵、电液动变量泵。

手动变量泵是依靠手动操作变量泵的变量机构，例如国产的CY泵的SCY系列。这种变量泵只能依靠工人调节，往往不能实现在线调节，因此自动化水平低。而液动变量泵和机动变量泵则分别是靠液压力和机械结构来驱动变量泵的变量机构。电动式变量泵则是依靠伺服电动机或步进电动机驱动滚珠丝杠，来驱动变量机构或控制阀，完成变量操作。电液动变量泵是采用电液伺服阀控制变量缸来驱动变量机构。

（3）按控制功能分类

变量泵按控制功能可为排量控制泵、压力控制泵、流量控制泵和功率控制泵四大类。排量控制泵为通过控制变量活塞的位置对泵的排量进行成比例控制。压力、流量和功率控制泵即控制泵出口的压力、流量或者功率，通过比较控制信号和泵出口压力或反映流量的压差，后再通过变量活塞的位移改变泵的排量。所以实质上这几种控制的方式都是基于排量控制来实现变量的，只是增加了额外的调节要求。

（4）按变量特性分类

① 闭环变量泵　有恒压变量、压力补偿变量泵、负载敏感、恒功率变量、复合控制变量等，这些变量泵为闭环控制系统。

② 开环变量泵　流量（排量）按指令相应变化，不对泵的输出参数进行控制，为开环控制系统。

3.1.2　液压系统对泵的变量控制的要求

液压系统，特别是容积调速的泵控系统对泵的变量控制要求越来越高，主要有如下几点。

① 压力、流量和功率均可控制。这是变量泵的一种发展方向，如一种机电遥控变量泵系统，该系统包括一台比例变量泵、CPU中央处理器、压力传感器、比例溢流阀、变量活塞行程检测装置，通过将压力、流量、电动机功率三种信号反馈给CPU，使泵的输出可实现比例、恒压、恒功率控制。

② 流量控制范围大，可正向控制，也可负向控制。

③ 较短的换向时间，较高的固有频率，适应闭环控制需要。

④ 阀控系统中，节能高效。这里的阀控系统是指控制变量泵排量的小功率阀控缸控制系统，要求它效率要高，泄漏损失功率要小，以达到节能的目的。

⑤ 较高的功率利用率，接近理论二次曲线的恒功率控制。例如在挖掘机上，为了更有效地利用发动机的功率，通常都采用恒功率变量泵。恒功率变量泵就是泵的压力与泵的流量的乘积是一个常数，这个数值大于发动机的功率时就会出现常说的"憋车"。所以对变量泵来说，输出给液压系统的功率无限接近发动机的功率，而又绝对不能大于发动机的功率，因此需要较精确地恒功率控制。

⑥ 电子控制，以实现与上位机或其他电子控制器的通信。

3.1.3　变量控制的途径

电液控制变量泵可以方便地实现对流量、压力等参数进行调整进而实现各种复杂的控制，以合理的负载功率匹配和软启动，并自动保持最佳状态，达到提高控制性能和节能的目的。同时可以实现与上位机或其他电子控制器的通信，实现一定的网络化功能和故障诊断功能。

数字控制液压泵能够接收数字量的控制信号，以改变液压泵的输出参数，实现对液压系统的控制和调整。目前主要有变频控制和变排量控制两种方式。其中变频控制是通过变频电动机或伺服电动机改变液压泵的转速。对变排量控制而言，所有的变量类型都是靠改变斜盘倾角或定子偏心实现，因此有可能采用同样的硬件结构，利用传感器的检测，采用不同的软件程序来实现多种控制形式。基于这一思想，数字控制变量泵应运而生。数字控制变量泵的电-机械转换器可以通过多种方式来实现，如采用步进电动机、高速开关阀、高响应比例阀、伺服阀等元件。在目前的技术水平下，采用比例阀的形式较多。比例放大器接收数字控制信号，输出PWM信号控制比例阀的动作，由比例阀驱动变量活塞的运动实现变量，同时将变量活塞的运动反馈回控制器实现闭环控制。

3.2　变转速变量泵

变转速变量泵供油方式，指在伺服电动机变转速驱动定排量液压泵的情况下，为系统提供变流量和压力的液压源。变转速变量泵系统原理如图3-1所示。

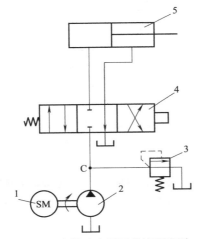

图3-1 变转速变量泵系统原理图
1—伺服电动机；2—定量泵；3—溢流阀；4—三位四通电磁换向阀；5—液压缸

3.2.1 工作原理

伺服电动机1驱动定量泵2供油，使泵输出可变的流量。通过改变伺服电动机驱动液压泵的转速就可以达到调节液压缸运动速度的目的。调节三位四通电磁换向阀4可以控制泵的出口流量流入液压缸5的左腔或右腔，进而控制液压缸活塞的伸缩。同样溢流阀3处于常闭状态，起安全阀的作用。

3.2.2 特点

① 变转速变量泵的优点在于采用伺服电动机和定量泵，可以输出变化的流量，即图3-1中C节点处液体的压力随负载变化而变化，节约了能量，减少了溢流损失，油液发热又很少，且系统结构简单。

② 与定转速定量泵相比，此泵可输出可变的流量，液压泵输出压力随负载变化而变化，节约了能量，减少了溢流损失，油液发热又很少，系统效率更高。同时与定转速变量泵相比，此泵采用伺服电动机驱动定量泵的结构，系统结构十分简单，响应速度又很快，可实现变量机构的自动控制，变速范围相对较大，噪声相对也较小。

3.3 恒压变量泵

变量泵定压输出时，可以在调压范围内实现无级输出。恒压泵可以将油泵的输出流量与执行元件所需流量进行自动匹配。同时保持输出压力值的基本不变；与蓄能器配合使用时，具有响应快的特点，提高系统可控性和控制精度。

由于恒压泵具有保压的能力，所以常常应用于大功率低位移的系统中，例如：冶金、工程机械、采矿等。

3.3.1 压力控制原理

采用恒压控制的变量泵称为恒压变量泵，其控制原理如图3-2所示，其中1为控制滑阀、2为

调压弹簧、3是控制缸，1和2合称为恒压阀。当系统压力较低时，控制缸3右端无压力油，控制

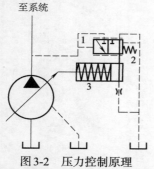

缸3在调压弹簧2的作用下向右运动，推动泵的变量机构，使泵处于最大排量状态。当系统压力增大到恒压阀的调定压力时，控制滑阀1端部液压力大于调压弹簧的弹簧力，而使阀芯右移，压力油进入控制缸3右端，推动控制缸向左运行，再推动泵的变量机构，使泵的排量减小，因而输出流量减小，泵的工作压力也随之降低。当控制滑阀1左端的液压力等于弹簧力时，滑阀关闭，控制缸停止运动，变量过程结束，泵的工作压力重新稳定在弹簧调定值附近。同理，当系统压力降低时，变量机构使泵的输出流量增加，工作压力回升到调定值。

图 3-2 压力控制原理

1—控制滑阀；2—调压弹簧；3—控制缸

　　如图3-3所示为斜盘式恒压变量柱塞泵主体部分，由传动轴1带动泵体3旋转，使均匀分布在泵体上的七个柱塞14绕传动轴中心线转动，通过传动轴内孔中心弹簧将柱滑组件中的滑靴13压在变量头（或斜盘）6上。这样，柱塞14随着泵体的旋转而作往复运动，完成吸油和压油动作。

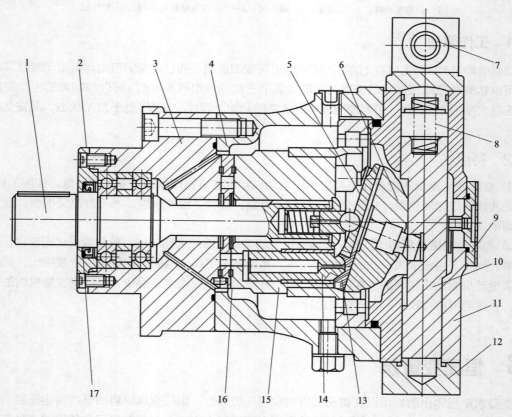

图 3-3　斜盘式恒压变量柱塞泵

1—传动轴；2—法兰盘；3—泵体；4—泵壳；5—回程盘；6—变量头；7—恒压阀；8—弹簧；9—刻度盘；10—变量活塞；
11—变量壳体；12—下法兰；13—滑靴；14—柱塞；15—缸体；16—配油盘；17—骨架油封

　　其变量特性曲线如图3-4所示。当系统需要泵以恒出口压力（p为恒定）时，变量机构能使泵以恒压向系统供给其所需大小不同的流量，避免使用溢流阀形成的旁路溢流液压能力损失，泵的流量Q与其出口压力p之间的关系如图所3-4所示。调定变量机构的调压弹簧，即可确整泵出口压

力，使其为恒定值。如果调定压力为 p_A 时，外界负载的变化只引起流量的变化，泵出口压强始终保持为 p_A，特性曲线沿 A 直线变化。如果调定压强为 p_A 时，特性曲线沿 B 直线变化。实际应用该种变量泵时，出口压力值还是有微小的变化。

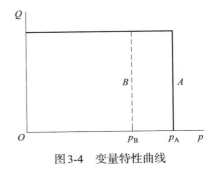

图 3-4　变量特性曲线

这种恒压变量型式的泵，输出压力小于调定恒压力时，全排量输出压力油，即定量输出，在输出油液的压力达到调定压力时，就自动地调节泵流量，以保证恒压力，满足系统的要求。根据需要，泵的输出恒压值在调压范围内可以无级调节。

① 该结构将输出的压力油同时通至变量活塞 10 下腔和恒压阀 7 的控制油入口，当输出压力小于调定恒压力时，作用在恒压阀芯上的油压推力小于调定弹簧 8 的弹力，恒压阀 7 处于开启状态，压力油进入变量活塞 10 上腔，变量活塞压在最低位置，泵全排量输出压力油。

② 当泵在调定恒压力工作时，作用在恒压阀芯上的油压推力等于调定弹簧力，恒压阀的进排油口同时处于开启状态，使变量活塞上下腔的油压推力相等，变量活塞平衡在某一位置工作。

③ 若液压阻尼（负载）加大，油压瞬时升高，恒压阀排油口开大、进油口关小，变量活塞上腔比较下腔压力降低、变量活塞向上移动，泵的流量减小，直至压力下降到调定恒压力，这时变量活塞在新的平衡位置工作。

④ 若液压阻尼（负载）减小，油压瞬时下降，恒压阀进油口开大，排油口关小，变量活塞上腔比较下腔油压升高，变量活塞向下移动，泵的流量增大，直至压力上升至调定恒压力。

3.3.2　恒压力变量泵的应用

① 用于液压系统保压，其输出流量只补偿液压系统漏损。
② 用作电液伺服系统的恒压源，具有动态响应特性好的优点。
③ 用于节流调速系统。

3.4　恒功率控制变量泵

恒功率泵控系统在工程机械领域应用较为广泛，液压功率为负载压力与输出流量的乘积，即恒功率泵能够保持功率为常数。

恒功率控制要求泵根据负载压力的变化自行调整输出流量，使泵的输出流量与负载所需功率匹配，使泵工作在最佳状况，减少能源的损耗。恒功率控制的作用是控制泵的输出功率不大于设定功率，这是通过限制变量泵的压力与流量的乘积保持不变来实现的。在低压时提供大流量，在高压时提供小流量，另外变量泵工作压力与输出流量的乘积近似等于常数。恒功率控制根据控制方式的不同，分为双曲线恒功率控制（完全恒功率控制）和双弹簧恒功率控制（近似恒功率控制）。该泵在挖掘机液压回路中应用广泛，不仅节省能源，同时可控性好，可靠性高，体积小，还具有噪声小等特点。

3.4.1　双曲线恒功率控制变量泵

当系统负载使泵出口的压力 p 变化时，变量机构所含的压力反馈回路使泵的排量发生变化，导致流量 Q 与出口压强呈反比变化，即在不同系统负载下，变量机构能使流量和出口压力的乘积

Qp（变量泵的液压功率）维持常数，如图3-5中的BC段为一条双曲线段。当出口压强降至B点压

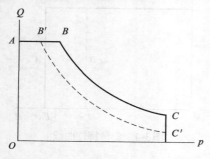

图3-5 恒功率变量泵的压强-流量特性

力以下时，变量机构会迫使流量维持为B点流量，如图3-5所示恒流量的AB段：当压力达到B点的压力时，变量机构不再使流量Q随压力的上升而按双曲线规律下降。调整变量机构上的调节弹簧，可使恒功率特性曲线移动（例如BC段移至为$B'C'$段），这种调节是无级的。实际上，流量随压力变化曲线是以多根斜率不同的直线衔接，以逼近双曲线。

图3-6为双曲线恒功率控制泵的原理图。在液压泵运行时，压力油通过控制油缸3的有杆腔作用在小柱塞4底部。当液压泵压力升高超过恒功率点设定压力时，压力油的力矩（即压力油在小柱塞上的作用力与反馈杆到铰支点的距离的乘积）增大，大于恒功率力矩（即恒功率阀调节弹簧的调节压力与阀杆到铰支点距离的乘积）时，压力油往上推动反馈杆并推动阀杆向上，使恒功率阀2换向，这样，液压泵的压力油通过恒功率阀2作用在控制油缸3的无杆腔，使控制油缸3活塞杆带动液压泵的变量机构向左运行，液压泵的流量减小。同时，由于活塞杆向左运行，压力油的力臂又变小，最终压力油的力矩与恒功率力矩相等，液压泵的变量机构保持在一个新的平衡位置。在该位置，压力油的压力升高，但流量减小，二者的乘积保持不变，即液压泵的输出功率不变。

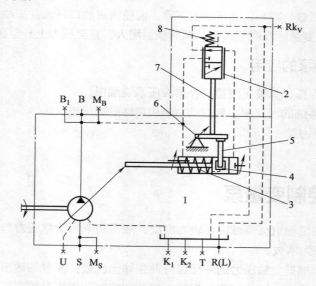

图3-6 双曲线恒功率控制原理

1—变量控制部分；2—恒功率阀；3—控制油缸；4—小柱塞；5—反馈杆；6—铰支点；7—阀杆；8—调节弹簧

3.4.2 双弹簧恒功率控制工作原理

采用双弹簧的两种控制方式都是让压力-流量呈不同斜率的两条直线变化，通过两条直线来逼近双曲线。利用杠杆原理的完全恒功率控制机构理论上是可以让压力——流量呈双曲线变化的。

图3-7为双弹簧恒功率控制泵的原理图。其中1为控制滑阀，2为溢流阀，3为反馈杆，2和3合称为恒功率阀，4为控制油缸，5为阻尼，6和7为压力阀。在液压泵运行时，其压力油一路直接作用在控制滑阀1右端并与控制油缸4左腔相连（即有杆腔），另一路则经过阻尼5作用在控制

滑阀1和溢流阀2的左侧。当液压泵压力低于溢流阀2的压力时，溢流阀2关闭，控制滑阀1左右两侧控制压力相等，均为液压泵的压力，该阀在弹簧的作用下处于左移，使控制油缸右腔（即无杆腔）卸压。这样控制油缸在前腔压力油的作用下向右运行，并推动液压泵的变量机构，使泵处于最大排量状态。当液压泵的压力升高到溢流阀2的调节压力（即为大排量时的变量压力）时，溢流阀2开启，液压泵的第二路压力油经阻尼5、溢流阀2至油箱，由于有了液流，阻尼5前后就有了压差，即控制滑阀1左端控制压力小于右端压力（仍旧为泵压）。于是，控制滑阀1在右端液压力的作用下左移，切换到右位。这样，液压泵的压力油进入控制油缸右腔，推动控制油缸左移，使液压泵的排量减小。而随着控制油缸的左移，反馈杆又作用在溢流阀2上，使其调定压力升高，升高后的压力反过来又作用在控制滑阀1的左侧，并根据前述过程再一次使液压泵的排量减小，最终控制油缸稳定在某个位置，而液压泵也保持一定的流量。这就是恒功率控制泵的整个变量过程。

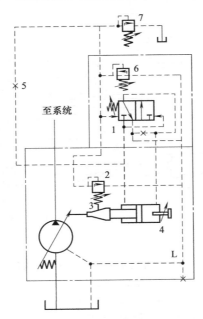

图3-7 双弹簧恒功率控制原理

1—控制滑阀；2—溢流阀；3—反馈杆；4—控制油缸；5—阻尼；6，7—压力阀

图3-8所示为斜盘式压力补偿变量（恒功率）柱塞泵主体部分，原动机带动传动轴1，传动轴1带动泵体2旋转，使均匀分布在泵体上的七个柱塞21绕传动轴中心线转动，通过中心弹簧将柱滑组件中的滑靴压在变量头（或斜盘）6上。这样，柱塞21随着泵体旋转而作往复运动，完成吸油和压油动作。

压力补偿变量泵的出口流量随出口压力的大小近似地在一定范围内按恒功率曲线变化。当来自主体部分的高压油通过通道a、b、c进入变量壳体下腔d后，油液经通道e分别进入通道f和h，当弹簧的作用力大于由油道f进入伺服活塞下端环形面积上的液压推力时，则油液经h到上腔g，推动变量活塞向下运动，使泵的流量增加。当作用于伺服活塞下端环形面积上的液压推力大于弹簧的作用力时，则伺服活塞向上运动，堵塞通道h，使g腔的油通过i腔而卸压，此时，变量活塞上移，变量头偏角减小，使泵的流量减小。

调节流量特性时，可先将限位螺钉10拧至上端，根据所需的流量和压力变化范围，调节弹簧套12，使其流量开始发生变化时的初始压力符合要求，然后将限位螺钉10拧至终级压力时的流量不再发生变化，其中间的流量与压力变化关系由泵的本身设计所决定。

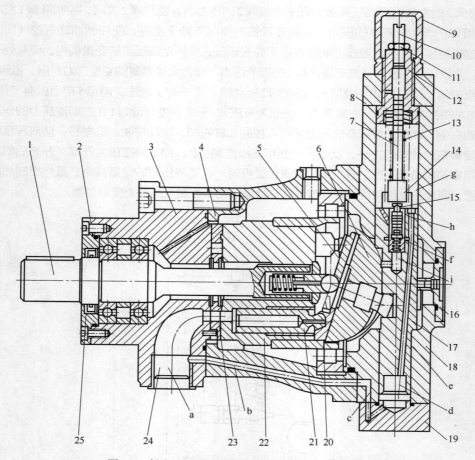

图3-8 斜盘式压力补偿变量（恒功率）柱塞泵/结构剖视

1—传动轴；2—法兰盘；3—泵体；4—泵壳；5—回程盘；6—变量头；7—弹簧芯轴；8—上法兰；9—封头帽；10—限位螺
钉；11—锁紧螺母；12—弹簧套；13—内弹簧；14—外弹簧；15—伺服活塞；16—刻度盘；17—变量活塞；18—变量壳体；
19—下法兰；20—滑靴；21—柱塞；22—缸体；23—斜盘配油盘；24—出口；25—骨架油封

该泵的调节流量特性曲线如图3-9所示。当排出的油压增加到p_A，平衡弹簧开始压缩，使流量按AB线所示那样随排压的升高而降低；当油压进一步增大到p_B以后，由于两个弹簧同时参加工作，又增加一个弹簧弹力，于是泵的流量也会按图中BC线所示那样随压力升高而降低；直到油压超过p_C后，泵的流量因为受到限位螺钉的限制不再降低，这时特性曲线如图3-9中CD所示。整个折线ABCD与等功率曲线（双曲线）HK大致相近。

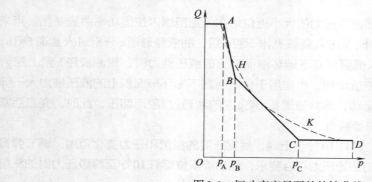

图3-9 恒功率变量泵的特性曲线

3.5　电液比例控制变量泵

　　电液比例控制变量泵，是利用"流量-位移-力反馈"的原理设计的，是依靠外控油压来控制变量机构，并利用输入比例电磁铁的电流大小来改变泵的流量，输入电流与泵的流量成比例关系。该泵控制灵活、动作灵敏、重复精度高、稳定性好，能方便地实现液压系统的遥控、自控、无级调速、跟踪反馈同步和计算机控制，适用于工业自动化的要求。

　　电液比例变量泵不但改变了控制方式，而且使容积调节、微电子技术、计算机技术和检测反馈技术的优势充分结合起来，各种控制策略的引入可以实现多种适应性控制，使高压大功率的系统性能进一步提高、节能效果更加显著。

3.5.1　电液比例控制变量泵的组成

　　如图 3-10 所示，电液比例控制变量泵主要由角位移传感器 1、控制柱塞 2、变量柱塞 3、压力调节阀 4、比例换向阀 5、压力传感器 6、放大器 7、溢流阀 8、和节流孔 9、组成。其压力、流量输出由电子系统控制，通过压力传感器和角位移传感器将信号反馈给高频响应比例阀，从而控制其压力和流量输出。

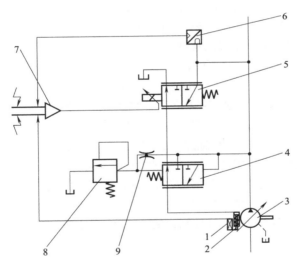

图 3-10　电液比例变量泵控制原理图

1—角位移传感器；2—控制柱塞；3—变量柱塞；4—压力调节阀；5—比例换向阀；6 压力传感器；7—放大器；
8—溢流阀；9—节流孔

3.5.2　典型电液比例控制变量泵

（1）位置直接反馈式电液比例排量控制泵

　　位置直接反馈式电液比例排量泵是在手动伺服变量泵的基础上发展起来的。将电-机械转换、放大、控制元件与泵的手动变量机构相连，就能构成位置直接反馈式电液比例排量泵。

　　图 3-11 为比例减压阀控制的电液比例排量泵。该变量调节机构只是在手动伺服变量机构的基础上，增设了电液比例三通减压阀 2、操纵缸 3 和平衡弹簧 6、变量差动活塞 4 与液压伺服阀 1 的阀套仍固连成一体，构成位置直接反馈。当比例电磁铁通以控制电流后，比例减压阀输出相应压力的压力油进入操纵缸 3，推动液压伺服阀 1 的阀芯移动。当阀芯上的平衡弹簧 6 的弹簧力与液压推

动力平衡时，使伺服阀芯移动量为x。液压泵来的压力油通过伺服阀进入变量差动活塞4控制腔（下腔），与差动活塞上腔的液压泵输出油压作用相比较，在差动压力的作用下，活塞4做跟随运动，使位移$y=x$。比例减压阀控制的电液比例排量泵时斜盘也跟随有一个相应的调节倾角液动伺服阀增量，使变量泵得到与输入电信号成比例的排量和流量控制。

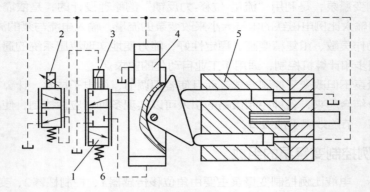

图3-11　比例减压阀控制的电液比例排量阀
1—液压伺服阀；2—电液比例三通减压阀；3—操纵缸；4—变量差动活塞；5—柱塞泵；6—平衡弹簧

这种电液比例排量控制变量泵在控制精度及灵敏度方面虽不如电液伺服变量泵，但其抗污染能力强，价格较低廉，工作可靠，对许多机械的远程控制还是很理想的选择。

（2）位移-力反馈式电液比例排量控制泵

位置直接反馈式比例变量泵，平衡时，变量活塞的位移等于阀的位移，因此泵的控制排量受到伺服阀位移大小的限制。另外，采用的伺服阀的制造工艺要求很高，而且为了驱动伺服阀，有的还需增加一级先导级，这就又增加了结构的复杂性和成本。图3-12所示为一种采用比例控制阀和位移-力反馈式电液比例排量泵控制原理。当比例电磁铁无信号电流输入时，控制活塞液压缸2活塞在复位弹簧4作用下返回原位，控制活塞处于排量最小的位置。当电液比例控制阀1有控制电流输入时，阀芯移动，阀口a、b接通，先导控制油液通过阀口a、b进入液压缸2的无杆腔，使控制腔压力p升高，变量控制活塞向排量增大方向移动，进行排量调节。同时，控制活塞的移动又通过反馈弹簧3作用于控制阀1，使反馈弹簧力与电磁力相比较，使控制阀口关小，直至反馈弹簧力与电磁力平衡，构成位移-力反馈闭环控制，使控制活塞定位在一个与输入信号成正比的新平衡位置上，达到排量调节的目的。

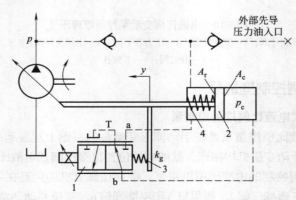

图3-12　位移-力反馈式电液比例排量泵控制原理
1—电液比例控制阀；2—控制活塞液压缸；3—反馈弹簧；4—复位弹簧

3.6 液压泵的选用

3.6.1 液压泵的选用原则

根据液压泵的特点，在选用时主要考虑三个方面的因素：使用性能、价格和维修方便性。液压泵的选用主要包括液压泵的类型和型号选择。

（1）液压泵的工作特点

① 液压泵的吸油腔压力过低将会导致吸油不足，噪声异常，甚至无法工作。因此，除了在泵的结构设计上应尽可能减少吸油管路的液阻外，为了保证泵的正常运行，还应使泵满足如下要求：安装高度不超过允许值；避免吸油滤油器及管路形成过大的压降；限制泵的使用转速在额定转速以内。

② 液压泵的工作压力取决于负载，若负载为零，则泵的工作压力为零。随着排油量的增加，泵的工作压力根据负载大小自动增加。泵的最高工作压力主要受其结构强度和使用寿命的限制。为了防止压力过高而使泵受到损害，液压泵的出口常采取限压措施。

③ 变量泵可以通过调节排量来改变流量，定量泵只能通过改变转速的办法来调节流量，但是转速的增大受到吸油性能、泵的使用寿命、效率等因素的限制。例如，工作转速较低时，虽然对泵的使用寿命有利，但是会使容积效率降低，并且，对于需要利用离心力来工作的叶片泵来说，转速过低会无法保证其正常工作。

④ 液压泵的流量具有某种程度的脉动性质，其实际情况取决于泵的形式及结构设计参数。为减少脉动的影响，必要时可在系统中设置蓄能器或液压滤波器。

⑤ 液压泵靠工作腔的容积变化来吸、排油，如果工作腔在吸、排油之间的过渡密封区存在容积变化，就会产生困油现象，从而影响容积效率，产生压力脉动、噪声及工作构件上的附加动载荷。

（2）液压泵的技术性能和应用范围

各种液压泵的技术性能和应用范围如表3-1所示。

表3-1 各种液压泵的技术性能和应用范围

性能参数	齿轮泵			叶片泵		柱塞泵		
	外啮合	内啮合		单作用	双作用	轴向		径向轴配流
		楔块式	摆线转子式			直轴端面配流	斜轴端面配流	
压力范围/MPa	≤25.0	≤30.0	1.6~16.0	≤6.3	6.3~32.0	≤10.0	≤40.0	10.0~20.0
排量范围 /mL·r⁻¹	0.3~650	0.8~300	2.5~150	1~320	0.5~480	0.2~560	0.2~3600	20~720
转速范围 /r·min⁻¹	300~7000	1500~2000	1000~4500	500~2000	500~4000	600~2200	600~1800	700~1800
最大功率/kW	120	350	120	30	320	730	2660	250
容积效率/%	70~95	≤96	80~90	85~92	80~94	88~93	88~93	80~90

性能参数	齿轮泵			叶片泵		柱塞泵		
	外啮合	内啮合		单作用	双作用	轴向		径向轴配流
		楔块式	摆线转子式			直轴端面配流	斜轴端面配流	
总效率/%	63~87	≤90	65~80	64~81	65~82	81~88	81~88	81~83
最高自吸能力/kPa	50	40	40	33.5	33.5	16.5	16.5	16.5
流量脉动/%	11~27	1~3	≤3	≤1	≤1	1~5	1~5	<2
噪声	中	小	小	中	中	大	大	中
污染敏感度	小	中	中	中	中	大	中大	中
变量能力	不能	不能	不能	能	能	好	好	好
价格	最低	中	低	中	中低	高	高	高
应用范围	机床、工程机械、农业机械、航空、船舶、一般机械			机床、注塑机、液压机、起重运输机械、工程机械、飞机		工程机械、锻压机械、运输机械、矿山机械、冶金机械、船舶、飞机等		

（3）液压泵类型的选用

根据液压系统的工作压力、对运动平稳性的要求、环境条件和价格等因素结合表3-1综合考虑。一般低压系统选齿轮泵，中压系统选叶片泵，高压系统选柱塞泵。

（4）液压泵型号的选用

根据液压系统的工作压力选择液压泵的额定压力，根据液压系统所需的流量选择液压泵的额定流量。

液压泵的工作压力 p_b 应满足液压系统中执行原件所需的最大工作压力 p_{max}，即

$$p_b \geq K p_{max} \tag{3-1}$$

式中　K——系统压力损失系数，一般取 K=1.1~1.5。

液压泵的流量 q_{vb} 应满足液压系统中执行元件所需的最大流量之和 $K_q \sum q_{vmax}$，即

$$q_{vb} \geq K_q \sum q_{vmax} \tag{3-2}$$

式中　K_q——系统泄漏系数，一般取 K_q=1.2~1.3。

3.6.2　液压泵的选择计算

在一个线路牵引施工现场中，根据设计要求，牵引力 F 为15t时，牵引速度 v 应能达到2.5km/h。试为此牵引机液压系统选择合适的液压泵。

解：此时牵引功率 P_q 为

$$P_q = Fv = \frac{15 \times 1000 \times 9.8 \times 2.5 \times 1000}{3600} = 102 \text{（kW）}$$

取传动系统机械效率 η_m=0.9，则液压泵输出功率 P_m 为

$$P_m = \frac{P_q}{\eta_m} = \frac{102}{0.9} = 113.3 \text{（kW）}$$

大功率牵引机液压系统一般为高压系统。在本系统中，选取泵的额定压力为31.5MPa。则液

压泵流量为

$$Q = \frac{P_{\mathrm{m}} \times 61.2}{\Delta p \eta} = \frac{113.3 \times 61.2}{31.5 \times 0.8} = 275 \text{（L/min）}$$

式中　Δp——液压泵进出口压力差，此处设出口压力0；

　　　η——液压马达的总效率，此处选0.8。

取发动机在最大力矩时的转速 n 为1500r/min，则可估算所用变量泵排量 V，即

$$V = \frac{Q}{n} = \frac{275}{1500} = 0.183 \text{（L/r）}$$

根据排量系列，在产品列表中选取斜轴式变量泵A7V2250，其性能参数如下：

排量变化范围 0~0.25L/min；

额定压力　35MPa；

最高压力　40MPa。

其排量由手动减压阀的压力控制，与系统构成半开式系统。

第4章

液压执行元件及选用

4.1　液压马达

　　液压马达是将输入的液体压力能转换成机械能的能量转换装置，常置于液压系统的输出端，直接或间接驱动负载连续回转而做功。因此，液压马达的输入参量为液压参量（压力 p 和流量 q），输出参量为机械参量（转矩 T 和转速 n）。液压马达工作条件对主要性能的要求：①液压马达对负载产生输出转矩，注重机械效率；②液压马达输出轴要求正、反向旋转，许多液压马达还要求能以泵方式运转以达到制动的目的，结构要求对称；③液压马达工作时要求转速范围较宽，特别对低速稳定性要求高；④液压马达在低速甚至零速下要求输出高压的液流；⑤液压马达在输入压力油的条件下工作，不必具备自吸能力，但应该有一定的初始密封以提供足够的启动转矩；⑥许多液压马达直接装在轮子上或与带轮、链轮、齿轮相连时，其主轴承受较高的径向载荷；⑦液压马达可以长期空运转或停止运转，可能要遭受频繁的温度冲击。

4.1.1　液压马达的分类

　　液压马达按转速和结构形式分类如下：

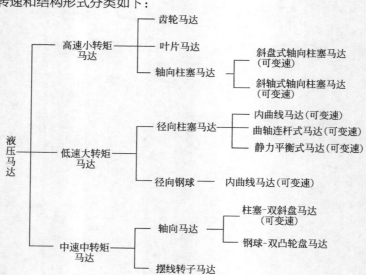

液压马达的一般图形符号如图4-1所求。

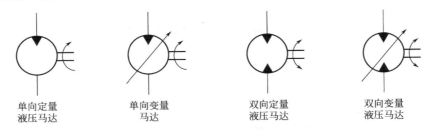

单向定量　　　单向变量　　　双向定量　　　双向变量
液压马达　　　　马达　　　　液压马达　　　液压马达

图4-1　液压马达的图形符号

4.1.2　液压马达的工作原理

　　液压马达和液压泵在结构上基本相同，其作用原理是互逆的。由于二者的任务和要求不同，因而，除少数泵可作为马达用以外，大部分液压马达在结构上与同种类型的液压泵是不同的。当输入压力油时，马达轴旋转以驱动负载。

　　下面以轴向柱塞式液压马达为例说明液压马达的工作原理。在图4-2中，当压力油输入时，处在高压腔中的柱塞2被顶出，压在斜盘1上。设斜盘作用在柱塞上的反力为F_N，F_N可分解为两个力，轴向分力F和作用在柱塞上的液压作用力相平衡，另一个分力F_T使缸体3产生转矩。设柱塞和缸体的垂直中心线成φ角，则此柱宽产生的转矩为

$$T_i = F_T r = F_T R \sin\varphi = FR\tan\alpha\sin\varphi \tag{4-1}$$

　　式中，R为柱塞在缸体中的分布圆半径。而液压马达发出的转矩应是处于高压腔柱塞产生转矩的总和，即

$$T = \sum FR\tan\alpha\sin\varphi \tag{4-2}$$

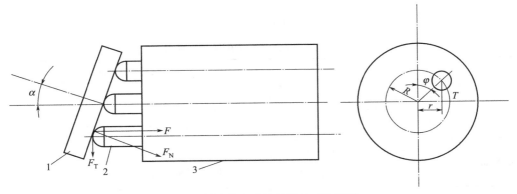

图4-2　轴向柱塞式液压马达工作原理

1—斜盘；2—柱塞；3—缸体

　　随着角φ的变化，柱塞产生的转矩也发生变化，故液压马达产生的总转矩也是脉动的，它的脉动情况和讨论泵流量脉动时的情况相似。

4.1.3　液压马达的主要技术参数和计算公式

　　（1）液压马达的主要参数

　　① 排量（m^3/r，常用单位为mL/r）和流量（m^3/s，常用单位为L/min）

　　a. 排量V：马达轴每转一转，由其密封容腔几何尺寸变化量计算而得的输入液体的体积，又称理论排量、几何排量。

b.理论流量 q_t：在单位时间内为产生指定转速，密封容腔几何尺寸变化所需要输入液体的体积，工程上又称空载流量。

c.实际流量 q：在实际工作条件下，马达入口处实际输入的流量。

② 压力（差）（Pa，常用单位为 MPa）

a.额定压力 p_n：在正常工作条件下，按试验标准规定能连续运转的最高输入压力。

b.最高压力 p_{max}：按试验标准规定，允许短暂运行的最高输入压力。

c.工作压力 p：在实际工作条件下，马达入口处的实际输入压力。

d.压力差：输入压力与输出压力之差值。

③ 转矩（N·m）

a.理论转矩 T_t：液体压力作用于马达转子所形成的液压转矩。

b.实际转矩 T：马达的理论转矩克服摩擦转矩后实际输出的转矩。

④ 功率（W，常用单位为 kW）

a.输入功率 P_i：马达入口处输入的液压功率，其值为实际输入流量与工作压力差的乘积。

b.输出功率 P_o：液压马达输出轴上实际输出的机械功率。

⑤ 效率

a.容积效率 η_v：理论流量与实际输入流量的比值。

b.机械效率 η_m：实际输出转矩与理论转矩的比值。

c.总效率 η：输出机械功率与输入液压功率的比值。

⑥ 转速（r/s，常用单位 r/min）

a.额定转速 n_n：在额定压力下，能连续长时间正常运转的最高转速。

b.最高转速 n_{max}：在额定压力下，超过额定转速而允许短暂正常运转的最高转速。

c.最低转速 n_{min}：能正常运转（不出现爬行现象）的最低转速。

（2）液压马达的常用计算公式

液压马达主要参数的常用计算公式见表4-1。

表4-1　液压马达主要参数的常用计算公式

参数		液压马达	说明及符号意义
流量/m³·s⁻¹	理论流量 q_t	Vn	V——排量，m³/r n——转速，r/s 马达的实际流量 q 是压力为 p 时的输入流量
	实际流量 q	q_t/η_v	
转矩/N·m	理论转矩	$\Delta p V/(2\pi)$	Δp——进出口压力差 马达的实际转矩 T 为输出转矩
	实际转矩 T	$T_t\eta_m$	
功率/W	输入功率 P_i	Δp_q	ω——角速度，rad/s，$\omega=2\pi n$ 马达的输出功率为机械功率
	输出功率 P_o	$T\omega$	
效率	容积效率 η_v	q_t/q	
	机械效率 η_m	T/T_t	
	总效率 η	$\eta_v\eta_m=P_o/P_i$	

4.1.4　齿轮马达

（1）齿轮马达的工作原理和主要特点

齿轮马达一般为外啮合齿轮马达。它的工作原理和主要特点见表4-2。

表 4-2 齿轮马达的工作原理和主要特点

类型	结构原理简图	工作原理和结构特点	优缺点
外啮合式齿轮马达	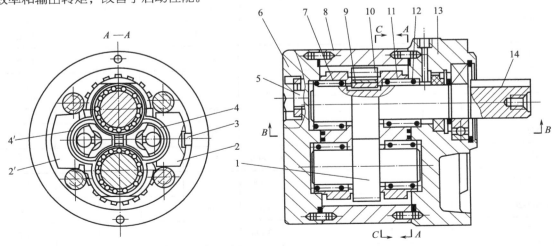	当进油口输入压力油时，由于进油腔内各齿轮齿廓面在两个方向的受压面积大小不同而对输出轴形成转矩，排油腔的各轮齿则产生反向转矩（较小），两者的合力矩即为输出转矩带动负载 无配流装置	优点：结构简单紧凑，体积小，重量轻，价格低，对油液污染度要求低 缺点：启动性能、低速稳定性较差，输出转矩较小且脉动较大，只适用于高速小转矩的工况

（2）齿轮马达的典型结构

外啮合齿轮马达有中压和高压两种典型结构。

高压外啮合齿轮马达如图 4-3 所示。这种马达具有轴向和径向间隙都可自动补偿的特点。齿轮 1 和 10 的齿顶与壳体 8 不接触，只在低压区附近一个小范围内（二个齿）与径向间隙密封块 2 接触（反转时则 2′起同样作用），通过密封块 2 形成径向间隙的自动补偿作用。浮动轴套 7 和 11（兼作滚针轴承座），可进行轴向间隙的自动补偿。O 形密封圈 4 的作用是从轴向将低压区限制在一个很小的范围内，从而限制轴套背面的受压面积，达到使轴套两面所受液压力基本平衡的目的，反转时，O 形密封圈 4 起同样作用。这种马达由于在轴向和径向都减少了摩擦面，因而提高了机械效率和输出转矩，改善了启动性能。

图 4-3

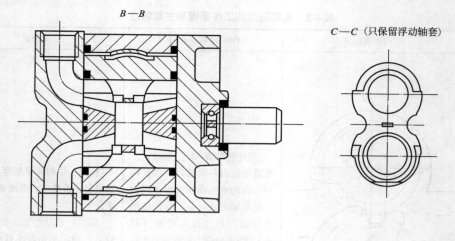

图4-3 高压齿轮马达

1，10—齿轮；2，2′—密封块；3—挡块；4，4′—O形密封圈；5—螺钉；

6，13—后、前盖；7，11—浮动轴套；8—壳体；9—键；12—滚针轴承；14—传动轴

（3）齿轮马达产品介绍

① 型号说明

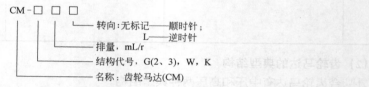

② 技术参数　CM型齿轮马达的技术参数见表4-3。

③ 外形和安装尺寸

a. CMG2系列齿轮马达：CMG（2040~2100）系列齿轮马达外形及安装尺寸见表4-4。

b. CMG3系列齿轮马达：CMG3系列齿轮马达外形及安装尺寸见表4-5。

c. CM-C系列齿轮马达：CM-C系列齿轮马达外形及安装尺寸见表4-6。

表4-3　CM型齿轮马达的技术参数

型号	排量/(mL/r)	压力/MPa		转速/(r/min)		效率/%		转矩/N·m	
		额定	最高	额定	最高/低	容积	总效率	最大	额定
CM5-5	5.2	20			800				16.5
CM5-6	6.4				700				21.4
CM5-8	8.1			4000	650				27.1
CM5-10	10.0	21			600				33.4
CM5-12	12.6			3600	550				42.1
CM5-16	15.9			3300					53.2
CM5-20	19.9	20		3100	500				63.4
CM5-25	25.0	16		3000					63.7
CMZ	32~100	12.5~20	16~25	150	2000				

续表

型号	排量/(mL/r)	压力/MPa		转速/(r/min)		效率/%		转矩/N·m	
		额定	最高	额定	最高/低	容积	总效率	最大	额定
CMC	10~32	10	14		2400				
CMD	32~70	10	14		2400				
CMF	10~40	14	17.5		2400				
CMG₄	40~100	16~20	20~25	150	1000~2000				
CMG2040	40.6						≥77		101.0
CMG2050	50.3								125.5
CMG2063	63.6								158.9
CMG2080	80.4								201.0
CMG2100	100.7	16	20	500	2500	≥87			252.0
CMG3125	126.4								315.8
CMG3140	140.3						≥79		350.1
CMG3160	161.1								402.1
CMG3180	180.1								351.1
CMG3200	200.9	12.5	16						392.3
CMK-04	4.25	16	20	600~3000		85			10.8
CMK-05	5.2								13.2
CMK-06	6.4								16.3
CMK-08	8.1								20.6
CMK-10	10.0								25.5
CMK-11	11.1								28.3
CMK-12	12.6								32.1
CMK-16	15.9								40.5
CMK-18	18.0								45.8
CMK-20	19.9								50.7
CMK-22	21.9								55.8
CMK-25	25.0								63.7
CMW1.7	1.74	7~14		3000		≥80			
CMW4.2	4.26								

表4-4　CMG（2040~2100）系列齿轮马达外形及安装尺寸　　　　**mm**

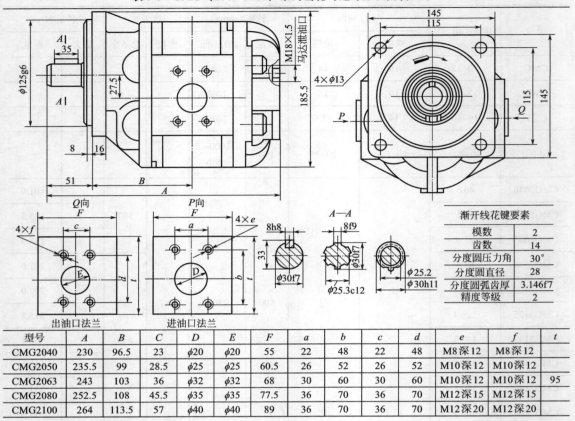

出油口法兰　　　进油口法兰

渐开线花键要素	
模数	2
齿数	14
分度圆压力角	30°
分度圆直径	28
分度圆弧齿厚	3.146f7
精度等级	2

型号	A	B	C	D	E	F	a	b	c	d	e	f	t
CMG2040	230	96.5	23	$\phi20$	$\phi20$	55	22	48	22	48	M8深12	M8深12	
CMG2050	235.5	99	28.5	$\phi25$	$\phi25$	60.5	26	52	26	52	M10深12	M10深12	
CMG2063	243	103	36	$\phi32$	$\phi32$	68	30	60	30	60	M10深12	M10深12	95
CMG2080	252.5	108	45.5	$\phi35$	$\phi35$	77.5	36	70	36	70	M12深15	M12深15	
CMG2100	264	113.5	57	$\phi40$	$\phi40$	89	36	70	36	70	M12深20	M12深20	

注：尺寸C为马达的两齿轮中剖面线沿轴线的距离。

表4-5　CMG3系列齿轮马达外形及安装尺寸　　　　**mm**

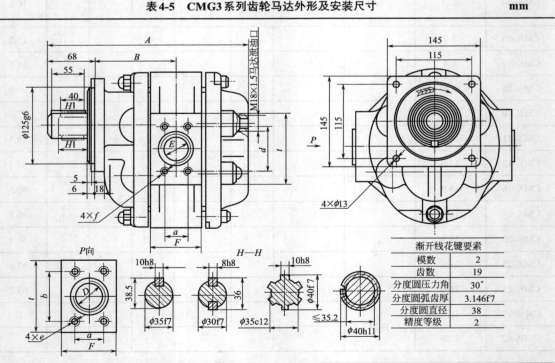

渐开线花键要素	
模数	2
齿数	19
分度圆压力角	30°
分度圆弧齿厚	3.146f7
分度圆直径	38
精度等级	2

型号	A	B	C	D	E	F	a	b	d	e	f	t
CMG3125	277.5	114	36.5	φ40	φ40	60.5	36	70	70	M12 深15	M12 深15	
CMG3140	281.5	116	40.5	φ40	φ40	64.5	36	70	70	M12 深15	M12 深15	95
CMG3160	287.5	119	46.5	φ40	φ40	70.5	36	70	70	M12 深15	M12 深15	
CMG3180	293	122	52	φ40	φ40	76	43	78	70	M12 深15	M12 深15	110
CMG3200	299	125	58	φ40	φ40	82	43	78	70	M10 深15	M10 深15	
CMG 3125(a)	277.5	114	36.5	φ40	φ40	60.5	30	60	60	M12 深20	M12 深20	95
CMG 3160(a)	287.5	119	46.5	φ40	φ40	70.5	30	60	60	M10 深15	M10 深15	

注：尺寸 C 为马达的两齿轮中剖面线沿轴线的距离。

表 4-6　CM-C 系列齿轮马达外形及安装尺寸　　　　mm

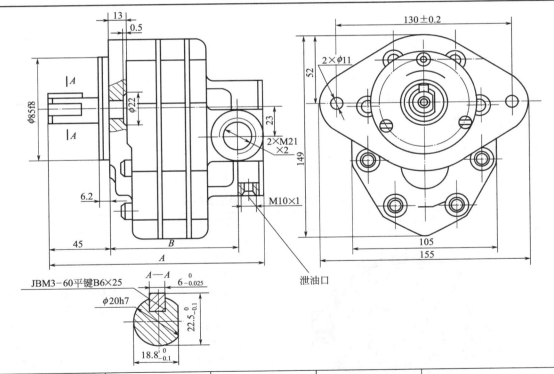

尺寸	CM-C10	CM-C18	CM-C25	CM-C32
A	153.5	158.5	163.5	168.8
B	85.5	90.5	95.5	100.5

　　d. CM-D 系列齿轮马达　CM-D 系列齿轮马达外形及安装尺寸见表 4-7。

表4-7　CM-D系列齿轮马达外形及安装尺寸　　　　　　　mm

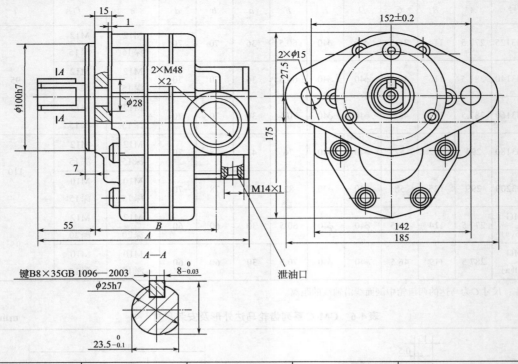

尺寸	CM-D32	CM-D45	CM-D57	CM-D70
A	209	216	223	230
B	121	128	135	142

4.1.5　叶片马达

（1）叶片马达的工作原理和主要特点

叶片马达一般为双作用叶片马达。它们的工作原理和主要特点见表4-8。

表4-8　叶片马达的工作原理及主要特点

类型	结构原理简图	工作原理及结构特点	优缺点
叶片马达	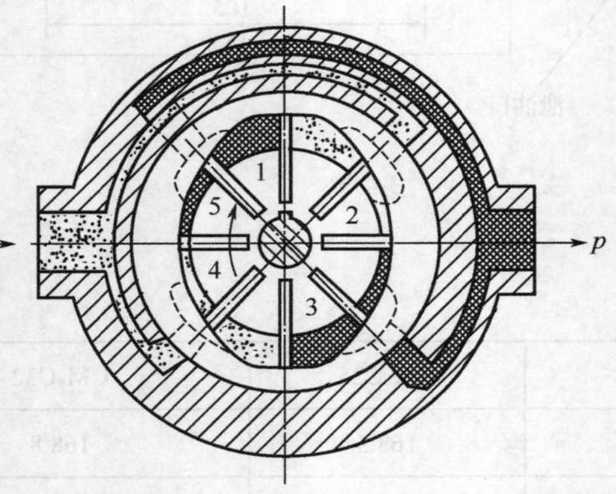	当进油口输入压力油时，由于处于进油区两端的叶片伸出长度不同，造成各自的承压面积及其合力作用点的半径不同而产生推动叶片及转子回转的转矩，而排油区的工作压力远小于进油区，使得其产生的阻力矩很小 为保证初始密封形成足够的启动转矩，在叶片的根部设置弹簧，使叶片始终压紧定子的内表面	优点：体积小，转动惯量小，反应灵敏，能适应较高频率的换向 缺点：泄漏较大，低速稳定性较差，输出转矩小，只适用于高速小转矩及机械性能要求不严格的场合

（2）叶片马达的典型结构

定量叶片马达的结构与双作用叶片泵相似，其典型结构如图4-4所示。与双作用叶片泵的不同之处：叶片沿转子的径向安装（安装角θ=0°），叶片顶端双向对称倒角，以适应双向回转的要求；燕式弹簧5用销4固定在转子的两端面，将叶片推出，使其始终与定子表面接触，以防启动时高、低压油腔串通；叶片根部通入进油口的压力油，以保证叶片能与定子表面可靠接触（因叶片顶部存在反推油压）；还用了一组特殊结构的单向阀（图中1、2、3，右下图是其原理图），以保证变换进出油口（反转）时叶片根部始终通以进油口的压力油，确保任何时候叶片都不脱离定子表面。

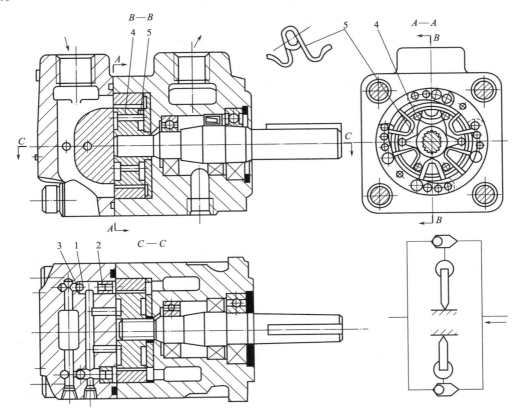

图4-4　定量叶片马达的结构

1—单向阀的钢球；2，3—阀座；4—销；5—燕式弹簧

YMF系列叶片马达的额定压力为16MPa，图4-5是其结构原理。其主要特点是采用了四作用结构和定子配流结构，定子上装有四个滑动叶片（底部装有弹簧），将高压区与低压区隔开；转子上的所有叶片底部都装有弹簧，保证任何时候叶片都紧贴于定子内表面上。该马达体积小、排量大，输出转矩大。

（3）叶片马达产品介绍

型号说明如下。

①名称：叶片马达（YM）；②系列：A；③排量，mL/r；④压力等级，MPa：B—2.5~8；⑤安装方式：F——法兰安装，J——脚架安装；⑥连接形式：F——法兰连接，L——螺纹连接。

①名称：叶片马达（YM）；②排量，mL/r。

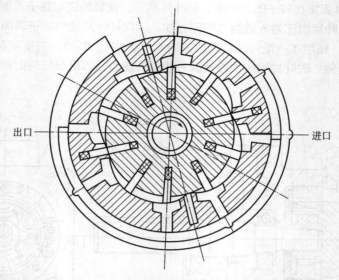

出口　　进口

图4-5　YMF系列叶片马达的结构原理

YM型叶片马达的技术参数见表4-9。

表4-9　YM型叶片马达的技术参数

型号	排量/(mL/r)	压力/MPa		转速/(r/min)		转矩/N·m	
		额定	最高	额定	最高/低	最大	额定
YM-A19B-L	16.3						11
YM-A22B-L	19.0						13.9
YM-A25B-L	21.8						16.0
YM-A28B-L	24.5	6					18.0
YM-A32B-L	29.9			100	2000		22.4
YM-A67B-L	61.1						46.0
YM-A102B-L	93.5						72.0
YM-B67B-L	66.9	6.3					45.1
YM-B102B-L	102.1	6.3					70.6
YMF-E200	200	16		1200	1500		160
YM-0.4	0.393				400	1127	
YM-0.63	0.623				350	1715	
YM-0.8	0.865				300	2401	
YM-1.12	1.123	20			300	3087	
YM-1.6	1.606				250	4508	
YM-1.8	1.852				250	5194	
YM-2.24	2.360					4600	
YM-2.80	2.720			10	200	5341	
YM-3.15	3.089					6027	
YM-4.5	4.703					9212	
YM-5	5.440	14			150	10633	
YM-6.3	6.178					12054	
YM-9	9.267					18130	
YM-12	12.370				100	24108	

YMF-E 系列马达的外形及安装尺寸见图4-6。

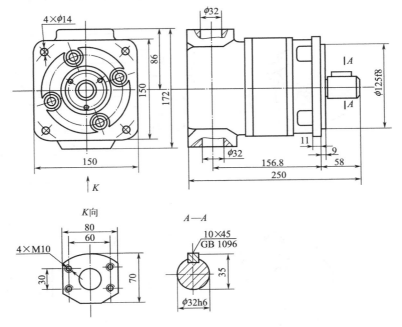

图4-6　YMF-E 系列马达的外形及安装尺寸

YM型叶片马达的外形及安装尺寸见表4-10。

4.1.6　柱塞马达

（1）概述

柱塞马达是通过圆柱形的柱塞上的液压推力经斜盘机构或连杆机构转换为输出轴的转矩的。其主要工作构件是柱塞和缸体，它们均是易于加工的圆柱形，容易保证精密的间隙配合，因而能保证在高压下仍有较高的容积效率，因此，柱塞马达一般都制成高压系列。柱塞马达一般都是可逆的（小部分为不可逆）。按柱塞的排列与运动方向，柱塞马达可以分成轴向柱塞式和径向柱塞式，前者的柱塞与传动轴平行或相交成一锐角，后者柱塞与传动轴垂直。

（2）柱塞马达的配流方式和主要特点

柱塞马达的配流方式一般有两种：端面配流、轴配流。柱塞马达的配流方式及其主要特点见表4-11。

（3）轴向柱塞马达

① 工作原理和主要特点　轴向柱塞马达可分为斜盘式和斜轴式，斜盘式马达的柱塞中心线与传动轴线平行且靠斜盘作用使柱塞作轴向往复运动，斜轴式马达的柱塞中心线与传动轴线相交（夹角不大于40°）；斜盘式马达分为通轴式、不通轴式、滑履式和点接触式；斜轴式马达按传动形式可分为双铰式、无铰式、无连杆式和有连杆式等。它们的工作原理和主要特点见表4-12。

② 典型结构　轴向柱塞泵一般都能作马达使用，其转速高、输出转矩小。图4-7为ZM型斜盘式轴向柱塞马达结构，图4-8为斜轴式轴向柱塞马达结构。

另外还有一类轴向球塞式马达，其结构与斜盘式轴向柱塞马达相似，只是轴向球塞式马达中用钢球和端面凸轮盘分别代替了斜盘式轴向柱塞马达的滑履和斜盘，以两者的滚动代替滑履和斜盘的滑动。此外，滑履在斜盘上运动一周柱塞只作一次往复运动，而球塞在凸轮盘上可作多次往复运动，从而增大了马达输出转矩。图4-9为钢球作为柱塞的轴向球塞式马达结构。

表4-10　YM型叶片马达的外形及安装尺寸

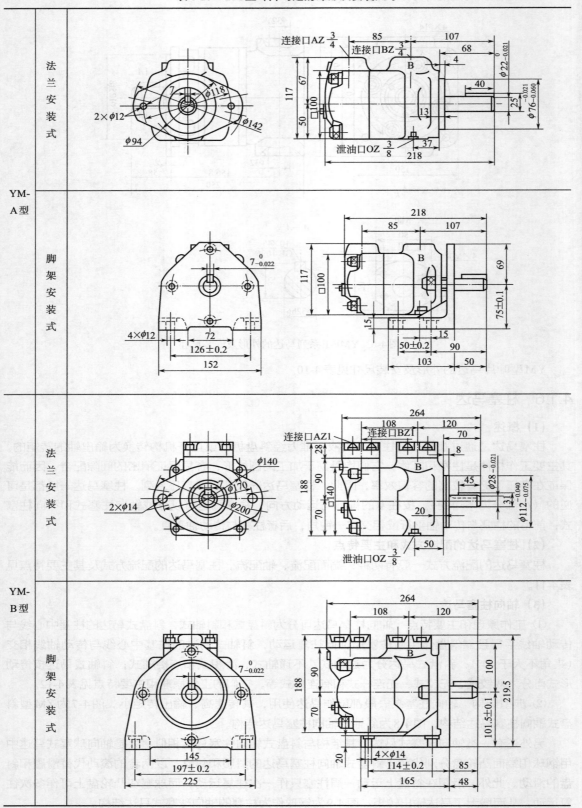

表4-11 柱塞马达的配流方式及其主要特点

配流方式	端面配流	轴配流
结构原理简图	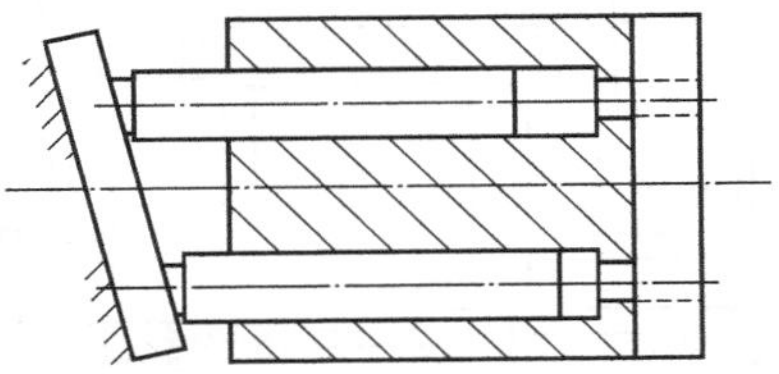	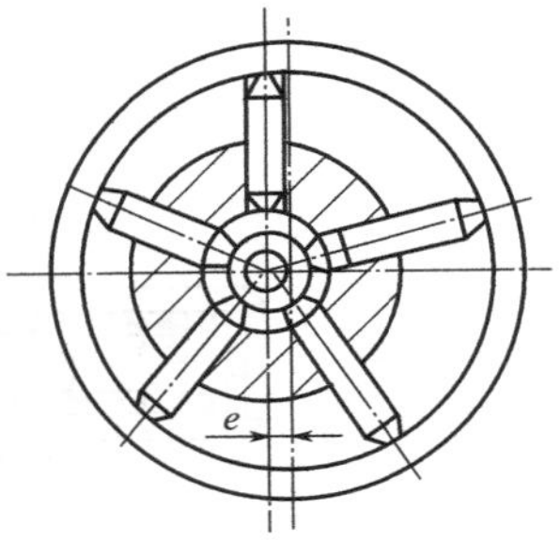
特点	主要用于轴向柱塞马达，配流盘上有两个半月形槽，分别是吸油窗和排油窗。配流端面有平面和球面，缸体与配流盘间有相对滑动，是瞬间密封，因此要求表面光洁、加工精度高。为了不烧坏配流盘，要求滑动面间有一定的油膜，缸体与配流盘间的比压、比功不能超过材料的允许值	主要用于径向柱塞马达，一般配流轴固定不动，并在配流处的中心线两边各有一缺口形成吸油腔和排油腔，吸油腔和排油腔之间为封油区。由于径向压力分布不均，配流轴受径向力，工作压力越高径向力越大，因此使用压力受限制。配流轴与缸体间的间隙一般为0.01~0.05mm，适用于低速大转矩马达
压力范围/MPa	10~50 常用20~32	10~35 常用16~20
转速范围/r·min⁻¹	600~6000 常用4000以下	700~1800 常用1500~1800
维修方便性	磨损后间隙可以补偿，经维修还可以使用	磨损后间隙不能补偿，维修要更换零件

表4-12 轴向柱塞马达的工作原理和主要特点

类型		结构原理简图	工作原理和结构特点	优缺点
轴向柱塞马达	斜盘式	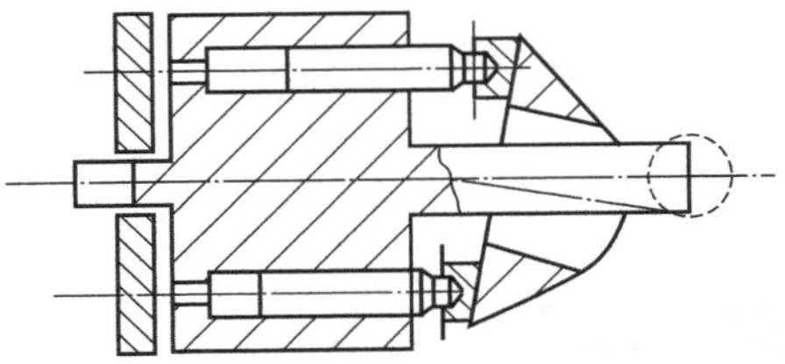	柱塞上的液压推力经斜盘机构转换为输出轴的转矩 配流盘结构对称以满足马达双向回转的需要。有定量和变量两种形式	优点：输出转矩、转速可调，效率高，给定流量下转速几乎不受负载影响 缺点：结构复杂，适于高速小转矩的场合
	斜轴式	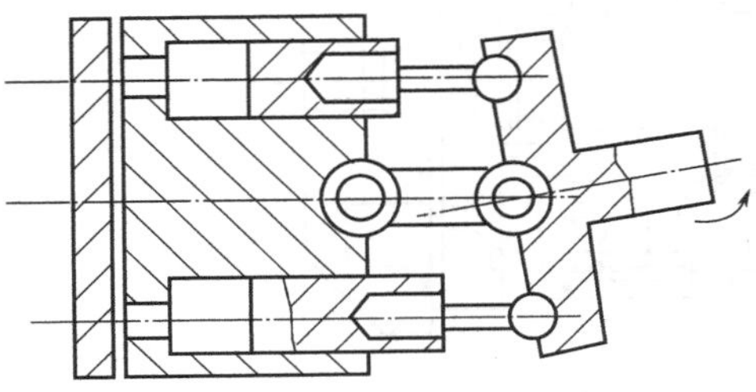	柱塞上的液压推力经连杆机构转换为输出轴的转矩 配流盘结构对称以满足马达双向回转的需要。有定量和变量两种形式	优点：在很宽的转速和压力范围内能保持高效率，制动和超载能力极佳 缺点：结构复杂，适于高速小转矩的场合

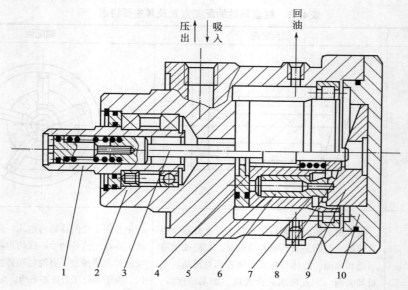

图 4-7   ZM 型斜盘式轴向柱塞马达

1—输出轴；2—泵壳；3—内轴；4—配流盘；5—缸体；6—柱塞；7—压盘；8—滑履；9—斜盘；10—泵盖

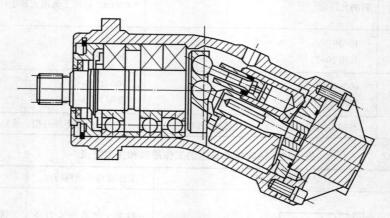

图 4-8   斜轴式轴向柱塞马达

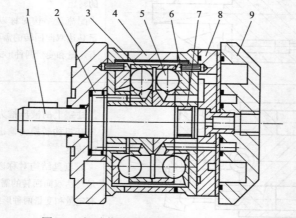

图 4-9   钢球作为柱塞的轴向球塞式马达

1—输出轴；2，7—轴承；3—缸体；4—壳体；5—钢球；6—凸轮盘；8—平面配流盘；9—端盖

图4-10是轴配流的轴向球塞式马达结构，缸体上有几个柱塞孔，每个孔的两端有球塞组件，钢球分别顶在两边凸轮盘上，推动壳体与缸体一起旋转，配流轴通过螺钉和键等固定于机器的支架上，凸轮盘滚道曲线采用三作用等加速曲线。

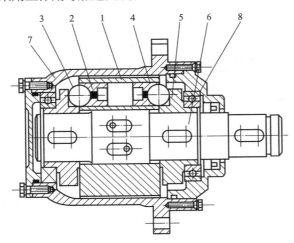

图4-10 钢球作为柱塞的轴向球塞式马达
1—缸体；2，4—球塞；3—钢球；5—凸轮盘；6—配流轴；7—壳体；8—轴承

③ 选用基本原则及应注意的主要问题 轴向柱塞马达的品种、规格繁多，性能差异较大，因此它们的选择和使用差别也较大，其基本原则可参阅"4.1.8 液压马达的选用"部分及有关产品说明书的要求综合考虑，择优选用。

另外，轴向柱塞马达在选用时还应特别注意：使用压力、转速不能采用最高值，应留有一定的余量，更不得同时使用最高值；泄油压力应严格遵照产品说明书的规定。总之，具体参数的选择应根据产品说明书所提供的详细参数和选用指导性图表与使用要求综合比较、全面考虑，选择能发挥最大设备效益和取得最大经济效益的液压马达，做到既能满足使用要求，安全、可靠、寿命较长，又有较高的经济效益。

（4）径向柱塞马达

① 工作原理和主要特点 径向柱塞马达是通过柱塞上的液压力直接作用于偏心轴或曲轴而输出转矩的。按柱塞的配置情况可分为柱塞装在转子中、缸体旋转和柱塞装在定子中、缸体固定两种结构，前者一般采用轴配流，后者采用阀配流，改变转子与定子间的偏心距可改变排量，改变偏心方向可改变转向。工作原理和主要特点见表4-13。

② 典型结构

a.曲轴连杆式径向柱塞马达。曲轴连杆式径向柱塞马达是使用最早的低速大转矩单作用马达，有定量、变量形式，变量中分有级双速、有级三速、无级恒功率、无级变速等。图4-11是曲轴连杆式径向柱塞马达的结构。这种马达的缸体9与柱塞缸做成一体，连杆10与柱塞11间采用球铰连接，连杆另一端做成鞍形圆柱面装在曲轴4的偏心轴颈上。曲轴通过尾部的十字联轴器7与配流轴8相连，以保证配流轴与输出轴同步旋转。连杆球头部分用高压油强制润滑，连杆与偏心轴间的支承面采用降压支承以减小磨损。当压力油由配流轴进入马达的柱塞缸时，作用于柱塞上的液压力通过连杆推动曲轴旋转，从而驱动工作机械。

b.内曲线径向柱塞马达。图4-12所示的横梁传力式内曲线径向柱塞马达是最常用的内曲线马达。压力油通过配流轴1分配给进油区的各柱塞，柱塞4在压力油推动下带动横梁5和滚轮6沿径向向外运动，使滚轮压紧于导轨曲线，并在接触处产生接触反力，反力的切向分力通过滚轮、横梁、柱塞传给缸体，推动缸体带动输出轴旋转而输出转矩。处于排油区的柱塞则沿径向向缸体中心运动而实现排油。

图4-13是滚轮传力式内曲线径向柱塞马达的结构。这种马达的柱塞4通过连杆3与横梁2连接，横梁上除有两个滚轮5与导轨曲线7接触外，还有两个滚轮1在缸体6的导轨槽内滚动并传递切向力，从而推动缸体和输出轴旋转。

表4-13 径向柱塞马达的工作原理和主要特点

类型		结构原理图	工作原理及结构特点	优缺点
径向柱塞马达	柱塞式 曲轴连杆式	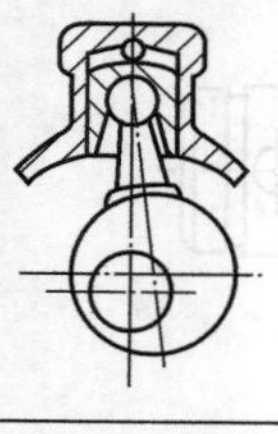	液压推力经连杆给曲轴而输出转矩 柱塞受的倾向力小	优点：工作可靠，适用于低速大转矩场合 缺点：体积庞大
	静力平衡式	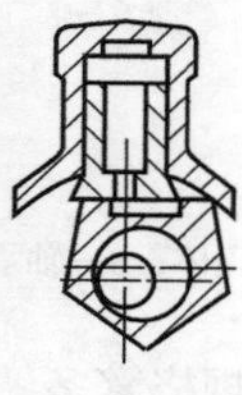	液压力直接作用于偏心轴而输出转矩 柱塞受的倾向力小	优点：适用于低速大转矩场合 缺点：体积较大
	摆缸式	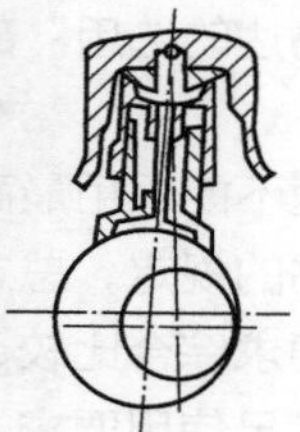	液压力直接作用于鼓形偏心轴而输出转矩 柱塞缸随主轴旋转而摆动，柱塞无倾向力，采用了静压支承	优点：适用于低速大转矩场合 缺点：体积较大
	钢球式 内曲线式	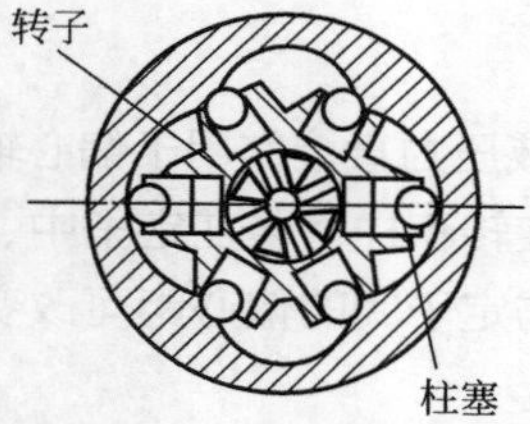	柱塞液压力经曲线导轨转换成输出转矩 根据传力方式不同，有横梁传力式、球塞传力式、滚柱传力式和滚轮传力式等多种形式	优点：结构紧凑轻巧，质量小，效率高，转矩脉动小，能在很低的转速下稳定运转，适用于低速大转矩的场合 缺点：结构复杂

图4-14是滚柱传力式内曲线径向柱塞马达的结构。这种马达由滚柱2代替前两种马达中的横梁或滚轮传递切向力，滚柱起着滚轮和横梁的双重作用。

球塞传力式内曲线径向柱塞马达的结构如图4-15所示。这种马达的特点是以钢球代替滚轮和横梁，甚至起着柱塞的作用。

c.选用基本原则及应注意的主要问题。径向柱塞泵与径向柱塞马达选择和使用的基本原则可参阅"4.1.8液压马达的选用"部分及有关产品说明书的要求综合考虑，择优选用，做到既能满足使用要求，安全、可靠、寿命较长，又有较高的经济效益。

另外，选择使用径向柱塞马达时还应注意到：需要低速、超低速及大转矩低速稳定性要求高的场合应选用多作用的内曲线柱塞马达，而其中的横梁传力、球塞传力结构使用较普遍，横梁传力结构多用于高压、大转矩和轴承承受径向力的场合；径向柱塞马达的主回油口应保持一定的背压以保证滚轮或柱塞不脱空；泄油压力既不能高又不能形成负压，因此，泄油管必须单独引回油箱，并保证壳体内泄油液位超过轴承最高位回油箱（泄油口向上、泄油管稍上弯后再下引），以保证轴承润滑良好。

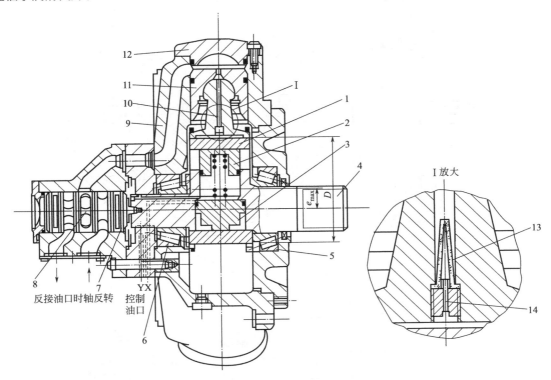

图 4-11 曲轴连杆式径向柱塞马达（变量式）

1—偏心环；2—小活塞；3—大活塞；4—曲轴；5，6—滚动轴承；7—十字联轴器；8—配流轴；9—缸体；10—连杆；11—柱塞；12—缸盖；13—过滤器；14—阻尼管

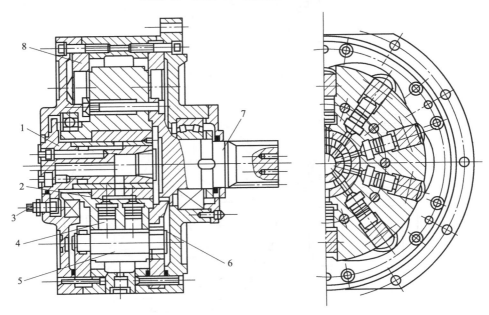

图 4-12 横梁传力式内曲线径向柱塞马达

1—配流轴；2—缸体；3—微调螺钉；4—柱塞；5—横梁；6—滚轮；7—主轴；8—导轨

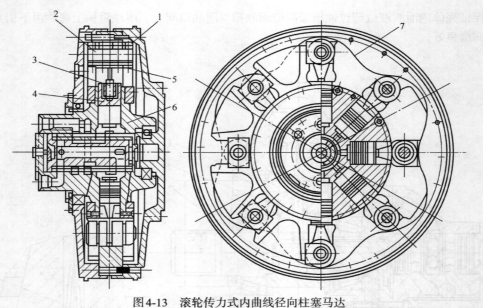

图4-13　滚轮传力式内曲线径向柱塞马达

1—传递切向力滚轮；2—横梁；3—连杆；4—柱塞；5—滚轮；6—缸体；7—导轨曲线

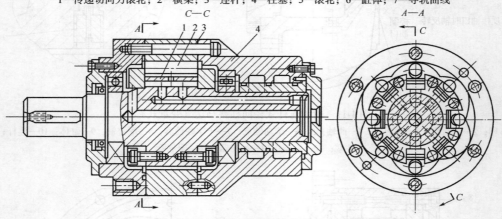

图4-14　滚柱传力式内曲线径向柱塞马达

1—柱塞；2—滚柱；3—导轮；4—缸体

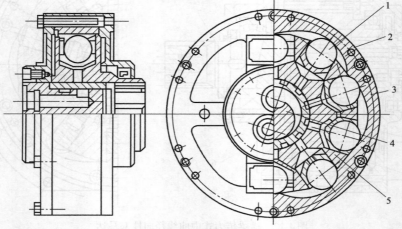

图4-15　球塞传力式内曲线径向柱塞马达

1—钢球；2—转子；3—导轨；4—配流轴；5—柱塞

（5）柱塞马达产品介绍

型号说明如下。

a.斜盘式轴向柱塞马达

①排量（mL/r）。②变量形式：M——定量；S——手动变量；C——伺服变量；Y——压力补偿变量；Z——液控变量；D——电动变量；L——零位对中液动变量；P——恒压变量；MY——定级变量（高低压组合）；B——电液比例变量；Y——阀控压力补偿变量（恒功率）。③压力等级：C——32MPa。④名称：M——液压马达。⑤类型：14——缸体转动的轴向柱塞马达。⑥结构代号；1——第一种结构代号。⑦改进号：B。

①形式：无——普通；Q——轻型。②名称：XM——斜盘式轴向柱塞马达。③变量形式：无（M）——定量；S——手动变量；C——伺服变量；Y——液控变量；N——恒功率变量；PB——内控恒压变量；P——外控恒压变量；E——电磁阀伺服变量；SC——手动伺服；SU——手动杠杆双向变量；QP——流量和压力补偿变量。④补液泵：无——不带补液泵；V——带补液泵。⑤压力等级（MPa）：C——6.3；E——16；F——20；H——31.5。⑥排量（mL/r）。

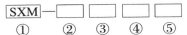

①名称：SXM——双斜盘式轴向柱塞马达。②压力等级（MPa）：D——10；E——16；F——20；G——25。③排量（mL/r）。④安装方式：无——法兰安装；J——脚架安装。⑤轴伸形式：F——带键和外螺纹的1∶10圆锥形轴伸；G——轴端带内螺纹轴伸（可不注）；H——矩形花键轴伸。

b.斜轴式轴向柱塞马达

①名称：ZM——柱塞马达。②排量（mL/r）。③控制方式：N——恒功率；P——恒压；E——电磁；Y——液压；BE——比例电磁铁；SC——手轮控制；SR——总功率控制；ER——分功率控制；HD——液控。④转向：R——顺时针；L——逆时针。

c.径向柱塞马达

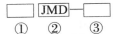

①名称：JM——径向柱塞马达。②连接形式：1——球铰连接；2——无连杆；3——柱销连接（静压偏心配流）。③型谱序号。④压力等级（MPa）：E——16；F——20。⑤排量（mL/r）。⑥连接方式：F——法兰连接。⑦轴伸结构：K——渐开线花键；H——矩形花键；省略——圆柱平键。⑧制动形式：D——液压式机械制动。⑨液压制动器最小开启压力（MPa）。

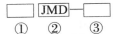

① 柱塞数：1——五柱塞。②名称：JMD——径向柱塞马达。③柱塞直径（mm）。

柱塞马达的技术参数见表4-14。

表4-14　柱塞马达的技术参数

型号	排量/(mL/r)	压力/MPa		转速/(r/min)		转矩/N·m		额定功率/kW
		额定	最高	额定	最高/低	最大	额定	
XM-F9.5	9.5	21	28	3000	4000			10

型号	排量/(mL/r)	压力/MPa		转速/(r/min)		转矩/N·m		额定功率/kW
		额定	最高	额定	最高/低	最大	额定	
XMSC-F9.5	9.5	21	28	3000	4000			10
XMSC-F40	40	21	28	2500				41
XM-F40	40	21	28	2500				41
XMY-F40	40	21	28	2500				41
XMN-F40	40	21	28	2500				41
XM-F75	75	21	28	1500	2000			58
XMSC-F75	75	21	28	1500	2000			58
XMY-F75	75	21	28	1500	2000			58
XMSC-E227-Z	227	14	24	1450				5.2
XMSC-E227-W	227	14	24	1450				5.2
2XM-G560	280	25	31.5	640	800	1262	1001	62
	560			320	400	2524	2003	
QXM-E32	32						73.27	
QXMP_B-E32	32							
QXM-E50	50			2000	2500		114.5	
QXMP_B-E50	50							
QXM-F32	32	20	25				94.7	24
ZM40	40	21	28	1500	2500	压差10MPa 130.9		13.7
ZM75	75	21	28	1500	2000	压差10MPa 245.4		40.9
ZM227	227	14	24			压差10MPa 495.2		51.9
SXM-F0.9	900	20	25	8~100	125	3120	2520	
SXM-G0.8	320	25	32	250	400	3769	2990	
SXM-G0.32	820	25	32	400	600	1390	1103	
JM11-F0.2	201	20	25	20~500		723	578	
JM11-F0.315	314	20	25	8~400		1128	902	
JM11-E0.2	201			5~500		723	578	
JM12-E0.8	779			5~250		2265	1812	
JM15-E5.0	4909			8~100		14431	11545	
JM15-E6.3	6136	16	20	8~80		18038	14431	
JM31-E0.125	125			5~800		368	294	
JM33-E0.25	250			5~600		736	588	
JM34-E0.45	450			5~400		1325	1060	
JM21-D0.0315	31.5	10	12.5	5~1250		53	42	
JM22-D0.063	63	10	12.5	1000		106	84	
JM23-D0.09	90	10	12.5	5~750		150	120	

型号	排量/(mL/r)	压力/MPa		转速/(r/min)		转矩/N·m		额定功率/kW
		额定	最高	额定	最高/低	最大	额定	
1JMD-40	201	16	22	10~400		623	461	19.2
1JMD-63	780			10~200		2450	1779	37.2
1JMD-80	1608			10~150		5057	3675	57.8
1JMD-100	3140			10~100		9869	7203	75.3
NJM-G1	1000	25	32		100	4579		
NJM-G2	2000	25	32		80	9158		
NJM-F10	10000	20	25		25	35775		
NJM-E10	10000	16	25		50	35775		
NJM-E12.5W	12500	16	20		20	35775		
PJM6-400	397	25	32	15~630			1483	
PJM6-700	683	16	20	14~400			1633	
PJM11-1000	981	20	25	13320			2974	
1QJM01-0.1T40	0.1	10	16	8~800			148	
1QJM01-0.2T40	0.203	10	16	8~500			300	
1QJM11-0.4T40	0.404	10	16	5~400			598	

XM型柱塞马达（日本东芝HTM系列改型产品）外形尺寸见图4-16。

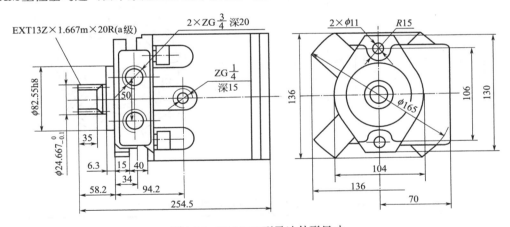

图4-16　XM-E40型马达外形尺寸

NJM型柱塞马达外形尺寸见图4-17。
1JMD型柱塞马达外形尺寸见图4-18。
PJM型柱塞马达外形尺寸见图4-19。
QJM型柱塞马达外形尺寸见图4-20。

4.1.7　摆线马达

（1）工作原理和主要特点

摆线液压马达是一种利用行星减速原理的内啮合多点接触的齿轮马达，属中速中转矩液压马达。按配流方式的不同，摆线马达可分为轴配流式和端面配流式两种类型，它们的工作原理和主要特点见表4-15。

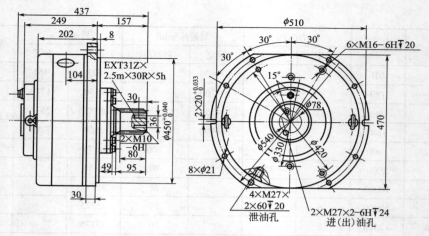

图4-17 NJM-G1.25型马达外形尺寸

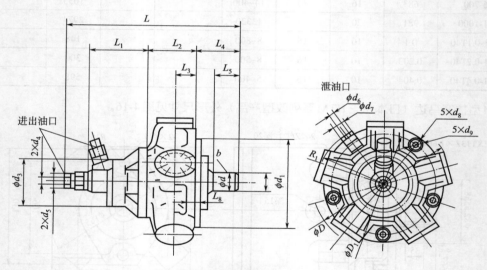

图4-18 1JMD-40型马达外形尺寸

表4-15 摆线马达的工作原理和主要特点

类型		结构原理图	工作原理及结构特点	优缺点
摆线马达	轴配流式		定子与壳体固定，当输入压力油时，转子在定子内自转，同时以偏心距 e 为半径绕定子中心沿自转的相反方向公转（公转一转，自转一个齿），并由方向轴将自转运动传给马达的输出轴输出转矩 配流轴同时又是输出轴	优点：结构简单，体积小，成本低，转速范围较宽，速度稳定性较好，转矩质量比较大 缺点：由于轴配流且无间隙补偿，因而容积效率和总效率较低，马达的工作压力受到限制，使得承载能力较小

类型		结构原理图	工作原理及结构特点	优缺点
摆线马达	端面配流式	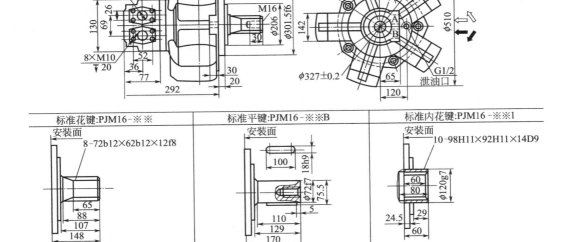	定子与壳体固定，当输入压力油时，转子在定子内自转，同时以偏心距 e 为半径绕定子中心沿自转的相反方向公转（公转一转，自转一个齿），并由方向轴将自转运动传给马达的输出轴输出转矩 配流盘配流	优点：配流盘采用间隙自动补偿结构，密封性能好，配流精度高，容积效率和机械效率高，能承受较大的轴向力和径向力，工作压力较高，输出轴刚性好，启动可靠 缺点：结构比轴配流式复杂，制造精度要求较高

图 4-19　PJM16-1400~2400 型马达外形尺寸

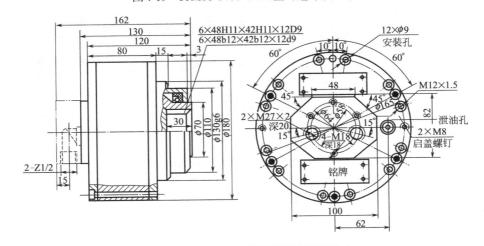

图 4-20　1QJM01 系列定量马达外形尺寸

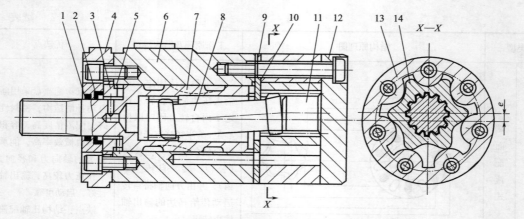

图 4-21　轴配流式摆线液压马达的典型结构

1~3—密封装置；4—前盖；5—止推环；6—壳体；7—配流轴（输出轴）；8—花键轴；9—推力轴承；10—辅助配流板；11—
限制块；12—后盖；13—定子；14—摆线转子

（2）摆线液压马达的典型结构

① 轴配流式摆线液压马达　图 4-21 所示为轴配流式摆线液压马达的典型结构。这种马达的配流轴同时又是输出轴，使得其结构简单、体积小。但由于配流部分高、低压腔之间的密封间隙会因轴受径向力作用而增大，因此内泄漏较大，加之无间隙补偿装置而使泄漏随轴的磨损而增大，所以容积效率和总效率都较低，使用压力受到限制，承载能力较小。

② 端面配流式摆线液压马达　图 4-22 所示为端面配流式摆线液压马达的典型结构。这种马达的配流盘利用静压支撑原理，采用端面间隙自动补偿的平面密封，密封性能好，容积效率高；配流盘采用专用短花键轴带动，消除了整体花键轴因磨损而产生的误差，使得配流精度高，提高了机械效率。输出采用了圆锥滚柱轴承，刚性好，能承受较大的轴向力和径向力。另外，配流盘上还施加了一定的预压紧力，使得启动可靠。

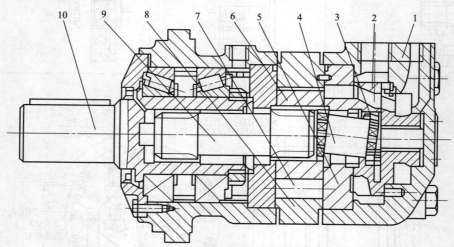

图 4-22　端面配流式摆线液压马达的典型结构

1—后壳体；2—配流盘；3—支承盘；4—鼓形花键；5—后侧板；6—转子；
7—针柱；8—定子；9—长鼓形花键轴；10—输出轴

③ 摆线液压马达产品介绍

a.技术参数见表 4-16。

b.外形和安装尺寸见表 4-17、表 4-18、图 4-23、图 4-24。

表4-16　摆线液压马达的技术参数

型号	排量/(mL/r)	压力/MPa		转速/(r/min)		转矩/N·m		总效率/%
		额定	最高	额定	最高/低	额定	最大	
BM-80	80	16	20	710		174		80
BM-100	100	16	20	570		210		80
BM-125	125	16	20	450		270		80
BM-160	160	13	16	350		300		80
BM-200	200	13	16	280		330		80
BM-250	250	10	14	225		330		80
BM-315	315	10	14	180		420		78
BM-630	630	16		200		1400		78
BM-800	800	16		160		1750		78
BM-1000	1000	14		128		1950		78
BM-1250	1250	13		100		2150		78
BM-D50	50	10		400		80		56
BM-D80	80	10		400		98		56
BM-D100	100	10		320		117		56
BM-D160	160	10		200		176		56
BM-D200	200	10		320		235		60
BM-D250	250	10		250		294		60
BM-D315	315	10		200		372		60
BM-D400	400	10		160		470		60
BM-D500	500	10		160		588		60
BM-D630	630	10		125		735		60
YMC-10	80		12	10~400			100	
YMC-20	150		12	10~300			200	
YMC-30	230		12	10~200			300	
YMC-40	300		12	10~200			400	
BYM-80	80		12	10~400			105	
BYM-160	160		12	10~320			210	
BYM-250	250		12	10~250			320	
BYM-320	320		12	10~200			420	

表4-17　BM-D、E、F系列摆线液压马达的外形和安装尺寸　　　　mm

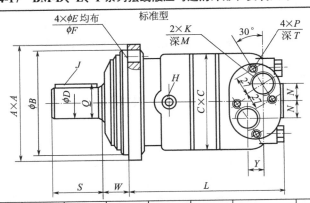

型号	A	B	C	D	E	F	H	J	K	L
BM-D	140	125	125	40	15	160	G1/4	12×50	G3/4	约180
BM-E	178	160	145	50	18	200	G1/2	14×70	G1	约240
BM-F	220	200	175	63	22	250	G3/8	18×80	G1$\frac{1}{4}$	约300

型号	M	N	P	Q	S	T	W	Y	花键
BM-D		22		43	60		15	20	m2.25、z16、α=30°

型号	M	N	P	Q	S	T	W	Y	花键
BM-E	18	25	M12	54	82	14	40	24	$m2.25、z16、α=30°$
BM-F	25	28			105		35	28	$m2.25、z16、α=30°$

表4-18　BM3-D系列摆线液压马达的外形和安装尺寸　　　　mm

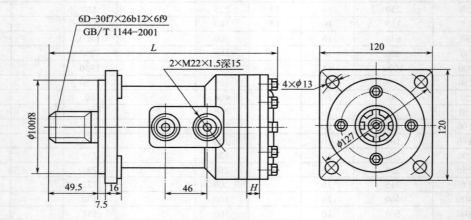

尺寸	BM3-D100L	BM3-D160L	BM3-D200L	BM3-D250L	BM3-D320L
总长 L	239.5	247.5	252.5	259	268.5
摆线转子厚 H	13	21	26	32	42

4.1.8　液压马达的选用

液压马达选择时需要考虑的因素很多，如转矩、转速、工作压力、排量、外形及连接尺寸、容积效率、总效率等。

（1）齿轮马达的选用

齿轮马达结构简单，制造容易，但转速脉动较大，齿轮马达负载转矩不大。速度平衡平稳性要求不高，噪声限制不严，适用于高转速低转矩的情况。所以，齿轮马达一般用于钻床、通风设备中。

（2）叶片马达的选用

叶片马达结构紧凑，外形尺寸小，运动平稳，噪声小，负载转矩小，一般用于磨床回转工作台，机床操纵机构。

（3）柱塞马达的选用

轴向柱塞马达结构紧凑，径向尺寸小，转动惯量小，转速较高，负载大，有变速要求，负载转矩较小，低速平稳性要求高，所以一般用于起重机、绞车、铲车、内燃机车、数控机床、行走机械；径向柱塞马达负载转矩大，速度中等，径向尺寸大，较多应用于塑料机械、行走机械等；内曲线径向马达负载转矩较大，转速低，平稳性高，用于挖掘机、拖拉机、起重机、采煤机等；曲轴连杆式径向柱塞马达负载转矩大，转速低，启动性差，用于塑料机械、起重机、采煤机牵引部件等。

（4）摆线马达的选用

负载速度中等，体积要求小，一般适用于塑料机械、煤矿机械、挖掘机。

液压马达的种类很多，可针对不同的工况进行选择。

　　低速运转工况可选择低转速马达，也可以采用高速马达加减速装置。在这两种方案的选择上，应根据结构及空间情况、设备成本、驱动转矩是否合理等进行选择。确定所采用马达的种类后，可根据液压马达产品的技术参数概览表选出几种规格，然后进行综合分析，加以选择。

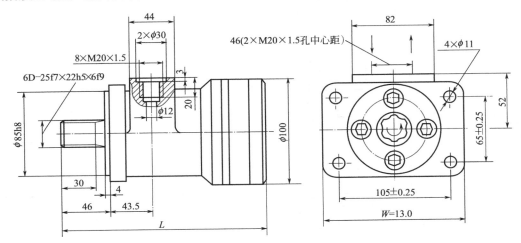

图4-23　BYM系列摆线马达外形及安装尺寸

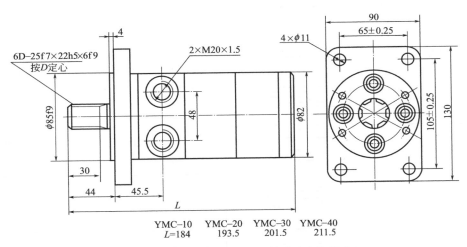

YMC-10　YMC-20　YMC-30　YMC-40
L=184　　193.5　　201.5　　211.5

图4-24　YMC系列摆线马达外形及安装尺寸

4.2　液压缸

　　液压缸是液压传动系统中又一类执行元件，它也是把液压能转换成机械能的能量转换装置。液压缸的输入量是液体的流量和压力，输出量是直线速度和力。

4.2.1　概述

（1）液压缸的分类

　　液压缸按其结构形式，可分为活塞缸、柱塞缸和摆动缸三类。活塞缸、柱塞缸实现往复运动，输出力和速度；摆动缸实现小于360°的往复摆动，输出转矩和角速度。液压缸除单个使用外，还可以几个组合起来或与其他机构组合起来，以完成特殊的功用。液压缸的分类见表4-19。

表4-19　液压缸的分类

类别	名称	简化符号	说明
单作用	活塞式	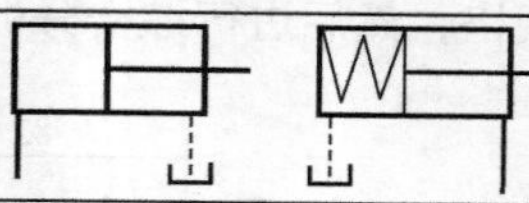	仅能实现单向输出，反向靠外力或弹簧力复位
	柱塞式	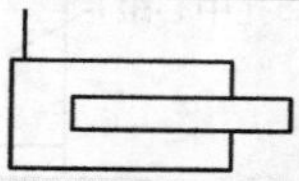	同上，但一般行程较活塞式大
双作用	单活塞杆式	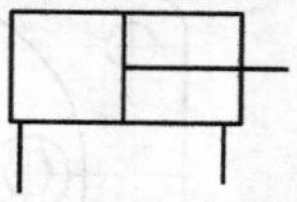	实现双向运动，差动连接可实现快速
	双活塞杆式	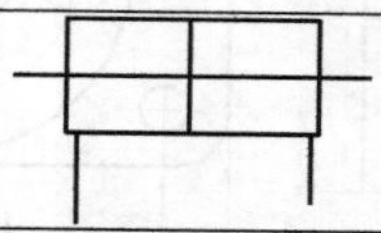	实现双向速度一致的运动
缓冲型	不可调缓冲式	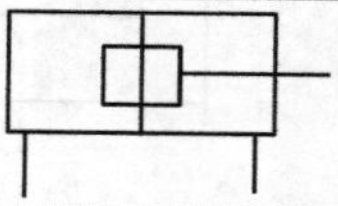	实现行程终端减速运动，减速值不变
	可调缓冲式	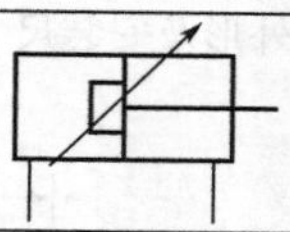	实现行程终端变减速运动
伸缩缸	单作用多级式	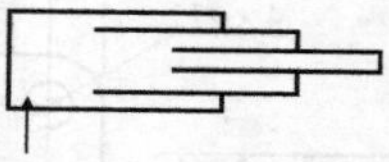	由多个依次运动的活塞套筒组成，输出运动按有效工作截面面积大小依次进行
	双作用多级式	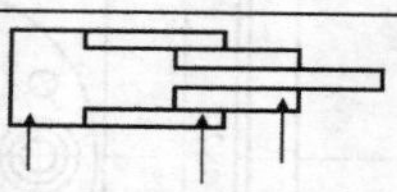	
组合液压缸	串联式	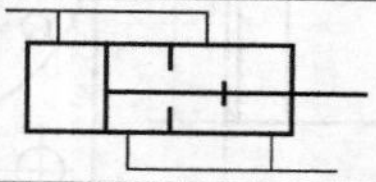	两个以上同轴串联组合，在径向尺寸受限制时也能获较大的推力
	增压式	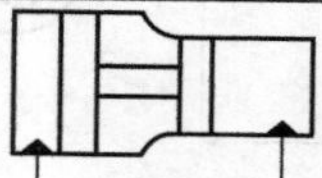	两个不同内径缸串联，输出的工作压力较高
	多工位式	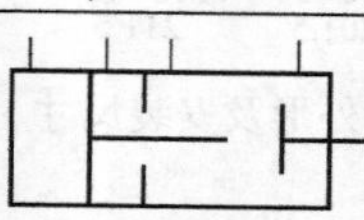	根据后级活塞杆的两个不同位置，使输出杆可有三个位置，即回程有两个终点
	齿条传动式	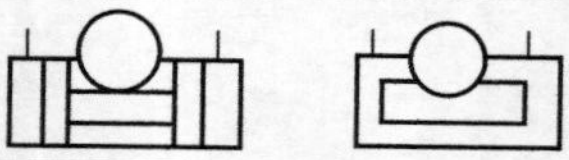	将输出转换成回转运动，其中活塞杆为齿条
摆动缸	单叶片	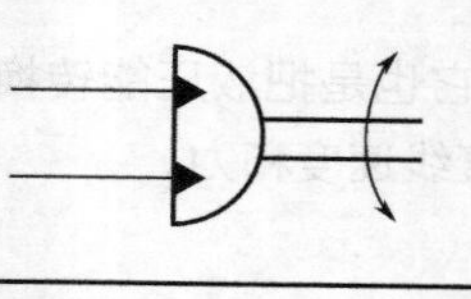	输出摆动角小于360°的往复运动
	双叶片		输出摆动角小于180°的往复运动
旋转动力液压缸	马达、液压缸组合式	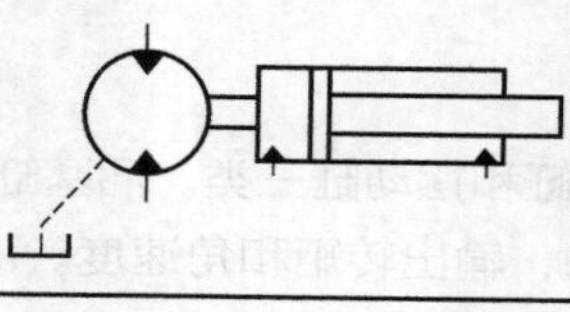	液压马达和液压缸相结合，液压缸活塞杆可以输出直线往复旋转运动及直线往复和旋转的复合运动

（2）液压缸的安装方式

液压缸的安装方式见表4-20。

表4-20 液压缸的安装方式

安装方式		符号	说明
法兰型	头部 尾部	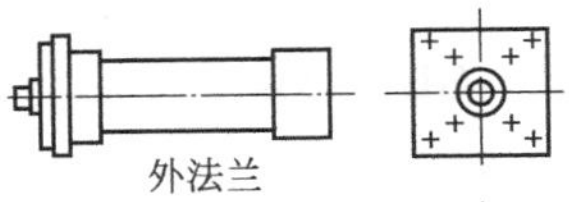 外法兰 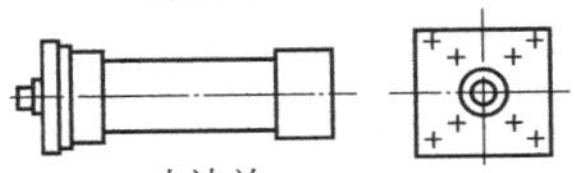 内法兰	安装螺杆受力大小依次为外法兰、尾部、内法兰
销轴型	头部 中部 尾部	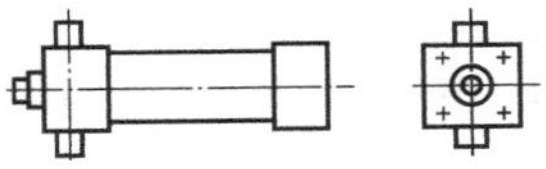	液压缸在垂直面内可摆动，受力大小依次为头部、中部、尾部
底座型	径向 切向 轴向		倾翻力矩大小依次为轴向、切向、径向
耳环型		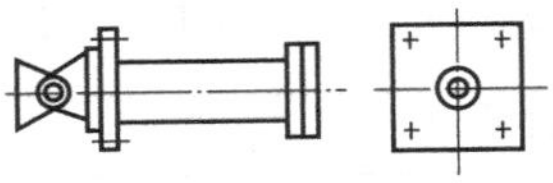 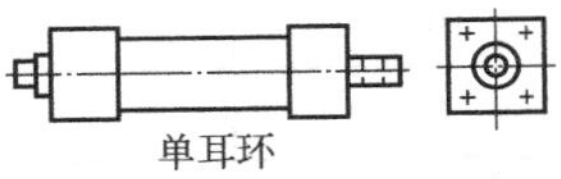 单耳环 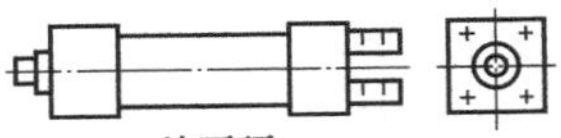 外耳环	可在垂直面内摆动，但销轴受力较大
球头型		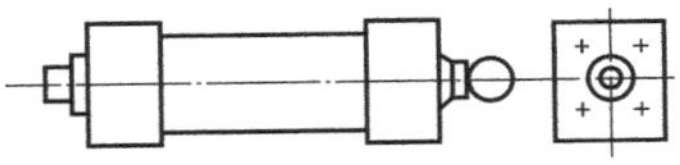	在一定的范围内可转动

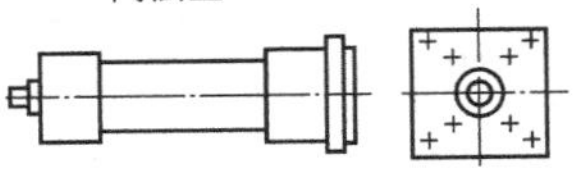

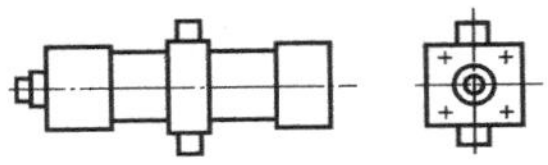

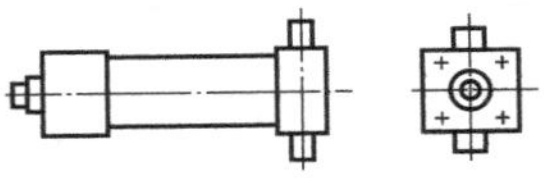

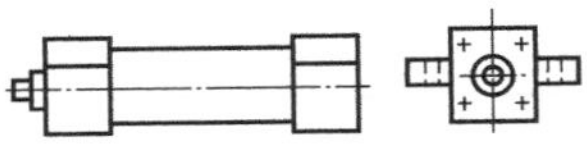

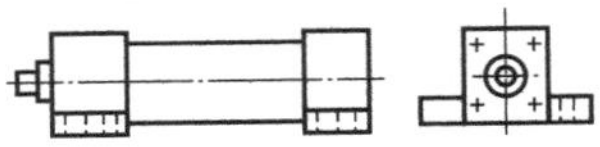

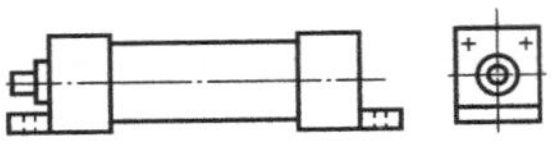

（3）液压缸的基本参数系列

① 液压缸额定压力系列 额定压力是液压缸能用以长期工作的压力。国家标准GB 2346—80（等效于IOS 3322）规定的液压缸的额定压力系列见表4-21。

表4-21　液压缸的额定压力系列　　　　　　　　　　　　　　MPa

0.63	1	1.6	2.5	4	6.3	10	16	25	40

最高允许压力（也是动态试验压力）是液压缸在瞬间所能承受的极限压力。通常规定为1.5倍额定压力。

耐压试验压力是液压缸在检查质量时所需承受的试验压力，在此压力下不应出现变形或破裂。

② 缸径尺寸系列　液压缸缸径尺寸系列见表4-22（GB/T 2348—2018）。

表4-22　缸径尺寸系列　　　　　　　　　　　　　　　　　mm

8	25	63	125	220	400
10	32	80	140	250	(450)
12	40	90	160	280	500
16	50	100	(180)	320	
20	60	(110)	200	(360)	

注：1.未列出的数值可按照GB/T 321中优选数系列扩展（数值小于100按R10系列扩展，数值大于100按R20系列扩展）。

2.圆括号内为非优先选用值。

③ 活塞杆直径尺寸系列　液压缸活塞杆外径尺寸系列见表4-23（GB/T 2348—2018）。

表4-23　活塞杆直径尺寸系列　　　　　　　　　　　　　mm

4	16	32	63	125	280
5	18	36	70	140	320
6	20	40	80	160	360
8	22	45	90	180	400
10	25	50	100	200	450
12	28	56	110	220	
14	(30)	(60)	(120)	250	

注：1.未列出的数值可按照GB/T 321中R20优选数系列扩展。

2.圆括号内为非优先选用值。

④ 液压缸行程参数系列　活塞行程的基本系列见表4-24（GB/T 2349—1980）。

表4-24　活塞行程系列　　　　　　　　　　　　　　　mm

25	50	80	100	125	160
200	250	320	400	500	

⑤ 单活塞杆液压缸两腔面积比　面积比（即速度比）φ为

$$\varphi = A_1/A_2 = v_1/v_2 = D^2/(D^2 - d^2)$$

式中　A_1——活塞无杆侧有效面积，m^2；

A_2——活塞有杆侧有效面积，m^2；

v_1——活塞杆伸出速度，m/s；

v_2——活塞杆退回速度，m/s；

D——缸径，m；

d——活塞杆直径，m。

满足标准面积比时，对应于不同的缸径D的活塞杆直径d见表4-25。

表4-25　满足标准面积比时，对应不同缸径 D 的活塞杆直径 d

mm

φ	缸径 D																						
	25	32	40	50	60	63	80	90	100	(110)	125	140	160	(180)	200	220	250	280	320	(360)	400	(450)	500
1.06	8	10	10	12	16	16	20	22	25	28	32	36	40	45	50	56	63	70	80	90	100	110	125
1.12	10	12	12	16	20	20	25	28	32	36	40	45	50	56	63	70	80	90	100	110	125	140	160
1.25	12	14	18	22	28	28	36	40	45	50	56	63	70	80	90	100	110	125	140	160	180	200	220
1.33	12	16	20	25	30	30	40	45	50	56	60	70	80	90	100	110	125	140	160	180	200	220	250
1.4	14	18	22	28	32	36	45	50	56	63	70	80	90	100	110	125	140	160	180	200	220	250	280
1.6	16	20	25	32	36	40	50	56	63	70	80	90	100	110	125	140	160	180	200	220	250	280	320
2	18	22	28	36	40	45	56	63	70	80	90	100	110	125	140	160	180	200	220	250	280	320	360
2.5	20	25	32	40	45	50	63	70	80	90	100	110	125	140	160	180	200	220	250	280	320	360	400
5	22	28	36	45	50	56	70	80	90	100	110	125	140	160	180	200	220	250	280	320	360	400	450

（4）液压缸的常用计算公式

① 输出力　以双作用单活塞杆液压缸为例（其他类推），设液压缸的供油压力为 p，液压缸的回油压力为 0，则液压缸的输出力为

$$F=Ap\eta_m$$

式中　F——液压缸输出力，N；

　　　　p——液压缸的工作压力，MPa；

　　　　A——液压缸的有效工作面积，m^2；

　　　　η_m——液压缸的机械效率。

有效工作面积 A 的计算按供油方式和液压缸结构有所不同。对差动缸：

无杆侧的有效面积为 $A_1=\pi D^2/4$

有杆侧的有效面积为 $A_2=\pi(D^2-d^2)/4$

差动连接供油时的有效面积为 $A_3=A_1-A_2$

式中　D——缸径，m；

　　　　d——活塞杆直径，m。

计算单活塞杆或柱塞缸的推力时取 A_1，计算单活塞杆拉力时取 A_2，液压缸差动连接时取 $A_3=A_1-A_2$，双活塞杆液压缸的推力或拉力计算时取 A_2。若回油压力不为零，输出力为两侧压力产生的输出力之代数和。

② 速度

$$v=\frac{q\eta_v}{A}$$

式中　v——液压缸输出速度，m/s；

　　　　q——输入液压缸的流量，m^3/s；

　　　　η_v——液压缸的容积效率；

　　　　A——液压缸的有效工作面积，m^2。

计算单活塞杆或柱塞缸的伸出速度时有效工作面积取 A_1，计算单活塞杆退回时取 A_2，单活塞杆液压缸差动连接时取 $A_3=A_1-A_2$，双活塞杆液压缸的伸出或退回速度计算时取 A_2。

液压缸的输出速度不得超过活塞的最大线速度极限（见表4-26）。

表4-26　活塞最大线速度极限

小型系列		中型系列	
缸径/mm	v_{max}/(m/s)	缸径/mm	v_{max}/(m/s)
		25~63	0.8
32~63	0.5	80~100	0.6
80~100	0.4	125~200	0.4
125~200	0.25	250~320	0.2
		400~500	0.1
250MPa系列		冶金系列	
缸径/mm	v_{max}/(m/s)	缸径/mm	v_{max}/(m/s)
50~100	1	50~125	0.5
125~200	0.5	160~200	0.4
250~320	0.4	250~320	0.25
400~500	0.2		

③ 液压缸的输出功率

$$N = Fv\eta_{\mathrm{m}}$$

式中　N──液压缸的输出功率，W；

　　　F──液压缸的输出力，N；

　　　v──液压缸的输出速度，m/s；

　　　η_{m}──液压缸的机械效率。

④ 摆动缸的输出转矩

单叶片　　　　　　　　　　$$T_1 = \frac{b(D^2 - d^2)(p_1 - p_2)\eta_{\mathrm{m}}}{8}$$

双叶片　　　　　　　　　　$$T_1 = \frac{b(D^2 - d^2)(p_1 - p_2)\eta_{\mathrm{m}}}{4}$$

式中　T_1──输出转矩，N·m；

　　　b──叶片宽度，m；

　D，d──摆动缸的缸径和活塞杆直径，m；

　p_1，p_2──摆动缸的进油、回油压力，MPa；

　　　η_{m}──液压缸的机械效率。

⑤ 摆动缸的输出角速度

单叶片　　　　　　　　　　$$w_1 = \frac{8q\eta_{\mathrm{v}}}{b(D^2 - d^2)}$$

双叶片　　　　　　　　　　$$w_1 = \frac{4q\eta_{\mathrm{v}}}{b(D^2 - d^2)}$$

式中　w_1──输出角速度，rad/s；

　　　q──输入流量，m³/s；

　　　b──叶片宽度，m；

　D，d──摆动缸的缸径和活塞杆直径，m；

　　　η_{v}──摆动缸的容积效率。

4.2.2　液压缸的工作原理和典型结构

按照结构的不同，液压缸可分为活塞缸、柱塞缸、组合缸和摆动缸四类。

（1）活塞缸

活塞杆可分为单杆活塞缸和双杆活塞缸。

① 单杆活塞缸　单杆活塞缸的特点是：仅在液压缸的一腔中有活塞杆，缸两腔的有效面积不相等。因此，当压力油以相同的压力和流量分别进入缸的两腔时，活塞在两个方向的推力、运动速度都不相等。

单杆活塞缸在其左右两腔同时都接通高压油时称为"差动连接"，相对而言，差动连接可以输出较大的运动速度，而产生的推力则较小。

② 双杆活塞缸　双杆活塞缸的两腔具有相等的有效面积，因此，当工作压力和输入流量相等时，缸在两个方向上的输出力和运动速度是相等的。

双杆活塞缸又分为实心双杆活塞缸和空心双杆活塞缸两种。一般，实心双杆活塞缸的进出油口设置在缸体上，用于缸体固定安装方式，占地面积较大。空心双杆活塞缸的进出油口设置在活塞杆上，用于活塞杆固定安装方式，占地面积较小。

图4-25为M7120A型平面磨床的实心双杆活塞缸的结构。液压缸的缸体固定在床身上，活塞杆和工作台靠支架9和螺母10连接在一起，当压力油通过油孔a和油孔b交替进入液压缸的两腔

时，就推动活塞带动工作台做往复运动。

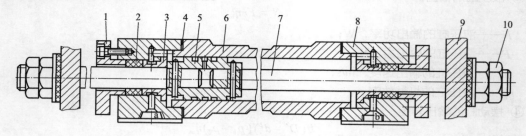

图 4-25 实心双杆活塞缸

1—压盖；2—密封套；3—导向套；4—密封垫；5—活塞；6—缸筒；
7—活塞杆；8—缸盖；9—支架；10—螺母

（2）柱塞泵

活塞缸的内壁要求精加工，当缸筒较长时，加工有一定困难。柱塞缸的内壁和柱塞没有接触，缸筒内壁可以不加工或只作粗加工，只要精加工柱塞和导向套就可以了。柱塞缸结构简单，制造容易，常用于行程较长的场合。

柱塞缸只能做单向运动，它的回程需要借助自重（垂直放置时）或其他外力（如弹簧等）来完成。也可以采用反向布置的两个柱塞缸，来实现双向运动控制。

柱塞缸通常由缸筒、缸盖、柱塞头、柱塞杆、导向套等部件组成。

（3）组合缸

组合缸有多种形式，包括柱塞式、活塞式、机械传动式等结构的具体组合，如齿条活塞缸、增压缸、伸缩缸等。

① 齿条活塞缸 齿条活塞缸可将活塞的直线往复运动经过齿条齿轮机构转变为回转运动。如图 4-26 所示，两个活塞 4 用螺钉固定在齿条 5 的两端，端盖 2 和 8 通过螺钉、盖板和半卡环 3 固定在缸体 7 上。当压力油从油孔 a 进入缸的左腔时，推动齿条向右移动，使齿轮 6 回转，带动回转工作台运动，这时右腔的油经油孔 c 排出。当压力油进入 c 腔时，回转工作台反向转动。图中的缝隙 b 用于液压缸的缓冲，螺钉 1 用于定位，可调节齿条活塞的运动行程。

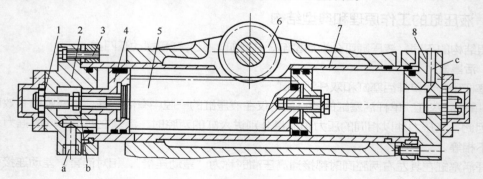

图 4-26 齿条活塞缸

1—螺钉；2，8—端盖；3—半卡环；4—活塞；5—齿条；6—齿轮；7—缸体

② 增压缸 图 4-27 是一种由活塞缸和柱塞缸组成的增压缸原理图，利用活塞和柱塞有效面积的不同使液压系统中的局部区域获得高压。当输入活塞缸的液体压力为 p_1，活塞直径为 D，柱塞直径为 d 时，柱塞缸输出的液体压力为高压，其值为

$$p_2 = p_1 \left(\frac{D}{d}\right)^2 \eta_m$$

③ 伸缩缸 伸缩缸由两个或多个活塞缸套装而成，前一级活塞缸的活塞是后一级活塞缸的缸筒，伸出时有很长的工作行程，缩回时可保持很小的结构尺寸。图4-28是一种二级双作用式伸缩缸结构。通入压力油时各级活塞按有效面积大小依次先后动作，并在输入流量不变的情况下，输出推力逐级减小，速度逐级加大，其值为

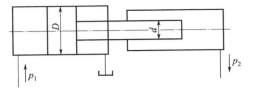

图4-27 增压缸原理图

$$F_i = p_1 \frac{\pi}{4} D_i^2 \eta_{mi}$$

$$v_i = \frac{4q\eta_{vi}}{\pi D_i^2}$$

式中的 i 指第 i 级活塞缸。

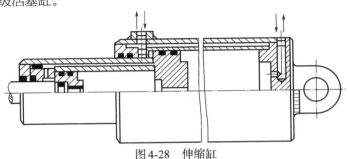

图4-28 伸缩缸

（4）摆动缸

常用的摆动缸有单叶片式和双叶片式两种，图4-29是单叶片摆动缸，定子3由螺钉和柱销固定在缸体5上，嵌在定子3槽内的弹簧片1把密封件2压紧在花键轴套4的外圆柱面上，起密封作用。转子6用螺钉固定在花键轴套4上，在转子的槽内也装有弹簧片和密封件，使缸体和转子之间得到密封。转子和定子的两端装有支承盘7、盖板8，并用螺钉把支承盘7、盖板8和缸体5固定在一起，盖板处用密封圈10密封、外泄的油从回油小孔9流回油箱。

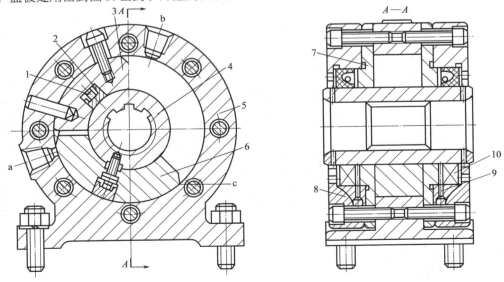

图4-29 单叶片摆动缸

1—弹簧片；2—密封件；3—定子；4—花键轴套；5—缸体；6—转子；

7—支承盘；8—盖板；9—回油小孔；10—密封圈

当压力油从孔a进入时，推动转子连同花键轴套作逆时针方向旋转，转子另一侧的回油从孔b排出，转子两侧的节流槽c起缓冲作用。如压力油从孔b进入时，转子作顺时针方向旋转。

这类液压缸是靠转子的回转来传递力和运动的，输出的是周期性的回转运动，其回转角度小于300°。这种液压缸由于密封性较差，一般只用于低压系统，如送料夹紧和工作台回转的辅助运动装置。

4.2.3 液压缸的产品介绍

（1）工程用液压缸

工程用液压缸主要用于重型、矿山、起重、运输等工程机械的液压系统，一般为双作用单活塞杆液压缸，其安装方式多采用耳环型。

型号说明如下。

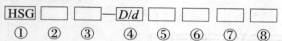

①名称：HSG——工程用双作用单活塞杆液压缸代号。②端盖连接方式代号：L——外螺纹；K——内卡键；F——法兰。③系列。④缸径/杆径。⑤活塞杆形式代号：A——螺纹连接式；B——整体式。⑥压力等级：E——10MPa；H——32MPa。⑦安装方式代号：E——耳环型；ZE——中间销轴耳环型。⑧缓冲代号：Z_1——间隙缓冲；Z_2——阀缓冲。

HSG型液压缸技术参数见表4-27。

表4-27 HSG型液压缸的技术参数

缸径/mm	活塞杆直径/mm			推力/kN	工作拉力/kN			行程/mm
	$\varphi=1.33$	$\varphi=1.46$	$\varphi=2$		$\varphi=1.33$	$\varphi=1.46$	$\varphi=2$	
40	20	22	25	20.11	15.08	14.02	12.25	500
50	25	28	32	31.42	23.56	31.56	18.55	600
63	32	35	45	49.88	37.01	34.48	24.43	800
80	40	45	55	80.42	60.32	54.98	42.41	2000
(90)	45	50	63	101.79	76.34	70.37	51.91	2000
100	50	55	70	125.66	94.25	87.65	64.08	4000
(110)	55	63	80	152.05	114.04	102.13	71.63	4000
125	63	70	90	196.35	146.47	134.77	94.56	4000
(140)	70	80	100	246.3	184.73	165.88	120.64	4000
150	75	85	105	282.74	212.06	191.95	144.2	4000
160	80	90	110	321.7	241.27	219.91	169.65	4000
(180)	90	100	125	407.15	305.36	281.49	210.8	4000
200	100	110	140	502.65	376.99	350.6	256.35	4000
(220)	110	125	160	608.21	456.16	411.86	286.51	4000
250	125	140	180	785.4	589.05	539.1	378.25	4000

注：1.括号中为非优先选用者。

2.表中推力、拉力值适用于各种类型缸所对应的缸径和面积比值，表中值对应压力是16MPa。

HSG型液压缸外形及安装尺寸见表4-28。

（2）冶金用液压缸

Y-HGI型冶金用液压缸是双作用单活塞杆型液压缸，适用于工作压力小于16MPa的场合，工作介质为液压油、机械油和乳化液，但不适用磷酸酯液。宜用氟橡胶（FPM）材料的密封件。

型号说明如下。

①名称：冶金标准液压缸。②双作用活塞缸第一类。③压力等级：C——6.3MPa；E——16MPa；G——25MPa。④缸径/杆径。⑤行程。⑥油口连接：L——螺纹（用于 D 小于220mm）；F——法兰（用于 D 小于250mm）。⑦安装方式（见表4-29）。⑧附加件代号：H——带缓冲；B——带平衡阀。⑨杆端型号：L1——外螺纹；L2——内螺纹式。⑩介质代号：O——液压油；W——乳化液。

表4-28　HSG型液压缸外形和安装尺寸

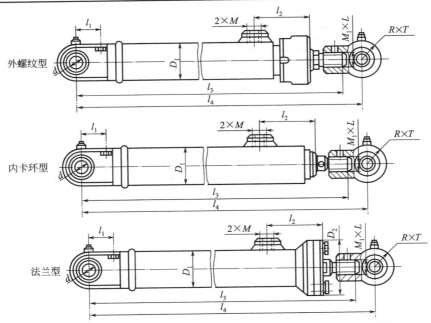

| （一）外螺纹型（HSGL） | | | | | | | | | |
缸径	D_1	d	l_1	l_2	l_3	l_4	$R×T$（厚）	M	$M_1×L$（长）
63	76	30	40	77	273+S	310+S	35×35	M18×1.5	(M27×2)×35
80	95	40	50	77	302+S	365+S	45×45	M18×1.5	(M27×2)×45

| （二）内卡环型（HSGK） | | | | | | | | | |
缸径	D_1	d	l_1	l_2	l_3	l_4	$R×T$（厚）	M	$M_1×L$（长）
80	95	40	45	65	303+S	365+S	45×45	M18×1.5	(M33×2)×45
90	108	40	45	65	307+S	370+S	45×45	M18×1.5	(M36×2)×50
100	121	50	55	65	352+S	430+S	60×60	M22×1.5	(M42×2)×55
110	133	50	55	70	362+S	440+S	60×60	M22×1.5	(M48×2)×60
125	152	50	55	82	383+S	455+S	60×60	M22×1.5	(M52×2)×65
140	168	50	55	87	412+S	500+S	70×70	M27×2	(M60×2)×70
160	194	50	55	95	427+S	515+S	70×70	M27×2	(M68×2)×75
180	219	70	75	100	488+S	590+S	80×80	M33×2	(M76×3)×85
200	245	80	85	105	518+S	630+S	90×90	M33×2	(M85×3)×95
220	273	90	90	110	565+S	690+S	100×100	M42×2	(M95×3)×110
250	299	100	100	120	598+S	730+S	110×110	M42×2	(M100×3)×120

| （三）法兰型（HSGF） | | | | | | | | | | |
缸径	80	90	100	110	125	140	160	180	200	220	250
D_1	120	140	150	165	185	200	220	250	270	300	330
其余尺寸同内卡环型										

注：S 为液压缸行程。

表4-29　安装方式代号

代号	安装方式	代号	安装方式
J	基本型	E_1	后端耳环:球铰耳环
F_1	前端矩形法兰(用于D<125mm)	E_2	后端耳环:带轴套
F_2	后端矩形法兰(用于D<125mm)	Z_1	前端耳轴
F_3	前端圆法兰	Z_2	中间耳轴
F_4	后端圆法兰	Z_3	后端耳轴
F_5	前端方形法兰(用于D<125mm)	J_1	纵向底座
F_6	后端方形法兰(用于D<125mm)	J_2	径向底座

Y-HGI型液压缸技术参数见表4-30。

表4-30　Y-HGI型液压缸的技术参数

缸径/mm	S_1/mm		S_2/mm		S_3/mm		S_4/mm		S_5/mm		S_6/mm	
	φ=1.46	φ=2	φ=1.46	φ=2	φ=1.46	φ=2	φ=1.46	φ=2	φ=1.46	φ=2	φ=1.46	φ=2
40	540	960	115	260	190	420	90	170	140	290	350	650
50	730	1360	180	390	300	320	130	240	210	430	480	920
63	990	1640	260	490	430	750	180	300	290	520	560	1120
80	1240	1990	330	600	550	920	230	360	370	640	830	1360
90	1370	2080	370	620	600	960	250	380	450	660	910	1420
100	1550	2320	420	700	680	1070	280	420	470	740	1040	1580
110	1700	2660	470	800	760	1240	310	480	520	860	1140	1830
125	1850	2980	520	920	830	1390	340	540	570	970	1250	2050
140	2150	3130	620	970	970	1460	390	560	670	1020	1460	2150
150	2280	3160	660	990	1030	1500	410	580	720	1040	1550	2200
160	2330	3210	670	1000	1050	1510	420	590	730	1050	1580	2220
180	2560	3610	740	1100	1160	1680	470	650	800	1170	1740	2180
200	2780	4120	800	1270	1250	1920	510	740	870	1340	1880	2830
220	3240	4660	940	1440	1470	2180	590	840	1020	1520	2210	3210
250	3590	4860	1040	1490	1630	2210	650	880	1130	1580	2440	3340
280	3810	5210	1100	1590	1720	2420	690	940	1190	1690	2580	3570
320	4600	5800	1350	1780	2100	2700	840	1050	1460	1880	3130	3980

注：S—对应于不同的安装方式时的最大行程；S_1—F_1，F_3，J_1，杆端带耳环；S_2—F_1，F_2，J_1，杆槽螺纹；S_3—F_2，F_4，杆端耳环；S_4—F_2，F_4，杆端螺纹；S_5—Z_3，E，杆端耳环；S_6—Z_1，杆端耳环。

Y-HGI-E基本型液压缸外形及安装尺寸见表4-31。

（3）摆动液压缸

摆动液压缸是一种输出轴作往复摆动运动的液压执行元件。它能使负载直接获得往复摆动运动，不需任何变速机构。有单叶片摆动缸和双叶片摆动缸两种。摆动频率可控制进入缸体的流量大小来实现。

BM型摆动液压缸的技术参数见表4-32。

表4-31　Y-HGI-E基本型液压缸的外形和安装尺寸　　　　　　**mm**

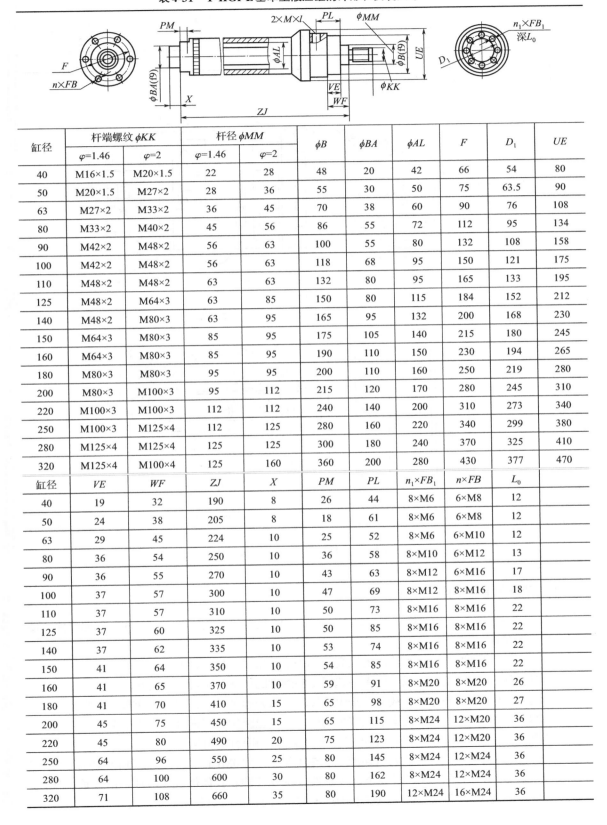

缸径	杆端螺纹 ϕKK		杆径 ϕMM		ϕB	ϕBA	ϕAL	F	D_1	UE
	$\varphi=1.46$	$\varphi=2$	$\varphi=1.46$	$\varphi=2$						
40	M16×1.5	M20×1.5	22	28	48	20	42	66	54	80
50	M20×1.5	M27×2	28	36	55	30	50	75	63.5	90
63	M27×2	M33×2	36	45	70	38	60	90	76	108
80	M33×2	M40×2	45	56	86	55	72	112	95	134
90	M42×2	M48×2	56	63	100	55	80	132	108	158
100	M42×2	M48×2	56	63	118	68	95	150	121	175
110	M48×2	M48×2	63	63	132	80	95	165	133	195
125	M48×2	M64×3	63	85	150	80	115	184	152	212
140	M48×2	M80×3	63	95	165	95	132	200	168	230
150	M64×3	M80×3	85	95	175	105	140	215	180	245
160	M64×3	M80×3	85	95	190	110	150	230	194	265
180	M80×3	M80×3	95	95	200	110	160	250	219	280
200	M80×3	M100×3	95	112	215	120	170	280	245	310
220	M100×3	M100×3	112	112	240	140	200	310	273	340
250	M100×3	M125×4	112	125	280	160	220	340	299	380
280	M125×4	M125×4	125	125	300	180	240	370	325	410
320	M125×4	M100×4	125	160	360	200	280	430	377	470

缸径	VE	WF	ZJ	X	PM	PL	$n_1 \times FB_1$	$n \times FB$	L_0
40	19	32	190	8	26	44	8×M6	6×M8	12
50	24	38	205	8	18	61	8×M6	6×M8	12
63	29	45	224	10	25	52	8×M6	6×M10	12
80	36	54	250	10	36	58	8×M10	6×M12	13
90	36	55	270	10	43	63	8×M12	6×M16	17
100	37	57	300	10	47	69	8×M12	8×M16	18
110	37	57	310	10	50	73	8×M16	8×M16	22
125	37	60	325	10	50	85	8×M16	8×M16	22
140	37	62	335	10	53	74	8×M16	8×M16	22
150	41	64	350	10	54	85	8×M16	8×M16	22
160	41	65	370	10	59	91	8×M20	8×M20	26
180	41	70	410	15	65	98	8×M20	8×M20	27
200	45	75	450	15	65	115	8×M24	12×M20	36
220	45	80	490	20	75	123	8×M24	12×M20	36
250	64	96	550	25	80	145	8×M24	12×M24	36
280	64	100	600	30	80	162	8×M24	12×M24	36
320	71	108	660	35	80	190	12×M24	16×M24	36

表4-32　BM型摆动液压缸的技术参数

型号	压力/MPa	流量/(×10⁻⁴m³/s)	转矩/N·m	摆动角度/(°)
BM-150	0.714	3.75	15.0	264
BM-16	0.714	3.75	1.6	264

摆动液压缸外形和安装尺寸见图4-30。

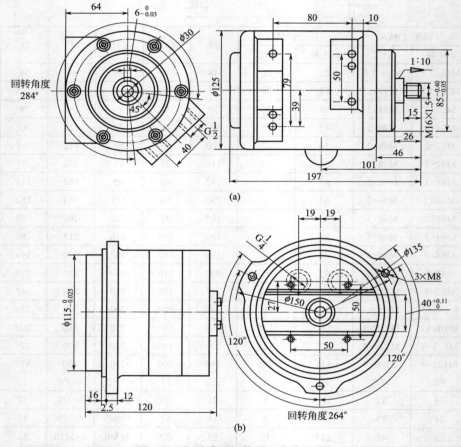

图4-30　摆动液压缸外形和安装尺寸

4.2.4　液压缸的选用

　　首先应考虑工况及安装条件，然后再确定液压缸的主要参数及标准密封附件、其他附件。使用工况及安装条件如下。

　　① 工作中有剧烈冲击时，液压缸的缸筒、端盖不能用脆性材料，如铸铁。

　　② 采用长行程液压缸时，需综合考虑选用足够刚度的活塞杆和安装中间圈。

　　③ 当工作环境污染严重，有较多的灰尘、风沙、水分等杂质时，需采用活塞杆防护套。

　　④ 安装方式与负载导向直接影响活塞杆的稳定性，也影响活塞杆直径 d 的选择。

　　按负载的重、中、轻型，推荐如表4-33所示安装方式和导向条件。

　　⑤ 缓冲机构的选用：一般认为普通液压缸在工作压力>10MPa、活塞速度>0.1m/s时，应采用缓冲装置或其他缓冲办法。这只是一个参考条件，主要还要看具体情况和液压缸的用途。例如：要求速度变化缓慢的液压缸，当活塞速度>0.05~0.12m/s时，也需要采用缓冲装置。

表4-33　安装方式与负载导向参考

负载 类型	推荐安 装方式	作用力承 受情况	负载导 向情况	负载 类型	推荐安 装方式	作用力 承受情况	负载导 向情况
重型	法兰安装	作用力与支承中 心在同一轴线上	导向	中型	耳环安装	作用力 与支承 中心在 同一轴线上	导向
	耳轴安装		导向		法兰安装		导向
	底座安装	作用力与支承中心 不在同一轴线上	导向		耳轴安装		导向
	后球铰	作用力与支承中心 在同一轴线上	不要求导向	轻型	耳环安装		可不 导向

⑥ 密封装置的选用：选用合适的密封圈和防尘圈。

⑦ 工作介质的选用：对工作介质的要求，一般液压缸所适用的工作介质黏度是12~28mm²/s。采用一般弹性密封件的液压缸，介质过滤精度为20~25μm；伺服液压缸要求过滤精度小于10μm；采用活塞环的液压缸，过滤精度可达20μm。当然，对过滤精度的考虑不能仅仅局限于液压缸，要从整个液压系统来综合考虑。按照环境温度可初步选定工作介质的品种：

a.在正常温度（-20~60℃）下工作的液压缸，一般采用石油型液压油；

b.在高温（>60℃）下工作的液压缸，需采用难燃液及特殊结构液压缸。

4.3 现代液压缸

4.3.1 模拟控制液压缸

模拟控制液压缸（又称为伺服液压缸），即伺服（或比例）阀控制液压缸，它是以液压缸为主体，集伺服（或比例）阀、节流阀、传感器等为一体的电液执行器。伺服液压缸与数字液压缸的区别除控制信号的形式不同外，在液压缸的结构上也有明显的区别。伺服液压缸通常装有传感器，传感器可以装在液压缸内部（受到较好的保护），也可以装在缸筒外部（便于安装调试）。活塞可以是单活塞杆形式，也可以是双活塞杆形式。

伺服液压缸典型组件如图4-31所示，它由电液伺服阀、缸筒、双向活塞杆、位置（移）传感器、载荷（负载）传感器、耳叉式支承座和杆端关节轴承等组成。

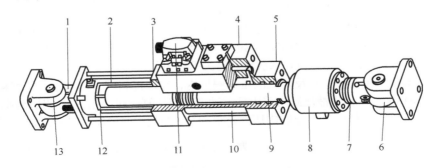

图4-31　伺服液压缸典型组件

1—耳座；2—套筒；3—下端盖；4—阀块；5—上端盖；6—杆端关节轴承；7—锁紧圈；8—负载传感器；9—双向活塞杆；10—缸筒；11—电液伺服阀；12—位置传感器；13—耳叉式支承座

4.3.2 数字控制液压缸

随着计算机技术和电子技术的飞速发展，数字液压技术也得到了快速发展，与传统的电液伺服液压系统相比，数字液压系统的突出优点是控制技术先进、抗干扰能力强、控制精度高、同步性能好、响应速度快、对油液的清洁度要求低。

数字液压系统采用普通的液压泵站过滤精度达到9级就可以了，而电液伺服系统需要7级以上的液压油精度，所以数字液压系统不需要像电液伺服系统那样特别严格的过滤。同时数字液压系统可以采用较高的压力等级（28~40MPa）。流量也比较大，可以达到1000L/min以上。数字液压系统的核心执行单元是数字液压缸，从控制功能上需要数字液压缸具有力闭环控制和位移闭环控制，从应用上需要数字液压缸具有静态和动态的加载能力。

数字控制液压缸是数字液压缸及其配套数字控制器的组合，简称数字液压缸。它利用极为巧妙的结构设计，几乎将液压技术的所有功能集于一身，与专门研制的可编程数字控制器配合，可高精度地完成液压缸的方向控制、速度控制和位置控制。

（1）数字控制液压缸的分类

目前，已有的数字液压缸主要分为三种。

① 内反馈式数字液压缸　内反馈式数字液压缸能够输出数字或者模拟信号；但仅能够将液压缸运行的速度和位移信号传递出来，其运动控制依靠外部的液压系统实现，数字液压缸本身无法完成运动控制。

② 开环数字液压缸　开环数字液压缸是使用数字信号控制运行速度和位移的数字液压缸。这种液压缸可以通过发送脉冲信号完成对数字液压缸的运动控制，具有结构简单、控制精度高等显著优点。但由于它是一个开环控制系统，无法对由于系统温度、压力负载、内泄及死区等因素引起速度和位移的变化进行补偿。

③ 闭环控制数字液压缸　闭环控制数字液压缸使用一个中空式光电编码器，既能输出准确反映液压缸运动的数字信号，又能对系统温度、压力负载、内泄及死区等因素的影响进行补偿，进一步提高运动精度。

（2）开环数字液压缸

开环数字液压缸是将液压缸、数字阀、传感器有机地设计成一个整体而全部封闭在缸内。步进电动机可以直接接收计算机或数字控制器发出的数字脉冲信号。步进电动机带动数字阀，打开油路，液压缸运动，液压缸运动的同时通过机械位移传感器将活塞的速度和位置反馈到数字阀，构成了自动调节的速度闭环和位置闭环，从而将液压缸的速度和位移精确与步进电动机的转速和转角一一对应，形成了闭环控制的自动调节机理，将复杂的电闭环控制变成了简单的开环控制。

图4-32所示为数字控制电液步进液压缸的结构图和工作原理图，它由步进电动机发出的数字信号控制液压缸的速度和位移。通常这类液压缸由步进电动机和液压力放大器两部分组成。为了选择速比和增大传动转矩，二者之间有时设置减速齿轮。

步进电动机是一种数模（D/A）转换装置。可将输入的电脉冲信号转换为角位移量输出，即给步进电动机输入一个电脉冲，其输出轴转过一步距角（或脉冲当量）。由于步进电动机功率较小，因此必须通过液压力放大器进行功率放大后再去驱动负载。

液压力放大器是一个直接位置反馈式液压伺服机构，它由控制阀、活塞缸、螺杆和反馈螺母组成。图4-32（a）中电液步进液压缸为单出杆差动连接液压缸，可采用三通双边滑阀阀芯5来控制。压力油p_s直接引入有杆腔，活塞腔内压力p_c受阀芯5的棱边所控制，若差动液压缸两腔的面积比$A_s : A_c = 1 : 2$，空载稳态时，$p_c = \dfrac{p_s}{2}$，活塞2处于平衡状态，阀口a处于某个稳定状态。在指令输入脉冲作用下，步进电动机带动阀芯5旋转，活塞及反馈螺母3尚未动作，螺杆4对反馈螺母3作相对运动，阀芯5右移，阀口a开大，$p_c > \dfrac{p_s}{2}$，于是活塞2向左运动，活塞杆外伸，与此同时，同活塞2联成一体的反馈螺母3带动阀芯5左移，实现了直接位置负反馈，使阀口a关小，开口量及p_c值又恢复到初始状态。如果输入连续的脉冲，则步进电动机连续旋转，活塞杆便随着外伸；反之，输入反转脉冲时，步进电动机反转，活塞杆内缩。

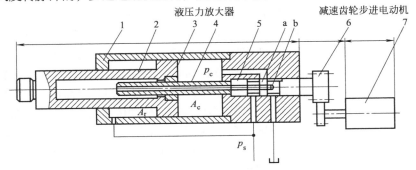

(a) 开环数字液压缸结构

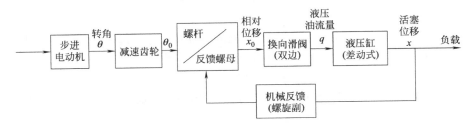

(b) 工作原理图

图4-32 数字控制电液步进液压缸

1—液压缸体；2—活塞；3—反馈螺母；4—螺杆；5—三通双边滑阀阀芯；6—减速齿轮；7—步进电动机

活塞杆外伸运动时，棱边a为工作边，活塞杆内缩时，棱边b为工作边。如果活塞杆上存在外载荷，稳定平衡时，$p_c \neq \dfrac{p_s}{2}$。通过螺杆、螺母之间的间隙泄漏到空心活塞杆腔内的油液，可经过螺杆4的中心孔引至回油腔。

（3）闭环控制数字液压缸

① 闭环控制数字液压缸的结构及工作原理 图4-33是一种闭环控制数字液压缸的结构原理图。

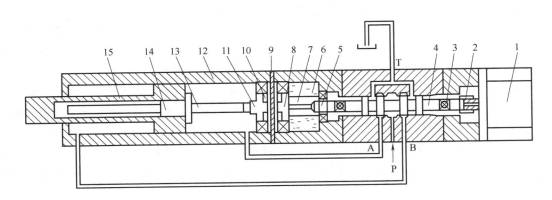

图4-33 闭环控制数字液压缸结构原理图

1—步进电动机；2—花键；3—万向联轴器；4—阀芯；5—外螺纹；6—编码器；7—缸外转轴；8—缸外转盘；9—后缸盖；
10—磁铁；11—缸内转盘；12—缸体；13—滚珠丝杠；14—丝杠螺母；15—空心活塞杆

步进电动机1接到脉冲信号，其输出轴旋转一定的角度，旋转运动通过花键2、万向联轴器3、阀芯4传递给外螺纹5，外螺纹5和沉入缸外转轴7右端的内螺纹相互配合，内螺纹位置固定，在旋转作用下外螺纹带动阀芯发生轴向移动。数字液压缸采用负开口三位四通阀控制流量，阀口存在一定的死区，开始的几个脉冲产生的一小段位移并不能将P口处的高压油与A口或B口接通。死区过后，步进电动机再旋转一定角度，在旋转作用下阀芯又发生一定的轴向位移。如果阀芯向左移动，P口和A口连通，B口和T口连通。P口处的高压油，通过A口流入液压缸的后腔。后腔增压，空心活塞杆15向左运动，前腔的油经过B口、T口流回油箱。空心活塞杆向左运动时，带动固定在空心活塞杆上的丝杠螺母14向左运动，滚珠丝杠13在轴向上不移动，滚珠丝杠与步进电动机旋向相反，带动缸内转盘11旋转。后缸盖9两边的磁铁10相互吸引，使得缸外转盘8和缸内转盘11同时旋转相同的角度。反向旋转运动通过这样一个磁耦合机构被准确地传递到液压缸外。缸外转轴7和缸外转盘8是一个整体，缸外转轴7和编码器b通过平键连接，沉入缸外转轴7右端的内螺纹和外螺纹5配合。缸外转轴7反向旋转，外螺纹5向右移动，阀口关闭，一个步进过程结束。

滚珠丝杠旋转的角度被平键连接于缸外转轴7上的编码器6检测到，此旋转角度和空心活塞杆15的位移对应，此信号传给以单片机为核心的控制系统，控制系统根据运行位移和速度要求，对步进电动机进行闭环控制。

阀芯的两端使用万向联轴器连接，不限制径向的小位移，防止阀芯被拉伤，同时保证轴向运动、旋转运动的双向传递。数字液压缸在向前运动的同时不断关闭阀口，形成伺服控制系统。

② 和开环控制数字液压缸相比，闭环控制数字液压缸的创新点

a.采用了光电编码器反馈的闭环控制系统，能对系统温度、压力负载、内泄及死区等因素的影响进行补偿，并进一步提高了控制精度。

• 当油液温度升高时，黏度降低，流动速度加快，在阀开口大小一定的情况下，即步进电动机接受到控制脉冲速度一定的情况下，液压缸的运动速度加快。使用闭环控制系统，可以设定一个速度值，如果使用光电编码器检测到的液压缸速度大于此速度，就减小对步进电动机的脉冲发送速度；如果使用光电编码器检测到的液压缸速度小于设定速度，就增加对步进电动机的脉冲发送速度，这样始终可以使数字液压缸的运动速度保持在设定值。

• 当压力负载增大时，缸体内外的油液压力差减小，油液的流动速度减小，再加上油液所受的压力增大，液体体积被压缩，这两个因素都会造成液压缸的运动速度降低。这种误差可以通过在闭环控制系统中增大对步进电动机脉冲的发送速度来消除。

• 如果出现内泄现象，在发送脉冲速度一定，即阀开口大小一定的情况下，液压缸的运动速度也会降低，这种误差也可以在闭环控制系统中被灵活地补偿。在开环控制数字液压缸中，步进电动机和滚珠丝杠之间部分的传动误差会对位移产生影响，三位四通控制阀的死区也会对开环控制数字液压缸的位移产生影响。若采用闭环控制系统就可以消除这些影响，这样，可以适当降低步进电动机和滚珠丝杠之间各传动结构的精度，从而降低该部分的加工成本。

b.通过使用磁耦合机构，既回避了旋转密封，同时又保证了旋转运动从缸体内部到缸体外部的准确传递。磁耦合机构是指后缸盖两边内嵌磁铁的两个圆盘，它们在轴承的支撑作用和磁铁的吸引作用下，可以同时转动相同的角度。不需通过后缸盖伸出杆件就可以将旋转运动传递出来。对于精度要求不太高、传递转矩不太大的情况，这种结构完全可以满足使用要求。当传递大动力或要求运动精度较高时，必须从后缸盖伸出杆件，将缸内的旋转运动传递出来，这就需要使用旋转密封圈进行良好密封，当然其价格就比较昂贵。

第5章

方向控制阀及选用

方向控制阀主要用于控制油路油液的通断，从而控制液压系统的执行元件的换向、启动和停止。方向控制阀按其用途可分为单向阀和换向阀两类。

5.1 单向阀

单向阀可分为普通单向阀和液控单向阀。普通单向阀只允许油液往一个方向流动，反向截止。液控单向阀在外控油作用下，反方向也可流动。

5.1.1 普通单向阀

（1）工作原理

普通单向阀一般称为单向阀，其结构简图见图5-1。压力油从P_1腔进入时，克服弹簧力推动阀芯，使油路接通。压力油从P_2腔流出，称为正向流动。当压力油从P_2腔进入时，油液压力和弹簧力将阀芯紧压在阀座上，油液不能通过，称为反向截止。

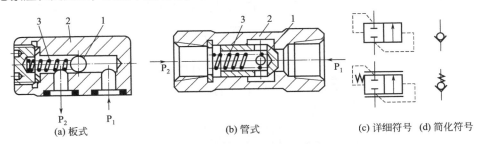

图5-1 单向阀的结构和图形符号
1—阀芯（锥阀或球阀）；2—阀体；3—弹簧

（2）单向阀的开启条件

要使阀芯开启，液压力必须克服弹簧力F_k、摩擦力F_f和阀芯重量G，即

$$(p_1 - p_2)A > F_k + F_f + G$$

（5-1）

式中　p_1——进油腔1油压力，Pa；

　　　p_2——出油腔2油压力，Pa；

　　　F_k——弹簧力，N；

　　　F_f——阀芯与阀座的摩擦力，N；

　　　G——阀芯重量（水平放置时为0），N；

　　　A——阀口面积，m^2。

单向阀的开启压力p_k一般都设计得较小，一般为0.03~0.05MPa，这是为了尽可能降低油流通过时的压力损失。但当单向阀作为背压阀使用时，可将弹簧设计得较硬，使开启压力增高，使系统回油保持一定的背压。可以根据实际使用需要更换弹簧，以改变其开启压力。

（3）典型结构和特点

单向阀按阀芯结构分为球阀和锥阀，图5-1（a）为球阀式单向阀。球阀结构简单，制造方便，但由于钢球有圆度误差，而且没有导向，密封性差，一般在小流量场合使用。图5-1（b）为锥阀式单向阀，其特点是当油被正向通过时，阻力可以设计得较小，而且密封性较好。但工艺要求严格，阀体孔与阀座孔需有较高的同轴度，且阀芯锥面必须进行精磨加工。在高压大流量场合下一般都使用锥阀式结构。

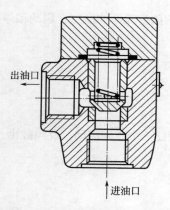

出油口

进油口

图5-2　直角式单向阀的结构

单向阀按进出口油流的方向可分为直通式和直角式。直通式单向阀的进出口在同一轴线上（即管式结构），结构简单，体积小，但容易产生自振和噪声，而且装于系统更换弹簧很不方便。直角式单向阀的进出口油液方向成直角布置，见图5-2，其阀芯中间容积是半封闭状态，阀芯上的径向孔对阀芯振动有阻尼作用，更换阀芯弹簧时，不用将阀从系统拆下、性能良好。

（4）主要性能要求

① 正向最小开启压力$p_k = (F_k + F_f + G)/A$，国产单向阀开启压力有0.04MPa和0.4MPa，通过更换弹簧，改变刚度K来改变开启压力的大小。

② 反向密封性好。

③ 正向流阻小。

④ 动作灵敏。

（5）应用

主要用于不允许液流反向的场合。

① 单独用于油泵出口，防止由于系统压力突升油液倒流而损坏油泵，见图5-3（a）。

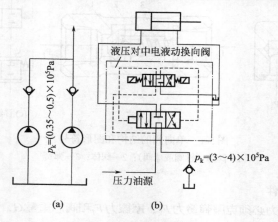

$p_k = (0.35 \sim 0.5) \times 10^5 \text{Pa}$

液压对中电液动换向阀

$p_k = (3 \sim 4) \times 10^5 \text{Pa}$

压力油源

(a)　　　　　　(b)

图5-3　单向阀的应用

② 隔开油路间不必要的联系。

③ 配合蓄能器实现保压。

④ 作为旁路与其他阀组成复合阀。常见的有单向节流阀、单向顺序阀、单向调速阀等。

⑤ 采用较硬弹簧作背压阀。如图5-3（b）所示，电液换向阀中位时使系统卸荷，单向阀保持进口侧油路的压力不低于它的开启压力，以保证控制油路有足够压力使换向阀换向。

（6）主要故障

① 当油液反向进入时，阀芯不能将油液严格封闭而产生泄漏，特别是p_2较低更为严重。应检查阀芯与阀座的接触是否紧密，阀座孔与阀芯是否满足同轴度要求，或当阀座压入阀体孔时有没有压歪，如不符合要求，则需要阀芯与阀座重新研配。

② 单向阀不灵，阀芯有卡阻现象，应检查阀座孔与阀芯的加工精度，并应检查弹簧是否断裂或过分弯曲。应该注意的是，无论是直角型还是直通型单向阀，都不允许阀芯锥面向上安装。

5.1.2 液控单向阀

（1）工作原理

液控单向阀是可以根据需要实现逆向流动的单向阀，见图5-4。图中上半部与一般单向阀相同，当控制口K不通压力油时，阀的作用与单向阀相同，只允许油液向一个方向流动，反向截止。下半部分有一个控制活塞1，控制口K通以一定压力的油液，推动控制活塞并通过推杆2抬起锥阀阀芯3，使阀保持开启状态，油液就可以由P_2流到P_1，即反向流动。

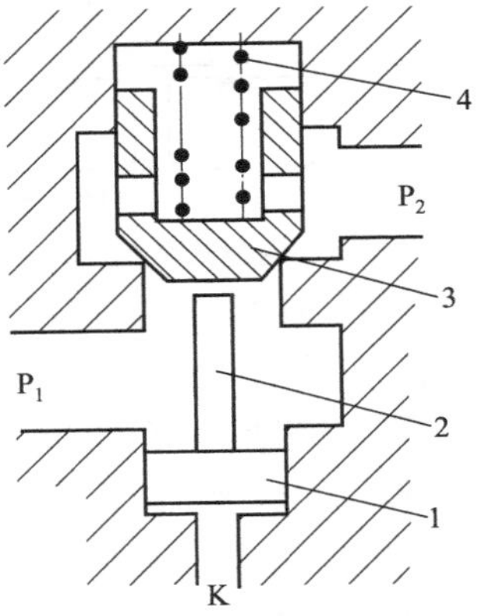

（2）反向开启条件

要使阀芯反向开启必须满足

$$(p_k-p_1)A_k-F_{f2}>(p_2-p_1)A+F_k+F_{f1}+G \tag{5-2}$$

即

$$p_k>(p_2-p_1)\frac{A}{A_k}+p_1\frac{A}{A_k}+\frac{F_{f1}+F_{f2}+F_k+G}{A_k}$$

图5-4 液控单向阀的工作原理
1—控制活塞；2—推杆；3—锥阀阀芯；4—弹簧

式中　p_k——阀反向开启时的控制油压力，MPa；

　　　p_1——出油腔油压力，MPa；

　　　p_2——进油腔油压力，MPa；

　　　A_k——控制活塞面积，m^2；

　　　F_{f2}——控制活塞摩擦力，N；

　　　A——锥阀活塞面积，m^2；

　　　F_k——弹簧力，N；

　　　F_{f1}——锥阀芯摩擦阻力，N；

　　　G——阀芯与控制活塞重量之和，N。

由上式可以看出，液控单向阀反向开启压力主要取决于进油腔压力p_2和锥阀活塞与控制活塞面积比$\frac{A}{A_k}$，也与出油腔压力p_1有关。

（3）典型结构和特点

图5-5是内泄式液控单向阀，它的控制活塞阀上腔与P_1腔相通，所以叫内泄式。它结构简单，制造方便。但由于结构限制，控制活塞面积A_k不能比阀芯面积大很多，因此反向开启的控制压力p_k较大。当$p_1=0$时，$p_k\approx(0.4\sim0.5)p_2$。若$p_1\neq0$时，$p_k$将会更大一些，所以这种阀只用于低压场合。

为了减少出油腔压力p_1对开启控制压力p_k的影响，出现了图5-6所示的外泄式液控单向阀，在控制活塞的上腔增加了外泄口与油箱连通，减少了 P_1 腔压力在控制活塞上的作用面积。此时式（5-2）改写为（忽略摩擦力和重力）

$$p_k > (p_2 - p_1)\frac{A}{A_k} + p_1\frac{A_1}{A_k} \tag{5-3}$$

式中　A_1——P_1 腔压力作用在控制活塞上的活塞杆面积，m^2。

A_1/A_k 越小，p_1 对 p_k 的影响越小。

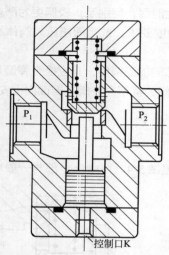

图5-5　内泄式液控单向阀的结构

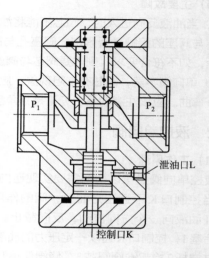

图5-6　外泄式液控单向阀的结构

在高压系统中，上述两种结构所需的反向开启控制压力均很高，为此应采用带卸荷阀芯的液控单向阀，它也有内泄式和外泄式两种结构。图5-7为内泄式带卸荷阀芯的液控单向阀。它在锥阀3（主阀）内部增加了一个卸荷阀芯6，在控制活塞顶起锥阀之前先顶起卸荷阀芯6，使锥阀上部的油液通过卸荷阀上铣去的缺口与下腔压力油相通，阀上部的油液通过泄油口到下腔，上腔压力有所下降，上下腔压力差 $p_2 - p_1$ 减少，此时控制活塞便可将锥阀顶起，油液从 P_2 腔流向 P_1 腔，卸荷阀芯顶开后，$p_2 - p_1 \approx 0$，所以式（5-2）就变成

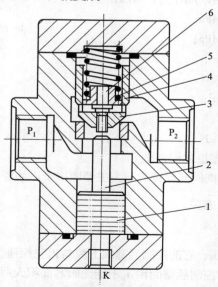

图5-7　内泄式带卸荷阀芯的液控单向阀的结构

1—控制活塞；2—推杆；3—锥阀；4—弹簧座；5—弹簧；6—卸荷阀芯

$$p_k > p_1 \frac{A}{A_k} + \frac{F_{f1} + F_{f2} + F_k + G}{A_k} \tag{5-4}$$

即开启压力大大减少，这是高压液控单向阀常采用的一种结构。

图5-8为外泄式带卸荷阀芯的液控单向阀，该阀可以进一步减少出油口压力p_1对p_2的影响，所需开启压力为

$$p_k > p_1 \frac{A_1}{A_k} + \frac{F_{f1} + F_{f2} + F_k + G}{A_k}$$

因为$A_1 < A$，所以外泄式液控单向阀所需反向开启控制压力比内泄式的低。

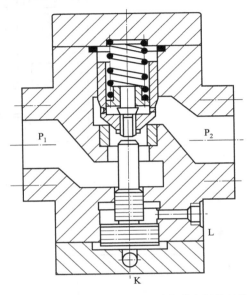

图5-8 外泄式带卸荷阀芯的液控单向阀的结构

图5-9为卸荷阀芯的结构，由于它的结构比较复杂，加工也困难，尤其是通径较小时结构更小，加工更困难，因此近年来国内外都采用钢球代替卸荷阀芯，封闭主阀下端的小孔来达到同样的目的（见图5-10和图5-11）。它是将一个钢球压入弹簧座内，利用钢球的圆球面将阀芯小孔封闭。这种结构大大简化了工艺，解决了卸荷阀芯加工困难的问题。但是，这种结构的控制活塞的顶端应加长一小段，伸入阀芯小孔内，由于这个阀芯孔较小，控制活塞端部伸入的一段较细，因而容易发生弯曲甚至断裂。另外，对阀体上端阀芯孔和下端控制活塞孔的同轴度的要求也提高了。

带卸荷阀结构的液控单向阀，由于卸荷阀芯开启时与主阀芯小孔之间的缝隙较小，通过这个缝隙能溢掉的油液量是有限的，所以，它仅仅适合于反向油流是一个封闭的场合，如液压缸的一腔、蓄能器等。封闭的容腔的压力油只需释放很少一点流量便可将压力卸掉，这样就可以用很小的控制压力将主阀芯打开。如果反向油流是一个连续供油的油源，如直接来自液压泵的供油，由于连续供油的流量很大，这么大的流量强迫它从很小的缝隙通过，油流必然获得很高的流速，同时造成很大的压力损失，而反向油流的压力仍然降不下来。所以虽然卸荷阀芯打开了，但仍有很高的反向油流压力压在主阀芯上，因而仅能打开卸荷阀芯，却打不开主阀芯，使反向油流的压力降不到零，油液也就不能全部通过。在这种情况下，要使反向连续供油全部反向通过，必须大大提高控制压力，将主阀芯打开到一定开度才行。

图5-12是将两个液控单向阀布置在同一个阀体内，称为双液控单向阀，也叫液压锁。其工作原理是：当液压系统一条通路的油液从A腔进入时，依靠油液压力自动将左边的阀芯推开，使A腔的油液流入A_1，同时，将中间的控制活塞的阀芯右推，将右边的阀芯顶开，使B腔与B_1腔相沟

通，把原来封闭在 B_1 腔通路上的油液通过 B 腔排出。总之就是当一个油腔是正向进油时，另一个油腔就是反向出油，反之亦然。

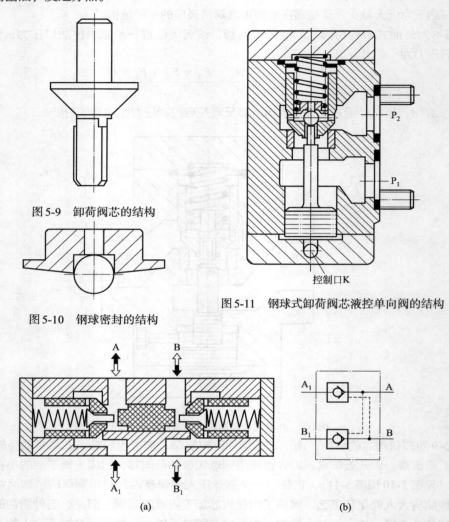

图 5-9　卸荷阀芯的结构

图 5-10　钢球密封的结构

图 5-11　钢球式卸荷阀芯液控单向阀的结构

控制口 K

图 5-12　双液控单向阀的结构

（4）主要性能要求

① 最小正向开启压力要小。最小正向开启压力与单向阀相同，为 0.03~0.05MPa。

② 反向密封性好。

③ 压力损失小。

④ 反向开启最小控制压力一般为

不带卸荷阀　　$p_k=(0.4\sim0.5)p_2(p_1=0)$

带卸荷阀　　　$p_k=0.05p_2(p_1=0)$

（5）应用

　　液控单向阀在液压系统中的应用范围很广，主要利用液控单向阀锥阀良好的密封性。图 5-13 所示为利用液控单向阀的锁紧回路，锁紧的可靠性及锁定位置的精度，仅仅受液压缸本身内泄漏的影响。图 5-14 的保压回路，可保证将活塞锁定在任何位置，并可防止由于换向阀的内部泄漏引起带有负载的活塞杆下落。

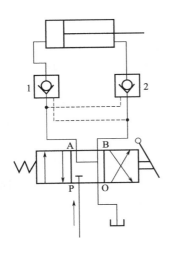

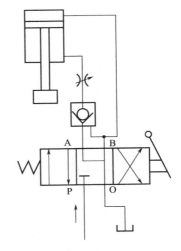

图5-13　利用液控单向阀的锁紧回路　　　　　图5-14　防止自重下落回路（保压回路）

在液压缸活塞夹紧工件或顶起重物过程中，由于停电等突然事故而使液压泵供电中断时，可采用液控单向阀，打开蓄能器回路，以保持其压力，见图5-15。当二位四通电磁阀处于左位时，液压泵输出的压力油正向通过液控单向阀1和2，向液压缸和蓄能器同时供油，以夹紧工件或顶起重物。当突然停电液压泵停止供油时，液控单向阀1关闭，而液控单向阀2仍靠液压缸A腔的压力油打开，沟通蓄能器，液压缸靠蓄能器内的压力油保持压力。这种场合的液控单向阀必须带卸荷阀芯，并且是外泄式的结构，否则，由于这里液控单向阀反向出油腔油流的背压就是液压缸A腔的压力，因为压力较高而有可能打不开液控单向阀。

在蓄能器供油回路里，可以采用液控单向阀，利用蓄能器本身的压力将液控单向阀打开，使蓄能器向系统供油。这种场合应选择带卸荷阀芯的并且是外泄式结构的液控单向阀，见图5-16。当二位四通电磁换向阀处于右位时，液控单向阀处于关闭状态；当电磁铁通电使换向阀处于左位时，蓄能器内的压力油将液控单向阀打开，同时向系统供油。

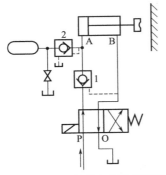

图5-15　利用液控单向阀的保压回路
1，2—液控单向阀

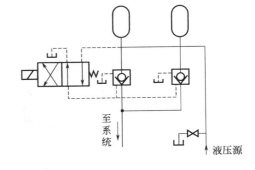

图5-16　蓄能器供油回路

液控单向阀也可作充液阀，如图5-17所示。活塞等以自重空程下行时，液压缸上腔产生部分真空，液控单向阀正向导通从充液箱吸油。活塞回程时，依靠液压缸下腔油路压力打开液控单向阀，使液压缸的上腔通过它向充液油箱排油。因为充液时通过的流量很大，所以充液阀一般需要自行设计。

（6）主要故障和使用注意事项

液控单向阀由于阀座压装时的缺陷，或者阀座孔与安装阀芯的阀体孔加工时同轴度误差超过

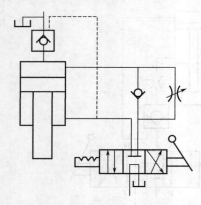

图5-17　液控单向阀作充液阀

要求，均会使阀芯锥面和阀座接触处产生缝隙，不能严格密封，尤其是带卸荷阀芯式的结构，更容易发生泄漏。这时需要将阀芯锥面与阀座孔重新研配，或者将阀座卸出重新压装。用钢球作卸荷阀芯的液控单向阀，有时会发生控制活塞端部小杆顶不到钢球而打不开阀的现象，这时需检查阀体上下两孔（阀芯孔与控制活塞孔）的同轴度是否符合要求，或者控制活塞端部是否有弯曲现象。如果阀芯打开后不能回复到初始封油位置，则需检查阀芯在阀体孔内是否卡住，弹簧是否断裂或者过分弯曲，而使阀芯产生卡阻现象。也可能是阀芯与阀体孔的加工几何精度达不到要求，或者二者的配合间隙太小而引起卡阻。

液控单向阀在使用中还应注意以下几点。

① 液控单向阀回路设计应确保反向油流有足够的控制压力，以保证阀芯的开启。如图5-14所示，如果没有节流阀，则当三位四通换向阀换向到右边通路时，液压泵向液压缸上腔供油，同时打开液控单向阀，液压缸活塞受负载重量的作用迅速下降，造成由于液压泵向液压缸上腔供油不足而使压力降低，即液控单向阀的控制压力降低，使液控单向阀有可能关闭，活塞停止下降。随后，在流量继续补充的情形下，压力再升高，控制油再将液控单向阀打开。这样由于液控单向阀的开开闭闭，使液压缸活塞的下降断断续续，从而产生频振荡。

② 前面介绍的内泄式和外泄式液控单向阀，分别使用在反向出口腔油流背压较低或较高的场合，以降低控制压力。如图5-18（a）所示，液控单向阀装在单向节流阀的后部，反向出油腔油流直接接回油箱，背压很小，可采用内泄式结构。图5-18（b）中的液控单向阀安装在单向节流阀的前部，反向出油腔通过单向节流阀回油箱，背压很高，采用外泄式结构为宜。

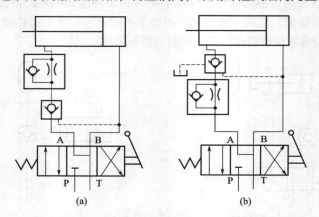

图5-18　内泄式和外泄式液控单向阀的不同应用场合

③ 当液控单向阀从控制活塞将阀芯打开，使反向油流通过，到卸掉控制油，控制活塞返回，使阀芯重新关闭的过程中，控制活塞容腔中的油要从控制油口排出，如果控制油路回油背压较高，排油不通畅，则控制活塞不能迅速返回，阀芯的关闭速度也要受到影响。这对需要快速切断反向油流的系统来说是不能满足要求的。为此，可以采用外泄式结构的液控单向阀，如图5-19所示，将压力油引入外泄口，强迫控制活塞迅速返回。

（7）选用

① 选用液控单向阀时，应考虑打开液控单向阀所需的控制压力。此外还应考虑系统压力变化对控制油路压力变化的影响，以免出现误开启。

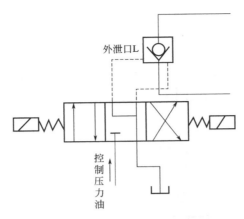

图 5-19　液控单向阀的强迫返回回路

② 在油流反向出口无背压的油路中可选用内泄式，否则需用外泄式，以降低控制油的压力，而外泄式的泄油口必须无压回油，否则会抵消一部分控制压力。

5.2　换向阀

换向阀利用阀芯与阀体的相对运动使阀所控制的油口接通或断开，从而控制执行元件的换向、启动、停止等动作。

换向阀有很多种类，分类方法见表 5-1。

表 5-1　换向阀的分类

分类方法	类　型		
按阀的结构方式	滑阀式;转阀式;球阀式		
按工作通路数	二通;三通;四通;五通		二位二通;二位三通;二位四通;二位五通;
按工作位置数	二位;三位		三位四通;三位五通
按阀的操纵方式	手动;机动;电动;液动;电液;气动		
按安装方式	管式;板式;叠加式;插装式		

5.2.1　滑阀式换向阀

（1）工作原理

滑阀式换向阀是控制阀芯在阀体内作轴向运动，使相应的油路接通或断开的换向阀。滑阀是一个具有多段环形槽的圆柱体，阀芯有若干个台肩，而阀体孔内有若干条沉割槽。每条沉割槽都通过相应的孔道与外部相连，与外部连接的孔道数称为通数，以四通阀为例，表示它有四个外接油口，其中 P 通进油，T 通回油，A 和 B 则通液压缸两腔（见图 5-20）。当阀芯处于图 5-20（a）所示位置时，通过阀芯上的环形槽使 P 与 B、T 与 A 相通，液压缸活塞向左运动。当阀芯向右移动处于图 5-20（b）所示位置时，P 与 A、B 与 T 相通，液压缸活塞向右运动。

换向阀的功能主要是由它控制的通路数和阀的工作位置来决定。表 5-2 给出了几种滑阀式换向阀的结构原理图与图形符号。

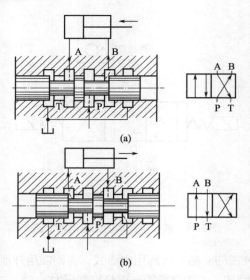

图 5-20　换向阀的换向原理

表 5-2　常用换向阀的结构原理图与图形符号

位和通	结构原理图	图形符号
二位二通		
二位三通		
二位四通		
二位五通		
三位四通		
三位五通		

（2）滑阀机能

换向阀处于不同的工作位置，其各油口的连通情况也不同，这种不同的连通方式所体现的换向阀的各种控制功能，叫滑阀机能。表5-3为二位四通换向阀的滑阀机能。而在三位阀中，滑阀处于中间位置所能控制的功能叫滑阀中位机能。表5-4为三位四通滑阀的中位机能。

表5-3　二位四通换向阀的滑阀机能

正向安装机能符号		反向安装机能符号	

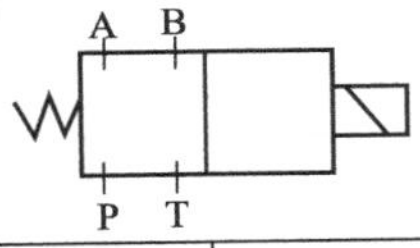

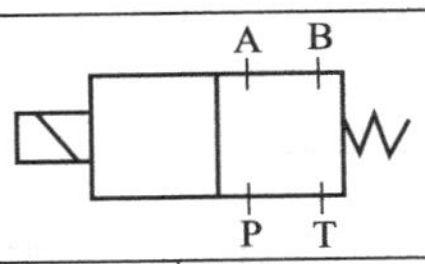

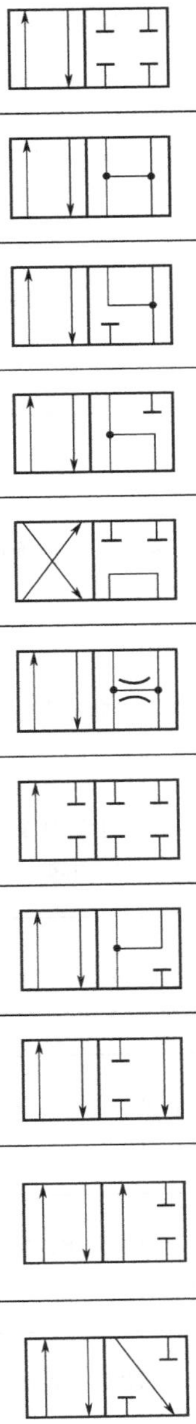

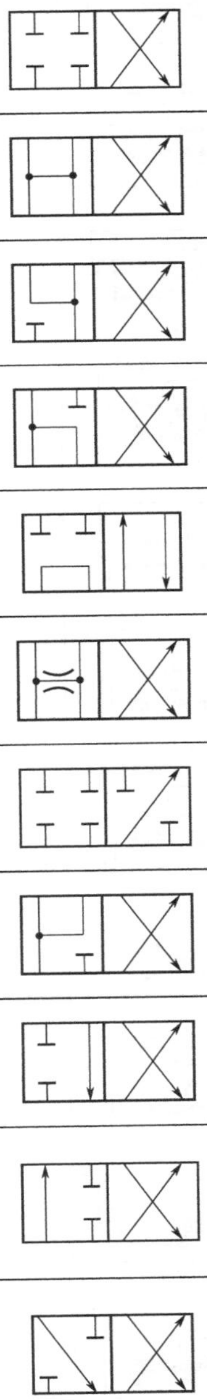

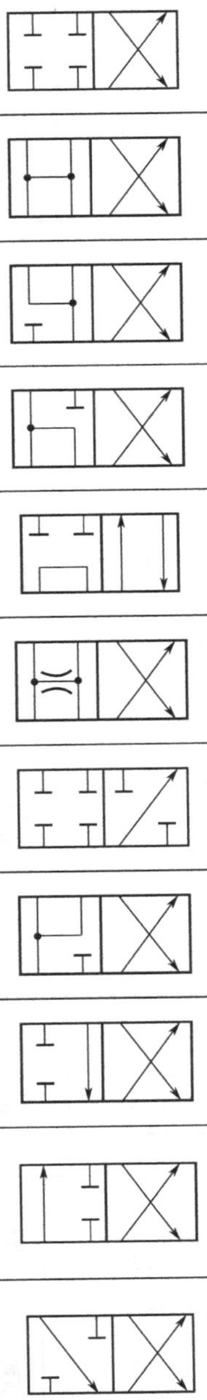

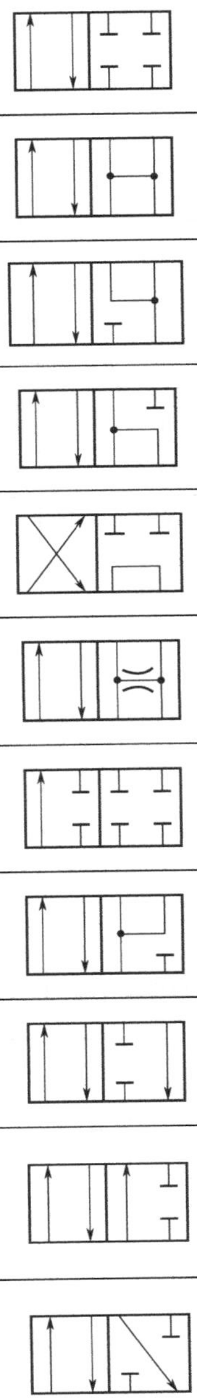

表5-4　三位四通换向阀的中位机能

阀芯类型	图形符号	示意图（中位）	机能和应用
O型 （各油口中位断开）			中位时保持泵压力和缸位置不变 在用二位阀时，因各油口在换向时被封闭，所以会产生冲击
H型 （各油口中位连通）			中位时泵卸荷，执行元件呈浮动状态 如果用二位阀，在换向时各油口通油箱，因而冲击减小
Y型 （A、B、T口中位连通）			中位时泵不卸荷，执行元件呈浮动状态，当换向时要求保持系统压力时可用，二位阀与O型阀相比，换向时冲击较小
Y型 （A、B、T口中位连通节流）			Y型阀芯的一种变形，在A、T和B、T口安有一个节流器，能较快地停止执行元件的运动
K型 （P、A、T口位连通）			中位时泵卸荷，执行元件单向锁住
M型 （P、T口中位连通过渡位置断开）			中位时泵卸荷，执行元件位置锁住，适用于并联工作
M型 （P、T口中位连通过渡位置连通）			M型阀芯的一种变形，因换向时各油口通油箱而冲击减小
X型 （各油口中位连通节流）			主要用作二位阀，换向时冲击减小
O型（二通）			与O型阀芯一样，中位时泵不卸荷，缸位置锁住，用作二通阀
P型 （P、A、B口中位连通）			中位时形成差动连接
J型 （B、T口中位连通）			中位时可防止因P口泄漏而引起执行元件单向移动
C型 （P、A口中位连通）			中位时，B、T口封闭，P、A口连通时，执行元件运动停止
N型 （A、T口中位连通）			中位时，可防止因P口泄漏而引起执行元件单向移动

在分析和选择阀的中位机能时，通常考虑以下几点。

① 系统保压　当 P 口被堵塞，系统保压，液压泵能用于多缸系统。当 P 口与 T 口接通不大通畅时（如 X 型），系统能保持一定的压力供控制油路使用。

② 系统卸荷　P 口与 T 口接通通畅时，系统卸荷。

③ 换向平衡性和精度　当通液压缸的 A、B 两口堵塞时，换向过程易产生冲击，换向不稳定，但换向精度高。反之，A、B 两口都通 T 口时，换向过程中工作部件不易制动，换向精度低，但液压冲击小。

④ 启动平稳性　阀在中位时，液压缸某腔如通油箱，则启动时因该腔内无油液起缓冲作用，启动不太平稳。

⑤ 液压缸"浮动"和在任意位置上的停止　阀在中位，当 A、B 两口互通时，卧式液压缸呈"浮动"状态，可用其他机构移动工作台，调整其位置。当 A、B 两口堵住或与 P 口连接（在非差动情况下），则可使液压缸在任意位置停下来。

（3）滑阀的液压卡紧现象

对于所有换向阀来说，都存在着换向可靠问题，尤其是电磁换向阀。为了使换向可靠，必须保证电磁推力大于弹簧力与阀芯摩擦力之和。而弹簧力必须大于阀芯摩擦阻力，才能保证可靠复位。由此可见，阀芯的摩擦阻力对换向阀的换向可靠性影响很大。阀芯的摩擦阻力主要是由液压卡紧力引起的。由于阀芯与阀套的制造和安装误差，阀芯出现锥度，阀芯与阀套存在同轴度误差，阀芯周围方向出现不平衡的径向力，阀芯偏向一边，当阀芯与阀套间的油膜被挤破，出现金属间的干摩擦时，这个径向不平衡力达到某一饱和值，造成移动阀芯十分费力，这种现象叫液压卡紧现象。滑阀的液压卡紧现象是一个共性问题，不只换向阀上有，其他液压阀也普遍存在。这就是各种液压阀的滑阀阀芯上都有环形槽，制造精度和配合精度都要求很严格的缘故。

（4）滑阀上的液动力

液流通过换向阀时，作用在阀芯上的液动力有稳态液动力和瞬态液动力。

稳态液动力是滑阀移动完毕，开口固定之后，液流通过滑阀流道因油液动量变化而产生的作用在阀芯上的力。这个力总是促使阀口关闭，使滑阀的工作趋于稳定。稳态液动力在轴向上的分量 F_{hy}（N）为

$$F_{hy} = 2C_d C_v w \sqrt{(C_r^2 + X_v^2)} \cos\theta \Delta p \tag{5-5}$$

式中　C_d——阀口的流量系数；

　　　C_v——阀口的速度系数；

　　　w——阀口周围通油长度，即面积梯度，m；

　　　X_v——阀口开度，m；

　　　C_r——阀芯与阀套间的径向间隙，m；

　　　θ——流束轴线与阀芯间的夹角；

　　　Δp——阀口的前后压差，Pa。

稳态液动力加大了阀芯移动换向的操纵力。补偿或消除这种稳态液动力的具体方法有：采用特制的阀腔［见图 5-21（a）］；阀套开斜小孔［见图 5-21（b）］，使流入流出阀腔的液体的动量互相抵消，从而减小轴向液动力；或者改变阀芯某些区段的颈部尺寸。使液流流过阀芯时有较大的压降［见图 5-21（c）］，以便在阀芯两端面上产生不平衡液压力，抵消轴向液动力。但应注意不要过补偿，因为过补偿意味着稳态液动力变成了开启力，这对滑阀稳定性是不利的。

瞬态液动力是滑阀在移动过程中，开口大小发生变化时，阀腔中液流因加速或减速而作用在滑阀上的力。它与开口量的变化率有关，与阀口的开度本身无关。滑阀不动时，只有稳态液动力存在，瞬态液动力则消失。图 5-22 为作用在滑阀的瞬态液动力的情况。

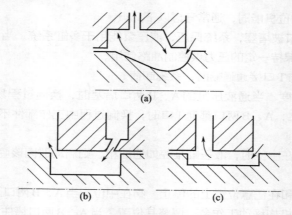

图5-21 稳态液动力的补偿法

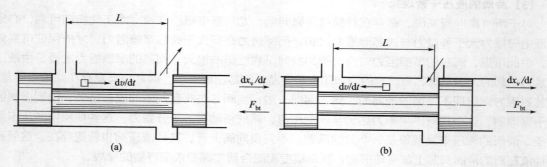

图5-22 滑阀上的瞬态液动力

瞬态液动力 F_{bt}（N）的计算公式为

$$F_{bt} = LC_d w \sqrt{2\rho\Delta p} \frac{dx_v}{dt} = K_t \frac{dx_v}{dt} \tag{5-6}$$

式中　L——滑阀进油口中心到回油口中心之间的长度，常称为阻尼长度，m；

C_d——阀口的流量系数；

w——阀口周围通油长度，即面积梯度，m；

ρ——流经阀口的油液密度，kg/m³；

Δp——阀口前后压差，Pa；

x_v——阀口开度，m；

K_t——瞬态液动力系数。

由式（5-6）可见，瞬态液动力与阀芯移动速度成正比，这相当于一个阻尼力，其大小也与阻尼长度有关。其方向总是与阀腔内液流加速度方向相反，所以可根据加速度方向确定液动力方向。一般常采用下述原则来判定瞬态液动力的方向：油液流出阀口，瞬态液动力的方向与阀芯移动方向相反；油液流入阀口，瞬态液动力的方向与阀芯移动方向相同。如果瞬态液动力的方向与阀芯移动方向相反，则阻尼长度为正；如果瞬态液动力的方向与阀芯移动方向相同，则阻尼长度为负。

（5）主要性能要求

① 油液流经换向阀时的压力损失要小。

② 互不相通的油口间的泄漏要小。

③ 换向要平稳、迅速且可靠。

5.2.2　电磁换向阀

（1）工作原理

电磁换向阀也叫电磁阀，是液压控制系统和电器控制系统之间的转换元件。它利用通电电磁铁的吸力推动滑阀阀芯移动，改变油流的通断，来实现执行元件的换向、启动、停止。

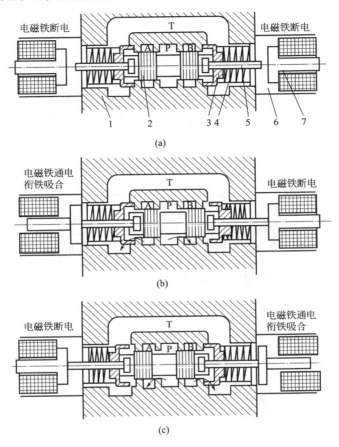

图5-23　三位四通电磁换向阀的工作原理
1—阀体；2—阀芯；3—弹簧座；4—弹簧；5—推杆；6—铁芯；7—衔铁

图5-23是三位四通电磁换向阀的工作原理。图中阀芯位于由一个进油腔P，两个工作腔A、B，一个回油腔T所组成的阀体1的中间位置。阀芯2的两端各有一个弹簧座3、推杆5和复位弹簧4。阀体两端安装两个电磁铁。当两端的电磁铁都不工作时［见图5-23（a）］阀芯处于中间位置，阀芯的两个凸肩将A、B口封闭。进油口P，工作口A、B，回油口T互不相同，处于封闭状态。当左边电磁铁通电时［见图5-23（b）］，衔铁与铁芯吸合，通过与阀芯相连接的推杆，克服右边弹簧的反力，油液的轴向作用力和阀芯所受到的摩擦力，将阀芯向右推动一段距离，使原来靠阀芯凸肩封闭的A口、B口打开，分别与回油腔T和进油口P相沟通。油液从P→B，A→T。当电磁铁断电时，依靠复位弹簧的反力，将阀芯退回到初始中间位置，使A、B、T、P四个油口仍保持原来互相封闭的状态。当右边的电磁铁通电时［见图5-23（c）］，衔铁通过推杆将阀芯向左推动一段距离，使P和A相沟通，B和T沟通。当电磁铁断电时，依靠复位弹簧的反力，又将阀芯退回到中间位置，将四个油口封闭。电磁换向阀就是这样依靠电磁铁的推力和弹簧的反力推动阀芯移位，改变各个油腔的沟通状况，从而控制油流的各种工作状态。

（2）阀芯的受力分析

对于电磁铁和复位弹簧，为了保证阀芯正常换向，希望电磁铁推力越大越好。而为了保证阀芯在换向后能可靠复位，则希望弹簧力越大越好，但过大的弹簧力，可能使电磁铁推不动，这是互相矛盾的两个方面。下面分析三位四通电磁阀电磁铁推力和弹簧力在不同工况必须满足的条件（见图5-24）。

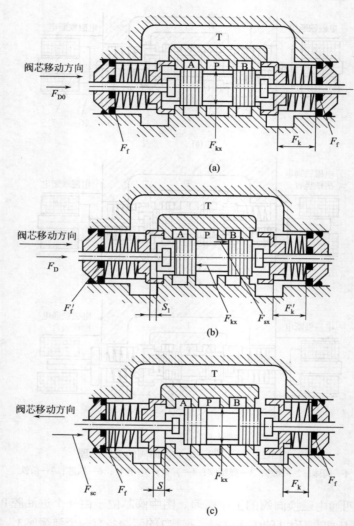

图5-24　滑阀移动受力图

① 驱动阀芯启动电磁铁推力［见图5-24（a）］

$$F_{D_0} > 2F_f + F_k + F_{kx} \tag{5-7}$$

② 当阀芯移动到油腔之间，油路打开时［图5-24（b）］，阀芯继续移动所需驱动力

$$F_D > 2F_f' + F_k' + F_{kx} + F_{sx} \tag{5-8}$$

③ 电磁铁断电，复位弹簧使阀芯开始移动时应满足条件

a. 电磁铁刚断电，复位弹簧使阀芯开始移动所需的力

$$F_k' > 2F_f + F_{kx} + F_{sc} + F_{sx} \tag{5-9}$$

b. 复位过程中，复位弹簧力应满足的条件

$$F_k' > 2F_f' + F_{kx} + F_{sc} + F_{sx} \tag{5-10}$$

式中　F_{D_0}，F_D——电磁铁的初始推力和瞬时推力，N；

　　　　F_f，F'_f——两杆处O形圈的静、动摩擦力，N；

　　　　　　F_k——复位弹簧的预压缩力，$F_k=kx_0$，其中k为弹簧刚度，x_0为弹簧预压缩量；

　　　　　　F'_k——复位弹簧的作用力；

　　　　　　F_{kx}——阀体与阀芯之间的液压卡紧力产生的运动阻力，N；

　　　　　　F_{sc}——电磁铁的剩磁力，N；

　　　　　　F_{sx}——油液流动产生的轴向稳态液动力，N。

　　根据电磁铁的推力-行程曲线，可确定允许的弹簧最大刚度和预压缩量。然后再检验弹簧作用是否满足要求。如不能满足要求，则需要进行结构调整。弹簧刚度和预压缩量在满足上述要求的前提下，还要考虑到整个阀的结构设计等因素。因此，弹簧的设计不但直接与电磁铁特性有关，并且与阀的结构设计有关，需要进行反复调整，才能得到满意的结果。

　　由上面分析可见，电磁铁的推力-行程曲线必须高于复位弹簧的弹簧力-行程特性曲线，而复位弹簧的弹簧力-行程曲线必须高于复位的反力曲线，见图5-25。

　　从图5-25可以看出，电磁铁的推力-行程特性是一条曲线。在衔铁和铁芯接近吸合时其推力递增很快。而目前通常的电磁阀中所采用的弹簧，都是圆柱螺旋压缩弹簧，它的设计刚度是一个定值，其弹簧力与其压缩量是直线关系，因此不能很好适应电磁铁在衔铁和铁芯接近吸合时推力迅速增大的特性。也就是说电磁铁的推力特性未能被充分利用。采用变刚度弹簧，即弹簧刚度随压缩量的变化而变化的宝塔形特殊弹簧，如图5-26所示，则可以较好地利用电磁铁的推力特性。

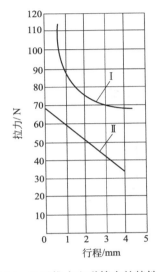

图5-25　电磁推力和弹簧力的特性曲线
Ⅰ—推力-行程曲线；Ⅱ—弹簧力-行程曲线

（3）典型结构和特点

　　电磁阀的规格和品种较多，按电磁铁的结构式分有交流型、直流型、本机整流型；按工作电源规格分有交流110V、220V、380V，直流12V、24V、36V、110V等；按电磁铁的衔铁是否浸入油液分有湿式型和干式型两种；按工作位置数和油口通路数分有二位二通到三位五通等。

　　图5-27是干式二位二通电磁阀结构。常态是P与A不通，电磁铁通电时，电磁铁6通过推杆4克服弹簧2的预紧力，推动阀芯1，使阀芯1换位，P与A接通。电磁铁断电时，阀芯在弹簧的作用下恢复到初始位置，此时P腔与A断开。二位二通阀主要用于控制油路的通

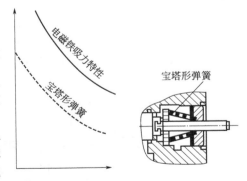

图5-26　宝塔形弹簧的结构和特性曲线

断。电磁铁顶部的手动推杆7是为了检查电磁铁是否动作以及电气发生故障时实现手动操作而设置的。图中的L口是泄漏油口，通过阀体和阀芯之间的缝隙泄漏的油液通过此油口回油箱。

　　图5-28是干式二位三通电磁阀结构和图形符号。电磁铁通电时，电磁铁的推力通过推杆推动滑阀阀芯，克服弹簧力，一直将滑阀阀芯推到靠紧垫板，此时P腔与B腔相通，A腔封闭。当电磁铁断电时，即常态时，阀芯在弹簧力的作用下回到初始位置，此时P与A腔相通，B腔封闭。这种结构的二位三通阀，可以变为二位二通阀使用，如果B口堵住，即变成二位二通常开型机能，当电磁铁不通电时，P与A通，电磁铁通电时，P与A不通。反之，如果A口封闭，则变成常闭型机能的二位二通阀，即电磁铁通电时P腔与B腔相通，断电时（即常态）P腔与B腔不通。

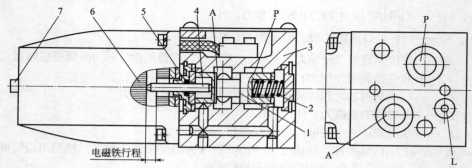

图 5-27　干式二位二通电磁阀结构

1—阀芯；2—弹簧；3—阀体；4—推杆；5—密封圈；6—电磁铁；7—手动推杆

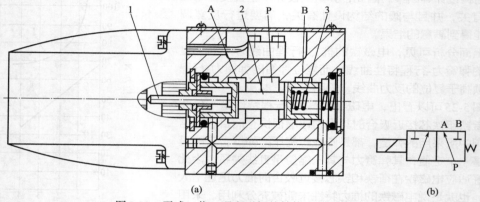

(a) (b)

图 5-28　干式二位三通电磁阀的结构和图形符号

1—推杆；2—阀芯；3—复位弹簧

　　图 5-29 是一种干式二位四通单电磁铁弹簧复位式电磁换向阀结构和图形符号。两端的对中弹簧使阀芯保持在初始中间位置，阀芯的两个台肩上各铣有通油沟槽。当电磁铁不通电时，进油腔 P 与一个工作腔 A 沟通，另一个工作腔 B 与回油腔 T 相沟通。当电磁铁吸合时，阀芯换向使 P 腔与 B 腔相通，A 腔与 O 腔沟通。当电磁铁断电时，依靠右端的复位弹簧将阀芯推回到初始位置，左边的弹簧仅仅在电磁铁不工作时，使阀芯保持在中间位置并支承 O 形圈座，在阀的换向和复位期间不起作用。

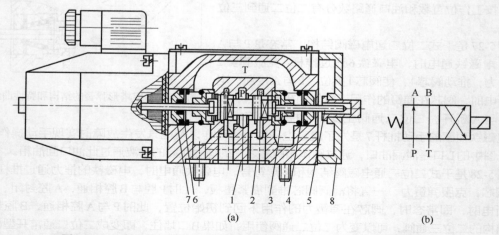

(a) (b)

图 5-29　干式二位四通单电磁铁弹簧复位式电磁换向阀的结构和图形符号

1—推杆；2—阀芯；3—弹簧座；4—弹簧；5—推杆；6—挡板；7—O 形圈座；8—后盖板

图5-30为二位四通交流湿式单电磁铁弹簧复位式电磁换向阀结构。左端装有湿式交流型电磁铁，其动作原理与图5-29的阀完全相同。它的最大特点是电磁铁为湿式交流型，两端回油腔的油液可以进入电磁铁内部，电磁铁与阀体之间利用O形密封圈靠径向压紧密封，解决了干式交流型结构两端T腔压力油可能从推杆处的外泄漏。

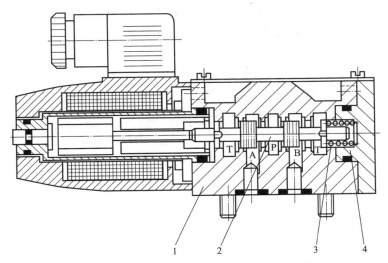

图5-30 二位四通交流湿式单电磁铁弹簧复位式换向阀的结构
1—阀体；2—阀芯；3—弹簧；4—后盖

图5-31是一种二位四通干式双电磁铁无复位弹簧式电磁换向阀的结构和图形符号。这种换向阀的技术规格和主要零件与上述单电磁铁二位四通型换向阀基本相同，只是右边多装了一个电磁铁。当左边的电磁铁通电时，阀芯换向，是P腔与B腔相通，A腔与T腔相通。当电磁铁断电时，由于两端弹簧刚度小，不能起到使阀芯复位的作用，要依靠右端的电磁铁的通电吸合，才能将阀芯退回到初始位置，是P腔与A腔沟通，B腔与T腔沟通。两端弹簧仅仅起到支承O形圈座的作用，所以不叫复位弹簧。当两端电磁铁都处于断电情况时，阀芯因为没有弹簧定位而无固定位置。因此，任何情况下，都应保证有一个电磁铁是长通电的，这样不至于发生误动作。这种电磁阀因无需克服复位弹簧的反力，而可以充分利用电磁铁推力克服由其他因素产生的各种阻力，以使阀的换向动作更为可靠。图5-32是二位四通湿式双电磁铁无复位弹簧式电磁换向阀的结构。

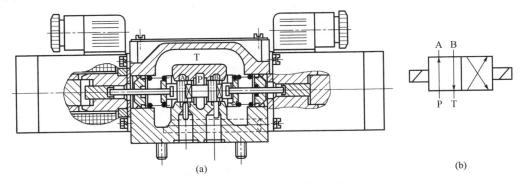

(a)   (b)

图5-31 二位四通干式双电磁铁无复位弹簧式电磁换向阀的结构和图形符号

图5-33为一种二位四通电磁铁钢珠定位式电磁换向阀的结构和图形符号。这种型式换向阀的技术规格与上述相同。它的工作特点是当两端电磁铁都不工作时，阀芯靠左边两个钢珠定位在初始位置上。当左边电磁铁通电吸合时，将阀芯与定位钢珠一起向右推动，直到钢珠卡入在定位套

的右边槽中，完成换向动作。当电磁铁断电时，由于钢珠定位的作用，阀芯仍处于换向位置，要靠右边电磁铁通电吸合，将阀芯与钢珠一起向左推动，直到钢珠卡入原来的定位槽中，才能完成复位动作。当电磁铁断电时，由于钢珠定位作用，阀芯仍保持在断电前位置。这样就保证当电磁铁的供电因故中断时，阀芯都能保持在电磁铁通电工作时的位置，不至于造成整个液压系统工作的失灵或故障，也可避免电磁铁长期通电。两端的弹簧仅仅起到支承O形圈座和定位套的作用。

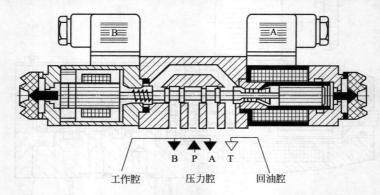

图 5-32 二位四通湿式双电磁铁无复位弹簧式电磁换向阀的结构

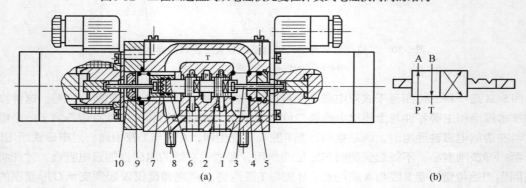

图 5-33 二位四通电磁铁钢珠定位式电磁换向阀的结构和图形符号
1—阀体；2—阀芯；3—推杆；4—弹簧；5—弹簧座；6—定位套；
7—定位弹簧；8—定位钢珠；9—挡板；10—O形圈座

二位型的电磁换向阀，除上述二位二通、二位三通、二位四通型外，尚有二位五通型的结构。它是将两端的两个回油腔（T腔）分别作为独立的回油腔使用，在阀内不沟通，即成为 T_1 和 T_2，工作原理和结构与二位四通阀的相同，适用于有两条回油管路且背压要求不同的系统，图形符号见图5-34。

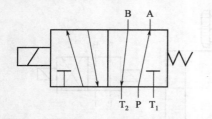

图 5-34 二位五通电磁阀的图形符号

图5-35是一种三位四通干式弹簧对中型电磁换向阀的结构。阀芯有三个工作位置，它所控制的油腔有四个，即进油腔P，工作腔A和B，回油腔T。图中所示是O型滑阀中位机能的结构。当两边电磁铁不通电时，阀芯靠两边复位弹簧保持在初始位置中间，四个油腔全部封闭。当左边电磁铁通电吸合时，阀芯换向，并将右边的弹簧压缩，使P腔与B腔沟通，A腔与T腔沟通；当电磁铁断电时，靠右边的复位弹簧将阀芯回复到初始位置，仍将四个油腔全部切断。反之，当右边电磁铁通电吸合时，阀芯换向，P腔与A腔相通，B腔与T腔沟通；当电磁铁断电时，依靠左边的复位弹簧将阀芯回复到初始中间位置，将四个油腔又全部切断。

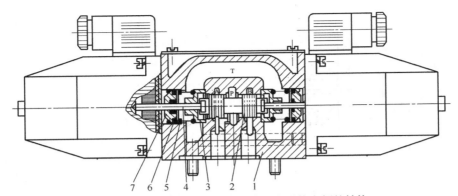

图5-35 三位四通干式弹簧对中型电磁换向阀的结构

1—阀体；2—阀芯；3—弹簧座；4—推杆；5—弹簧；6—挡板；7—O形圈座

图5-36是另一种三位四通弹簧对中型电磁换向阀的结构。技术规格与图5-35所示相同，工作原理也相同，所不同的是配装的电磁铁是湿式直流型，阀芯与推杆连成一个整体，简化了零件结构。两端T腔的回油可以进入电磁铁内，取消了两端推杆处的动密封结构，大大减小了阀芯运动时O形密封圈的摩擦阻力，提高了滑阀换向工作的可靠性。当电磁铁与阀体之间利用O形密封圈靠两平面压紧密封，避免了干式型结构两端T腔压力油从推杆处向外泄漏。

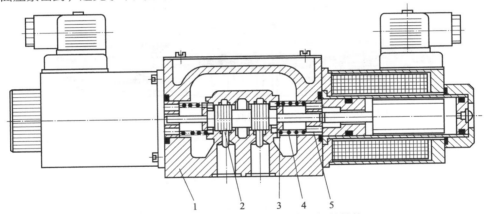

图5-36 三位四通湿式直流电磁换向阀的结构

1—阀体；2—阀芯；3—弹簧座；4—弹簧；5—挡块

目前，国外生产的电磁换向阀大都采用螺纹连接式电磁铁，如图5-37所示。这种电磁铁的贴心套管是密封系统的一部分，甚至于在压力下，不使用工具便可更换电磁铁线圈。因此，这种螺纹连接电磁铁式电磁换向阀具有结构简单、不漏油、可承受背压压力高、防水、防尘等优点。

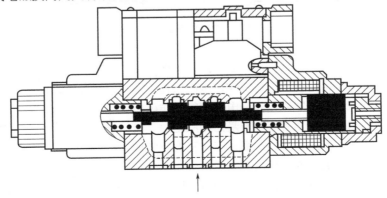

图5-37 螺纹连接式电磁铁电磁换向阀的结构

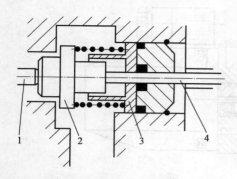

图 5-38　低冲击电磁换向阀的部分结构
1—阀芯；2—弹簧座；3—挡板；4—推杆

图 5-38 为低冲击的电磁换向阀的部分结构。弹簧座 2 的一部分伸到挡板 3 的孔中，两者之间有不大的间隙。当电磁铁推动阀芯右移时，挡板孔中的油被弹簧挤出，且必须通过两者之间的间隙，从而延缓了阀芯移动的速度，降低了阀口开关的速度，减小了换向冲击。但这种阀的换向时间是固定的，不可调节。

日本油研公司研制出了一种时间可调的无冲击型电磁换向阀，见图 5-39，特殊的阀芯形式可以缓冲由于执行元件的启动和停止以及由于液压冲击而引起的冲击，而一种专用的电子线路则可调节阀芯的换向时间，使换向阀上的换向时间设定到最合适的水准，以减少对机器的冲击和振动。

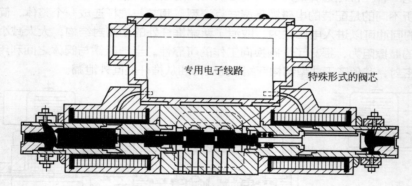

图 5-39　无冲击型电磁换向阀（换向时间可调）的结构

图 5-40 是威格仕设计的 DG4V-5 型三位四通直流湿式电磁阀，带有速度控制节流塞，可实现平滑、可变的阀响应速度。

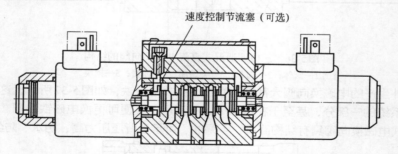

图 5-40　威格仕 DG4V-5 型三位四通直流湿式电磁阀的结构

（4）性能要求

① 工作可靠性　电磁换向阀依靠电磁铁通电吸合推动阀芯换向，并依靠弹簧作用力复位进行工作。电磁铁通电能迅速吸合，断电后弹簧能迅速复位，表示电磁阀的工作可靠性高。影响这一指标的因素主要有液压卡紧力和液动力。液动力与工作时通过的压力和流量有关，提高工作压力或增加流量，都会使换向或复位更困难。所以在电磁换向阀的最高工作压力和最大允许通过流量之间，通常称为换向极限，见图 5-41。液动力与阀的滑阀机能、阀芯停留时间、转换方

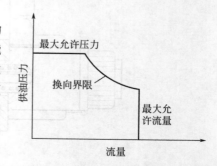

图 5-41　电磁阀的换向极限

式、电磁铁电压及使用条件有很大关系。卡紧力主要与阀体孔和阀芯的加工精度有关，提高加工精度和配合精度，可有效地提高换向可靠性。

② 压力损失 电磁换向阀由于电磁铁额定行程的限制，阀芯换向的行程比较短，阀腔的开度比较小，一般只有1.5~2mm。这么小的开口在通过一定流量时，必然会产生较大的压力降。另外，由于电磁阀的结构比较小，内部各处的油流沟通处的通流截面也比较小，同样会产生较大的压力降。为此，在阀腔的开度受电磁铁行程限制不能加大时，可采用增大回油通道，用铸造方法生产非圆截面的流道，改进进油腔P和工作腔A、B的形状等措施，以设法降低压力损失，如图5-42所示。各分图中，左图为机加工形成通道，右图为铸造通道。不同通油流道的压力损失曲线见图5-43。

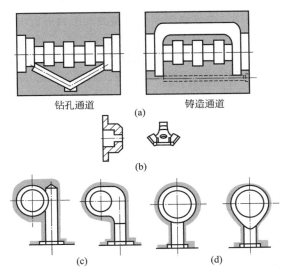

图5-42 改进结构以降低压力损失

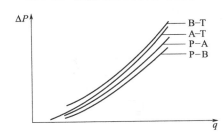

图5-43 不同通油流道的压力损失曲线

③ 泄漏量 电磁换向阀因为换向行程较短，阀芯台肩与阀体孔的封油长度也就比较短，所以必定造成高压腔向低压腔的泄漏。过大的泄漏量不但造成能量损失，同时影响到执行机构的正常工作和运动速度，因此泄漏量是衡量电磁阀性能的一个重要指标。

④ 换向时间和复位时间 电磁阀的换向时间是指电磁铁从通电到阀芯换向终止的时间。复位时间是指电磁铁从断电到阀芯恢复到初始位置的时间。一般交流电磁铁的换向时间较短，约为0.03~0.15s，但换向冲击较大，直流电磁铁的换向时间较长，直流电磁铁的换向时间为0.1~0.3s，换向冲击较小。交直流电磁铁的复位时间基本一样，都比换向时间长，电磁阀的换向时间和复位时间与阀的滑阀机能有关。

⑤ 换向频率 电磁换向阀的换向频率是指在单位时间内的换向次数。换向频率在很大程度上取决于电磁铁本身的特性。对于双电磁铁型的换向阀，阀的换向频率是单只电磁铁允许最高频率的2倍。目前，电磁铁换向阀的最高工作频率可达15000次/h。

⑥ 工作寿命　电磁换向阀的工作寿命很大程度上取决于电磁铁的工作寿命。干式电磁铁的使用寿命较短，为几十万次到几百万次，长的可达2000万次。湿式电磁铁的使用寿命较长，一般为几千万次，有的高达几亿次。直流电磁铁的使用寿命总比交流电磁铁的要长很多。对于换向阀本身来说，其工作寿命极限是指某些主要性能超过了一定的标准并且不能正常使用。例如当内泄漏量超过规定的指标后，即可认为该阀的寿命已结束。对于干式电磁换向阀，推杆处动密封的O形密封圈，会因长期工作造成磨损引起外泄漏。如有明显外泄漏，应更换O形密封圈。复位对中弹簧的寿命也是影响电磁阀工作寿命的主要因素，在设计时应加以注意。

(5) 电磁换向阀的应用

① 直接对一条或多条油路进行通断控制。

② 用电磁换向阀的卸荷回路。电磁换向阀可与溢流阀组合进行电控卸荷，如图5-44（a）所示，可采用较小通径二位二通电磁阀。图5-44（b）所示是二位二通电磁阀旁接在主油路上进行卸荷，要采用足够大的通径的电磁阀。图5-44（c）是采用M型滑阀机能的电磁换向阀的卸荷回路，当电磁阀处于中位时，进油腔P与回油腔T相沟通，液压泵通过电磁阀直接卸荷。

③ 采用滑阀机能实现差动回路。图5-45（a）是采用P型滑阀机能的电磁换向阀实现的差动回路。图5-45（b）是采用OP型滑阀机能的电磁换向阀，当右阀位工作时，也可实现差动控制。

④ 用作先导控制阀。例如构成电液动换向阀。二通插装阀的启闭通常也是电磁换向阀来操纵。

⑤ 与其他阀构成复合阀。如电磁溢流阀、电动节流阀等。

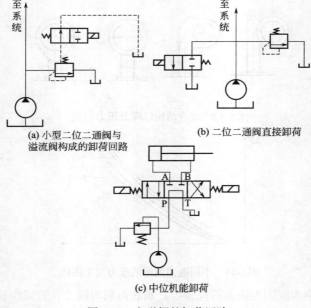

(a) 小型二位二通阀与
溢流阀构成的卸荷回路

(b) 二位二通阀直接卸荷

(c) 中位机能卸荷

图5-44　电磁阀的卸荷回路

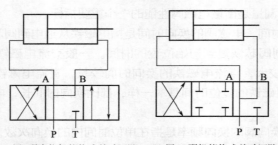

(a) 用P型中位机能构成差动回路　　(b) 用OP型机能构成差动回路

图5-45　电磁换向阀

（6）主要故障与排除

① 电磁铁通电，阀芯不换向，或电磁铁断电，阀芯不复位

a.电磁铁的电源电压是否符合使用要求。如电源电压过低，则电磁铁推力不足，不能推动阀芯换向。

b.阀芯卡住。如果电磁换向阀的各项性能指标都符合要求，而在使用中出现上述故障时，主要检查使用条件是否超过规定标准，如动作的压力、通过的流量、油温以及油液的过滤精度等。再检查复位弹簧是否折断或卡住。对于板式连接的电磁换向阀，应检查安装底板表面的平面度，以及安装螺钉是否拧得太紧，导致引起阀体变形。另外，阀芯磨削加工时的毛刺、飞边，被挤入径向平衡槽中未清除干净，在长期工作中，被油液冲出、挤入径向间隙中卡住阀芯，这时应拆开仔细清洗。

c.电磁换向阀的轴线必须按水平方向安装，如按垂直方向安装，受阀芯、衔铁等零件重量的影响，将造成换向或复位的不正常。

② 电磁铁烧毁

a.电源电压比电磁铁规定的使用电压过高而引起线圈过热。

b.推杆伸出长度过长，与电磁铁的行程配合不当，电磁铁衔铁不能吸合，使电流过大。线圈过热。当第一个电磁铁因其他原因烧毁后，使用者自行更换时更容易出现这种情况，由于电磁铁的衔铁与铁芯的吸合面到阀体安装表面的距离误差较大，与原来电磁铁相配合的推杆的伸出长度就不一定能完全适合更换后的电磁铁。如更换后的电磁铁的安装距离比原来的短，则与阀装配后，由于推杆过长，将有可能使衔铁不能吸合而产生噪声、抖动甚至烧毁。如果更换后的电磁铁的安装距离比原来的长，则与阀装配后，由于推杆显得短了，在工作时阀芯的换向行程比规定的行程要小，阀的开度也变小，使压力损失增大，油液容易发热，甚至影响执行机构的运动速度。因此，使用者自行更换电磁铁时，必须认真测量推杆的伸出长度与电磁铁的配合是否合适，绝不能随意更改。

以上各项引起电磁铁烧毁的原因主要出现在交流型的电磁铁，直流电磁铁一般不至于因故障而烧毁。

c.换向频率过高，线圈过热。

③ 干式型电磁换向阀推杆处外泄漏油

a.一般电磁阀两端的油腔是泄油腔或回油腔，应检查该腔压力是否过高。如果在系统中多个电磁阀的泄油或回油管道串接在一起造成背压过高，则应将它们分别单独接回油箱。

b.推杆处的动密封O形密封圈磨损过大，应更换。

④ 板式连接电磁换向阀与底板的接合面处渗油

a.安装底板表面应磨削加工，同时应有平面度要求，并不得凸起。

b.安装螺钉拧得大松。

c.螺钉材料不符合要求，强度不够。目前许多板式连接电磁换向阀的安装螺钉均采用合金钢螺钉，如果原螺钉断裂或丢失，随意更换一般碳钢螺钉，会因受油压作用引起拉伸变形，造成接合面的渗漏。

d.电磁换向阀底面O形密封圈老化变质，不起密封作用，应更换。

⑤ 湿式型电磁铁吸合释放过于缓慢　电磁铁后端有个密封螺钉，在初次安装时，后腔存在空气。当油液进入衔铁腔内时，如后腔空气释放不掉，将受压缩而形成阻尼，使动作缓慢。应在初次使用时，拧开密封螺钉，释放空气，当油液充满后，再拧紧密封。

⑥ 长期使用后，执行机构出现运动速度变慢　推杆因长期撞击磨损变短或衔铁与推杆接触点磨损，使阀芯换向行程不足，油腔开口变小，通过流量减少，应更换推杆或电磁铁。

⑦ 油液实际沟通方向不符合图形符号标志的方向 这是使用中很可能出现的问题。我国有关部门制定颁布了液压元件的图形符号标准，但是，许多产品由于结构的特殊，实际通路情况与图形符号的标准不符合，因此在设计或安装电磁阀的油路系统时，就不能单纯按照标准的液压图形符号，而应该根据产品的实际通路情况来决定。如果已经造成差错，那么，对于三位型阀可以采用调换电器线路的解决方法。对于二位型，可以将电磁阀及有关零件调头安装的方法解决。如仍无法更正，只得调换管路位置，或者采用增加过渡通路板的方法弥补。

（7）选用

选用电磁换向阀时，应考虑如下几个问题。

① 电磁阀中的电磁铁，有直流式、交流式、自整流式，而结构上有干式和湿式之分。各种电磁铁的吸力特性、励磁电流、最高切换频率、机械强度、冲击电压、吸合冲击、换向时间等特性不同，必须选用合适的电磁铁。特殊的电磁铁有安全防爆式、耐压防爆式。而高湿度环境使用时要进行热处理。高温环境使用时要注意绝缘性。

② 检查电磁阀的滑阀机能是否符合要求。电磁阀有很多滑阀机能，出厂时还有正装和反装的区别，所以在使用时一定要检查滑阀机能是否与要求一致。

换向阀的中位滑阀机能关系到执行机构停止状态下的安全性，必须考虑内泄漏和背压情况，从回路上充分论证。另外，最大流量值随滑阀机能的不同会有很大变化，应予注意。

③ 注意电磁阀的切换时间及过渡位置机能。换向阀的阀芯形状影响阀芯开口面积，阀芯位移的变化规律、阀的切换时间及过渡位置时执行机构的动作情况，必须认真选择。

换向阀的切换时间，受电磁阀中电磁铁的类型和阀的结构、电液换向阀中控制压力和控制流量的影响。用节流阀控制流量，可以调整电液换向阀的切换时间。

有些回路里，如在行走设备的液压系统中，用换向阀切换流动并调节流量。选用这类换向阀时要注意其节流特性，即不同的阀芯位移下流量与压降的关系。

④ 换向阀使用时的压力、流量不要超过制造厂样本上的额定压力、额定流量，否则液压卡紧现象和液动力影响往往引起动作不良。尤其在液压缸回路中，活塞杆外伸和内缩时回油流量是不同的。内缩时回油量比泵的输出量还大，流量放大倍数等于缸两腔活塞面积之比，要特别注意。另外还要注意的是，四通阀堵住 A 口或 B 口只用一侧流动时，额定流量显著减小。压力损失对液压系统的回路效率有很大影响，所以确定阀的通径时不仅要考虑换向阀本身，而且要综合考虑回路中所有阀的压力损失、油路块的内部阻力、管路阻力等。

⑤ 回油口 T 的压力不能超过允许值。因为 T 口的工作压力受到限制，当四通电磁阀堵住一个或两个油口，当作三通或二通磁阀使用时，若系统压力值超过该电磁换向阀所允许的背压值，则 T 口不能堵住。

⑥ 双电磁铁电磁阀的两个电磁铁不能同时通电。对交流电磁铁，两电磁铁同时通电，可造成线圈发热而烧坏；对于直流电磁铁，则由于阀芯位置不固定，引起系统误动作。因此，在设计电磁阀的电控系统时，应使两个电磁铁通断电有互锁关系。

5.2.3 液动换向阀和电液换向阀

如要增大通过阀的流量，为克服稳态液动力、径向卡紧力、运动摩擦力以及复位弹簧的反力等，必须增大电磁铁的推力。如果在通过很大流量时，又要保证压力损失不致过大，就必须增大阀芯的直径，这样需要克服的各种阻力就更大。在这种情况下，如果再靠电磁铁直接推动阀芯换向，必然要将电磁铁做得很大。为此，可采用压力油来推动阀芯换向，来实现对大流量换向的控制，这就是液动换向阀。而用来推动阀芯换向的油液流量不必很大，可采用普通小规格的电磁换向阀作为先导控制阀，与液动换向阀安装在一起，实现以小流量的电磁换向阀来控制大通径的液动换向阀的换向，这就是电液换向阀。

（1）工作原理

图 5-46 为弹簧对中式液动换向阀的工作原理图和图形符号。滑阀机能为三位四通 O 型。阀体内铸造有四个通油容腔，进油腔 P 腔，工作腔 A、B 腔，回油腔 T 腔。K′、K″为控制油口。当两控制油口都没有控制油压力时，阀芯靠两端的对中弹簧保持在中间位置。当控制油口 K′或 K″通控制压力油时，压力油通过控制流道进入左端或右端弹簧腔，克服对中弹簧力和各种阻力，使阀芯移动，实现换向。当控制压力油消失时，阀芯在弹簧力的作用下又回到中间位置。液动换向阀就是这样依靠外部提供的压力油推动阀芯移动来实现换向的。液动换向阀先导阀可以是机动换向阀、手动换向阀或电磁换向阀。后者就构成电液换向阀。

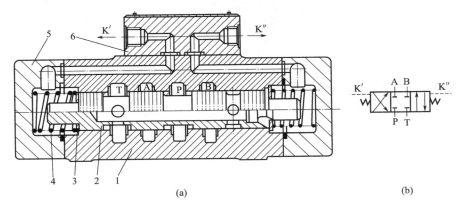

图 5-46 弹簧对中式液动换向阀的工作原理图和图形符号
1—阀体；2—阀芯；3—挡圈；4—弹簧；5—端盖；6—盖槌

电液换向阀的工作原理和图形符号如图 5-47 所示。当先导电磁阀两边电磁铁都不通电时，阀芯处于中间位置。当左边的电磁铁通电时，先导阀处于左位，先导阀的 P 口与 B 口相通，A 口和 T 口相通，控制压力油从 B 口进入 K″腔，作用在主阀芯的右边弹簧腔，推动阀芯向左移动，主阀的 P 口与 A 口相通，B 口与 T 口相通。当左边电磁铁断电时，先导阀芯处于中位，主阀芯也由弹簧对中而回到中位。右边电磁铁通电时，情况与上述类似。电液换向阀就是这样，先依靠先导阀上的磁铁的通电吸合，推动电磁阀阀芯的换向，改变控制油的方向，再推动液动阀阀芯换向。此时应注意先导阀的中位机能应为 Y 型。

（2）典型结构和特点

液动换向阀与电液换向阀同样有二位二通、二位三通、二位四通、二位五通、三位四通、三位五通等通路形式，以及弹簧对中、弹簧复位等结构。它比电磁换向阀还增加了行程调节和液压对中等形式。

图 5-48 为二位三通板式连接型电液换向阀的结构和图形符号。它由阀体 1、阀芯 2、阀盖 3 及二位四通型先导电磁阀、O 形密封圈等主要零件组成。特点是主阀芯部分没有弹簧，主阀芯在阀孔内处于浮动状态，完全靠先导电磁阀的通路特征来决定主阀芯的换向工作位置。

图 5-49 是二位四通板式连接弹簧复位型液动换向阀的结构和图形符号。阀芯依靠右端弹簧维持在左端初始工作位置，使 P 腔与 A 腔沟通，B 腔与 T 腔相通。当 K″口引入控制油时，阀芯仍处于左端初始工作位置；当 K′口引入控制油时，压力油将阀芯推向右端工作位置，使 P 口与 B 口通，A 口与 T 口相通。当 K′口控制油取消时，阀芯又依靠弹簧力回复到左端初始位置。这种结构的液动换向阀的特点是：当阀不工作时，阀芯总是依靠弹簧力使其保持在一个固定的初始工作位置，因此，也可叫弹簧偏置型结构。同类型的电液换向阀，只是在该液动换向阀上部安装一个二位四

通型的电磁换向阀作为先导阀，如图5-50所示，当电磁铁不通电时，电磁阀的进油腔P与两个工作腔A或B总是保持有一个相通，也就是使主阀的两个控制油口总有一个保持有控制压力油，使阀芯始终保持在某一初始工作位置。当电磁先导阀通电换向后，再推动下部主阀芯改变换向位置。它与前述的二位四通阀不同的是：液动阀当两端都没有控制油进入时，阀芯依靠弹簧力始终保持在左端位置；而电液动换向阀则不然，它可根据采用的先导电磁换向阀滑阀机能的不同，以及调换安装位置等措施，改变主阀芯初始所处的位置是在右端还是在左端。这样，在使用中就更灵活了。

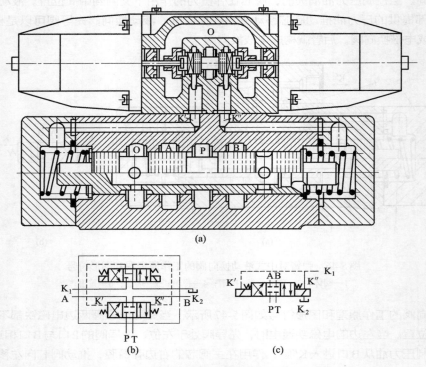

(a)

(b)

(c)

图5-47 电液换向阀的工作原理图和图形符号

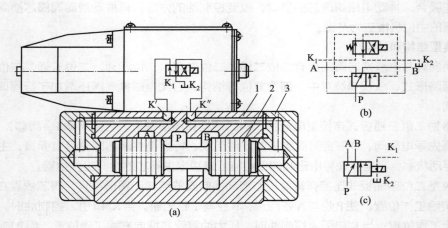

(a)

(b)

(c)

图5-48 二位三通电液换向阀的结构和图形符号

1—阀体；2—阀芯；3—端盖

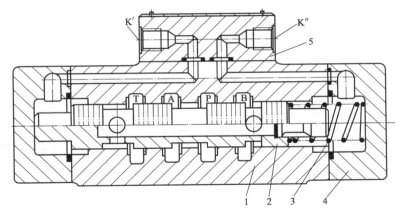

图5-49 二位四通液动换向阀的结构和图形符号

1—阀体；2—阀芯；3—弹簧；4—端盖；5—盖板

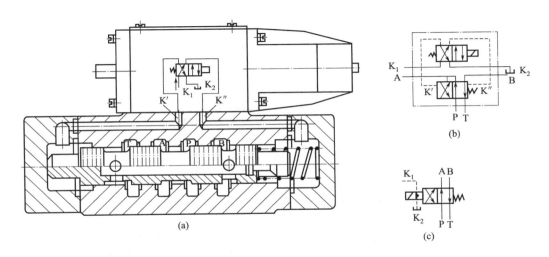

图5-50 二位四通电磁换向阀的结构和图形符号

图5-51是三位四通板式连接弹簧对中行程调节型电液换向阀的结构和图形符号。它的工作原理与前述介绍的电液动换向阀的完全一样，特点是左右两端阀盖处各增加了一个行程调节机构，调节两端调节螺钉，可以改变阀芯的行程，从而减小阀芯换向时控制的各油腔的开度，使通过的流量减少，起到比较粗略的节流调节作用，对某些需要调速、但精度要求不高的系统，采用这种行程调节型电液动换向阀是比较方便的。通过两端调节螺钉的调整，还可以使阀芯左右的换向行程不一样，使换向后的左右两腔开度也不一样，以获得两种不同的通过流量，使执行机构两个方向的运动速度也不一样。

图5-52是三位四通板式连接液压对中型电液动换向阀的结构和图形符号。它的特点是阀的右端部分与不用弹簧对中型电液动换向阀的结构相同，而阀的左端增加了中盖1、缸套2和柱塞3等零件。同时，这种结构的电液换向阀所采用的先导电磁阀是P型滑阀机能。即当两边电磁铁都不通电时，阀芯处于中间位置，进油腔P与两个工作腔A和B都相通。也就是说这时控制油能够进入阀的两端容腔，而且两端容腔控制油的压力是相等的。设柱塞3的截面积为 A_1，主阀芯截面积为 A_2，缸套环形截面积为 A_3。一般做成 $A_3=A_2=2A_1$，因此，在相同的压力作用下，缸套及阀芯都定位在定位面D处，两个弹簧不起对中作用，仅在无控制压力时使阀芯处于中位。

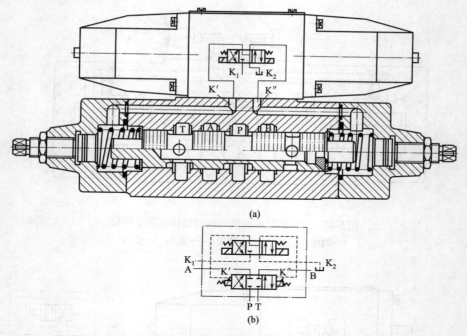

(a)

(b)

图 5-51　三位四通行程调节型电液动换向阀的结构和图形符号

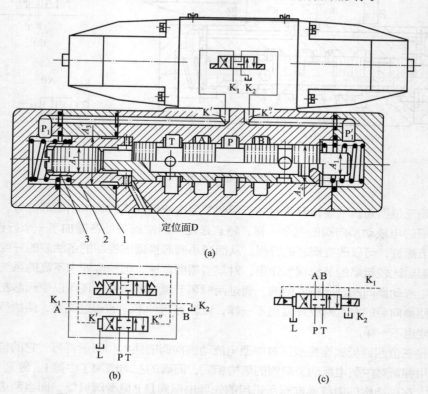

(a)

(b)　　　　　　　　　(c)

图 5-52　三位四通液压对中型电液动换向阀结构和图形符号

1—中盖；2—缸套；3—柱塞

图 5-53 是三位四通板式连接液压对中行程调节型电液换向阀的结构和图形符号。它通过调节两端的调节螺钉，可使阀芯向两边换向的行程不一样，以获得各油腔不同的开口，起到粗略的节

流调节作用。

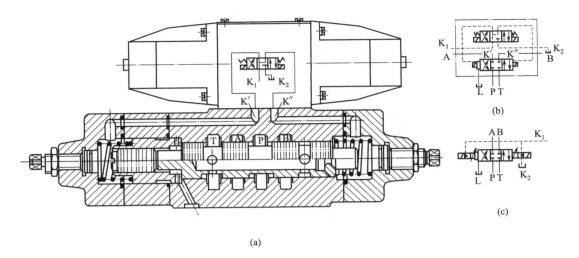

图 5-53 三位四通板式连接液压对中行程调节型电液换向阀的结构和图形符号

图 5-54 是带双阻尼调节阀的液动换向阀的结构和图形符号。外部供给的控制油，通过双阻尼调节阀进入控制容腔，调节阻尼开口的大小，可改变进入的控制油流量，以改变阀芯换向速度。液动换向阀两端还有行程调节机构，可调节阀芯的行程以改变油腔的开口大小，使通过的流量得到控制。

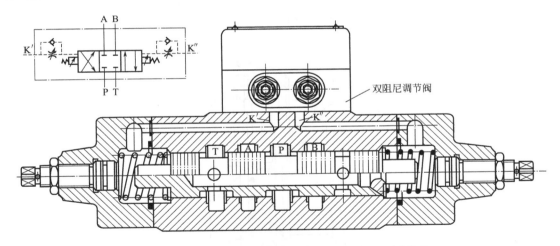

图 5-54 带双阻尼调节阀的液动换向阀的结构和图形符号

图 5-55 是带双阻尼调节阀的电液换向阀的结构和图形符号，先导电磁换向阀换向至左右两边工作位置时，P 腔进入 A 腔或 P 腔进入 B 腔的控制油，都先经过双阻尼调节阀进入液动换向阀的两个控制口，调节阻尼阀的开口大小，可改变进入两控制油口的流量，达到控制液动阀阀芯换向速度的目的。双阻尼器叠加在导阀与主阀之间。

加设阻尼器的另一种形式是在两端阀盖上加一个小型的单向节流阀，见图 5-56，中间可调阀芯 2 与阀孔之间的相对开口可通过上部螺纹调节，并用锁紧螺母 1 锁定。当控制油进入时，压力油从下部将钢球 8 顶开后，从中间可调节阀芯的径向孔即节流缝隙同时进入控制容腔，推动主阀阀芯换向。当控制容腔的压力油要排出时，压力油将钢珠紧压在阀座上，油液只能从可调阀芯与阀孔之间的节流缝隙流出，达到回油节流的目的，调节可调阀芯与阀孔的相对距离，就可改变节流缝隙的大小，以控制通过的流量，起到阻尼作用，从而达到减缓主阀芯换向速度的目的。如在阀的两端都加置这种形式的单向节流阀，即可使阀芯向左右两边换向时都起到阻尼作用。

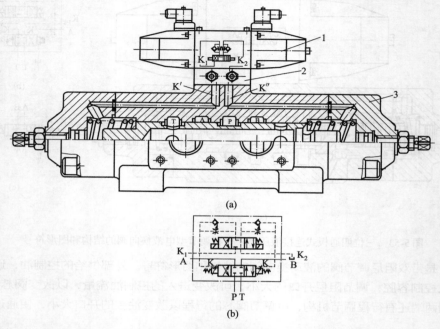

图 5-55　带双阻尼调节阀的电液换向阀的结构和图形符号

1—先导阀；2—双阻尼调节阀；3—主阀

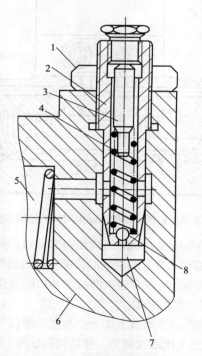

图 5-56　阻尼调节阀的另一种结构形式

1—锁紧螺母；2—可调阀芯；3—调节杆；4—压紧弹簧；5—控制容腔；
6—可调节流缝隙；7—控制油进口；8—钢球

图5-57是五槽式直流型电液换向阀的结构。它在阀体内铸造有五个通油流道，即一个进油腔P，两个工作油腔A、B，两个分别布置在两侧相沟通的回油腔T，它与外部回油管道相连接的回油腔只有一个。这种结构的特点是当阀芯换向，B腔与T腔相通或A腔与T腔相通时，回油不必像前四槽式结构那样，要通过阀芯中间的轴向孔道回到左边的T腔，而可以直接通过阀体内两端互相沟通的T腔引出。这样，阀芯就不必加工台肩之间的径向孔和中间的轴向孔，简化了加工工艺，同时可增大回油腔道的通流面积。

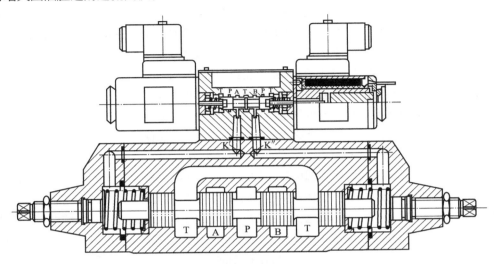

图5-57　五槽式电液换向阀的结构

（3）电液换向阀的先导控制方式和回油方式

电液换向阀的先导油供油方式有内部供油和外部供油方式，简称为内控、外控方式。对应的先导油回油方式也有内泄和外泄两种。

① 外部油先导控制方式　外部油控制方式是指供给先导电磁阀的油源是另外一个控制油路系统供给的，或在同一个液压系统中，通过一个分支管路作为控制油路供给的。前者可单独设置一台辅助液压泵作为控制油源使用；后者可通过减压阀等，从系统主油路中分出一支减压回路。外部控制形式的特点是：由于电液换向阀阀芯换向的最小控制压力一般都设计得比较小，多数在1MPa以下，因此控制油压力不必太高，可选用低压液压泵。它的缺点是要增加一套辅助控制系统。

② 内部油先导控制方式　主油路系统的压力油进入电液换向阀进油腔后，再分出一部分作为控制油，并通过阀体内部的孔道直接与上部先导阀的进油腔相沟通。特点是不需要辅助控制系统，省去了控制油管，简化了整个系统的布置。缺点是因为控制压力就是进入该阀的主油路系统的油液压力，当系统工作压力较高时，这部分高压流量的损耗是应该加以考虑的，尤其是在电液换向阀使用较多，整个高压流量的分配受到限制的情况下，更应该考虑这种控制方式所造成的能量损失。内部控制方式一般是在系统中电液动换向阀使用数目较少，而且总的高压流量有剩余的情况下，为简化系统的布置而选择采用。

另外要注意的是，对于阀芯处于初始中间位置，为使液压泵卸荷的电液换向阀，如H型、M型、K型、X型，由于液压泵处于卸荷状态，系统压力为零，无法控制主阀芯换向。因此，当采用内部油控制方式而主阀中位卸荷时，必须在回油管路上加设背压阀，使系统保持有一定的压力。背压力至少应大于电液动换向阀主阀的最小控制压力。也可在电液换向阀的进油口P中装预压阀。它实际是一个有较大开启压力的插入式单向阀。当电液换向阀处于中间位置时，油流先经过预压阀，然后经电液换向阀内流道由 T 口回油箱，从而在预压阀前建立所需的控制压力。

设计电液换向阀一般都考虑了内部油控制形式和外部油控制形式在结构上的互换性，更换的方法则根据电液换向阀的结构特点而有所不同。图 5-58 是采用改变电磁先导阀安装位置的方法来实现两种控制形式的转换示意图。在电磁先导阀的底面与进油腔 P 相对的位置上加有一盲孔，当是内部油控制形式时，电磁先导阀的进油腔 P 与主阀的 P 腔相沟通；对面的盲孔将外部控制油的进油孔封住（这时也没有外部控制油进入）。如将电磁先导阀的四个安装螺钉拆下后旋转 180°重新安装，则盲孔转到与主阀 P 腔孔相对的位置，并将该孔封闭，使主阀 P 腔的油不能进入电磁先导阀。而电磁先导阀的 P 腔孔则与外部控制油相沟通，外部控制油就进入电磁先导阀，实现了外部油控制形式。这种方式需要注意的是，由于电磁先导阀改变了安装方向，使原来电磁阀上的 A 腔与 B 腔与控制油 K″口和 K′口相对应的状况，改变为 A 腔与 B 腔是与 K′口和油 K″口相对应。这样，当电磁先导阀上原来的电磁铁通电吸合工作时，主阀两边换向位置的通路情况就与原来相反了，对于三位四通型电液换向阀，这种情况可采用改变电磁铁通电顺序的方法纠正解决；但对于二位四通单电磁铁型的电液换向阀，就必须将电磁先导阀的电磁铁以及有关零件拆下调换到另外一端安装才能纠正。

图 5-59 是采用工艺螺塞的方法实现内部油控制和外部油控制形式转换的示意图，它的方法是电磁先导阀的 P 腔始终与此主阀的 P 腔相对应沟通，同时在与主阀的 P 腔沟通的通路上加置一个螺塞 1。当采用内部油控制形式时把该螺塞卸去，主阀 P 腔的部分油液通过该孔直接进入电磁先导阀作为控制油。这时还应用螺塞 2 将外部控制油的进油口堵住，用螺塞 1 堵住内部控制油，同时将原来堵住外部控制油口的螺塞卸去任意一个，外部控制油则通过其中一个孔道进入电磁先导阀。

③ 先导控制油回油方式　控制油回油有内部和外部回油两种方式。控制油内部回油指先导控制油通过内部通道与液动阀的主油路回油腔相通，并与主油路回油一起返回油箱。图 5-60 是控制油内部回油的结构示意图。这种形式的特点是省略了控制油回油管路，使系统简化。但是受主油路回油背压的影响，由于电磁先导阀的回油背压受到一定的限制，因此，当采用内部回油形式时，主油路回油背压必须小于电磁先导阀的允许背压值，否则电磁先导阀的正常工作将受到影响。

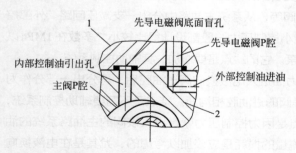

图 5-58　改变电磁先导阀安装位置
1—先导电磁阀阀体；2—主阀阀体

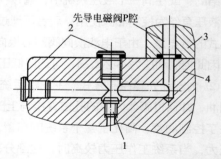

图 5-59　采用工艺螺塞实现控制方式的转换
1，2—螺塞；3—先导电磁阀阀体；4—主阀阀体

控制油外部回油是指从电液换向阀两端控制腔排出的油，经过先导电磁阀的回油腔单独直接回油箱（螺纹连接或法兰连接型电液换向阀一般均采用这种方式）。也可能通过下部液动阀上专门加工的回油孔接回油箱（板式连接型一般都采用这种方式）。图 5-61 是板式连接型电液换向阀控制油外部回油的结构示意图。这种形式的特点是控制油回油背压不受主阀回油背压的影响。它可直接接回油箱，也可与背压不大于电磁先导阀允许背压和主油管路相连，一起接回油箱，使用较为灵活。其缺点是多了一根回油管路，这对电液换向阀使用较多的复杂系统，增加了管道的布置。

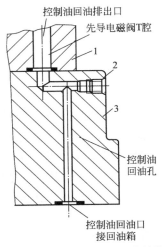

图 5-60　控制油内部回油的结构

1—先导电磁阀阀体；2—工艺堵；3—主阀阀体

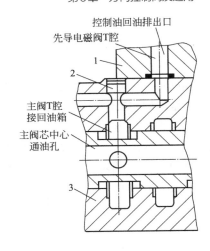

图 5-61　控制油外部回油的结构

1—先导电磁阀阀体；2—工艺堵；3—主阀阀体

（4）主要性能要求

① 换向可靠性　液动换向阀的换向可靠性完全取决于控制压力的大小和复位弹簧的刚度。电液换向阀的换向可靠性基本取决于电磁先导阀的换向可靠性。电液动换向阀在工作过程中所要克服的径向卡紧力、稳态液动力及其他摩擦阻力较大，在这种情况下，为使阀芯能可靠地换向和复位，可以适当提高控制压力，也可增强复位弹簧的刚度。这两个参数在设计中较容易实现，主要还是电磁先导阀的工作可靠性起着决定性的作用。

② 压力损失　油流通过各油腔的压力损失是通过流量的函数。增大电液换向阀的流量所造成的稳态液动力的增加，可以采用提高控制压力和加强复位弹簧的刚度的方法加以克服，但将造成较大的压力损失和油液发热。因此，流量不能增加太大。

③ 内泄漏量　液动换向阀和电液换向阀的内泄漏量与电磁换向阀的内泄漏量定义是完全相同的，但它所指的是主阀部分的内泄漏量。

④ 换向和复位时间　液动换向阀的换向和复位时间，受控制油流的大小、控制压力的高低以及控制油回油背压的影响。因此，一般情况下，并不作为主要的考核指标，使用时也可以调整控制条件以改变换向和复位时间。

⑤ 液压冲击　液动换向阀和电液换向阀，由于口径都比较大，控制的流量也较大，在工作压力较高的情况下，当阀芯换向而使高压油腔迅速切换的时候，液压冲击力可达工作压力的百分之五十甚至一倍以上。所以应设法采取措施减少液压冲击压力值。

减少冲击力的方法，可以对液动换向阀和电液换向阀加装阻尼调节阀，以减慢换向速度。对液压系统也可以采用适当的措施，如加灵敏度高的小型安全阀、减压阀等，或适当加大管路直径，缩短导管长度，采用软管等。目前，尚没有一种最好的方法能完全消除液压冲击现象，只能通过各种措施减少到尽可能小的范围。

（5）应用

电液换向阀与液动换向阀主要用于流量较大（超过 60L/min）的场合，一般用于高压大流量的系统。其功能和应用与电磁换向阀相同。

5.2.4　手动换向阀

操纵滑阀换向的方法除了用电磁铁和液压油来推动外，还可以利用手动杠杆的作用来进行控制，这就是手动换向阀。

手动换向阀一般都是借用液动换向阀或电磁换向阀的阀体进行改制，再在两端装上手柄操纵机构和定位机构，

手动换向阀有二位、三位、二通、三通、四通等。也有各种滑阀机能。

（1）典型结构和工作原理

手动换向阀按其操纵阀芯换向后的定位方式分，有钢球定位和弹簧复位两种。钢球定位式是当操纵手柄外力取消后，阀芯依靠钢球定位保持在换向位置。弹簧复位式是当操纵手柄外力取消后，弹簧使阀芯自动回复初始位置。图5-62是三位四通钢球定位式手动换向阀的结构和图形符号。当手柄处于初始中间位置时，后盖7中的钢球卡在定位套的中间一挡沟槽里，使阀芯2保持在初始中间位置，进油腔P、两个工作腔A和B以及回油腔T都不通。当把手柄向左推时，依靠定位套沟槽面将钢球推开并划入左边定位槽中，阀芯定位在右边换向位置，使P腔与B腔相沟通，A腔与T腔相沟通。当把手柄从初始中间位置向右方向拉时，钢球进入定位套上的右边定位槽中，使阀芯定位在左边的换向工作位置，使P腔与A腔相沟通，B与T相沟通。

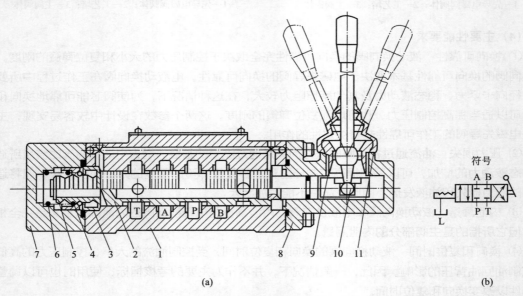

图5-62 钢球定位式手动换向阀的结构和图形符号

1—阀体；2—阀芯；3—球座；4—护球圈；5—定位套；6—弹簧；

7—后盖；8—前盖；9—螺套；10—手柄；11—防尘套

将图5-62的三位四通手动换向阀的阀芯定位套改成两个定位槽，就可以变成钢球定位式二位四通手动换向阀，如图5-63所示。

图5-64是三位四通弹簧自动复位式手动换向阀的部分结构和图形符号。它只要将阀芯后部的定位套换上两个相同的弹簧座，并取消球和护球圈就可以了。复位弹簧安置在两个弹簧座的中间，使阀芯保持在初始中间位置。当把手柄往左推时，阀芯带动左端弹簧座压缩弹簧，并靠右端弹簧座限位，阀芯即处于右边换向工作位置。当操纵手柄的外力去除后，复位弹簧把阀芯推回到初始中间位置。当手柄往右拉时，阀芯台肩端面推动右端弹簧座使弹簧压缩，并靠右端弹簧座限位，使阀芯处于左边换向工作位置。

将图5-64所示三位四通弹簧自动复位式的两个弹簧座改成图5-65所示结构，就成为二位四通弹簧自动复位式手动换向阀结构。

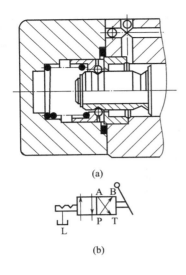

图 5-63　二位四通钢球定位手动换向阀的定位结构和
阀的图形符号

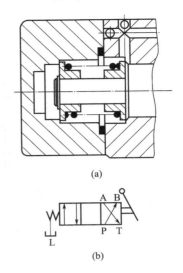

图 5-64　三位四通弹簧自动复位式手动换向阀的部分
结构和图形符号

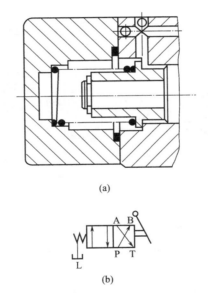

图 5-65　二位四通弹簧自动复位式手动换向阀的定位结构和阀的图形符号

　　弹簧自动复位式结构的特点是操纵手柄的外力必须始终保持，才能使阀芯维持在换向工作位置，外力一去除，阀芯立及依靠弹簧力回复到初始位置。利用这一点，在使用中可通过操纵手柄的控制，使阀芯行程根据需要任意变动，而使各油腔的开口度灵活改变。这样可根据执行机构的需要，通过改变开口量的大小来调节速度。这一点比钢球定位式更为方便。

　　手动换向阀手柄操纵部分的结构有多种形式，图 5-62 是球铰式结构，图 5-66 是杠杆结构。杠杆结构比较简单，前盖与阀体安装螺钉孔的相对位置精度容易保证，但支架部分在手柄长期搬动后容易松动。

　　图 5-67 是力士乐公司生产的采用旋钮操纵的换向滑阀。控制阀芯是由调节旋钮来操纵的（转

动角度2×90°），由此而产生的转动借助于灵活的滚珠螺旋装置转变为轴向运动并直接作用在控制阀芯上，控制阀芯便运动到所要求的末端位置，并打开要求的油口。旋钮前面有一刻度盘可以观察阀芯3的实际切换位置。所有操作位置均借助定位装置定位。

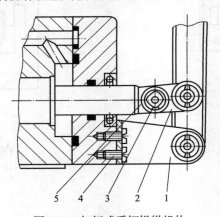

图5-66　杠杆式手柄操纵机构
1—支架；2—连接座；3—圆柱销；4—螺钉；5—开口销

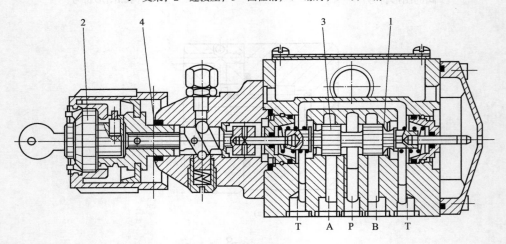

图5-67　旋钮操纵手动换向阀
1—阀体；2—调节件；3—控制阀芯；4—调节旋钮

（2）主要性能要求

① 换向可靠性。手动换向阀的可靠手柄操纵阀芯换向，比电磁换向阀、电液换向阀的工作更为简便可靠，稳态液动力和径向卡紧力的影响容易克服。必须注意的是，后盖部分容腔中的漏油必须单独引出，接回油箱，不允许有背压。否则，将由于泄漏油的积聚，而自行推动阀芯移动，产生误动作，甚至发生故障。

② 压力损失小。

③ 泄漏量小。

（3）应用和注意事项

手动换向阀在系统中的应用以及容易发生的故障，与液动换向阀和电液换向阀基本相同。它操作简单，工作可靠，能在没有电力供应的场合使用，在工程机械中得到广泛应用。但在复杂系统中，尤其在各执行元件需要联动、互锁或工作节拍需要严格控制的场合，就不宜采用手动换向阀。使用时应注意：

① 即使螺纹连接的阀，也应用螺钉固定在加工过的安装面上，不允许用管道悬空支撑阀门。

② 外泄油口应直接回油箱。外泄压力增大，操作力增大，则堵住外泄油口，滑阀不能工作。

5.2.5 机动换向阀

机动换向阀也叫行程换向阀，能通过安装在执行机构上的挡铁或凸轮，推动阀芯移动来改变油流的方向。它一般只有二位型的工作方式，即初始工作位置和一个换向工作位置。同时，当挡铁或凸轮脱开阀芯端部的滚轮后，阀芯都是靠弹簧自动将其恢复。它也有二通、三通、四通、五通等机构。

图5-68是二位二通常闭型机动换向阀的结构和图形符号。当阀芯处于图示位置时，复位弹簧将阀芯压在左端初始工作位置，进油腔P与工作腔A处于封闭状态。当挡块或凸轮接触并将阀芯压向右边工作位置时，P腔与A腔沟通，挡块或凸轮脱开滚轮后，阀芯则依靠复位弹簧回到初始位置。

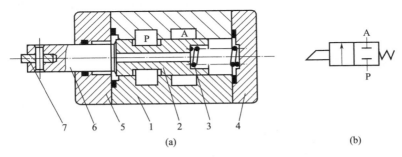

图5-68 二位二通常闭型机动换向阀的结构和图形符号
1—阀体；2—阀芯；3—弹簧；4—前盖；5—后盖；6—顶杆；7—滚轮

图5-69是二位四通机动换向阀的结构和图形符号。当阀芯处于图示位置时，复位弹簧将阀芯压在左端工作位置，使进油腔P与工作腔B相沟通，另一个工作腔A与回油腔T相通。当挡铁或凸轮接触滚轮，并将阀芯压向右边工作位置时，使P腔与A腔沟通，B腔与T腔沟通。当挡块或凸轮脱开滚轮后，阀芯又依靠复位弹簧回到初始位置。

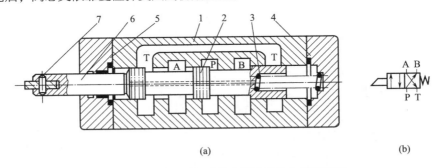

图5-69 二位四通机动换向阀的结构和图形符号
1—阀体；2—阀芯；3—弹簧；4—前盖；5—后盖；6—顶杆；7—滚轮

图5-70、图5-71是威格仕二位四通机动换向阀的结构，图5-70采用滚轮凸轮操作方式，图5-71采用顶杆操作方式。

由于用行程开关与电磁阀或电液换向阀配合可以很方便地实现行程控制（换向），代替机动换向阀即行程换向阀，且机动换向阀配管困难，不易改变控制位置，因此目前国内较少生产机动换向阀。

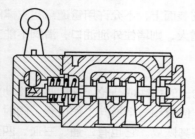

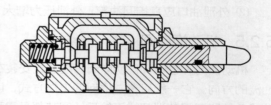

图 5-70　滚轮凸轮机动换向阀结构　　　　　　图 5-71　顶杆机动换向阀结构

5.2.6　电磁球阀

电磁球阀也叫提动式电磁换向阀，由电磁铁和换向阀组成。电磁铁推力通过杠杆连接得到放大，电磁铁推杆位移使阀芯换向。其密封形式采用标准的钢球件作为阀座芯，钢球与阀座接触密封。电磁球阀在液压系统中大多作为先导控制阀使用，在小流量液压系统中可作为其他执行机构的方向控制。

（1）典型结构和工作原理

图 5-72 是常开式二位三通电磁球阀。当电磁铁断电时，弹簧 3 的推力作用在复位杆 4 上，将钢球 6 压在左阀座 8 上，P 腔与 A 腔沟通、A 腔与 T 腔断开。当电磁铁通电时，电磁铁的推力通过杠杆 13、钢球 12 和推杆 16 作用在钢球 6 上并压在右阀座 5 上，A 腔与 T 腔沟通，P 腔封闭。

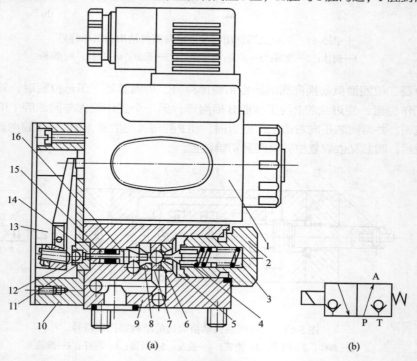

图 5-72　常开式二位三通电磁球阀的结构和图形符号

1—电磁铁；2—导向螺母；3—弹簧；4—复位杆；5—右阀座；6、12—钢球；7—隔环；8—左阀座；9—阀体；10—杠杆盒；
11—定位球套；13—杠杆；14—衬套；15—Y 形密封圈；16—推杆

图 5-73 为常闭式二位三通电磁球阀的结构和图形符号。在初始位置时（电磁铁断电时）P 腔与 A 腔是互相封闭的，A 腔与 T 腔相通。当电磁铁通电时，P 控与 A 腔相通，T 腔封闭。

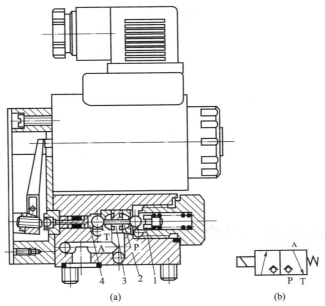

图 5-73　常闭式二位三通电磁球阀的结构和图形符号

1—复位杆；2—中间推杆；3—隔环；4—推杆

(2) 电磁球阀的优点

① 在关闭位置内泄漏为零。

② 适用于非矿物油介质系统，如乳化液、水乙二醇、高水基液压油、气动控制系统等。

③ 受液流作用力小，不易产生径向卡紧力。

④ 无轴向密封长度，动作可靠，换向频率较之滑阀式高。

⑤ 阀的安装连接尺寸符合 DIN 24340 标准。

⑥ 快速一致的响应时间。

⑦ 装配和安装简单，维修方便。

(3) 电磁球阀的应用

电磁球阀的应用与电磁换向阀基本相同，在小流量系统中控制系统的换向和启停，在大流量系统中作为先导阀用。在保压系统中，电磁阀具有显著的优势。

目前，电磁阀只有二位阀，需要两个二位阀才能组成一个三位阀，同时，两个二位三通电磁球阀不可能构成像一般电磁换向阀那样多种滑阀机能的元件，这使电磁球阀的应用受到一定的限制。

5.3　方向控制阀的选用

在具体选用单向阀时，除了要根据需要合理地选择开启压力，还应特别注意工作时的流量应与阀的额定流量相匹配，因为当通过单向阀的流量远小于额定流量时，单向阀有时会产生振动，流量越小、开启压力越高、油中含气越多，越容易产生振动。在选用液控单向阀时，要注意控制压力是否能够满足反向开启的要求，并根据需要合理选择内泄式、外泄式和带卸荷阀芯这三种液控单向阀。同时，在应用外泄式液控单向阀时，应使外泄式油液单独回油箱。

在使用换向阀时应注意以下几点：

① 应根据需要选择合适的阀通径。

② 在需电力操纵的场合，可选用电磁换向阀或电液换向阀，反之，则选用手动换向阀。

③ 根据系统需要，选用合适的中位机能及过渡机能。

④ 对电磁换向阀，要根据所用的电源、使用寿命、切换频率、安全特征等选用合适的电磁铁。

⑤ 换向阀使用时，不能超过制造厂样本中所规定的额定压力以及流量极限，以免造成损坏。

⑥ 回油口T的压力不能超过所规定的允许值。

⑦ 双电磁铁电磁阀的两个电磁铁不能同时通电，在设计电控系统时，应使两个电磁铁的动作自锁。

⑧ 电液换向阀和液动换向阀应根据系统需要，选择内部供（排）油的先导式控制和排油方式，并合理选择部件，如切换速度控制、行程限制等部件。

⑨ 电液换向阀和液动换向阀在内部供油时，对于那些中间位置使主油路卸荷的三位四通电磁换向阀（如M、H、K等滑阀机能），应采取措施保证中位时的最低控制压力，如在回油口上加装背压阀等。

5.4 方向控制阀的产品介绍

5.4.1 单向阀

（1）S型及RVP型单向阀

单向阀常被安装在液压泵的出油口，可防止系统压力突然升高时损坏液压泵以及拆卸泵时系统中的油不会流失。

S型及RVP型单向阀的型号和技术参数见表5-5。

（2）SV/SL型液控单向阀

液控单向阀亦称液控操纵单向阀或单向闭锁阀。它是在普通单向阀上增加液控部分，图5-74和图5-75分别是SL型和SV型液控单向阀的结构原理图。SV型为内部回油，SL型为外部回油。其技术参数及型号规格见表5-6。

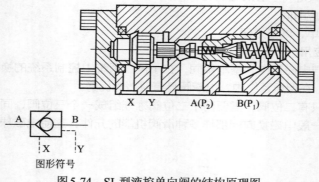

图 5-74　SL型液控单向阀的结构原理图

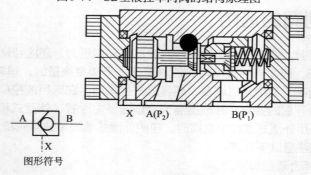

图 5-75　SV型液控单向阀的结构原理图

表5-5 S型及RVP型单向阀的型号和技术参数

型号规格	通径/mm	压力/MPa	流量/(L/min)
RVP-6	6	31.5	50
RVP-8	8	31.5	80
RVP-10	10	31.5	120
RVP-12	12	31.5	160
RVP-16	16	31.5	240
RVP-20	20	31.5	450
RVP-25	25	31.5	600
RVP-30	30	31.5	600
RVP-40	40	31.5	600
S-6	6	31.5	10
S-8	8	31.5	18
S-10	10	31.5	30
S-15	15	31.5	65
S-20	20	31.5	115
S-25	25	31.5	175
S-30	30	31.5	260
S-6	6	31.5	16
S-8	8	31.5	36
S-10	10	31.5	50
S-15	15	31.5	120
S-20	20	31.5	200
S-25	25	31.5	300
S-30	30	31.5	400

型号规格	压力/MPa	流量/(L/min)
S-6A	31.5	40
S-10A	31.5	60
S-15A	31.5	80
S-20A	31.5	100
S-25A	31.5	130

表5-6 SV/SL型液控单向阀的型号和技术参数

型号规格	通径/mm	额定压力/MPa	最大流量/(L/min)	压力损失(最大流量时)/MPa	质量/kg
SL10G-30	10	31.5	120	1.0	2.5
SL10P-30	10	31.5	120	1.0	2.5
SL20G-30	20	31.5	300	0.6	4.3
SL20P-30	20	31.5	300	0.6	4.5
SL30G-30	30	31.5	500	0.6	8.0
SL30P-30	30	31.5	500	0.6	8.0
SV10G-30	10	31.5	120	1.0	2.5
SV10P-30	10	31.5	120	1.0	2.5
SV20G-30	20	31.5	300	0.6	4.0
SV20P-30	20	31.5	300	0.6	4.0
SV30G-30	30	31.5	500	0.6	8.0
SV30P-30	30	31.5	500	0.6	8.0

（3）CP型液控单向阀

参数见表5-7。

表5-7　CP型液控单向阀技术参数

型号规格	最高压力/MPa	开启压力/MPa	额定流量/(L/min)	质量/kg
CPT-03-50	25.0	0.04、0.2、0.35、0.5	40	3.0
CPT-06-50	25.0	0.04、0.2、0.35、0.5	125	5.5
CPT-10-50	25.0	0.04、0.2、0.35、0.5	250	9.6
CPG-03-50	25.0	0.04、0.2、0.35、0.5	40	3.3
CPG-06-50	25.0	0.04、0.2、0.35、0.5	125	5.4
CPG-10-50	25.0	0.04、0.2、0.35、0.5	250	8.5

5.4.2　电磁换向阀

（1）WE型电磁换向阀

图5-76是WE5型电磁换向阀的结构原理图。WE型电磁换向阀的型号和技术参数见表5-8。

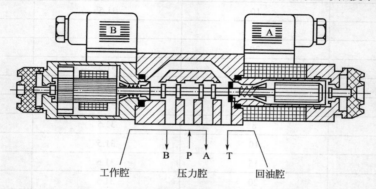

图5-76　WE5型电磁换向阀的结构原理图

表5-8　WE型电磁换向阀的技术参数

型号规格	额定压力/MPa	额定流量/(L/min)	油液			换向频率/(次/h)	
			温度/℃	黏度/(mm²/s)	过滤精度/μm	直流	交流
WE5	25	8	−20~80	10~400	≤10	15000	7200
WE6	31.5	10	−20~80	10~400	≤10	15000	7200
WE10	31.5	40	−20~80	10~400	≤10	15000	7200

型号规格	通径/mm	最高压力/MPa	最大流量/(L/min)
WE5	5	25	14
WE6	6	35	80
WE10	10	31.5	120

（2）DG、DSV型系列电磁换向阀

技术参数见表5-9。

表5-9　DG、DSV型系列电磁换向阀技术参数

型号规格	通径/mm	最大流量/(L/min)	最高压力/MPa
DG03	6	80	32
DSV(D)	6	80	25
DG05	10	160	32
DSV(D)	10	160	25

（3）一般电磁换向阀

技术参数见表5-10。

5.4.3　液动换向阀

（1）WH 系列液动换向阀（技术参数见表5-11）

（2）YF 系列液动换向阀（技术参数见表5-12）

5.4.4　电液换向阀

（1）常见电液换向阀（技术参数见表5-13）

表5-10　一般电磁换向阀技术参数

产品名称	产品型号	通径/mm	额定压力/MPa	最高压力/MPa	额定流量/(L/min)
电磁换向阀	23QDF6K/315E24	6、8	20、31、5	31.5	10、25
电磁换向阀	23QDF6B/315E24	6、8	20、31、5	31.5	10、25
电磁换向阀	24-KH6B-T	6	31.5	—	15
电磁换向阀	34-KH6B-T	6	31.5	—	15
电磁换向阀	22E-H10B-T	10	31.5	—	40
电磁换向阀	24E-H10B-T	10	31.5	—	40
球座式电磁换向阀	23EY-H6B	6	—	31.5	10
球座式电磁换向阀	23EY-H10B	10	—	31.5	41
干式交流电磁换向阀	22D-10(10B)	—	6.3	—	10
干式交流电磁换向阀	22D-25(25B)	—	6.3	—	25
干式交流电磁换向阀	24D-63B	—	6.3	—	63
干式交流电磁换向阀	25D-25B	—	6.3	—	25
干式直流电磁换向阀	22E-63B(H)	—	6.3	—	63
干式直流电磁换向阀	23E-10B	—	6.3	—	10
湿式交流电磁换向阀	23D2-10B	—	6.3	—	10
湿式交流电磁换向阀	23D2-25B	—	6.3	—	25
湿式直流电磁换向阀	22E2-10B	—	6.3	—	10
湿式直流电磁换向阀	22E2-25B	—	6.3	—	25
电磁换向阀	3WE10-20/G24	10	31.5/16	—	120

表5-11　WH 系列液动换向阀的型号和技术参数

型号规格	通径/mm	压力/MPa	最大流量/(L/min)	控制压力/MPa	
				最高	最低
4WH10-20	10	31.5/16	120	16	0.5
H-WH32-50	32	35/25	1100	25	0.5
H-WH16-50	16	35/25	300	25	1.2
H-WH25-50	25	35/25	650	25	0.8
WH10-20	10	31.5/16	160	16	1.0
WH16-50	32	31.5/25	300	25	0.2
WH25-50	16	31.5/25	650	25	0.8
WH32-50	25	31.5/25	1100	25	0.5

型号规格	通径/mm	压力/MPa	流量/(L/min)
WH-10	10	31.5	160
WH-16	16	31.5	300
WH-25	25	31.5	650
WH-32	32	31.5	1100

表5-12　YF系列液动换向阀的型号和技术参数

产品型号	通径/mm	额定压力/MPa	额定流量/(L/min)	使用油温/℃	油液黏度/(mm²/s)	最大控制压力/MPa	最小控制压力/MPa
YF-10	10	PAB-16,T-16	80	10~60	7~320	16	0.6
YF-16	16	PAB-16,T-16	180	10~60	7~320	16	0.6
YF-20	20	PAB-16,T-16	300	10~60	7~320	16	0.6

表5-13　常见电液换向阀的型号和技术参数

型号规格	流量/(L/min)	最高先导压力/MPa	最低先导压力/MPa	最高允许背压/MPa		最高压力/MPa	质量/kg
				外泄型	内泄型		
DSHG-01-3C-12	40	21	1	16	16	21	3.5
DSHG-01-2B-12	40	21	1	16	16	21	2.9
DSHG-03-3C-12	160	25	0.7	16	16	25	7.2
DSHG-03-2N-12	160	25	0.7	16	16	25	7.2
DSHG-03-2B-12	160	25	0.7	16	16	25	6.6
(S)DSHG-04-3C-50	300	25	0.8	21	16	31.5	8.8
(S)DSHG-04-2N-50	300	25	0.8	21	16	31.5	8.8
(S)DSHG-04-2B-50	300	25	0.8	21	16	31.5	8.8

（2）4WEH、DS系列电液换向阀（技术参数见表5-14）

表5-14　4WEH、DS系列电液换向阀的型号和技术参数

产品名称	产品型号	通径/mm	额定压力/MPa	最高压力/MPa	通过流量/(L/min)
力士乐系列电液换向阀	4WEH16	16	21.0	28.0	300
力士乐系列电液换向阀	4WEH25	25	21.0	35.0	650
杭州精机系列电液换向阀	DS-G04	16	21.0	31.5	300
杭州精机系列电液换向阀	DSY-G06	25	21.0	31.5	500

5.4.5　机动换向阀

（1）DC系列机动换向阀（技术参数见表5-15）

表5-15　DC系列机动换向阀的型号和技术参数

型号规格	通径/mm	压力/MPa	最高回油压力/MPa	流量/(L/min)
DC-G02	6	21	7	30
DC-G03	10	25	10	100

型号规格	最大流量/(L/min)	最高压力/MPa	允许背压/MPa	质量/kg
DCG(T)-02	30	25	7	1.4
DCT-01-2B-40(管式)	30	21	7	1.1
DCG-01-2B-40(板式)	30	21	7	1.1
DCT-03-2B-50(管式)	100	25	10	4.5
DCG-03-2B-50(板式)	100	25	10	3.8

（2）**C系列行程换向阀**（技术参数见表5-16）

表5-16　C系列行程换向阀的型号和技术参数

产品型号	流量/(L/min)	公称压力/MPa
C	10、25、63	6.3

5.4.6　手动换向阀

（1）**WMM、WMD系列手动换向阀**（技术参数见表5-17）

表5-17　WMM、WMD系列手动换向阀的型号和技术参数

型号规格	通径/mm	压力/MPa		最大流量/(L/min)	手柄操纵力/N		质量/kg
		PAB腔	T腔		无回油	有回油	
4WMD10-50	10	0~31.5	0~15	100	16~23	20~27	4.0
4WMD6-10	6	31.5	16	60	20	30	1.4
4WMM10-50	10	0~31.5	0~15	100	16~23	20~27	4.0
4WMD16-50	16	0~31.5	0~25	300	75	75	8
4WMM6-10	6	31.5	16	60	20	30	1.4
H-4WMD16-50	16	0~31.5	0~25	300	75	75	8

型号规格	通径/mm	最高压力/MPa	最大流量/(L/min)
WMM-6	6	31.5	60
WMM-10	10	31.5	100
WMM-16	16	35	300

（2）**HD-G系列手动换向阀**（技术参数见表5-18）

表5-18　HD-G系列手动换向阀的型号和技术参数

产品型号	通径/mm	最高压力/MPa	通过流量/(L/min)
HD-G(T)02	6	21	63
HD-G(T)03	10	21	100
HD-G(T)06	20	21	300
HD-G(T)10	32	21	500

第 6 章

压力控制阀及选用

压力控制阀是利用阀芯上的液压作用力和弹簧力保持平衡来进行工作的，一旦此平衡破坏，阀口的开度或通断就要改变。常见的压力控制阀的类型如下：

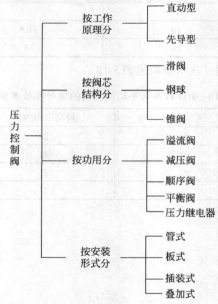

6.1 溢流阀

溢流阀通过阀口的溢流，使被控制系统或回路的压力维持恒定，从而实现稳压、调压或限压作用。对溢流阀的主要要求是：调压范围大，调压偏差小，压力振摆小，动作灵敏，过流能力大，噪声小。

6.1.1 溢流阀的工作原理和结构

（1）直动型溢流阀

图6-1为直动型溢流阀的工作原理。压力油从P口进入，经阻尼孔1作用在阀芯底部，当作用

在阀芯3上的液压力大于弹簧力时，阀口打开，使油液溢流。通过溢流阀的流量变化时，阀芯位置也随之变化，但因阀芯移动量极小，作用在阀芯上的弹簧力变化甚小，因此可以认为，只要阀口打开，有油液流经溢流阀，溢流阀入口处的压力基本上就是恒定的。调节弹簧7的预压力，便可调整溢流压力。改变弹簧的刚度，便可改变调压范围。

实际上，阀工作时，开口量是变化的，开口量的变化引起溢流量变化，亦必然引起压力的变化。压力越高，所需弹簧刚度便越大，因而，溢流量变化时压力的变化便越大。

直动型溢流阀结构简单，灵敏度高，但控制压力受溢流流量的影响较大，不适于在高压、大流量下工作。

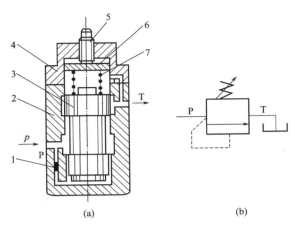

图6-1 直动型溢流阀的工作原理和图形符号
1—阻尼孔；2—阀体；3—阀芯；4—阀盖；
5—调压弹簧；6—弹簧座；7—弹簧

远程调压阀如图6-2所示，属于直动型溢流阀，一般用作远程调压或各种压力阀的导阀。

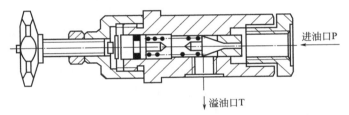

图6-2 远程调压阀

图6-3为德国力士乐公司生产的直动型溢流阀的结构，锥阀和球阀式阀芯结构简单，密封性好，但阀芯和阀座的接触应力大。滑阀式阀芯用得较多，但泄漏量较大。锥阀带有减振活塞。

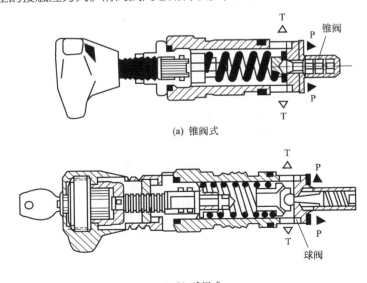

(a) 锥阀式

(b) 球阀式

图6-3 德国力士乐公司生产的直动型溢流阀

（2）先导型溢流阀

图6-4（a）为先导型溢流阀的工作原理。系统的压力作用于主阀1及先导阀3。当先导阀3未打开时，腔中液体没有流动，作用在主阀1左右两方的液压力平衡，主阀1被弹簧2压在右端位置，阀口关闭，当系统压力增大到使先导阀3打开时，液流通过阻尼孔5、先导阀3流回油箱。由于阻尼孔的阻尼作用，使主阀1右端的压力大于左端的压力，主阀1在压差的作用下向左移动，打开阀口，实现溢流作用。调节先导阀3的调压弹簧4，便可实现溢流压力的调节。

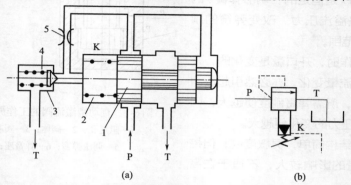

图6-4 先导型溢流阀的工作原理和图形符号

1—主阀；2—主阀弹簧；3—先导阀；4—调压弹簧；5—阻尼孔

阀体上有一个远程控制口K，当将此口通过二位二通阀接通油箱时，主阀1左端的压力接近于零，主阀1在很小的压力下便可移到左端，阀口开得最大，这时系统的油液在很低的压力下通过阀口流回油箱，实现卸荷作用。如果将K口接到另一个远程调压阀上（其结构和溢流阀的先导阀一样），并使打开远程调压阀的压力小于先导阀3的压力，则主阀1左端的压力（从而得到的溢流阀的溢流压力）就由远程调压来决定，从而使用远程调压阀便可对系统溢流压力实行远程调节。

由于先导型溢流阀中主阀的开闭靠差动液压力，主阀弹簧只用于克服主阀芯的摩擦力，因此，主阀的弹簧刚度很小，主阀开口量的变化对系统压力的影响远小于导阀开口量变化对压力的影响。

先导型溢流阀的导阀一般为锥阀结构，主阀则有滑阀和锥阀两种。锥阀按主阀芯的配合情况，又有三节同心式、二节同心式之分。

① 滑阀式先导型溢流阀 图6-5为滑阀式先导型溢流阀。主阀为滑阀结构，其加工精度和装配精度很容易保证，但密封性较差。为减少泄漏，阀口处有叠盖量h，从而出现死区，使灵敏度降低，响应速度变慢，对稳定性带来不利的影响。滑阀式先导型溢流阀一般只用于中低压。

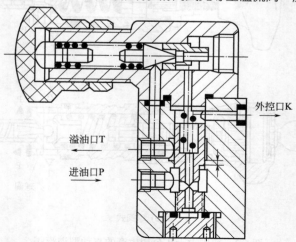

图6-5 滑阀式先导型溢流阀

② 三节同心式先导型溢流阀　图6-6为YF型先导型溢流阀的结构，美国威格士（VICKERS）公司的EC先导型溢流阀、日本油研（YUKEN）公司的先导型溢流阀都是这种结构，通常称为威格士型。它要求主阀芯上部与阀盖、中部活塞与阀体、下部锥面与阀座三个部位同心，故称为三节同心式。它的加工精度和装配精度要求都较高。

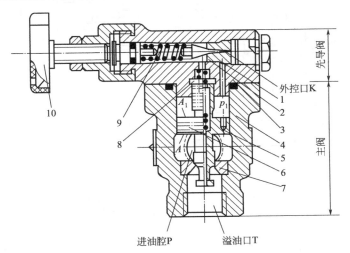

图6-6　YF型三节同心式先导型溢流阀

1—锥阀；2—先导阀座；3—阀盖；4—阀体；5—阻尼孔；6—主阀芯；

7—主阀座；8—主阀弹簧；9—调压弹簧；10—调压螺栓

　　主阀芯的导阀座上的节流孔起降压和阻尼作用，有助于降低超调量和压力振摆，但使响应速度和灵敏度降低。主阀为下流式锥阀，稳态液动力起负弹簧作用，对阀的稳定性不利。为此，主阀芯下端做成尾蝶状，使出流方向与轴线垂直，甚至形成回流，以补偿液动力的影响。

　　③ 二节同心式先导型溢流阀　图6-7为Y2型先导型溢流阀。图6-8为德国力士乐公司生产的DB型先导型溢流阀。这类结构中，只要求阀芯与阀套、锥面与阀座两处同心，故称为二节同心式。因主阀为单向阀式结构，又称为单向阀式溢流阀。

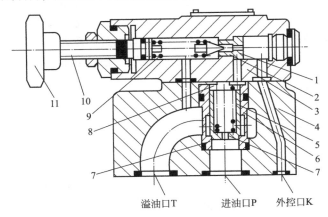

图6-7　Y2型先导型溢流阀

1—锥阀；2—锥阀座；3—阀盖；4—阀体；5—主阀芯；6—阀套；7—阻尼孔；

8—主阀弹簧；9—调压弹簧；10—调节螺钉；11—调压手轮

　　二节同心式先导溢流阀的工艺性好，加工精度和装配精度容易保证。结构简单，通用性、互换性好。主阀为单向阀结构，过流面积大，流量大，在相同的额定流量下主阀的开口量小，因此，启闭特性好。主阀为上流式锥阀，液流为扩散流动，流速较小，因而噪声较小，且稳态液动力的方向与液流方向相反，有助于阀的稳定。

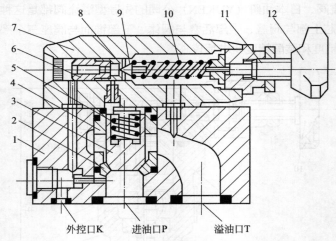

外控口K   进油口P   溢油口T

图6-8 德国力士乐公司生产的DB型先导型溢流阀

1—阀体；2—主阀座；3—主阀芯；4—阀套；5—主阀弹簧；6—防震套；7—阀盖；
8—锥阀座；9—锥阀；10—调压弹簧；11—调压螺钉；12—调压手轮

力士乐公司的先导型溢流阀增加了导阀和主阀上腔的两个阻尼孔，从而提高了阀的稳定性。

6.1.2 溢流阀的特性

（1）静态特性

溢流阀是液压系统中极为重要的控制元件，其工作性能的优劣对液压系统的工作性能影响很大。所谓溢流阀的静态特性，是指溢流阀在稳定工作状态下（即系统压力没有突变时）的压力-流量特性、启闭特性、卸荷压力及压力稳定性等。

① 压力-流量特性（p-q特性） 压力-流量特性又称溢流特性，表示溢流阀在某一调定力下工作时，溢流量的变化与阀进口实际压力的关系。

图6-9（a）为直动式和先导式溢流阀的压力-流量特性曲线，横坐标为溢流量q，纵坐标为阀进油口压力p，溢流量为额定位置q_n时所对应的压力p_n，称为溢流阀的调定压力。溢流阀刚开启时（溢流量为额定溢流量的1%时），阀进口的压力p_c称为开启压力。调定压力p_n与开启压力p_c的差值称为调压偏差，也即溢流量变化时溢流阀工作压力的变化范围。

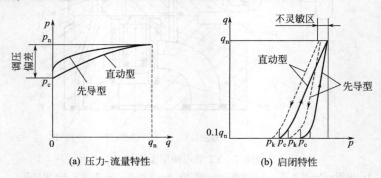

(a) 压力-流量特性   (b) 启闭特性

图6-9 溢流阀的静态特性

调压偏差越小，其性能越好。由图可见，先导型溢流阀的特性曲线比较平缓，调压偏差也小，故其稳压性能比直动型溢流阀好。因此，先导型溢流阀宜用于系统溢流稳压，直动型溢流阀因其灵敏性高宜用作安全阀。

② 启闭特性 溢流阀的启闭特性是指溢流阀从刚开启到通过额定流量（也叫全流量），再由额定流量到闭合（溢流量减小为额定值的1%以下）整个过程中的压力-流量特性。

溢流阀闭合时的压力 p_k 称为闭合压力。闭合压力 p_k 与调定压力 p_n 之比称为闭合比。开启压力 p_c 与调定压力 p_n 之比称为开启比。由于阀开启时阀芯所受的摩擦力与进油压力方向相反，而闭合时阀芯所受的摩擦力与进油压力方向相同，因此在相同的溢流量下，开启压力大于闭合压力。图6-9（b）所示为溢流阀的启闭特性。图中实线为开启曲线，虚线为闭合曲线。由图可见这两条曲线不重合。在某溢流量下，两曲线压力坐标的差值称为不灵敏区。因压力在此范围内变化时，阀的开度无变化，它的存在相当于加大了调压偏差，且加剧了压力波动。因此该差值越小，阀的启闭特性越好。由图中的两组曲线可知，先导型溢流阀的不灵敏区比直动型溢流阀的不灵敏区小一些。

为保证溢流阀有良好的静态特性，一般规定其开启比不应小于90%，闭合比不应小于85%。

③ 压力稳定性 溢流阀工作压力的稳定性由两个指标来衡量：一是在额定流量 q_{nt} 和额定压力 p_n 下，进口压力在一定时间（一般为3min）内的偏移值；二是在整个调压范围内，通过额定流量 q_{nt} 时进口压力的振摆值。对中压溢流阀，这两项指标均不应小于 ±0.2MPa。如果溢流阀的压力稳定性不好，就会出现剧烈的振动和噪声。

④ 卸荷压力 在调定压力下，通过额定流量时，将溢流阀的外控口与油箱连通，使主阀阀口开度最大，液压泵卸荷时溢流阀进出油口的压力差，称为卸荷压力。卸荷压力越小，油液通过阀口时的能量损失就越小，发热也越少，表明阀的性能越好。

⑤ 内泄漏量 指调压螺栓处于全闭位置，进口压力调至调压范围的最高值时，从溢流口所测得的泄漏量。

（2）动态特性

溢流阀的动态特性可以用自动控制理论来进行分析，下面以直动型溢流阀为例子予以说明。

如图6-10所示，当不考虑溢流阀泄漏、溢流阀内油液弹性引起的微小容积变化时，阀内的流量平衡方程为

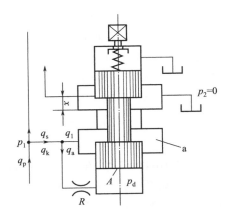

图6-10 直动型溢流阀动态特性计算简图

$$q_R = q_1 + q_n = C_d w x \sqrt{\frac{2p_1}{\rho}} + A\frac{\mathrm{d}x}{\mathrm{d}t}$$

式中 p_1——压力腔a内的油压；

     x——阀口开度；

     C_d——阀口流量系数；

     w——阀口面积梯度；

     A——阀芯面积。

通过阀芯的阻尼孔的流量为

$$q_a = \frac{p_1 - p_d}{R} = A \frac{\mathrm{d}x}{\mathrm{d}t}$$

式中 p_d——阀芯下腔的油压；

    R——阻尼孔液阻。

对上两式取增量、进行拉氏变换后整理得

$$q_R(s) = \left(A_s + C_d w \sqrt{\frac{2p_{10}}{\rho}} \right) x(s) + \frac{C_d w x_0}{2\rho p_{10}} p_1(s) \tag{6-1}$$

$$p_1(s) - p_d(s) = AR_s x(s) \tag{6-2}$$

式中，x_0、p_{10} 分别为 x 和 p_1 的稳态值。

当不计阀芯自重、摩擦力和瞬态液动力时，阀芯在动态过程中的受力平衡方程为

$$p_d A = m_R \frac{\mathrm{d}^2 x}{\mathrm{d}t^2} + 2C_d \omega x p_1 \cos\theta + k_s(x_e + x)$$

式中 k_s——弹簧刚度；

    x_e——弹簧预压缩量；

    x——阀口开度；

    θ——流束轴线与阀芯轴线间的夹角；

    m_R——阀芯等效质量。

对上式取增量、进行拉式变换后整理得

$$(A - 2C_d w x_0 \cos\theta) p_1(s) - A[p_1(s) - p_d(s)] = [(k_s + 2C_d w p_0 \cos\theta) + m_R s^2] x(s) \tag{6-3}$$

由式（6-1）、式（6-2）和式（6-3）可以得到直动型溢流阀的动态结构框图，并求出其传递函数表达式

$$\phi_s(s) = \frac{p_1(s)}{q_p(s)} = \frac{m_R s^2 + B_R s + k_R}{\xi_p m_R s^2 + (\xi_p B_p + AA_R)s + (\xi_p k_R + \xi_x A_R)} \tag{6-4}$$

式中 A_R——溢流阀阀芯的等效面积，$A_R = A - 2C_d w x_0 \cos\theta$；

    k_R——溢流阀弹簧的等效刚度，$k_R = k_s + 2C_d w p_{10} \cos\theta$；

    B_R——溢流阀阀芯运动时受到的等效阻尼，$B_R = A^2 R$。

$$\xi_p = C_d w x_0 / \sqrt{2\rho p_{10}} = q_{R0} / (2p_{10})$$

$$\xi_x = C_d w \sqrt{(2p_{10})/\rho} = q_{R0} / x_0$$

式中 q_{R0}——q_R 的稳态值。

从直动型溢流阀的传递函数表达式（6-4）和动态结构框图 6-11 中可以看到：

① 直动型溢流阀可以简化成一个二阶系统，其特征方程的各项系数都是正值，所以工作总是稳定的。图 6-11 表明，由于有了阻尼孔，阀内出现一个抑制振动的内环，对其阀芯振荡起抑制作用。因此阻尼孔对溢流阀起到很重要的作用——使溢流阀工作稳定。

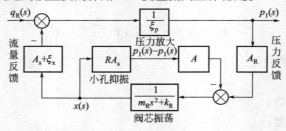

图 6-11　直动型溢流阀结构框图

② 直动型溢流阀的固有角频率 w_R 和阻尼比 ξ_R 由式（6-4）可得

$$w_R = \sqrt{\frac{\xi_p k_R + \xi_x A_R}{\xi_p m_R}} = \sqrt{\frac{k_R x_0 + 2p_{10} A_R}{m_R x_0}}$$

$$\xi_R = \frac{\xi_p B_R + AA_R}{2\xi_p m_R w_R} = \frac{q_{R0} B_R + 2p_{10} AA_R}{2q_{R0} m_R w_R}$$

由上式可知，直动型溢流阀的固有角频率 w_R 和阻尼比 ξ_R 不仅与一些结构参数（如 m_R、w、A 等）有关，而且与使用参数（如 p_{10}、q_{R0} 等）有关。一般 p_{10} 越高，w_R 也越大。

先导型溢流阀是一个两级控制式阀，它的动态结构比直动型溢流阀多了一个层次，如图 6-12 所示。

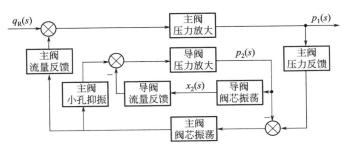

图 6-12　先导型溢流阀结构框图

溢流阀的动态特性（阶跃响应）曲线如图 6-13 所示，曲线 1 为输入电压信号，曲线 2 为压力响应曲线。

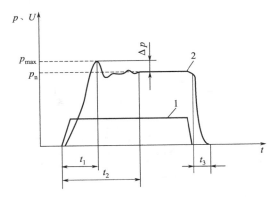

图 6-13　溢流阀的动态特性曲线
1—电压信号；2—压力响应曲线

有两种方法可测得溢流阀的动态特性，一种是将与溢流阀并联的电液（或电磁）换向阀突然通电或断电，另一种是将连接溢流阀遥控口的电磁换向阀突然通电或断电。

由动态特性曲线可得到动态性能参数：

压力超调量 Δp：指峰值压力 p_{max} 与调定压力 p_n 之差值。

压力超调 δ_p：指压力超调量 Δp 与调定压力 p_n 之比。

升压时间 t_1：指压力从 $0.1(p_n-p_c)$ 回升到 $0.9(p_n-p_c)$ 时所需的时间。

升压过渡过程时间 t_2：指压力 p_c 回升至稳定的调定压力 p_n 状态所需的时间。

卸荷时间 t_3：指压力从 $0.9(p_n-p_c)$ 下降到 $0.1(p_n-p_c)$ 时所需的时间。

压力超调对系统的影响是不利的。如采用调速阀的调速系统，因压力超调是一突变量，调速阀来不及调整，使得机构主体运动或进给运动速度产生突跳；压力超调还会造成压力继电器误发信号；压力超调量大时使系统产生过载从而破坏系统。选用溢流阀时应考虑到这些因素。升压时间等时域指标代表着溢流阀的反应快慢，对系统的动作、效率都有影响。

6.1.3　溢流阀的功用

溢流阀在液压系统中能分别起到调压溢流，安全保护，远程调压，使泵卸荷及使液压缸回油腔形成背压等多种作用（见图6-14）。

（1）调压溢流

系统采用定量泵供油的节流调速时，常在其进油路或回油路上设置节流阀或调速阀，使泵油的一部分进入液压缸工作，而多余的油需经溢流阀流回油箱。溢流阀处于其调定压力下的常开状态，调节弹簧的预紧力，也就调节了系统的工作压力。因此，这种情况下的溢流阀作用即为溢流调压。如图6-14（a）所示。

（2）安全保护

系统采用变量泵供油时，系统内没有多余的油需溢流，其工作压力由负载决定。这时与泵并联的溢流阀只有在过载时才能打开，以保障系统的安全。因此，这种系统中的溢流阀又称为安全阀，是常闭的，如图6-14（b）所示。

（3）使泵卸荷

采用先导型溢流阀调压的定量泵系统，当阀的外控口K与油箱连通时，其主阀芯在进口压力很低时即可迅速抬起，使泵卸荷，以减少能量损耗。图6-14（c）中，当电磁铁通电时，溢流阀外控口通油箱，因而能使泵卸荷。

（4）远程调压

当先导型溢流阀的外控口（远程控制口）与调压较低的溢流阀（或远程调压阀）连通时，其主阀芯上腔的油压只要达到低压阀的调整压力，主阀芯即可抬起溢流（其先导阀不再起调压作用），实现远程调压。图6-14（d）中，当电磁阀不通电右位工作时，将先导型溢流阀的外控口与低压调压阀连通，实现远程调压。

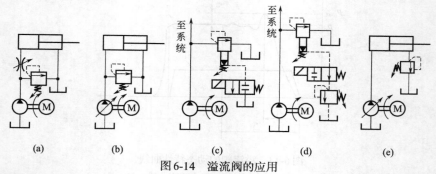

图6-14　溢流阀的应用

（5）形成背压

图6-14（e）中，将溢流阀设置在液压缸的回油上，可使缸的回油腔形成背压，提高运动部件的平稳性，因此，这种用途的阀也可称为背压阀。

6.1.4　溢流阀的常见故障与排除

（1）调压失灵

溢流阀在使用中会出现调压失灵的现象。先导型溢流阀调压失灵现象有两种情况：一种是调节调压手轮建立不起压力或压力达不到额定数值；另一种是调节调压手轮压力不下降，甚至不断升压。出现调压失灵，除阀芯种种原因造成径向卡紧外，还有下列原因。

① 主阀芯的阻尼孔堵塞，油压不能传递到主阀上腔和导阀前腔，导阀失去对主阀压力的调节作用，因主阀上腔无油压力，弹簧力又很小，所以主阀成为一个弹簧力很小的直动型溢流阀，在进油腔压力很低的情况下，主阀就打开溢流，使系统不能建立起压力。压力达不到额定数值的原

因，是调压弹簧变形或选用错误，调压弹簧压缩行程不够，阀的内泄漏过大，或导阀部分锥阀过度磨损等。

② 锥阀座上的阻尼小孔堵塞，油压不能传递到锥阀上，则在任何压力下锥阀都不会打开溢流，阀内始终无油液流动，主阀上下腔压力相等。由于主阀芯上端环形承压面积大于下端环形承压面积，所以主阀也始终关闭，不会溢流，主阀压力随负载增加而上升。当执行机构停止工作时，系统压力就会无限提高。除这些原因以外，尚需检查外控口是否堵住，锥阀安装是否良好。

（2）噪声和振动

在液压阀中，溢流阀的噪声最为突出，溢流阀的噪声分为机械噪声和流体噪声两种。

① 自激振荡与机械噪声　自激振荡是溢流阀中的常见现象，直动型溢流阀尤其易产生自激振荡，先导型溢流阀中又常以先导阀容易自振。接近开启压力时最易自振。

机械噪声主要由于溢流阀自振时，阀芯碰撞阀座而产生的噪声。如果与泵的流量脉动、管道的自振等其他振源发生共振，会使振动加剧。

溢流阀的自振比较复杂，因为锥阀阀芯所受的约束比滑阀少，除轴向振动外还有横向振动。

② 流体噪声　流体噪声主要是由流动声、气穴声和液压冲击所产生的噪声，严重时会产生哨叫。主阀和导阀的开口量都较小，阀口前后的压差大，因而流速高可产生气穴声。高速液流冲击阀体壁并产生涡流，液流在高速下被剪切，也会产生液流噪声。突然卸荷时，压力变化急剧，会产生液压冲击，同时产生噪声。此外，装配不当，配合不良，油液污染引起的卡紧现象，使用的流量过大或过小，空气的混入等都可能使噪声增大。应从多方面采取措施防止或减弱噪声。

（3）其他故障

溢流阀在装配或使用中，由于O形密封圈、组合密封圈的损坏，或者安装螺钉、管接头的松动，都可能造成不应有的外泄漏。如果锥阀或主阀芯磨损过大，或者密封面接触不良，还将造成内泄漏过大，甚至影响正常工作。

6.2　电磁溢流阀

6.2.1　种类和功能

电磁溢流阀是一种组合阀，如图6-15所示，由先导型溢流阀和电磁阀组成。用于系统的卸荷和多级压力的控制。电磁溢流阀具有升压时间短，通断电均可卸荷、内控和外控多级加载，卸荷无明显冲击等性能。

用于不同位数和机能的电磁阀，可实现多种功能，见表6-1。

表6-1　电磁溢流阀功能表

电磁阀		图形符号	工作状态和应用
二位二通电磁阀	常闭	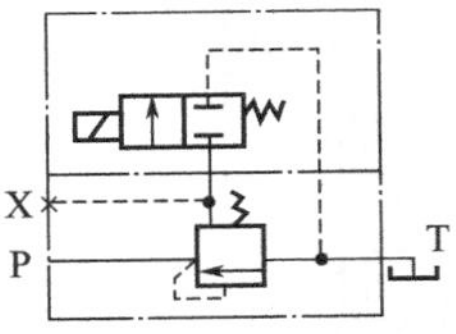	电磁铁断电:系统工作 电磁铁通电:系统卸荷 用于工作时间长、卸荷时间短的工况
	常开	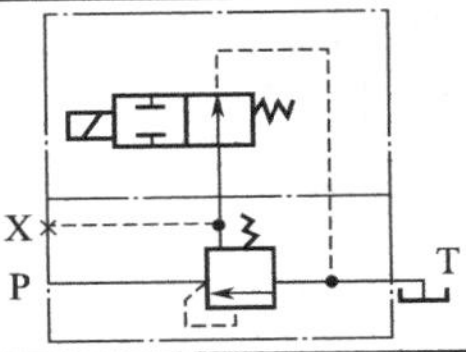	电磁铁断电:系统卸荷 电磁铁通电:系统工作 用于工作时间短、卸荷时间长的工况

续表

电磁阀		图形符号	工作状态和应用
二位四通电磁阀	普通机能		电磁铁断电:A口外控加载 电磁铁通电:B口外控加载 用于需要二级加压控制场合
	H机能		电磁铁断电:系统卸荷 电磁铁通电:A口若堵上,内控加载; A口接遥控阀,外控加载 用于工作时间短、卸荷时间长的工况
三位四通电磁阀	O机能		电磁铁断电:内控加载 电磁铁1通电:A口外控加载或卸荷 电磁铁2通电:B口外控加载或卸荷 用于需要多级压力控制的场合
	H机能		电磁铁断电:系统卸荷 电磁铁1通电:A口外控加载 电磁铁2通电:B口外控加载 用于工作时间短、卸荷时间长, 且需要多级压力控制的场合

6.2.2 性能

(1) 静态特性

静态特性除增加了电磁先导阀的性能以外,均与普通溢流阀相同。对于动作可靠性,则应在先导阀电磁铁反复通电和断电时,观察升压和卸荷是否正常。

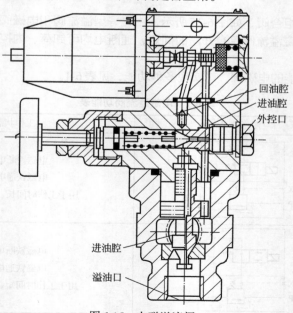

图 6-15 电磁溢流阀

（2）动态特性

动态特性与先导型溢流阀相同，只是阶跃信号由其先导型电磁阀的电磁铁突然通电或断电直接输入。

（3）常见故障和排除

电磁溢流阀常见的故障有先导型电磁阀工作失灵、主阀调压失灵和卸荷时的压力冲击噪声等。前两项故障详见电磁阀及先导型溢流阀部分内容。后者可通过调节加置的缓冲器来减小或消除。如不带缓冲器，则可在主阀溢流口加一背压阀（压力一般调至0.5MPa左右）。

6.3 卸荷溢流阀

6.3.1 工作原理和功用

卸荷溢流阀亦称单向溢流阀，如图6-16所示。卸荷溢流阀由溢流阀和单向阀组成，控制活塞的压力油来自单向阀的出口侧，当系统压力达到调定压力时，控制活塞将导阀打开，从而使主阀打开，泵卸荷；当系统压力降到一定值时，导阀关闭，致使主阀关闭，泵向系统加载，从而实现自动控制液压泵的卸荷或加载。

卸荷溢流阀常用于蓄能器系统中泵的卸荷和高低压泵组大流量低压泵的卸荷，如图6-17所示，卸荷动作由油压直接控制，因此卸荷性能好，工作稳定可靠。

6.3.2 性能

图6-16（a）是卸荷溢流阀的液压图形符号。卸荷溢流阀的静态特性与普通溢流阀基本相同，其中P口压力变化特性是卸荷溢流阀的一项重要性能指标，它是指使主阀升压和卸荷时P口所允许的压力变化范围Δp_p，一般常以百分比表示，数值为调定压力的10%~20%。

$$P口压力变化特性 = \Delta p_p / p_n \times 100\%$$

式中　　Δp_p——P口压力变化范围；

　　　　p_n——主阀调定压力。

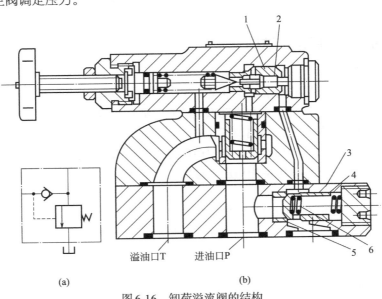

(a)　　　　　　　　　(b)

图6-16　卸荷溢流阀的结构

1—柱塞泵；2—控制活塞；3—单向阀体；4—单向阀芯；

5—单向阀弹簧；6—单向阀座

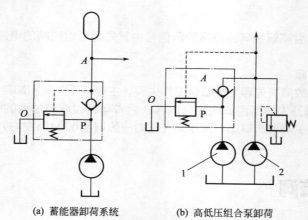

(a) 蓄能器卸荷系统　　　　(b) 高低压组合泵卸荷

图 6-17　卸荷溢流阀的应用

1—低压大流量泵；2—高压小流量泵

6.4　减压阀

6.4.1　减压阀的功能和性能要求

当液压系统中的某一部分需要获得一个比液压泵供油压力低些的稳定压力时，可以使用减压阀。使其出口压力降低且恒定的减压阀称为定值减压阀，简称减压阀；使其出口压力与某一负载压力之差恒定的减压阀称为定差减压阀；使其入口压力与出口压力比值一定的减压阀称为定比减压阀。

对定值减压阀的要求是：不管入口压力如何变化，出口压力能维持恒定，且不受通过阀的流量变化的影响。对于定差或定比减压阀，则要求不管入口压力或出口压力如何变化，应使压差稳定或比值恒定。

6.4.2　减压阀的工作原理和结构

（1）定值减压阀

定值减压阀最常用，按其结构和工作原理，有直动型和先导型两种。

图 6-18 为直动型减压阀原理。它与直动型溢流阀的结构相似，差别在于减压阀的控制压力来自出口压力侧，且阀口为常开式。当出口压力未达到阀的设定压力时，弹簧力大于阀芯端部的液压作用力。阀芯处于最下方，阀口全开，当出口压力达到阀的设定压力时，阀芯上移，开口量减小乃至完全关闭，实现减压，以维持出口压力恒定，不随入口压力的变化而变化。减压阀的泄油口需单独接回油箱。

在图 6-18 中，阀芯在稳态时的力平衡方程为

$$p_2A=k(x_0+x)$$

式中　p_2——出口压力，Pa；

A——阀芯的有效面积，m^2；

k——弹簧刚度，N/m；

x_0——弹簧预压量，m；

x——阀的开口量，m。

则 $$p_2 = \frac{k(x_0 + x)}{A}$$

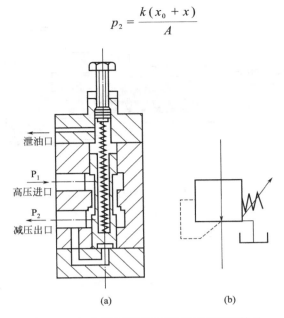

图6-18　直动型减压阀的工作原理和图形符号

在使用 k 很小的弹簧，且考虑到 $x \ll x_0$ 时，则 $p_2 \approx kx_0/A \approx$ 常数。

这就是减压阀出口压力可基本上保持恒定的原因。

直动型减压阀的弹簧刚度较大，因而阀的出口压力随阀芯的位移，即随流经减压阀的流量变化而略有变化。

图6-19为先导型减压阀，它与先导型溢流阀的差别是控制压力为出口压力，且主阀为常开式。出口压力经端盖引入主阀芯下腔，在经主阀芯中的阻尼孔，进入主阀上腔。主阀芯上、下液压力差为弹簧力所平衡，先导阀是一个小型的直动型溢流阀，调节先导阀弹簧，便改变了主阀上腔的溢流压力，从而调节了出口压力，当出口压力未达到设定压力时，主阀芯处于最下方，阀口全开；当出口压力达到阀的设定压力，主阀芯上移，阀口减小，乃至完全关闭，以维持出口压力恒定。先导型减压阀的出口压力较直动型减压阀恒定。

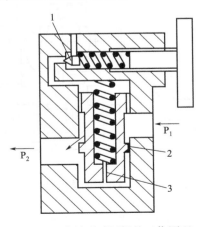

图6-19　先导型减压阀的工作原理
1—导阀；2—主阀；3—阻尼孔

图6-20为力士乐公司生产的直动型单向减压阀，Y为泄油口。

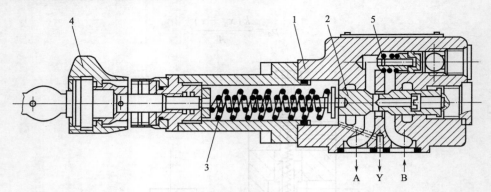

图6-20　直动型单向减压阀

1—阀体；2—阀芯；3—调压弹簧；4—调压装置；5—单向阀芯

图6-21为先导型减压阀的结构和图形符号。

（2）定比减压阀

定比减压阀能使进、出口压力的比值维持恒定。图6-22为其工作原理图，阀芯在稳态时力的平衡方程为

$$p_1a+k(x_0+x)=p_2A$$

式中　　p_1，p_2——进、出口压力，Pa；

　　　　A，a——阀芯大、小端的作用面积，m^2。

如果忽略弹簧作用力，则有

$$p_1/p_2=A/a$$

可见，选择阀芯的作用面积A和a，便可达到所要求的压力比，且比值近似恒定。

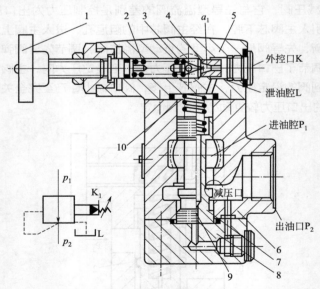

图6-21　先导型减压阀的结构和图形符号

1—调压螺栓；2—调压弹簧；3—先导阀芯；4—先导阀座；5—阀盖；

6—阀体；7—主阀；8—端盖；9—阻尼孔；10—主阀弹簧

（3）定差减压阀

定差减压阀能使出口压力p_2和某一负载压力p_3的差值保持恒定。图6-23为其图形符号，阀芯在稳态下的平衡方程为

$$A(p_2-p_3)=k(x_0+x)$$

于是

$$\Delta p = p_2 - p_3 = k(x_0 + x)/A$$

式中　p_2——出口压力，Pa；

　　　　p_3——负载压力，Pa。

因为 k 不大，且 $x \ll x_0$，所以压差近似地保持定值。

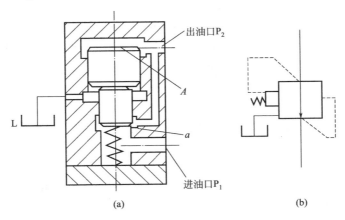

图 6-22　定比减压阀的工作原理和图形符号

将定差减压阀与节流阀串联，即用定差减压阀作为节流阀的串联压力补偿阀，便构成了图 6-24 所示的减压型调速阀。

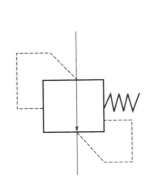

图 6-23　定差减压阀的图形符号

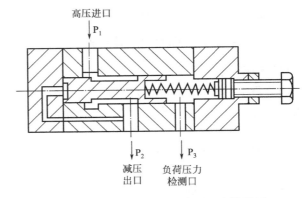

图 6-24　定差减压阀用作串联压力补偿阀

6.4.3　减压阀的性能

减压阀的工作参数有进口油压力 p_1、出口油压力 p_2 和流量 q 三项，主要的特性如下。

① q-p_2 特性曲线　减压阀进口油压力 p_1 基本恒定时若其通过的流量 q 增加，则阀的减压口加大，出口油压力 p_2 略微下降。q 与 p_2 的关系曲线的形状如图 6-25 所示，当减压阀的出油口处不输出油液时，它的出口压力基本上仍能保持恒定。此时有少量油液通过减压口经先导阀排出，保持该阀处于工作状态。当阀内泄漏比较大时，则通过先导阀的流量增大，p_2 有所增加，所以在输

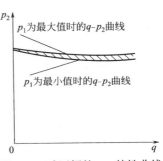

图 6-25　减压阀的 q-p_2 特性曲线

出流量接近0的区内，q-p_2曲线会出现右后转弯的现象。

② p_1-p_2特性曲线　减压阀的进口压力p_1发生变化时，由于减压口开度亦发生变化，因而会对出口压力p_2产生影响，但是影响的量值不大，图6-26给出了两者的关系曲线。由此可知：当进口油压力p_1处于波动时，减压阀的工作点应分布在一个区域内，见图6-25中阴影曲线部分，而不是在一条曲线上。

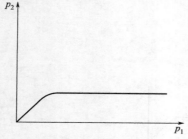

图6-26　减压阀的p_1-p_2特性曲线

对减压阀的要求是入口压力变化引起的出口压力变化要小。通常入口与进口的压力差越大，则入口压力变化时，出口压力越稳定。同时还要求通过阀的流量变化时引起的出口压力的变化要小。

③ 动态特性　指减压阀进口压力或流量突然变化时出口压力的响应特性，与溢流阀一样亦有升压时间、过渡过程时间等指标。

6.4.4　减压阀的作用

① 定值减压阀在系统中用于减压和稳压。例如在液压机构定位夹紧系统中，为确保夹紧机构的可靠性，使夹紧油路不受系统压力影响而保持稳定夹紧力，在油路中安装减压阀，并将阀出口压力调至系统最低压力以下。此外，减压阀还可用来限制工作机构的作用力，减少压力波动带来的影响，改善系统的控制功能，应用时，减压阀的泄油口必须直接回油箱，并保证泄油路畅通，以免影响减压阀的正常工作。

② 定值减压阀用作节流阀的串联压力补偿阀。例如构成定差减压调速阀。

③ 定比减压阀用于需要两级定比调压的场合。

6.4.5　减压阀的常见故障与排除

（1）调压失灵

调节调压手轮，出口油压力不上升。原因之一是主阀芯阻尼孔堵塞，出口油油液不能进入主阀上腔和导阀部分前腔，出油口油液不能流入主阀上腔和导阀部分前腔，出油口压力传递不到锥阀上，使导阀失去对主阀油口压力的调节作用。又因阻尼孔堵塞后，主阀上腔失去的油压的作用，使主阀变成一个弹簧力很弱的直动型滑阀，故在出油口压力很低时就将主阀减压口关闭，使出油口建立不起压力。

出油口压力上升后达不到额定数值，原因有调压弹簧选用不当或压缩行程不够，锥阀磨损过大等。

调节调压手轮，出口油压力和进口油压力同时上升或下降。其原因有锥阀座阻尼小孔堵塞，卸油口堵住等。

如锥阀座阻尼小孔堵塞，出油口压力也同样传递不到锥阀上，使导阀失去对主阀出油口压力调节的作用，又因阻尼小孔堵塞后，便无先导流量流经主阀芯阻尼孔，使主阀芯上下腔油液压力相等，主阀芯在主阀弹簧力的作用下处于最下部位置，减压口通流面积为最大，所以出油口压力就跟随进油口压力的变化而变化。

如泄油口堵住，从原理上来说，等于锥阀座阻尼小孔堵塞，这时，出口油压力虽能作用在锥阀上，但同样无先导流量流经主阀芯阻尼孔，减压口通流面积也为最大，故出油口压力也跟随进油口压力的变化而变化。

调节调压手轮时，出油口压力不下降，原因是主阀芯卡住。出口压力达不到最低调定压力，主要是由于先导阀中的O形密封圈与阀盖配合过紧等。

（2）噪声、压力波动和振荡

对于先导型减压阀，其导阀部分和溢流阀的导阀部分相同，所以引起的噪声和压力波动的原因也和溢流阀基本相同。

6.5　溢流减压阀

（1）功用

溢流减压阀是压力控制复合阀，即具有溢流作用的减压阀。由于该阀有三个主通口，亦称为三通减压阀，因此能通过给辅助液压缸提供任意平衡压力，使大负载工作台进行上下动作。

（2）工作原理和结构

溢流减压阀如图6-27所示，它由一个直动型减压阀再加上一个溢流回油口组成，工作压力的设定可用压力调节螺栓任意调节。工作开始时，溢流减压阀的压力油进口P腔与到平衡液压缸去的A腔相通，所以当A腔的压力达不到调定压力时，该阀处于初始状态。当A腔的压力大于调定压力时，阀芯右移，P腔与A腔之间的开口量减小而起减压阀作用，阀处于减压工作状态。

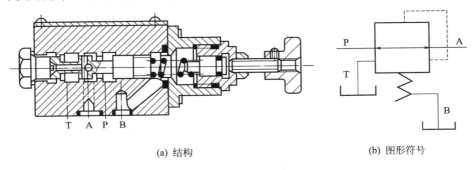

(a) 结构　　　　　　　　　　　　　　(b) 图形符号

图6-27　溢流减压阀

如果外负载增加，A腔的压力继续升高，阀芯向右移动，使P、A腔隔断，A腔与T腔的开口量逐渐增大，此时A腔油液流向T腔回油箱，阀处于溢流状态。A腔的压力迅速降回调定值。其优点是使控制腔的降压速度比普通二通减压阀的快得多，而控制腔的升压速度与普通二通减压阀相同，常用作比例方向阀的先导阀。

6.6　顺序阀

（1）功用

顺序阀主要是用来控制液压系统中各执行机构动作的先后顺序。通过改变控制方式，泄油方式和二次油路的接法，顺序阀还可构成其他功能，如作背压阀、卸荷阀和平衡阀用。见表6-2。

（2）工作原理和结构

顺序阀可分为内控式和外控式两种，前者用阀进口处的压力控制阀芯的启闭；后者用外来的控制压力油控制阀芯的启闭（亦称液控顺序阀）。顺序阀有直动型和先导型两种，前者用于低压系统，后者用于中高压系统。

图6-28为内控式直动型顺序阀的工作原理，工作原理与直动型溢流阀相似，区别在于：二次油路即出口压力油不接回油箱，因而泄油口必须单独接回油箱，为减少调压弹簧刚度，设置了控

制柱塞。

内控式顺序阀在其进油路压力达到阀的设定压力之前，阀口一直是关闭，达到设定压力后，阀口才开启，使压力油进入二次油路，去驱动另一执行元件。

图6-29为外控式直动型顺序阀的工作原理，其阀口的开启与否和一次油路处来的进口压力无关，仅取决于外控压力的大小。

表6-2 顺序阀的功用

阀的名称	泄油方式	控制方式	二次油路接法	图形符号	用途
（内控）顺序阀	外泄	内控	接系统	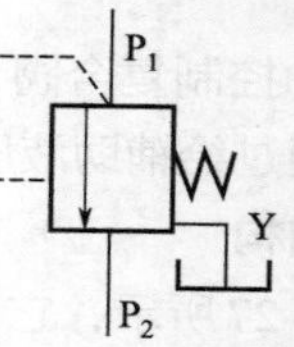 P_1 P_2 Y	顺序控制，用于泵与换向阀之间
（外控）顺序阀		外控	接系统	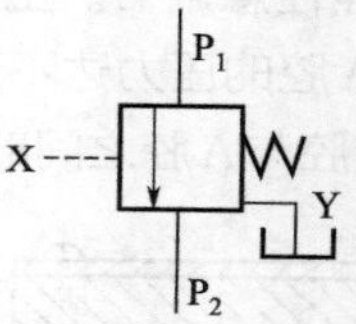 X P_1 P_2 Y	顺序控制，用于泵与换向阀之间
背压阀	内泄	内控	接回油箱	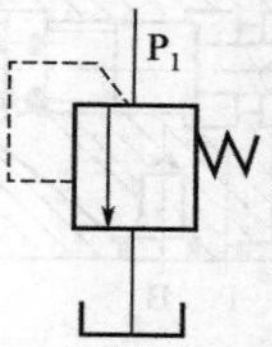 P_1	加背压
卸荷阀	内泄	外控	接回油箱	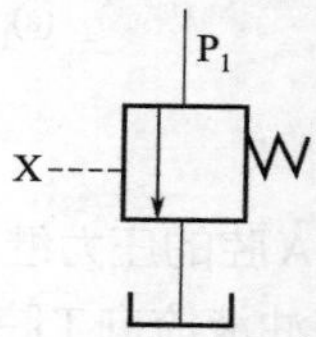 P_1 X	使泵卸荷
（内控）单向顺序阀	外泄	内控	接系统	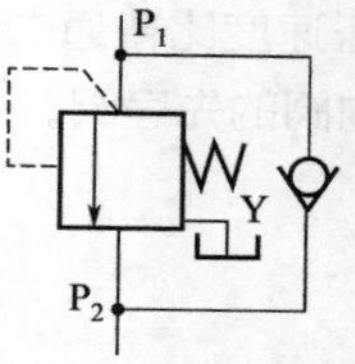 P_1 Y P_2	顺序控制，用于换向阀与执行元件之间
（外控）单向顺序阀		外控	接系统	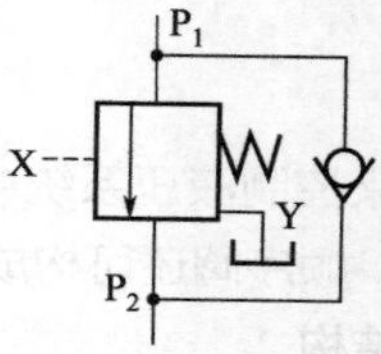 P_1 X Y P_2	顺序控制，用于换向阀与执行元件之间
（内控）平衡阀	内泄	内控	接系统	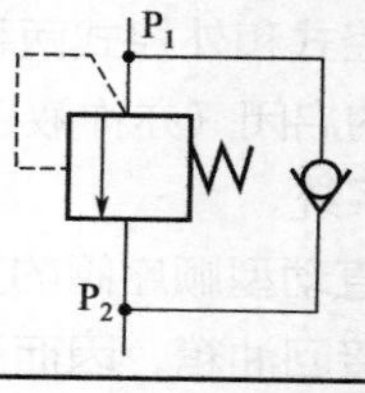 P_1 P_2	防止自重引起的活塞自由下落

阀的名称	泄油方式	控制方式	二次油路接法	图形符号	用途
（外控）平衡阀	内泄	外控	接系统	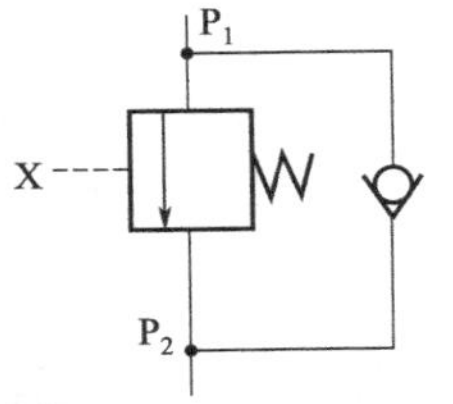 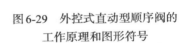	防止自重引起的活塞自由下落

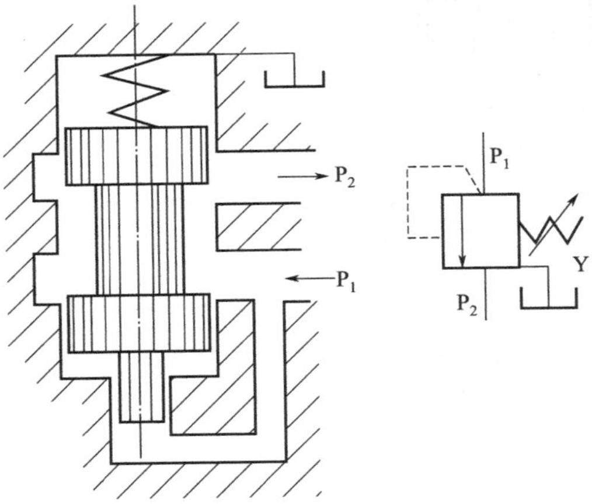

图6-28　内控式直动型顺序阀的
工作原理和图形符号

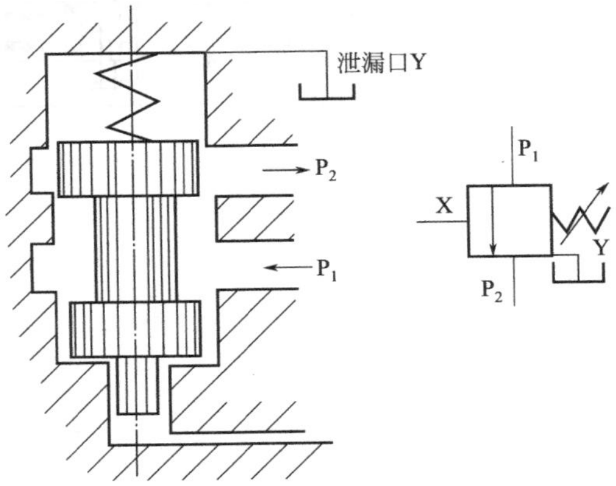

图6-29　外控式直动型顺序阀的
工作原理和图形符号

　　图6-30为XF型直动型顺序阀，控制柱塞进油路中的阻尼孔和阀芯内的阻尼孔有助于阀的稳定。图示为内控式，将下端盖转过90°或180°安装，并除去外控口螺塞，便成外控式顺序阀，当二次油路接回油箱时，将阀盖转过90°或180°安装，并将外泄口堵住，则外泄变成内泄。

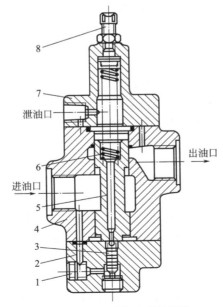

图6-30　XF型直动型顺序阀

1—螺塞；2—阀盖；3—控制柱塞；4—阀体；5—阀芯；
6—调压弹簧；7—端盖；8—调节螺栓

直动型顺序阀的动作压力不能太高,否则调压弹簧刚度太大,启闭性较差。

图6-31为滑阀结构的先导型顺序阀,下端盖位置为外控接法。若下端盖转过90°则为内控接法,此时油路经主阀中节流孔,由下腔进入上腔,当一次油路压力未达到设定压力时,导阀关闭;当一次油路压力达到设定压力时,导阀开启,主阀芯节流孔中有油液流动形成压差,主阀上移,主阀开启,油液进入二次油路。主阀弹簧刚度可以很小,故可省去直动型顺序阀的下盖中的控制柱塞。

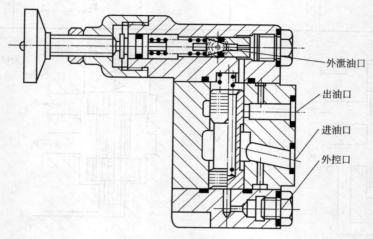

图6-31 先导型顺序阀

采用先导控制后,不仅启闭性能好,而且顺序动作压力可以大大提高。

(3)性能

顺序阀的主要性能与溢流阀相仿。为使执行元件准确实现顺序动作,要求调压偏差小。为此,应减小调压弹簧的刚度。

顺序阀实际上属于开关元件,仅当系统压力达到设定压力时,阀才开启,因此要求阀关闭时泄漏量小。锥阀结构的顺序阀的泄漏量小。滑阀结构的顺序阀为减小泄漏量,应有一定的遮盖量,但会增大死区,使调压偏差增大。

(4)应用

① 用以实现多个执行元件的顺序动作;

② 用于保压回路,使系统保持某一压力;

③ 作平衡阀用,保持垂直液压缸不因自重而下落;

④ 用外控顺序阀作卸荷阀,使系统某部分卸荷;

⑤ 用内控顺序阀作背压阀,改善系统性能。

(5)常见的故障与排除

顺序阀的主要故障是不起顺序控制作用。

① 进油腔和出油腔压力同时上升或下降,原因之一是阀芯内阻尼孔堵塞,使控制活塞的泄漏油无法进入调压弹簧腔流回油箱。时间一长,进油腔压力通过泄漏油传入阀的下腔,作用在阀芯下端面上,因阀芯下端面积比控制活塞要大得多,所以阀芯在液压力作用下使阀处于全开位置,变成了一个常通阀,因此进油腔和出油腔压力会同时上升或下降。另外,阀芯在阀处于全开位置时卡住也会引起上述现象。

② 出油腔没有流量,原因是泄油口安装成内部回油形式,使调压弹簧腔的油液压力等于出油腔油液压力。因阀芯上端面积大于控制活塞端面面积,阀芯在液压力的作用下使阀口关闭,顺序阀变成另一个常闭阀,出油腔没有流量。另外,阀芯在阀口关闭位置卡住,也会造成出油腔没有流量的现象。

当端盖上的阻尼小孔堵塞时，控制油液不能进入控制活塞腔，则阀芯在调压弹簧力作用下使阀口关闭，出油腔同样没有流量。

6.7 平衡阀

（1）功能和种类

平衡阀用于液压缸的回油侧建立背压，使立式液压缸或液压马达能在负载变动时仍能平稳运动。为使液流能反向通过，平衡阀中设有单向阀。

（2）工作原理和结构

① 直动型平衡阀　图6-32为具有安全阀功能的直动型平衡阀，图示为外控方式（也可作为内控方式）。外控油压通过下盖中的阻尼孔作用在阀芯柱塞上，达到阀的设定压力时，阀芯才开启，缸下腔油液经C口至P口，活塞下降。

阀芯为锥阀结构，泄漏量很小，活塞能够被"锁定"在停止位置上，所以这种阀也称为锁定阀。

阀座的面积比阀芯的端面积稍大些，即差动式。当C口压力超过一定值时，阀芯可自动开启，起过载保护作用，所以这种阀还具有安全阀的功能，安全阀的设定压力可调。

图6-33为XDF型直动型平衡阀，为改善工艺性，控制活塞与阀芯做成分体结构。阀芯不是差动式，此阀不具有安全阀的功能。

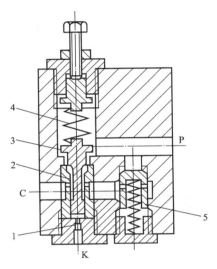

图6-32　具有安全阀功能的平衡阀

1—阻尼孔；2—阀座；3—阀芯；4—调压弹簧；5—单向阀

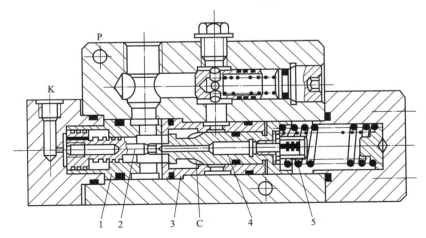

图6-33　XDF型直动型平衡阀

1—阀套；2—控制柱塞；3—阀座；4—阀芯；5—弹簧

② 先导型平衡阀　图6-34为日本东京计器生产的公称压力为7MPa的BLG型先导型平衡阀，主阀为滑阀式结构，兼有减压阀和溢流阀的功能。

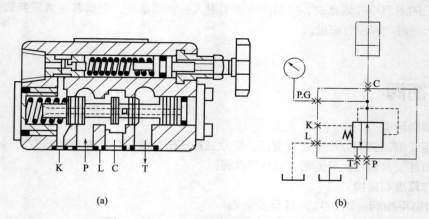

(a)   (b)

图6-34　BLG型先导型平衡阀

（3）特性

平衡阀的特性与顺序阀相同。

（4）应用

① 防止立式液压缸活塞的自动下落，平衡超越负载或平衡垂直向下的自重。

② 防止液压马达出现"飞速"。

6.8　压力继电器

（1）功用和种类

压力继电器是一种将油液的压力信号转换成电信号的电液控制元件。当油液压力达到压力继电器的调定压力时，即发出电信号，以控制电磁铁、电磁离合器、继电器等电气元件动作，使油路卸压、换向，执行机构实现顺序动作，或关闭电动机，使系统停止工作，起到安全保护作用等。

压力继电器由压力-位移转换部件和微动开关两部分组成。

按压力-位移转换部件结构划分，压力继电器有柱塞式、弹簧管式、膜片式和波纹管式等类型，其中柱塞式压力继电器最常用。按发出电信号功能划分，压力继电器有单触点式、双触点式等类型。

（2）结构和工作原理

① 柱塞式压力继电器　图6-35为柱塞式压力继电器的结构。当系统压力达到调定压力时，作用于柱塞上的液压力克服弹簧力，顶杆上推，使微动开关的触点闭合，发出电信号。

② 弹簧管式压力继电器　图6-36为弹簧管式压力继电器的结构。弹簧管既是压力感受元件，又是弹性元件。压力增大时，弹簧管伸长，与其相连的杠杆产生位移，从而推动微动开关，发出电信号。

弹簧管式压力继电器的工作压力调节范围大，通断压力差小，重复精度高。

③ 膜片式压力继电器　图6-37为膜片式压力继电器。当系统压力达到继电器的调定压力时，作用在膜片10上的液压力克服弹簧2的弹簧力，使柱塞9向上移动，柱塞的锥面使钢球5和6水平移动，钢球5推动杠杆12绕销轴11作逆时针偏转，压下微动开关13，发出电信号。当系统压力下降到一定值时，弹簧2使柱塞下移，钢球5、6落入柱塞的锥面槽内，微动开关复位并将杠杆推回，电路断开。调整弹簧7可调节启闭压力差。

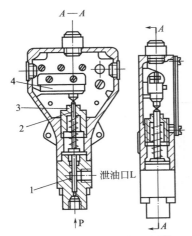

图6-35 柱塞式压力继电器

1—柱塞；2—顶杆；3—调节螺栓；4—微动开关

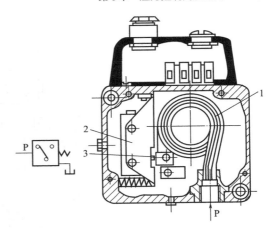

图6-36 弹簧管式压力继电器

1—弹簧管；2—微动开关；3—微动开关触头

膜片式压力继电器的位移小，因而反应快，重复精度高，但不宜用于高压系统，且易受压力波动的影响。

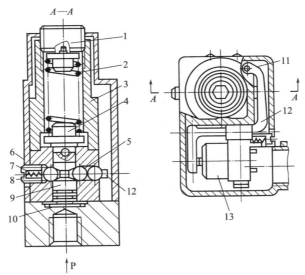

图6-37 膜片式压力继电器

1—调节螺钉；2，7—弹簧；3—套；4—弹簧座；5，6—钢球；8—螺钉；

9—柱塞；10—膜片；11—销轴；12—杠杆；13—微动开关

④ 波纹管式压力继电器 图6-38为波纹管式压力继电器。作用在波纹管下方的油压使其变形，通过芯杆推动绕铰轴2转动的杠杆9。弹簧7的作用力与液压力相平衡，通过杠杆上的微调螺钉3控制微动开关8的触点，发出电信号。

由于杠杆有位移放大作用，芯杆的位移较小，因而重复精度较高，但波纹管式不宜用于高压场合。

(3) 性能

压力继电器的主要性能如下。

① 调压范围 压力继电器能够发出电信号的最低工作压力和最高工作压力的范围称为调压范围。

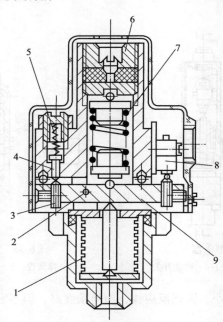

图6-38　波纹管式压力继电器

1—波纹管组件；2—铰轴；3—微调螺钉；4—滑柱；5—副弹簧；

6—调压螺钉；7—调压弹簧；8—微动开关；9—杠杆

② 灵敏度与通断调节区间　系统压力升高到压力继电器的调定值时，压力继电器动作接通电信号的压力称为开启压力；系统压力降低，压力继电器复位切断电信号的压力称为闭合压力。开启压力与闭合压力的差值称为压力继电器的灵敏度，差值小则灵敏度高。

为避免系统压力波动时压力继电器时通时断，要求开启压力与闭合压力有一定的差值，此差值可调，则称为通断调节区间。

③ 升压或降压动作时间　压力继电器入口侧压力由卸荷压力升至调定压力时，微动开关触点接通发出电信号的时间称为升压动作时间。反之，压力下降，触点断开发出断电信号的时间称为降压动作时间。

④ 重复精度　在一定的调定压力下，多次升压（或降压）过程中，开启压力或闭合压力本身的差值称为重复精度，差值小则重复精度高。

（4）应用

① 用于执行机构卸荷、顺序动作控制。

② 用于系统指示、报警、联锁或安全保护。

（5）常见故障及排除

压力继电器的常见故障是灵敏度降低和微动开关损坏等，由于阀芯、推杆的径向卡紧，或微动开关空行程过大等引起。当阀芯或推杆发生径向卡紧时，摩擦力增加。这个阻力与阀芯和推杆的运动方向相反，它的一个方向帮助调压弹簧力，使油液压力升高，另一个方向帮助油液压力克服弹簧力，使油液压力降低，因而使压力继电器的灵敏度降低。

在使用中，由于微动开关支架变形，或零位可调部分松动，都会使原来调整好或在装配后保证的微动开关最小空行程变大，使灵敏度降低。

压力继电器的泄油腔如不直接接回油箱，由于泄油口背压过高，也会使灵敏度降低。

差动式压力继电器的微动开关部分和泄油腔用橡胶膜隔开，因此当进油腔和泄油腔接反时，压力油即冲破橡胶隔膜进入微动开关部分，从而损坏微动开关。另外，由于调压弹簧腔和泄油腔相通，调节螺钉处又无密封装置，因此当泄油压力过高时，在调节螺钉外会出现外泄漏现象，所以泄油腔必须直接接回油箱。

6.9 压力阀的选用和调节

选择压力阀的主要依据是它们在系统中的作用、额定压力、最大流量、压力损失数值、工作性能参数和使用寿命等。通常按照液压系统的最大压力值和通过阀的流量，从产品样本上选择压力阀的规格（压力等级和通径）。

溢流阀的调定压力就是液压泵的供油压力 p_B

$$p_B \geq p + \sum \Delta p$$

式中 p——液压系统执行元件的最大工作压力；

$\sum \Delta p$——液压系统总的压力损失。

即溢流阀的调定压力必须大于执行元件的工作压力和系统压力损失之和。

如果溢流阀在系统中起安全作用，则溢流阀的调定压力应按下式计算

$$p_B \geq (1.05 \sim 1.1)(p + \sum \Delta p)$$

溢流阀的流量按液压泵的额定流量选取，作溢流阀和卸荷阀用时不能小于泵的额定流量，作安全阀时可小于泵的额定流量。

减压阀的调定压力根据工作情况而决定，减压阀不能控制输出流量的大小，当减压后的流量需要控制时应另设有流量控制阀。减压阀的流量规格由实际通过该阀的最大流量选取，在使用中不宜超过推荐的额定流量。

顺序阀的规格主要根据通过该阀的最高压力和最大流量来选取。在顺序动作中，顺序阀的调定压力应比先动作的执行元件的工作压力至少高 0.5Pa，以免压力波动产生误动作。

压力继电器能够发出信号的最低工作压力和最高工作压力的差值称为调节范围，压力继电器也应在此调节范围内选择。

对于接入控制油路上的各类压力阀，由于通过的实际流量很小，因此可按该阀的最小额定流量规格选取，使液压装置结构紧凑。

此外，可根据系统性能要求选择阀的结构形式，如低压系统可选用直动型压力阀，而中高压系统应选用先导型压力阀。根据空间位置、管路布置等情况选用板式、管式或叠加式连接的压力阀。

压力阀的各项性能指标对液压系统都有影响，可根据系统的要求按样本上的性能曲线选用压力阀。如溢流阀的启闭特性、灵敏度、压力超调、外泄漏量等关系到系统的静、动态特性，因此在定量泵调速系统中应选择压力超调小、启闭特性高的阀作为溢流阀或安全阀。

6.10 压力控制阀的产品介绍

6.10.1 常用直动型溢流阀

（1）DBD型直动式溢流阀

该阀体积小，结构紧凑，流量特性好，噪声小，压力稳定，广泛应用在小流量系统中，作为安全阀和遥控阀，具体结构见图6-39。

DBD型直动式溢流阀的型号规格及技术参数见表6-3。

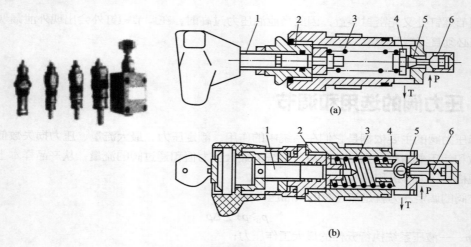

图 6-39　DBD 型直动式溢流阀结构
1—调节螺杆；2—阀体；3—调压弹簧；4—偏流盘；5—锥（球）阀；6—阻尼活塞

（2）DBT/DBWT 型遥控溢流阀

DBT/DBWT 型溢流阀是遥控直动式溢流阀。DBT 型是用于遥控系统压力。DBWT 型用于遥控系统压力并借助于电磁阀使之卸荷，具体结构见图 6-40。

DBT/DBWT 型遥控直动式溢流阀的型号规格及技术参数见表 6-4。

表 6-3　DBD 型直动式溢流阀型号规格及技术参数

型号规格	通径/mm	压力/MPa	流量/(L/min)
DBD-6	6	40、63	50
DBD-8	8	63	120
DBD-10	10	40	120
DBD-15	15	40	250
DBD-20	20	31.5	250
DBD-25	25	31.5	350
DBD-H6P	6	2.5、5、10、20、31.5	50
DBD-H10P	10	2.5、5、10、20、31.5	120

型号规格	通径/mm	调压范围/MPa
DBD6-10	6	≤2
DBD8-10	8	≤2
DBD10-10	10	≤2
DBD15-10	15	≤2
DBD20-10	20	≤2
DBD25-10	25	≤2
DBD30-10	30	≤2

表 6-4　DBT/DBWT 型遥控直动式溢流阀的型号规格及技术参数

型号	最大流量/(L/min)	工作压力/MPa	背压/MPa	最高调节压力/MPa
DBT	3	31.5	0~31.5	10、31.5
DBWT	3	31.5	交流:0~10 直流:0~16	10、31.5

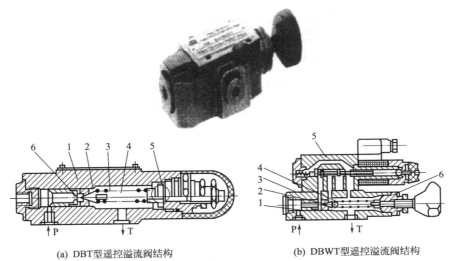

(a) DBT型遥控溢流阀结构　　　　　　　(b) DBWT型遥控溢流阀结构

1—阀体；2—锥阀；3—调压弹簧；4—弹簧　　　1—进油通道；2—锥阀；3—阀体；4—调压
腔；5—控制回油路；6—阀座　　　　　　弹簧；5—电磁换向阀；6—弹簧腔

图6-40　DBT/DBWT型遥控直动式溢流阀

（3）D型直动式溢流阀、遥控溢流阀

D型直动式溢流阀用于防止系统压力过载和保持系统压力恒定；遥控溢流阀主要用于先导型压力阀的远程压力调节。其型号和技术参数见表6-5。其外形尺寸如图6-41所示。

表6-5　D型直动式溢流阀、遥控溢流阀的型号和技术参数

名称	通径/in	型号	最大工作压力/MPa	最大流量/(L/min)	调压范围/MPa	质量/kg
遥控溢流阀	1/8	DT-01-22 DG-01-22	25	2	0.5~2.5	1.6 1.4
直动式溢流阀	1/4	DT-02-※-22 DG-02-※-22	21	16	B：0.5~7.0 C：3.5~14.0 H：7.0~21	1.5 1.5

注：1in=2.54cm（全书同）。

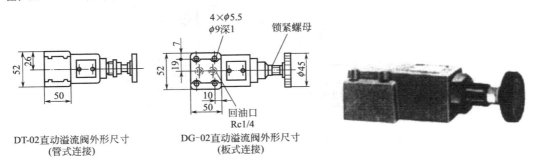

DT-02直动溢流阀外形尺寸
（管式连接）

DG-02直动溢流阀外形尺寸
（板式连接）

图6-41　DT、DG-02型直动溢流阀的外形尺寸

（4）C型直动式溢流阀及CGR型遥控溢流阀

C型直动式溢流阀主要用于防止系统压力过载及保持液压系统的压力恒定；CGR型遥控溢流阀是小型的压力调节阀，主要用作先导型溢流阀的遥控装置，实现远程压力调节，而不宜直接作为溢流阀使用。这两种溢流阀的型号和技术参数见表6-6，其外形尺寸如图6-42所示。

表6-6 C型直动式溢流阀及CGR型遥控溢流阀的型号和技术参数

通径/in	型号	调压范围/MPa			最大流量/(L/min)	介质	介质黏度/(m²/s)	介质温度/℃	质量/kg
		B	C	F					
1/4	C175 CGR-02	0.5~7	3.5~14	10~21	12	矿物液压油 磷酸酯液压液 高水基液压液	(13~860)×10⁻⁶	矿物油 −20~80	1.6 1.3

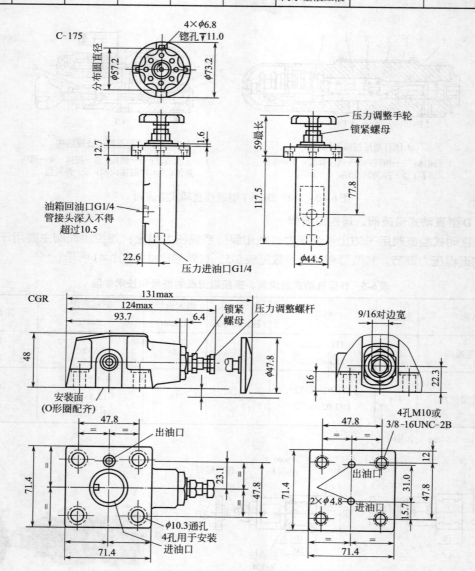

图6-42 C型直动式溢流阀及CGR型溢流阀的外形尺寸

6.10.2 常用先导型溢流阀

（1）DB/DBW型先导式溢流阀

DB/DBW型先导式溢流阀具有压力高、调压性能平稳、最低调节压力低和调压范围大的特点，是先导控制的二节同心式溢流阀，导阀和主阀均为阀式结构。DB型阀主要用于控制系统的压力；DBW型阀也可以控制系统的压力并能在任意时刻使之卸荷，有流量大、结构简单、噪声低、启闭特性好等优点。DB型先导式溢流阀的结构如图6-43所示。DB/DBW型先导式溢流阀的型号和技术参数见表6-7。

(2) DA/DAW型先导式溢流阀

这种阀是先导控制式卸荷阀，其作用是在蓄能器工作时，使液压泵卸荷；或者在双泵系统中，高压泵工作时，使低压大流量泵卸荷。

DA型阀主要由先导阀、带主阀芯的主阀和单向阀组成，而DAW型阀还在先导阀上安有电磁阀。通径10mm的先导式卸荷阀的单向阀在主阀体内，而通径25mm和32mm的先导式卸荷阀的单向阀在主阀底下的连接板内。

DA/DAW型阀应用于有蓄能器的液压系统中时，主要作用是给蓄能器补油。其技术参数及规格型号见表6-8。

表6-7　DB/DBW型先导式溢流阀的型号和技术参数

型号规格	通径/mm	最大流量/(L/min)	型号规格	通径/mm	最大流量/(L/min)
DB/DBW8A	8	100	DB/DBW20A	20	400
DB/DBW8B	8		DB/DBW20B	20	
DB/DBW10A	10	200	DB/DBW25A	25	400
DB/DBW10B	10	200	DB/DBW25B	25	400
DB/DBW16A	16	200	DB/DBW32A	32	600
DB/DBW16B	16		DB/DBW32B	32	600

型号规格	通径/mm	压力/MPa	流量/(L/min)
DB-10	10	31.5	200
DB-15	15	31.5	200
DB-20	20	31.5	400
DB-25	25	31.5	400
DB-30	30	31.5	600
DB10-1-30/U	10	10、20、31.5	200
DB20-1-30/U	25	10、20、31.5	400
DB30-1-30/U	32	10、20、31.5	600

型号规格	最大流量/(L/min)	最高压力/MPa
DB/DBW-10	250	35
DB/DBW-20	500	35
DB/DBW-30	650	35

型号规格	通径/mm	最高压力/MPa	调压范围/MPa	流量/(L/min)	质量/kg
DB-G03	10	35	0.5~25.0	250	2.6
DBW-G03	10	32	0.5~25.0	250	5.4
DB-G06	20	35	0.4~25.0	500	3.5
DBW-G06	20	32	0.4~25.0	500	
DB-G10	32	35	0.5~25.0	650	4.4
DBW-G10	32	35	0.5~25.0	650	7.2

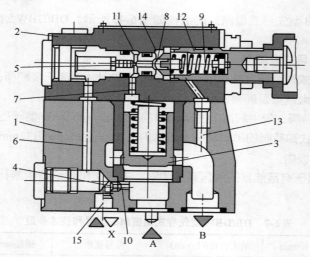

图6-43 DB型先导式溢流阀的结构

1—主体阀；2—先导阀；3—主阀芯；4，5，11—节流孔；6，7，10，13，14—控制通路；
8—球；9—弹簧；12—弹簧腔；15—X口

表6-8 **DA/DAW型先导式溢流阀的型号和技术参数**

型号规格	通径/mm	压力/MPa	流量/(L/min)
DA10-5X	10	31.5	60
DA20-5X	20	31.5	100
DA30-5X	30	31.5	200

型号规格	通径/mm	最大流量/(L/min)	温度范围/℃	黏度范围/(mm²/s)
DA/DAW-10	10	40	−20~70	2.8~380
DA/DAW-20	20	100	−20~70	2.8~380
DA/DAW-30	30	250	−20~70	2.8~380

（3）B型先导式溢流阀

B型先导式溢流阀用于防止系统压力过载和保持系统压力恒定，还可以通过遥控口进行遥控及卸荷。其型号和技术参数见表6-9，有关外形尺寸如图6-44、图6-45所示。

表6-9 **B型先导式溢流阀技术规格**

名称	公称直径/in	型号	调压范围/MPa	最大流量/(L/min)	质量/kg
先导式溢流阀	3/8	BT-03-※-32 BG-03-※-32	0.5~25.0	100	5.0
	3/4	BT-06-※-32 BG-06-※-32		200	5.0 5.6
	1¼	BT-10-※-32 BG-10-※-32		400	8.5 8.7
低噪声溢流阀	3/8	S-BG-03-※-L-40	0.4~25.0	100	4.1
	3/4	S-BG-06-※-L-40		200	5.0
	1¼	S-BG-10-※-L-40		400	10.5

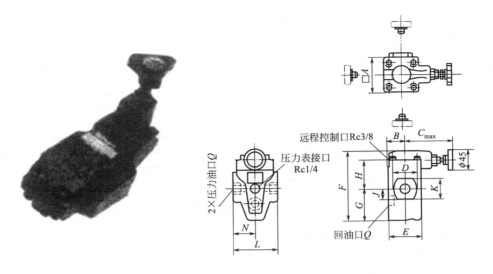

图6-44　BT型先导式溢流阀外形尺寸

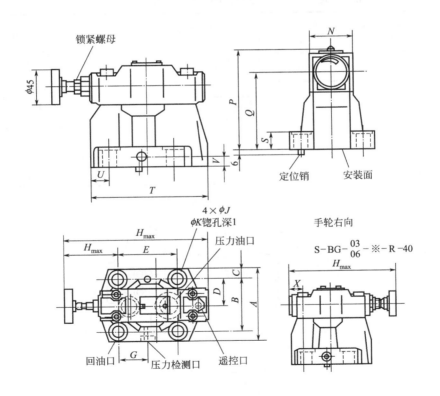

图6-45　S-BG型先导式溢流阀外形尺寸

6.10.3　常用减压阀

（1）DR型先导式减压阀

该阀主要由先导阀、主阀和单向阀组成。可将液压系统分成不同压力的油路，以使不同的执行机构产生不同的工作力。主要作用是降低液压系统的压力。表6-10为DR型先导式减压阀的规格和技术参数。

表6-10 DR型先导式减压阀的规格和技术参数

型号规格	通径/mm	额定流量/(L/min)	进口压力/MPa	二次压力/MPa	质量/kg
DR10-30/Y	10	80	0.3~31.5	0.3~31.5	3.6
DR10G-30/Y	10	80	0.3~31.5	0.3~31.5	4.3
DR15G-30/Y	15	200	0.3~31.5	0.3~31.5	6.8
DR20-30/Y	20	200	0.3~31.5	1.3~31.5	5.5
DR20G-30/Y	20	200	0.3~31.5	1.3~31.5	6.8
DR25G-30/Y	25	300	0.3~31.5	1.3~31.5	10.2
DR30-30/Y	32	300	0.3~31.5	1.3~31.5	8.2
DR30G-30/Y	32	300	0.3~31.5	1.3~31.5	10.2
DRC10-30/Y	10	80	0.3~31.5	0.3~31.5	1.4
DRC20-30/Y	20	20	0.3~31.5	1.3~31.5	1.4
DRC-30/Y	6	3	0.3~31.5	1.3~31.5	
DRC30-30/Y	32	300	0.3~31.5	1.3~31.5	1.4

（2）R型先导式减压阀和RC型减压阀

这种阀用于控制液压系统的支路压力，使其低于主回路压力。主回路压力变化时，它能使支路压力保持恒定。其型号和技术参数见表6-11，外形尺寸如图6-46所示。

表6-11 R型先导式减压阀和RC型减压阀的型号和技术参数

型号		最高使用压力/MPa	最大流量		泄油量/(L/min)		质量/kg			
管式连接	板式连接		设定压力/MPa	最大流量/(L/min)			RCT型	RCG型	RT型	RG型
R(C)T-03-※-22	R(C)G-03-※-22	21.0	0.7~1.0	40	0.8~1.0	4.8	5.4	4.3	4.5	
			1.0~20.5	50						
R(C)T-06-※-22	R(C)G-06-※-22	21.0	0.7~1.0	50	0.8~1.1	7.8	8.1	6.9	6.8	
			1.0~1.5	100						
			1.5~20.5	125						
R(C)T-10-※-22	R(C)G-10-※-22	21.0	0.7~1.0	130	1.2~1.5	13.8	13.8	12.0	11.0	
			1.0~1.5	180						
			1.5~10.5	220						
			10.5~20.5	250						

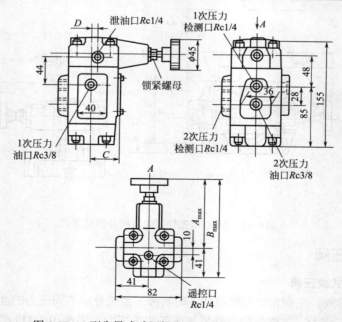

图6-46 R型先导式减压阀和RC型减压阀的外形尺寸

（3）X型先导式减压阀和XC型单向减压阀

X型减压阀为定值输出式减压阀，一次油路压力变化时，能自动保持二次油路压力的恒定。XC型单向减压阀是减压阀和单向阀的组合。其型号和技术参数见表6-12。

表6-12　X型先导式减压阀和XC型单向减压阀的型号和技术参数

通径代号		03	06	10	介质		矿物液压油、高水基液体、水-乙二醇磷酸酯液		
通径/mm		10	20	32					
进油口最大工作压力/MPa	管式	21	21	21	介质黏度/(m²/s)		推荐$(13\sim54)\times10^{-6}$ 一般$(10\sim500)\times10^{-6}$		
	板式		35		介质温度/℃		$-20\sim70$		
泄油口最大工作压力/MPa	管式	0.17	0.17	0.17	质量/kg	X型	3.2	5.6(管式) 4.8(板式)	12.1
	板式	0.17	0.2	0.17					
最大流量/(L/min)		53	114	284		XC型	—	5.9(管式) 4.8(板式)	13

6.10.4　常用顺序阀

（1）DZ※DP型直动式顺序阀

DZ※DP型直动式顺序阀以设定压力向二次压力系统供油。其技术参数及特征曲线见表6-13，有关外形尺寸如图6-47~图6-49所示。

表6-13　DZ※DP型直动式顺序阀技术参数及特征曲线

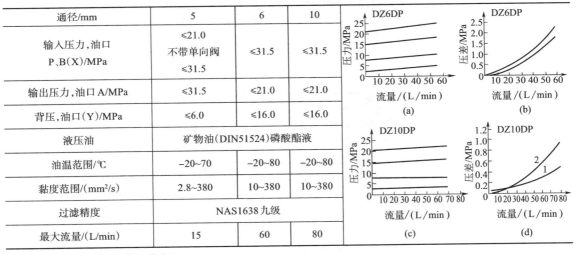

通径/mm	5	6	10
输入压力，油口 P、B(X)/MPa	≤21.0 不带单向阀 ≤31.5	≤31.5	≤31.5
输出压力，油口 A/MPa	≤31.5	≤21.0	≤21.0
背压，油口(Y)/MPa	≤6.0	≤16.0	≤16.0
液压油	矿物油(DIN51524)磷酸酯液		
油温范围/℃	−20~70	−20~80	−20~80
黏度范围/(mm²/s)	2.8~380	10~380	10~380
过滤精度	NAS1638九级		
最大流量/(L/min)	15	60	80

（2）DZ型先导式顺序阀

该阀利用油路本身压力来控制液压马达或液压缸的先后动作顺序，以实现油路系统的自动控制，改变控制油和泄漏油的连接方法。其型号和技术参数见表6-14。

表6-14　DZ型先导式顺序阀的型号和技术参数

型号规格	通径/mm	压力/MPa	流量/(L/min)
DZ-10	10	31.5	150
DZ-20	20	31.5	300
DZ-30	30	31.5	450
DZ-10-5X	10	31.5	150
DZ-20-5X	20	31.5	350
DZ-30-5X	30	31.5	500

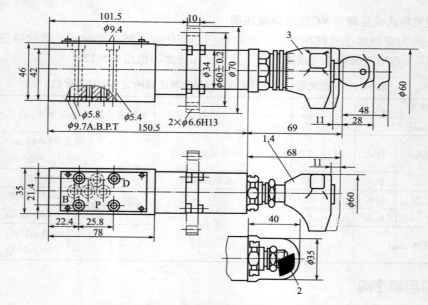

图6-47 DZ5DP型直动式顺序阀的外形尺寸

1—"1"型调节元件；2—"2"型调节元件；3—"3"型调节元件；4—重新设定刻度和刻度环

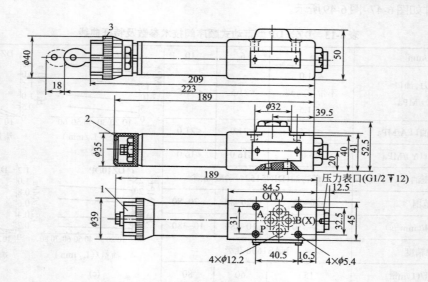

图6-48 DZ6DP型直动式顺序阀的外形尺寸

1—"1"型调节元件；2—"2"型调节元件；3—"3"型调节元件

（3）H型顺序阀、HC型单向顺序阀

这种阀是可以内控和外控的具有压力缓冲功能的直动式压力控制阀。通过不同组装，可作为低压溢流阀、顺序阀、卸荷阀、单向顺序阀、平衡阀使用。其技术参数见表6-15，有关外形尺寸如图6-50所示。

（4）R型顺序阀及RC型单向顺序阀

如图6-51所示，本系列顺序阀为常闭式元件，采用压力驱动的滑阀结构。当控制压力未达到调定压力之前，此阀关闭；当控制压力达到调定压力值后，此阀开启，油液进入二次压力油路，使下一级元件动作。其技术参数及规格型号见表6-16。

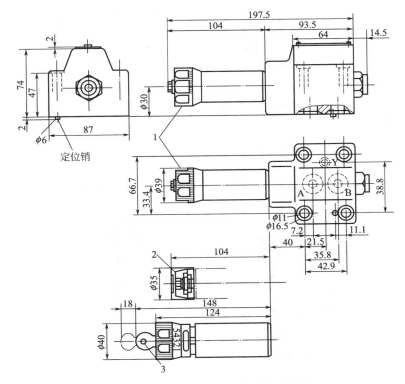

图6-49　DZ10DP型直动式顺序阀的外形尺寸

1——"1"型调节元件；2——"2"型调节元件；3——"3"型调节元件

表6-15　H型顺序阀、HC型单向顺序阀技术参数

通径代号	通径/mm	最大工作压力/MPa	最大流量/(L/min)	质量/kg			
				HT	HG	HCT	HCG
03	10		50	3.7	4.0	4.1	4.8
06	20	21	125	6.2	6.1	7.1	7.4
10	30		250	12.0	11.0	13.8	13.8

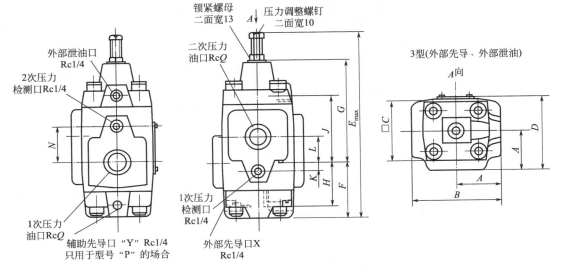

图6-50　HC型顺序阀的外形尺寸

表6-16　R型顺序阀及RC型单向顺序阀的型号及技术参数

型号	通径/in	额定流量/(L/min)	最高压力/MPa		压力级(调压范围)/MPa
			主油口	遥控口	
R(RC)※-03-※	3/8	45			A:0.5~1.7 B:0.9~3.5
R(RC)※-06-※	3/4	114	21	14	D:1.7~7 F:3.5~14
R(RC)※-10-※	1¼	284			X:0.07~0.2 Y:0.14~0.4 Z:0.24~0.9

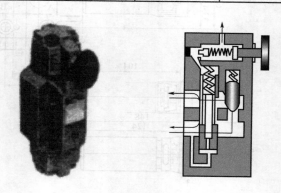

图6-51　R型顺序阀

6.10.5　常用平衡阀

（1）FD型平衡阀

该阀主要用于起重机的液压系统。使液压泵和液压马达的运动速度不受载荷的影响，保持稳定。它附加的单向阀功能，可防止管路损坏或制动失灵时重物自由降落，以避免事故。其型号和技术参数见表6-17。

表6-17　FD型平衡阀的型号和技术参数

型号规格	通径/mm	额定流量/(L/min)	调压范围/MPa	控制压力/MPa	开启压力/MPa	质量/kg
FD6-A10	6	40	0.3~31.5	2~31.5	0.2	5
FD6-B10	6	40	0.3~31.5	2~31.5	0.2	5
FD12-A12	12	80	0.3~31.5	2~31.5	0.2	7
FD12-B12	12	80	0.3~31.5	2~31.5	0.2	7
FD16-A12	16	200	0.3~31.5	2~31.5	0.2	7
FD16-B12	16	200	0.3~31.5	2~31.5	0.2	7
FD25-A12	25	320	0.3~31.5	2~31.5	0.2	16
FD25-B12	25	320	0.3~31.5	2~31.5	0.2	16
FD30-B12	32	560	0.3~31.5	2~31.5	0.2	21
FD32-A11	32	560	0.3~31.5	2~31.5	0.2	21

（2）RB型平衡阀（见表6-18及图6-52）

表6-18　RB型平衡阀的技术参数

通径代号	通径/mm	最大工作压力/MPa	压力调节范围/MPa	最大流量/(L/min)	溢流流量/(L/min)	质量/kg
03	10	14	0.6~13.5	50	50	4.2

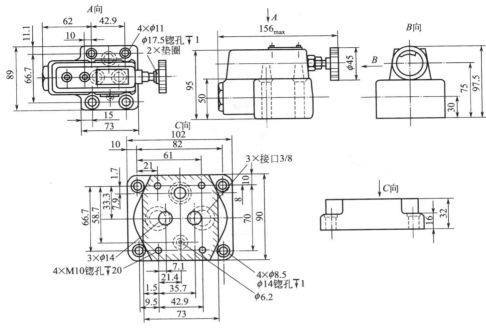

图6-52　RB型平衡阀外形尺寸及连接尺寸

6.10.6　常用压力继电器

（1）S型压力继电器（见表6-19及图6-53）

表6-19　S型压力继电器的型号和技术规格

型号	ST-02-※-20	SG-02-※-20	微型开关参数			
				交流电压		直流电压
			负载条件	常闭接点	常开接点	
最大工作压力/MPa	35	35				
介质黏度/(m²/s)	(15~400)×10⁻⁶		阻抗负载	125V,15A 或 250V,15A		125V,5A 或 250V,0.25A
介质温度/℃	−20~70		感应负载	125V,4.5A 或 250V,3A	125V,2.5A 或 250V,1.5A	125V,0.5A 或 250V,0.03A
质量/kg	4.5	4.5	电动机、白炽灯、电磁铁负载			—

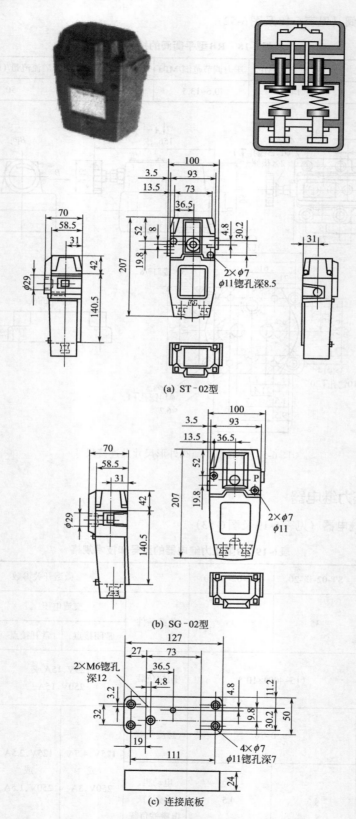

(a) ST-02型

(b) SG-02型

(c) 连接底板

图6-53 S型压力继电器的外形尺寸

（2）S※307型压力继电器（见表6-20）

表6-20 **S※307型压力继电器的技术规格**

介质黏度/(m²/s)				$(13\sim380)\times10^{-6}$			
介质温度/℃				$-50\sim100$			
最大工作压力/MPa				35			
切换精度				<调定压力1%			

交流电压		直流电压					
电压/V	阻性负载/A	电压/V	阻性负载/A	灯泡负载金属灯丝/A		感性负载/A	
				常闭	常开		
110~125	3	≤1.5	3	3	1.5	3	
220~250		>15~30	3	3	1.5	3	
灯泡负载金属灯丝/A	感性负载/A	>50~75	1	0.7	0.7	1	
		>75~125	0.75	0.5	0.5	0.25	
0.5	3	>125~250	0.5	0.4	0.4	0.05	
			0.25	0.2	0.2	0.03	

绝缘保护装置	IP65
质量/kg	0.62

第 7 章

流量控制阀及选用

7.1 概述

（1）流量阀的作用

流量阀通过改变节流口的开口面积来控制流量，从而控制执行元件的运动速度。

（2）流量阀的分类

流量阀有节流阀、单向节流阀、行程节流阀、调速阀、行程调速阀、单向调速阀、溢流节流阀、延时阀、分流阀、集流阀等许多品种。其中以节流阀为最基本的流量阀，其他大多是为克服节流阀的某一方面的不足而发展起来的。

（3）流量阀的基本性能要求

① 流量调节范围 在规定的进、出口压差下，调节阀口开度能达到的最小稳定流量和最大流量之间的范围。最大流量与最小稳定流量之比一般在50以上。

② 流量-压力特性的刚度 即流量阀的输出量能保持稳定，不受外界负载变动的影响，用速度刚性 $T=\partial\Delta p/\partial q$ 来表示，速度刚性 T 越大越好。调速阀的速度刚性较好，节流阀的速度刚性较差。

③ 压力损失 流量控制阀是节流型阻力元件，工作时必然有一定的压力损失。为避免过大的功率损失，规定了通过额定流量时的压力损失一般为0.4MPa以下，高压时可至0.8MPa。

④ 调节的线性 在采用手轮调解时，要求动作轻便，调节力小。手轮的旋转角度与流量的变化率应尽可能均匀，调节的线性好。

⑤ 内泄漏量 流量阀关闭时从进油腔流到出油腔的泄漏量会影响阀的最小稳定流量，所以内泄漏量要尽可能小。

⑥ 其他 工作时油温的变化会影响黏度而使流量变动。因此，常采用对油温不敏感的薄壁节流口。

7.2 节流阀

（1）节流阀的结构和工作原理

图7-1所示为一种节流阀的结构。这种节流阀的节流通道呈轴向三角槽式。油从进油口 P_1 流

入，经孔道a和阀芯2左端的三角形节流槽进入孔道b，再从出油口P_2流出。调节旋钮4，借助推杆3可使阀芯2作轴向移动，通过改变节流口的通流截面积来调节流量。阀芯2在弹簧力作用下始终贴紧在推杆3上。

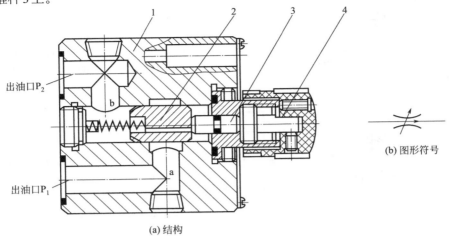

(b) 图形符号

(a) 结构

图7-1 可调节流阀的结构和图形符号

1—阀体；2—阀芯；3—推杆；4—旋钮

（2）节流口的结构形式和特性

节流口的结构形式和特性见表7-1。

① 沉割槽形节流口 主要用在滑阀式结构中。它的结构简单，具有理想的线性特性。由于存在径向间隙，全关闭时密封性不好，并且由于水力半径较小，小流量时易产生阻塞现象。阀口要采用线切割加工。

② 锥阀形节流口 密封性好，制造简单，小流量的灵敏性好。但水力半径较小，小开口时易产生阻塞现象。

③ 矩形节流口 相当于沉割槽形的部分开口形式，线性很好，密封性比沉割槽形好。

④ T形节流口 通过不同宽度的矩形节流口组合，可以达到大小流量时具有不同的阀口增益。在小开度下，阀口具有较大的水力半径，因此小流量稳定性好，但工艺性不够满意。

⑤ 轴向三角槽形节流口 阀芯作轴向移动时，就改变了通流面积的大小。这种节流口结构简单，工艺性好，水力直径中等，可得到较小的稳定流量，调节范围较大。由于几条三角沟槽沿圆周方向均匀分布，径向力互相平衡，故调节时所需的力也较小。但节流通道有一定长度，油温变化对流量有一定影响。这是一种目前应用很广的节流口结构。

⑥ 圆形节流口 圆形节流口开在轴套上，加工简单，阀芯作轴向移动时，改变阀的开度，小流量稳定性好，抗阻塞性好。其缺点是高压工作时节流口易变化，并且起始段的特性欠佳，但开度较大时线性度尚可。为了改善起始段的调节性能，有时将它设计成类似T形的复合式阀口，在小开度时由狭方口起调节作用。

（3）节流口的流量特性

流量阀节流口有薄壁孔、细长孔和厚壁孔三种基本形式，流量特性各不相同。

① 薄壁孔（以局部阻力损失为主）的流量特性方程式

$$q_v = C_d A \sqrt{\frac{2}{\rho} \Delta p} = K A \Delta p^{\frac{1}{2}} \tag{7-1}$$

$$K = C_d \sqrt{\frac{2}{\rho}}$$

表 7-1　节流口的结构形式和特性

结构形式	阀口特性	过流面积表达式
沉割槽形		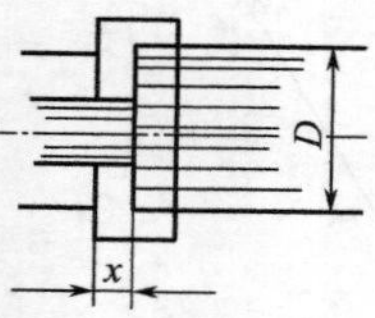 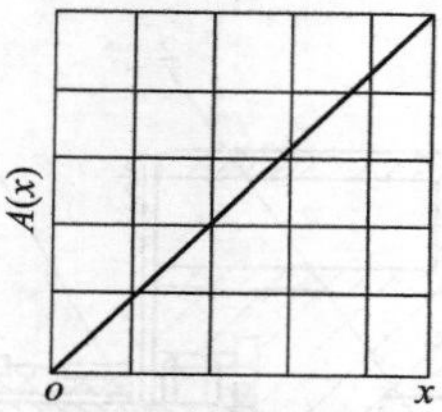 $A(x)=\pi Dx$（全周开口） $=wx$（部分开口） 式中　w—阀口梯度
锥阀形		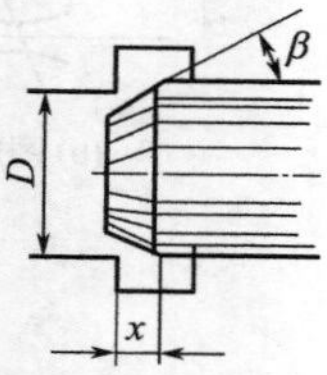 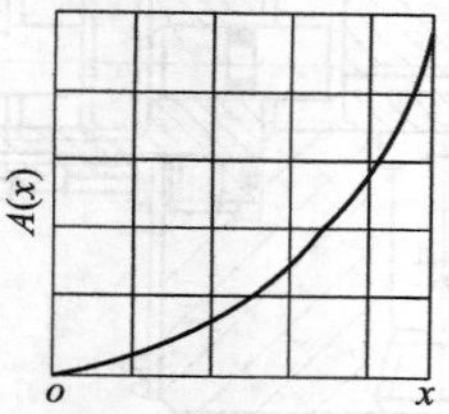 $A(x)=\pi x\sin\beta\left(D-\dfrac{1}{2}x\sin2\beta\right)$
矩形		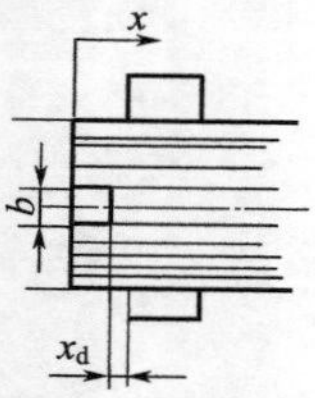 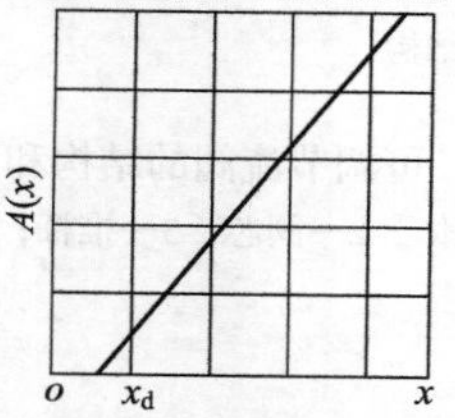 $A(x)=\begin{cases}0 & 当x\leqslant x_d\\ nb(x-x_d) & 当x>x_d\end{cases}$ 式中　x—阀口数
T形		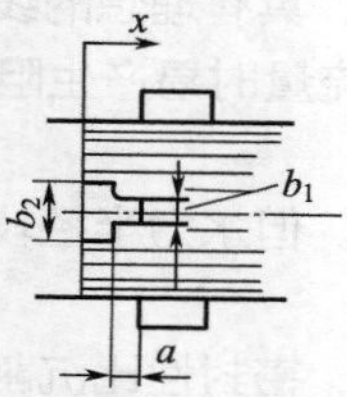 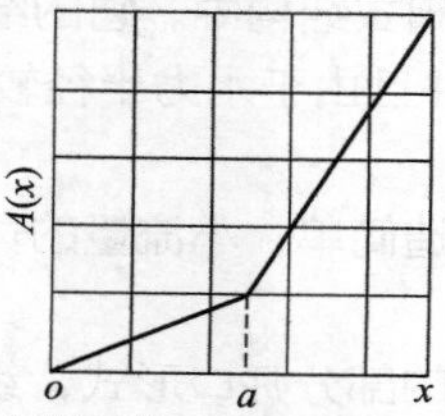 $A(x)=\begin{cases}nb_1x & 当x\leqslant a\\ nb_1a+nb_2(x-a) & 当x>a\end{cases}$
三角形		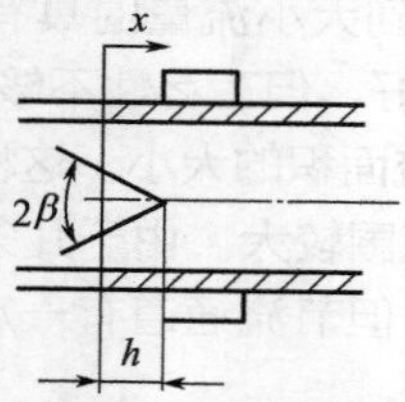 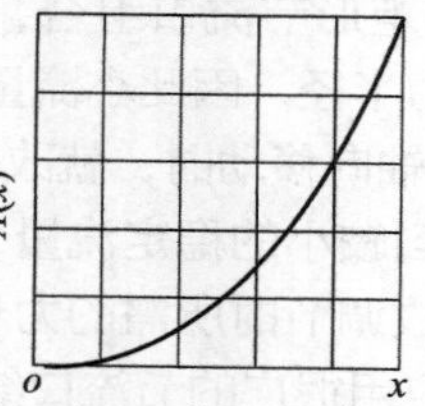 $A(x)=nx\tan\beta$
双三角形		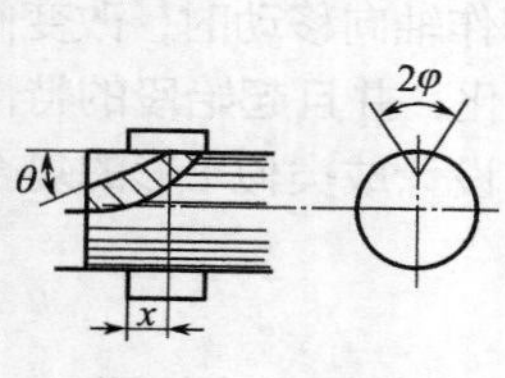 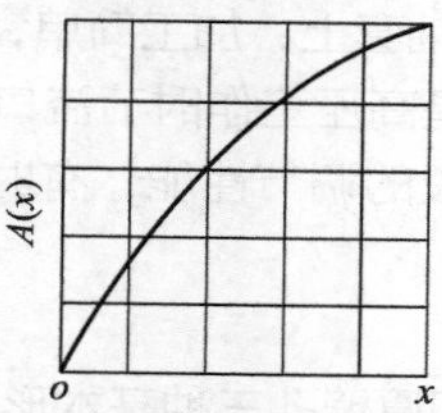 $A(x)=x^2\sin^2\theta\tan\varphi$
单三角槽形		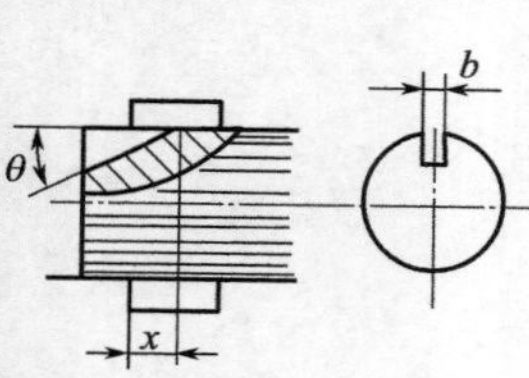 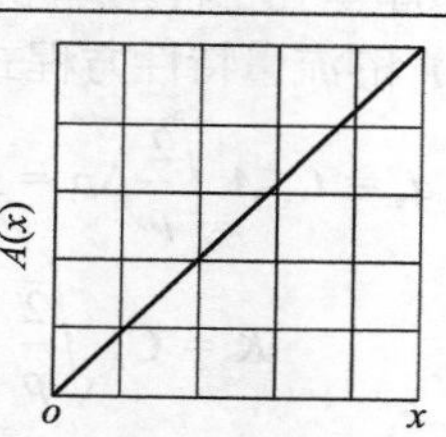 $A(x)=bx\sin\theta$

结构形式		阀口特性	过流面积表达式
圆形			$A(x)=\dfrac{d^2}{4}\left[\begin{array}{l}\arccos\left(1-\dfrac{2x}{d}\right)\\-2\left(1-\dfrac{2x}{d}\right)\sqrt{\dfrac{x}{d}-\left(\dfrac{x}{d}\right)^2}\end{array}\right]$ 近似计算式为 $A(x)=\dfrac{x^2(16d-13x)}{12\sqrt{dx-x^2}}$ 其误差不大于1%

式中　q_v——体积流量，m^3/s；

　　　C_d——流量系数；

　　　ρ——液压油密度，kg/m^3。

② 细长孔（以沿程阻力损失为主）的流量特性方程式为

$$q_v = \frac{\pi d^4}{128\mu l}\Delta p = KA\Delta p \tag{7-2}$$

式中　$K = \dfrac{d^2}{32\mu l}$

　　　$A = \dfrac{\pi d^2}{4}$

式中　q_v——流量，m^3/s；

　　　K——系数；

　　　A——节流孔过流截面积，m^2；

　　　Δp——节流口进出口油压差，Pa；

　　　d——阻尼孔的直径，m；

　　　l——细长孔的阻尼长度，m：

　　　μ——油液的黏度（$Pa·s$）。

③ 厚壁孔的流量特性方程式

$$q_v = KA\Delta p^m \tag{7-3}$$

式中　m——指数（$0.5\leqslant m\leqslant1$）。

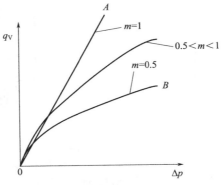

图 7-2 节流阀流量特性曲线

上述三种结构形式的节流阀都可以统一用式（7-3）来表示其特性（图7-2）。当节流孔为薄壁孔时，$m=0.5$；节流孔为细长孔时，$m=1$；节流孔为厚壁小孔时，$0.5<m<1$。

由式（7-3）可知，当K、Δp、m一定时，只要改变节流阀通流面积A，就可以调节通过节流阀的流量。

（4）节流阀的性能要求

① 流量调节范围。调速比要大，有较大的流量调节范围；调节时，流量变化均匀，调节性能好。

② 不易阻塞，特别是小流量时不易阻塞。

③ 节流阀前后压差发生变化时，通过阀的流量变化要小。

④ 通过阀的流量受温度的影响要小。

⑤ 内泄漏小。即节流阀全关闭时，进油腔压力调节至公称压力时，从阀芯和阀体配合间隙处由进油腔泄漏到出油腔的流量要小。

⑥ 正向压力损失指节流阀全开，流过公称流量时进油腔与出油腔之间的油液压力差值，一般不超过0.4MPa。

（5）典型结构和特点

节流阀是流量阀中最基本的形式，有普通节流阀、可调节流阀、单向节流阀、行程节流阀和单向行程节流阀等多种类型。图7-3为LF型轴向三角槽式结构简式节流阀。它由阀体、阀芯、螺盖、手轮等组成。压力油由进油腔P_1进入，通过由阀芯3和阀体4组成的节流口，从而实现对流经该阀的流量的控制。因进油腔的油压直接作用在阀芯下部的承压面积上，所以在油压力较高时手轮的调节就较困难，甚至无法调节，因此这种阀也叫带载不可调节流阀。

图7-4是公称压力为32MPa系列的LFS型可调节流阀的结构。压力油由进油口P_1进入，通过节流口后由出油口P_2流出，进油腔压力油通过阀芯的中间通道同时作用在阀芯的上下端承压面积上。因阀芯上下端面积相等，所以受到的液压力也相等，阀芯只受复位弹簧的作用力紧贴推杆，以保持原来调节好的节流口开度。进油腔压力油也同时作用在推杆上，因推杆面积小，所以即使在高压下，推杆上受到的液压力也比较小，因此调节手轮上所需的力，比LF型要小得多，便于在高压下调节。

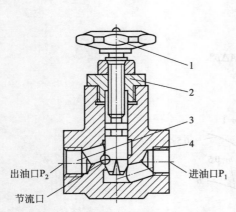

图7-3 LF型简式节流阀的结构

1—调节手轮；2—螺盖；3—阀芯；4—阀体

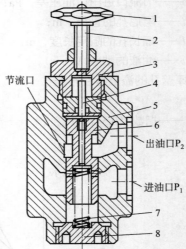

图7-4 LFS型可调节流阀的结构

1—调节手轮；2—调节螺钉；3—螺盖；4—推杆；
5—阀体；6—阀芯；7—复位弹簧；8—端盖

图7-5为力士乐公司的MG型节流阀，可以双向节流。油通过旁孔4流向阀体2和可调节套筒1之间形成的节流口3。转动套筒1，能够通过改变节流面积，调节流经的流量。该阀只能在无压下调节。

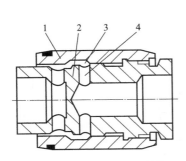

图7-5　MG型节流阀的结构

1—可调节套筒；2—阀体；3—节流口；4—旁孔

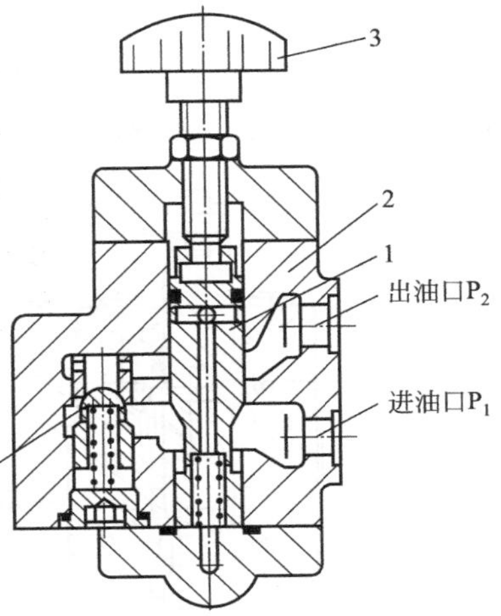

图7-6　单向调节阀的结构

1—阀芯；2—阀体；3—调节手轮；4—单向阀阀芯

图7-6为简式单向节流阀。压力油从进油口 P_1 进入，经阀芯上的三角槽节流口节流，从出油口 P_2 流出。旋转手轮3即可改变通过该阀的流量。该阀也是带载不可节流。当压力油从 P_2 进入时，在压力油作用下阀芯4克服软弹簧的作用力向下移，油液不用经过节流口而直接从 P_1 流出，从而起单向阀作用。

图7-7为LA型带载可调单向节流阀。油液从进油口 P_1 正向进入的工作原理与可调节流阀相同，只是进油腔的压力油靠阀体上的通油孔通到上、下阀芯两端，以实现液压平衡，所以也叫带载可调式节流阀，当油液从出油口 P_2 流进时就起单向阀作用。

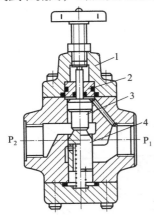

图7-7　LA型带载可调单向节流阀的结构

1—顶盖；2—导套；3—上阀芯；4—下阀芯

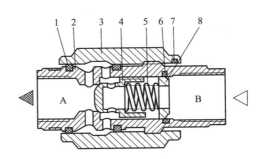

图7-8　MK型单向节流阀的结构

1—O形圈；2—阀体；3—调节套；4—单向阀；5—弹簧；
6，7—卡环；8—弹簧座

图7-8为力士乐公司的MK型单向节流阀。当压力油从锥阀背面B流入时，作为节流阀使用，若从相反方向流入时，它作为单向阀使用。这时由于有部分油液可在环形缝隙中流动，可以清除节流口上的沉积物。这种阀体积小，结构简单，但不能带载调节。

图7-9所示为常开式CF型行程节流阀。压力油由进油腔 P_1 进入，通过节流后由出油腔 P_2 流出。在行程挡块未接触滚轮前，节流口面积最大，流经阀的流量最大。当行程挡块接触滚轮时，将阀芯逐渐往下推，使节流口面积逐渐减小，流经阀的流量逐渐减少，执行机构的速度亦越来越慢，直到挡块将节流阀关闭，执行机构停止运动。这种阀能使执行机构实现快速前进，慢速进给的目的。也可用来使执行元件在行程末端减速，起缓冲作用。

　　行程节流阀的另一种形式是常闭式（O型）行程节流阀［见图7-10（b）］，在行程挡块未接触滚轮前，节流口处于关闭状态，没有流量通过。当行程挡块接触滚轮时，将阀芯逐渐往下推，使节流口面积逐渐开大，流经阀的流量逐渐增加，执行机构的速度亦越来越快。

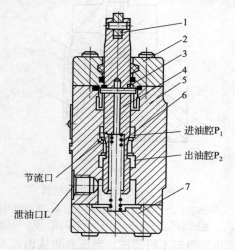

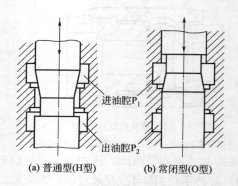

图7-9　CF型行程节流阀的结构

1—滚轮；2—端盖；3—定位销；4—阀芯；

5—阀体；6—弹簧；7—螺盖

图7-10　行程节流阀滑阀

(a) 普通型(H型)　　(b) 常闭型(O型)

　　如果执行机构需要多种不同的运动速度，可以改变行程挡块的形状来实现。行程节流阀的节流口一般采用轴向三角槽式和轴向斜面式，见图7-11。

　　图7-12是常开式单向行程节流阀的结构。图7-13为其图形符号。它由单向阀和行程节流阀组成。当压力油由进油腔P_1流向出油口P_2时，单向阀关闭，起到行程节流阀的作用。当油液反向从P_2进，P_1流出时，单向阀开启，使执行机构快速退回。这种阀常用于需要实现快进—工进—快退的工作循环，也可使执行元件在行程终点减速、缓冲。

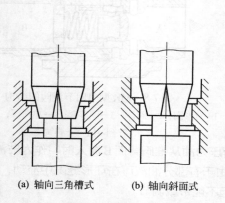

(a) 轴向三角槽式　　(b) 轴向斜面式

图7-11　行程节流阀节流口的形状

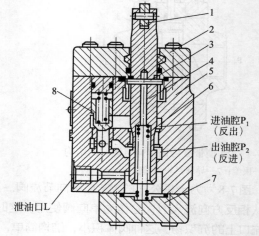

图7-12　常开式单向行程节流阀的结构

1—滚轮；2—端盖；3—定位销；4—阀芯；

5—阀体；6—弹簧；7—端盖；8—单向阀芯

（6）应用

　　节流阀在定量泵液压系统中与溢流阀配合，组成进油路节流阀调速、回油路节流调速、旁油路节流调速系统，由于没有压力补偿装置，通过阀的流量随着负载的变化而变化，速度稳定性差。节流阀也可作为阻力元件在回路中调节压力，如作为背压阀等。单向节流阀则用在执行机构在一个方向需要节流调速，另一方向可自由流动的场合。行程节流阀主要用于执行机构末端需要减速、缓冲的系统，也可用单向行程节流阀来实现快进—工进—快退的要求。

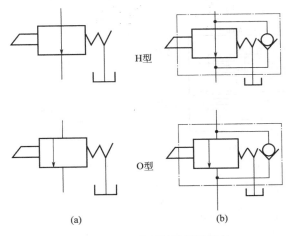

图 7-13　行程节流阀的图形符号

（7）常见故障

节流阀的主要故障是流量调节失灵、流量不稳定和内泄漏量增大。

① 流量调节失灵　主要原因是阀芯径向卡住，这时应进行清洗，排除脏物。

② 流量不稳定　节流阀和单向节流阀当节流口调节好并锁紧后，有时会出现流量不稳定现象，尤其在小流量时更易发生，这主要是锁紧装置松动，节流口部分堵塞，油温升高，负载变化等引起的。这时应采取拧紧锁紧装置，油液过滤，加强油温控制，尽可能使负载变化小或不变化等措施。

③ 内泄漏量增加　主要是密封面磨损过大造成的，应更换阀芯。

行程节流阀和单向节流阀除了节流阀的故障外，常见的还有行程节流阀的阀芯反力过大，这主要是阀芯径向卡住和泄油口堵住，所以行程节流阀和单向节流阀的泄油口一定要单独接回油箱。

7.3　调速阀

节流阀的节流口开度一定，当负载变化时，节流阀的进出油压差 Δp 也变化，根据式（7-1）可知，通过节流口的流量也发生变化，因此在执行机构的运动速度稳定性要求较高的场合，就要用到调速阀。调速阀利用负载压力补偿原理，补偿由于负载变化而引起的进出口的压差的变化，使 Δp 基本趋于一常数。压力补偿元件通常是定差减压阀或定差溢流阀，因而调速阀分别称为定差减压型调速阀或定差溢流型调速阀。

7.3.1　调速阀的工作原理

（1）减压节流型调速阀

图 7-14 所示为减压节流型调速阀的工作原理。调速阀由普通节流阀与定差减压阀串联而成。压力油进口压力 p_1，由进油腔进入，经减压阀减压，压力变为 p_2 后流入节流阀的进油腔，经节流口节流，压力变为 p_3，由出油腔流出到执行机构。压力油 p_3 通过阀体的通油孔，反馈到减压阀芯

大端的承压面积上，当负载增加时，p_3也增加，减压阀芯右移，使减压口增大，流经减压口的压力损失也减小，即p_2也增加，直至$\Delta p=p_2-p_1$基本保持不变，达到新的平衡；当负载下降时，p_3也下降，减压阀芯左移，减压口开度减小，流经减压口的压力增加，使得p_2下降，直到$\Delta p=p_2-p_3$基本保持不变。而当进油口p_1变化时，经类似的调节作用，节流阀前后的压力差Δp仍保持不变，即流经阀的流量依旧保持不变。

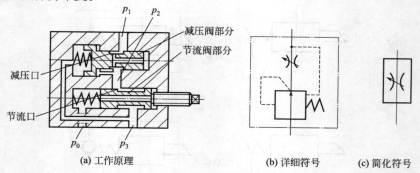

(a) 工作原理　　　　　　　　(b) 详细符号　　　(c) 简化符号

图7-14　减压节流型调速阀的工作原理和图形符号

p_1—进油腔油液压力；p_2—节流阀进油腔（减压阀出油腔）油液压力；

p_3—出油腔油液压力，即负载压力；p_0—泄油口油液压力

由调速阀的工作原理知，液流反向流动时由于$p_3>p_2$，所以定差减压阀的阀芯始终在最右端的阀口全开位置，这时减压阀失去作用而使调速阀成为单一的节流阀，因此调速阀不能反向工作。只有加上整流桥才能做成双向流量控制，见图7-15。

（2）旁通型调速阀（溢流节流型调速阀）

图7-16是旁通型调速阀的工作原理。该阀是另一种带压力补偿装置形式的节流阀，由起稳压作用的溢流阀和起节流作用的节流阀并联组成，亦能使通过节流阀的流量基本不受负载变化的影响。由图可见，进油口处流入的高压油一部分通过节流阀的阀口，由出油口处流出，将压力降为p_2，另一部分通过溢流阀的阀口由溢流口溢回油箱。溢流阀上端的油腔与节流阀后的压力油相通，下端的油腔与节流阀前压力油相通。当出口油压力p_2增大时，阀芯下移，关小阀口，从而使进口处压力p_1增加，节流阀前后的压力差p_1-p_2基本保持不变。当出口压力p_2减小时，阀芯上移，开大阀口，使进油压力p_1下降，结果仍能保持压差p_1-p_2基本不变。

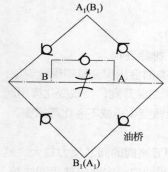

图7-15　整流桥的图形符号

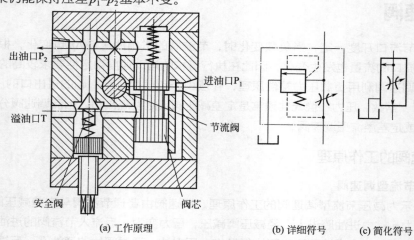

(a) 工作原理　　　　　　　　(b) 详细符号　　　(c) 简化符号

图7-16　旁通型调速阀的工作原理和图形符号

假设溢流阀芯上受到的液压动力和摩擦力忽略不计，则阀芯上的力平衡方程为

$$p_1(A_b + A_c) = p_2 A + k(x_0 + \Delta x) \tag{7-4}$$

即

$$\Delta p = p_1 - p_2 = \frac{k(x_0 + \Delta x)}{A} \approx \frac{kx_0}{A} = 常数 \tag{7-5}$$

溢流节流阀设有安全阀，当出口压力 p_2 增大到安全阀的调定压力时，安全阀打开，从而防止系统过载。

旁通型调速阀只能装在执行元件的进油口，当执行元件的负载发生变化时，工作压力 p_2 也相应变化，使溢流阀进口处的压力 p_1 也发生变化，即液压泵的出口压力随负载的变化而变化，因此旁通型调速阀有功率损失低、发热小的优点，但是旁通型调速阀中流过的流量比减压型调速阀的大，基本为系统的全部流量。阀芯运动时阻力较大，故弹簧做得比较硬，因此，它的速度稳定性稍差些，一般用于速度稳定性要求不太高，而功率较大的系统。

此外，由于系统的工作压力处于追随负载压力变化中，因此泄漏量的变化有时也会引起一些动态特性的问题。

7.3.2 调速阀的流量特性和性能改善

（1）调速阀的流量特性

当调速阀稳定工作时，忽略减压阀阀芯自重以及阀芯上的摩擦力，对图7-17减压阀芯作受力分析，则作用在减压阀芯上的力平衡方程为

$$p_2(A_c + A_d) = p_3 A_b + k(x_0 + \Delta x) \tag{7-6}$$

即

$$p_2 - p_3 = \frac{k(x_0 + \Delta x)}{A_b} \tag{7-7}$$

由于弹簧较软，阀芯的偏移量 Δx 远小于弹簧的预压缩量 x_0，所以

$$k(x_0 + \Delta x) \approx kx_0 \tag{7-8}$$

$$\Delta p = p_2 - p_3 \approx \frac{kx_0}{A_b} = 常数 \tag{7-9}$$

式中　Δp——节流阀口前后压差，Pa；

A_c——减压阀阀芯肩部环形面积，m^2；

A_d——减压阀阀芯小端面积，m^2；

A_b——减压阀阀芯大端面积，m^2；

k——减压阀阀腔弹簧刚度，N/m；

x_0——减压阀阀腔弹簧预压缩量，m；

Δx——减压阀阀芯移动量，m。

由式（7-9）看出，节流口前后压差 Δp 基本为一常数。通过该节流口的流量基本不变，即不随外界负载、进油压力变化而变化，调速阀与节流阀的流量特性曲线如图7-18所示。

由图7-18可以看出，调速阀的速度稳定性比节流阀的速度稳定性好，但它有一个最小工作压差。这是由于调速阀正常工作时，至少应有0.4~0.5MPa的压力差，否则，减压阀的阀芯在弹簧力的作用下，减压阀的开度最大，不能起到稳定节流阀前后压差的作用。因此调速阀的性能就如同节流阀，只有在调速阀上的压力差大于一定数值之后，流量才基本处于稳定。

（2）调速阀的主要性能要求

① 进出油腔最小压差。指节流口全开，通过公称流量时，阀进出油腔的压差。一般在1MPa左右。压差过低，减压阀部分不能正常工作，就不能对节流阀进行有效的压力补偿，因而影响流量的稳定。

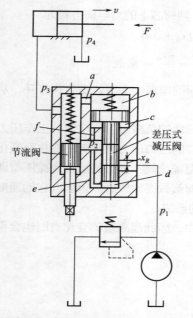

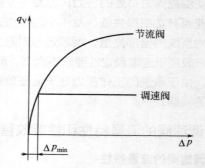

图7-17 调速阀的工作原理及流量特性分析   图7-18 调速阀与节流阀的流量特性曲线比较

② 流量调节范围。流量调节范围越大越好，并且调节时，流量变化均匀，调节性能好。

③ 最小稳定流量。指调速阀能正常工作的最小流量，即流量的变化率不大于10%，不出现断流的现象。QF型调速阀和QDF型单向调速阀的最小稳定流量，一般为公称流量的10%左右。

④ 不易堵塞，特别是小流量时要不易堵塞。

⑤ 通过阀的流量受温度的影响要小。

⑥ 内泄漏小。即节流阀全关闭时，进油腔压力调节至公称压力时，从阀芯阀体配合间隙处由进油腔泄漏到出油腔的流量要小。

（3）改善调速阀流量特性的措施

温度的变化会使介质的黏度发生改变，液动力也会使定差减压阀阀芯的力平衡受到影响。这些因素也会影响流量的稳定性。可以采用温度补偿装置或液动力补偿阀芯结构来加以改善。

在流量控制阀中，当为了减小油温对流量稳定性的影响而采用薄壁孔结构时，只能在20~70℃的范围内得到一个不使流量变化率超过15%的结果。对于工作温度变化范围较大、流量稳定性要求较高，特别是微量进给的场合，就必须在节流阀内采取温度补偿措施。图7-19为某调速阀中节流阀部分的温度补偿装置。节流阀的调节是由顶杆1通过补偿杆2和阀芯3来完成的。阀芯在弹簧的作用下使补偿杆靠紧在顶杆上，当油温升高时，补偿杆受热变形伸长，使阀口开度减小，补偿了由于油液黏度减小所引起的流量增量。

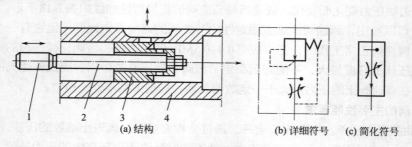

(a) 结构   (b) 详细符号   (c) 简化符号

图7-19 带温度补偿的调速阀

1—顶杆；2—温度补偿杆；3—节流阀阀芯；4—阀套

目前的温度补偿阀中的补偿杆用强度大、耐高温、线胀系数大的聚乙烯塑料 NASC 制成，效果甚好，能在 20~60℃ 的温度范围内使流量变化率不超过 10%。

有些调速阀还采用液动力补偿的阀芯结构来改善流量特性，见图 7-20。

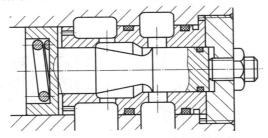

图 7-20　带减压阀芯的液动力补偿结构

7.3.3　调速阀的典型结构和特点

调速阀是由定差减压阀和节流阀串联而成。结构上有减压阀在前、节流阀在后的，如国产 QF 型调速阀和德国的力士乐 2FRM 型单向调速阀（见图 7-16、图 7-23）；也有节流阀在前，减压阀在后的，如美国威格仕 FG-3 型（见图 7-21）。图 7-21 中，油液从 A 腔正向进入，一方面进到节流阀的进油腔，一方面作用在减压阀的阀芯左端面。经节流后的油液进入减压阀的弹簧腔，经减压阀减压后从 B 腔流出，不管进油腔 A 或出油腔 B 的压力发生变化，减压阀都会调节减压口的开度，使 A、B 腔的压力差基本保持不变，达到稳定流量的作用。这种阀的结构和油路较为简单。

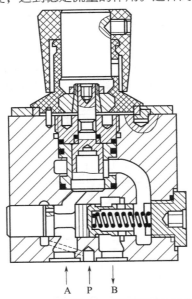

图 7-21　威格仕 FG-3 型调速阀的结构

图 7-22 为国产 QA 型单向调速阀，由单向阀和调速阀并联而成，油路在一个方向能够调速，另一方向油液通过单向阀流过，减少了回油的节流损失。

图 7-23 为德国力士乐公司生产的 2FRM 型单向调速阀，油液先经减压阀减压，再由节流阀节流。由于节流阀口设计成薄刃状，流量受温度的变化影响较小，因而流量稳定性较好。

图 7-24 为单向行程调速阀的结构图和图形符号。它由行程阀与单向调速阀组成。当工作台的挡块未碰到滚轮时，由于此行程阀是常开的，油液经行程阀流过，而不经调速阀，所以液流不受节流作用，这时执行机构以快速运动。当工作台的挡块碰到滚轮，将行程阀压下后，行程阀封闭，油液只能流经调速阀，执行机构的运动速度便由调速阀来调节。当油液反向流动时，油液直接经

单向阀流过,执行机构快速退回。利用单向行程调速阀,可以实现执行机构的快进—工进—快退的功能。

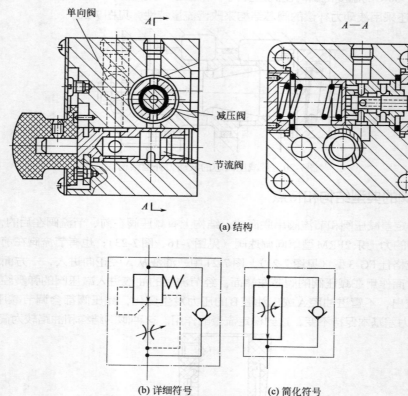

(a) 结构

(b) 详细符号　　　　(c) 简化符号

图 7-22　QA 型单向调速阀的结构和图形符号

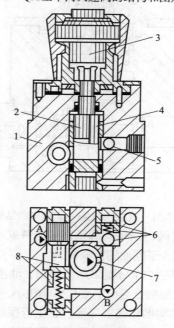

图 7-23　2FRM 型单向调速阀的结构

1—阀体;2—节流杆;3—调节旋钮;4—薄刃孔;5—节流口;
6—单向阀;7—节流阀;8—减压阀

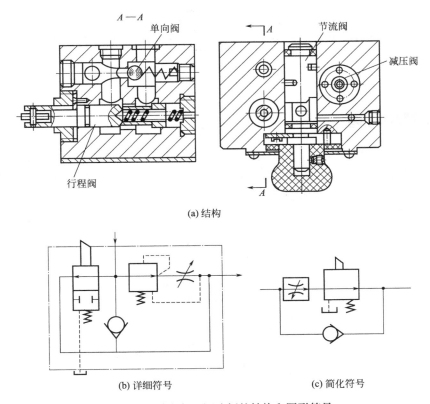

(a) 结构

(b) 详细符号　　　　　　　　　　　(c) 简化符号

图 7-24　单向行程调速阀的结构和图形符号

7.3.4　调速阀的应用和故障排除

（1）调速阀的应用

调速阀在定量泵液压系统中的主要作用是与溢流阀配合，组成节流调速系统。因调速阀调速刚性大，更适用于执行元件负载变化大，运动速度稳定性要求较高的液压调速系统。

采用调速阀调速与节流阀调速一样，可将调速阀装在进油路、回油路和旁油路上，也可用于执行机构往复节流调速回路。

调速阀可与变量泵组合成容积节流调速回路，主要用于大功率、速度稳定性要求较高的系统。它的调速范围较大。

（2）调速阀的常见故障与排除方法

① 流量调节失灵　调节节流部分时，出油腔流量不发生变化，其主要原因是阀芯径向卡住和节流部分发生故障等。减压阀芯或节流阀芯在全关闭位置时，径向卡住会使出油腔没有流量；在全开位置（或节流口调整好）时，径向卡住，会使调节节流口开度而出油腔的流量不发生化。

当节流调节部分发生故障时，会使调节螺杆不能轴向移动，使出油腔流量也不发生变化。发生阀卡住或节流调节部分故障时，应进行清洗和修复。

② 流量不稳定　节流调节型调速阀当节流口调整好锁紧后，有时会出现流量不稳定现象，特别在最小稳定流量时更易发生，其主要原因是锁紧装置松动，节流口部分堵塞，油温升高，进、出油腔最小压差过低和进、出油腔接反等。

油流反向通过 QF 型调速阀时，减压阀对节流阀不起压力补偿作用，使调速阀变成节流阀。故当进、出油腔油液压力发生变化时，流经的流量就会发生变化，从而引起流量不稳定。因此在使用时要注意进、出油腔的位置，避免接反。

③ 内泄漏量增大 减压节流型调速阀节流口关闭时，是靠间隙密封的，因此不可避免有一定的泄漏量，当密封面磨损过大时，会引起内泄漏量增加，使流量不稳定，特别是影响到最小稳定流量。

7.4 分流集流阀

分流集流阀也称为同步阀，用于多个液压执行器需要同步运动的场合，它可以使多个液压执行器在负载不均的情况下，仍能获得大致相等或成比例的流量，从而实现执行器的同步运动。但它的控制精度较低，压力损失也较大，适用于要求不高的场合。

（1）分流集流阀的分类

$$分流集流阀 \begin{cases} 按流量分配情况分 \begin{cases} 等量式 \\ 比例式 \end{cases} \\ 按液流方向分 \begin{cases} 分流阀 \\ 集流阀 \\ 分流集流阀 \end{cases} \\ 按结构原理分 \begin{cases} 定节流式 \begin{cases} 换向活塞式 \\ 挂钩阀芯式 \end{cases} \\ 可调节分流式 \\ 自调节流式 \end{cases} \end{cases}$$

（2）分流集流阀的结构和工作原理

分流集流阀是利用负载压力反馈的原理，来补偿因负载变化而引起流量变化的一种流量阀。但它不控制流量的大小，只控制流量的分配。图 7-25 为 FJL 型活塞式分流集流阀的结构原理。

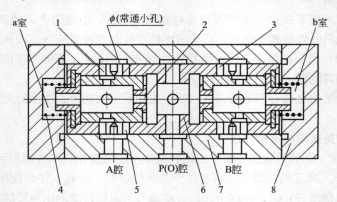

图 7-25 FJL 型活塞式分流集流阀的结构

1—可变分流节流口；2—定节流孔；3—可变集流节流口；4—对中弹簧；
5—换向活塞；6—阀芯；7—阀体；8—阀盖

当处于分流工况时，压力油 p 使换向活塞分开（图 7-26）。图中 P（O）为进油腔，A 和 B 是分流出口。当 A 腔与 B 腔负载压力相等时，通过变节流口反映到 a 室和 b 室的油液压力也相等，阀芯在对中弹簧作用下便处于中间位置，使左右两侧的变节流口开度相等。因 a、b 两室的油液压力相等，所以定节流孔 F_A 和 F_B 前后压力差也相等，即 $\Delta p_{pa} = \Delta p_{pb}$，于是分流口 A 腔的流量等于分流口 B 腔的流量，即 $q_A = q_B$。

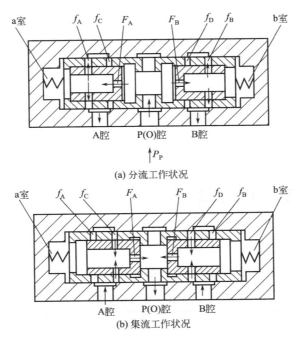

(a) 分流工作状况

(b) 集流工作状况

图 7-26　活塞式分流集流阀的工作原理

当 A 腔和 B 腔负载压力发生变化时，若 $p_A>p_B$，通过节流口反映到 a 室和 b 室的油液压力就不相等，则定节流孔 F_A 前后油液压差就小于定节流口 F_B 的前后油液压差，即 $\Delta p_{pa}<\Delta p_{pb}$。因阀芯两端的承压面积相等，又 $p_a>p_b$，所以阀芯离开中间位置向右移动，阀芯移动后使左侧变节流口 f_A 开大，右侧变节流口关小，使流经 f_B 的油液节流压降增加，使 b 室压力增高（B 腔负载压力不变）。直到 a、b 两室的油液压力相等，即 $p_a=p_b$ 时，阀芯才停止运动，阀芯在新的位置得到新的平衡。这时定节流口 F_A 和 F_B 前后油液压差又相等，即 $\Delta p_{pa}=\Delta p_{pb}$，分流口 A 腔的流量又重新等于分流口 B 腔的流量，即 $q_A=q_B$。

（3）分流集流阀的应用

分流集流阀用于多个液压执行元件驱动同一负载，而又要求各执行元件同步的场合。由于两个或两个以上执行元件的负载不均衡，摩擦阻力不相等，以及制造误差，内外泄漏量和压力损失不一致，经常不能使执行元件同步，因此，在这些系统中需要采取同步措施，以消除或克服这些影响，保证执行元件的同步运动。此时，可以考虑采用同步阀，但选用时应注意同步精度应满足要求。

分流集流阀在动态时（阀芯移动过程中），两侧定节流孔的前后压差不相等，即 A 腔流量不等于 B 腔流量，所以它只能保证执行元件在静态时的速度同步，而在动态时，既不能保证速度同步，更难实现位置同步。因此它的控制精度不高，不宜用在负载变动频繁的系统。

分流集流阀的压力损失较大，通常为 1~12MPa 左右，因此系统发热量较大。自调节流式或可调节流式同步阀的同步精度及同步精度的稳定性都比固定节流式的高，但压力损失也较后者大。

7.5　流量阀的选用

根据液压控制节流调速系统的工作要求，选取合适类型的流量控制阀。在此前提下，又可参照如下选用原则：

① 流量阀的压力等级要与系统要求相符。

② 根据系统执行机构所需的最大流量来选择流量阀的公称流量要比负载所需的最大流量略大一些，以使阀在大流量区间有一定的调节余量，同时也要考虑阀的最小稳定流量范围能否满足系统执行机构低速控制要求。

③ 流量阀的流量控制精度、重复精度及动态性能等应满足液压系统工作精度要求。

④ 如果系统要求对温度不敏感，可采用具有温度补偿功能的流量阀。

⑤ 应考虑安装空间、尺寸、质量以及连接油口等参数，连接尺寸也要符合系统设计要求。

7.6 流量控制阀产品介绍

7.6.1 常用节流阀

① MG型节流阀、MK型单向节流阀　型号及技术参数见表7-2。

表7-2　MG型节流阀、MK型单向节流阀的型号和技术参数

型号规格	通径/mm	最高工作压力/MPa	流量/(L/min)
MG(K)-6	6	31.5	15
MG(K)-8	8	31.5	30
MG(K)-10	10	31.5	50
MG(K)-15	15	31.5	140
MG(K)-20	20	31.5	200
MG(K)-25	25	31.5	300
MG(K)-30	30	31.5	400

型号规格	通径/mm	最高工作压力/MPa	流量调节范围/(L/min)	最小稳定流量/(L/min)
MG10G1.2	10	31.5	2.5~50	2.5
MG15G1.2	15	31.5	3~120	3
MG20G1.2	20	31.5	3.5~200	3.5
MG25G1.2	25	31.5	6~300	6
MG30G1.2	30	31.5	10~400	10
MG6G1.2	6	31.5	1.2~15	1.2
MG8G1.2	8	31.5	2~30	2
MK10G.2	10	31.5	2.5~50	2.5
MK15G1.2	15	31.5	3~120	3
MK20G1.2	20	31.5	3.5~200	3.5
MK25G1.2	25	31.5	6~300	6
MK30G1.2	30	31.5	10~400	10
MK6G1.2	6	31.5	1.2~15	1.2
MK8G1.2	8	31.5	2~30	2

型号规格	通径/mm	最高工作压力/MPa	流量/(L/min)
M6G(K)1.2	6	31.5	15
M10G(K)1.2	10	31.5	50
M20G(K)1.2	20	31.5	200
M30G(K)1.2	30	31.5	400

② F 型精密节流阀　型号及技术参数见表 7-3。

图 7-27 是 F 型精密节流阀的结构原理。该阀主要由阀体 1，调节件 2 和节流套 3 组成。在节流口 4 处实现对从 A 到 B 的流动的节流。转动节流杆 5，可调节节流断面。由于节流口制成薄壁孔，故节流不易受温度影响。

表 7-3　F 型精密节流阀的型号和技术参数

型号规格	通径/mm	最高工作压力/MPa	流量/(L/min)
F 型	5、10	21	80

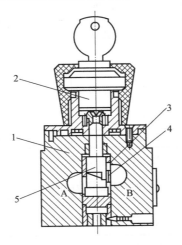

图 7-27　F 型精密节流阀的结构原理
1—阀体；2—调节件；3—节流套；4—节流口；5—节流杆

③ DV/DRV 型节流阀　型号及技术参数见表 7-4。

表 7-4　DV/DRV 型节流阀的型号和技术参数

型号规格	通径/mm	压力/MPa	流量/(L/min)
DV-8	8	35	60
DV-10	10	35	75
DV-12	12	35	140
DV-16	16	35	175
DV-20	20	35	200
DV-25	25	35	300
DV-30	30	35	400
DV-40	40	35	500
DRV-8	8	35	60
DRV-10	10	35	75
DRV-12	12	35	140
DRV-16	16	35	175
DRV-20	20	35	200
DRV-25	25	35	300
DRV-30	30	35	400
DRV-40	40	35	500

DV/DRV 型节流阀是管式截止阀/单向节流阀，采用细节流杆结构，用于控制执行元件速度。

　　DV型节流阀具有双向节流截止功能；DRV型节流阀在一个方向上能比较精确节流，反方向上起单向阀作用。旋转调节手柄可以改变节流口截止面直至完全关闭而无泄漏。

　　DV/DRV型节流阀的作用是与溢流阀配合组成三种节流调速回路。结构简单，安装方便，应用于要求比较精确的液压系统中。

　　④ SR型节流阀、SRC型单向节流阀　型号及技术参数见表7-5。

　　SR/SRC型节流阀用于工作压力基本稳定或允许流量随压力变化的液压系统，以控制执行元件的速度。本元件是平衡式的，可以较轻松地进行调整。

表7-5　SR型节流阀、SRC型单向节流阀的型号和技术参数

型号规格	通径/mm	最高工作压力/MPa	最大流量/(L/min)	质量/kg
SRT(SRCT)-03	10	25	30	1.4、1.5
SRT(SRCT)-06	20	25	80	2.6、3.6
SRT(SRCT)-10	32	25	200	6.1、7.4
SRC(SRCG)-03	10	25	30	1.5、4.4
SRC(SRCG)-06	20	25	80	2.0、5.2
SRC(SRCG)-10	32	25	200	2.7、8.1

　　⑤ LF2-F10型精密节流阀　型号及技术参数见表7-6。

表7-6　LF2-F10型精密节流阀的型号和技术参数

型号规格	通径/mm	最高工作压力/MPa	流量调节范围/(L/min)
LF2-F10型	10	21	6~50

　　⑥ FB型溢流节流阀　型号及技术参数见表7-7。

　　该元件由溢流阀和节流阀并联而成，用于速度稳定性要求不太高而功率较大的进口节流系统。它具有压力控制和流量控制的功能，其进口压力随出口负载压力变化，压差为0.6MPa，因此大幅度降低了功耗。

表7-7　FB型溢流节流阀的型号和技术参数

型号规格	最高压力/MPa	额定流量/(L/min)	先导溢流流量/(L/min)	质量/kg	进口与出口最小压差/MPa
FBG-03-125-10	25	125	1.5	13.3	6
FBG-06-250-10	25	250	2.4	27.3	7
FBG-10-500-10	25	500	3.5	57.3	9

7.6.2　常用调速阀

　　① 2FRM型调速阀　型号及技术参数见表7-8。

　　2FRM型调速阀是二通的流量控制阀。该元件是由减压阀和节流阀串联而成的，由于减压阀对节流阀进行了压力补偿，所以调速阀的流量不受负载变化的影响，保持稳定。同时节流窗口设计成薄刃状，流量受温度变化很小。调速阀与单向阀并联时，油流能反向回流。

表7-8　2FRM型调速阀的型号及技术参数

型号规格	通径/mm	最高压力/MPa	流量/(L/min)
2FRM-5	5	21	15
2FRM-6	6	31.5	25
2FRM-10	10	31.5	50
2FRM-16	16	31.5	160

② F型调速阀、FC型单向调速阀 型号及技术参数见表7-9。

F型调速阀由定差减压阀和节流阀串联而成，它具有压力补偿及良好的温度补偿性能。FC型调速阀由调速阀与单向阀并联而成，油流能反向回流。

表7-9 F型调速阀、FC型单向调速阀的型号及技术参数

型号规格	最高工作压力/MPa	最小调整流量/(L/min)	最大调整流量/(L/min)	质量/kg
FC(FCG)-01-$\frac{4}{8}$-*-11	14	0.02、0.04	4、8	1.3
FC(FCG)-02-30-*-30	21	0.05	30	3.8
FC(FCG)-03-125-*-30	21	0.2	125	7.9
FC(FCG)-06-250-*-11	21	2	250	23
FC(FCG)-10-500-*-11	21	4	500	52

7.6.3 常用分流集流阀

① FJL型分流阀 型号及技术参数见表7-10。

表7-10 FJL型分流阀的型号及技术参数

型号规格	通径/mm	压力/MPa	流量/(L/min)		连接形式
			P、Q	A、B	
FJL-B10H-S	10	31.5	40	20	板式
FJL-B15H-S	15	31.5	63	31.5	板式
FJL-B20H-S	20	31.5	100	50	板式

② 3FJLK型可调式分流阀 型号及技术参数见表7-11。

表7-11 3FJLK型可调式分流阀的型号及技术参数

型号规格	最高压力/MPa	流量/(L/min)
3FJLK	21	10~50

③ ZSTF2型自调式分流阀 型号及技术参数见表7-12。

表7-12 ZSTF2型自调式分流阀的型号及技术参数

型号规格	最高压力/MPa	流量/(L/min)
ZSTF2	32	3~320

第 8 章

电液比例阀

8.1 电液比例阀的工作原理

电液比例阀简称比例阀，是将手动调节压力、流量等参数的压力阀、流量阀改为电动调节，并使被调节参数和给定的电量（通常是电流）成比例的液压阀。它可以按给定的输入电信号连续地、按比例地控制液流的压力、流量和方向，使用一个比例阀就可得到多种压力或流量，与多级压力控制回路和多种速度控制回路相比简单得多，在工程技术中动态性能要求不高的场合已得到广泛的应用。

8.1.1 电液比例阀的分类

比例阀按主要功能分类，分为压力控制阀、流量控制阀和方向控制阀三大类，每一类又可以分为直接控制和先导控制两种结构形式，直接控制用在小流量小功率系统中，先导控制用在大流量大功率系统中。电液比例阀的分类见图8-1。

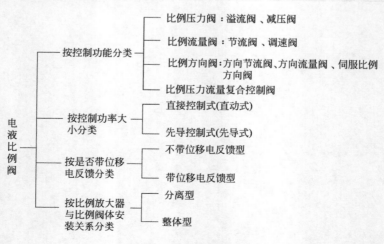

图 8-1 电液比例阀的分类

8.1.2 电液比例阀的工作原理

电液比例阀的构成，从原理上讲相当于在普通液压阀上，装上一个比例电磁铁以代替原有的控制（驱动）部分。比例电磁铁是一种直流电磁铁，与普通换向阀用电磁铁的不同主要在于，比例电磁铁的输出推力与输入的线圈电流基本成比例。这一特性使比例电磁铁可作为液压阀中的信号给定元件。

普通电磁换向阀所用的电磁铁只要求有吸合和断开两个位置，并且为了增加吸力，在吸合时磁路中几乎没有气隙。而比例电磁铁则要求吸力（或位移）和输入电流成比例，并在衔铁的全部工作位置上，磁路中保持一定的气隙。图8-2所示为比例电磁铁的结构原理图。

由于电液比例阀能连续、按比例地对压力、流量和方向进行控制，避免了压力和流量有级切换时的冲击。采用电信号可进行远距离控制，既可开环控制，也可闭环控制。一个电液比例阀可兼有几个普通液压阀的功能，可简化回路，减少阀的数量，提高其可靠性。

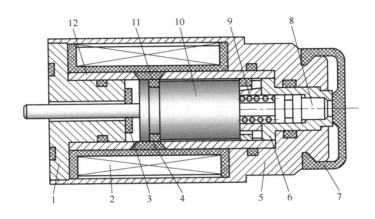

图8-2 比例电磁铁的结构原理图

1—轭铁；2—线圈；3—限位环；4—隔磁环；5—壳体；6—内盖；7—盖；8—调节螺钉；
9—弹簧；10—衔铁；11—（隔磁）支承环；12—导向套

图8-3所示为电液比例阀工作原理框图。指令信号经比例放大器进行功率放大，并按比例输出电流给电液比例阀的电液比例电磁铁，电液比例电磁铁输出力并按比例移动阀芯的位置，即可按比例控制液流的流量和改变液流的方向，从而实现对执行机构的位置或速度控制。在某些对位置或速度精度要求较高的应用场合，还可通过对执行机构的位移或速度检测，构成闭环控制系统。

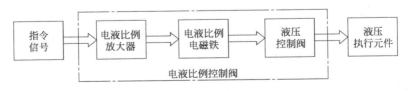

图8-3 电液比例阀工作原理框图

8.2 电液比例阀的典型结构和工作特性

根据用途和工作特点的不同，电液比例阀分为电液比例压力阀、电液比例流量阀、电液比例方向阀、电液比例压力流量复合控制阀。

8.2.1 电液比例压力阀

电液比例压力控制阀（简称电液比例压力阀），其功用是对液压系统中的油液压力进行比例控制，进而实现对执行器输出力或输出转矩的比例控制。可以按照不同的方式对电液比例压力阀进行分类：按照控制功能不同，电液比例压力阀分为电液比例溢流阀和电液比例减压阀；按照控制功率大小不同，分为直接控制式（直动式）和先导控制式（先导式），直动式的控制功率较小；按照阀芯结构形式不同，可分为滑阀式、锥阀式、插装式等。

电液比例压力阀可实现压力遥控，压力的升降可通过电信号随时加以改变。工作系统的压力可根据生产过程的需要，通过电信号的设定值来加以变化，这种控制方式常称为负载适应型控制。这类阀的液压构件，沿用传统的压力阀，只是用带或不带位置调节闭环的比例电磁铁，替代用来调节弹簧预压缩量的调节螺钉或调节手轮。

（1）电液比例溢流阀

电液比例溢流阀具有比普通溢流阀更强大的功能。

a.构成液压系统的恒压源。电液比例溢流阀作为定压元件，当控制信号一定时，可获得稳定的系统压力；改变控制信号，可无级调节系统压力，且压力变化过程平稳，对系统的冲击小。此外，采用电液比例溢流阀作为定压元件的系统可根据工况要求改变系统压力。这可提高液压系统的节能效果，是电液比例技术的优势之一。

b.将控制信号置为零，即可获得卸荷功能。此时，液压系统不需要压力油，油液通过主阀阀口低压流回油箱。

c.电液比例溢流阀可方便地构成压力负反馈系统，或与其他控制元件构成复合控制系统。

d.合理调节控制信号的幅值可获得液压系统的过载保护功能。普通溢流阀只能通过并联一个安全阀来获得过载保护功能；而适当提高电液比例压力阀的给定信号，就可使电液比例压力阀的阀口常闭，电液比例压力阀处于安全阀工况。

① 直动式电液比例溢流阀　电液比例溢流阀中的直动式比例溢流阀，由于它可以作先导式比例溢流阀或先导式比例减压阀的先导级阀，并且根据它是否带电反馈，决定先导式比例压力阀是否带电反馈，所以经常直接称直动式比例溢流阀为电液比例压力阀。

图 8-4（a）为一种不带电反馈的直动式电液比例溢流阀，它由比例电磁铁和直动式压力阀两部分组成。直动式压力阀的结构与普通压力阀的先导阀相似，所不同的是阀的调压弹簧换为传力弹簧3，手动调节螺钉部分换装为比例电磁铁。锥阀阀芯4与阀座6间的防振弹簧5主要用于防止阀芯的振动撞击。阀体7为方向阀的阀体。当比例电磁铁输入控制电流时，衔铁推杆2输出的推力通过传力弹簧3作用在锥阀阀芯4上，与作用在锥阀阀芯上的液压力相平衡，决定了锥阀阀芯4与阀座6之间的开口量。由于开口量变化微小，故传力弹簧3变形量的变化也很小，若忽略液动力的影响，则可认为在平衡条件下，所控制的压力与比例电磁铁的输出电磁力成正比，从而与输入比例电磁铁的控制电流近似成正比。这种压力阀除了在小流量场合作为调压组件单独使用外，更多的是作为先导阀与普通溢流阀、减压阀的主阀组合，构成不带电反馈的先导式电液比例溢流阀、先导式电液比例减压阀，改变输入电流大小，即可改变电磁力，从而改变导阀前腔（即主阀上腔）压力，实现对主阀的进口或出口压力的控制。

图 8-5（a）所示为带位移电反馈型直动式电液比例溢流阀的结构图，其中位移传感器为干式结构。与带力控制型比例电磁铁的直动式电液比例溢流阀不同的是，这种阀采用带位移传感器比例电磁铁，衔铁的位移由电感式位移传感器检测并反馈至放大器，与给定信号比较，构成衔铁位移闭环控制系统，实现衔铁位移的精确调节，即与输入信号成正比的是衔铁位移，力的大小在最大吸力之内由负载需要决定。

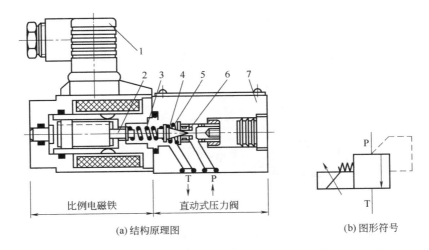

(a) 结构原理图　　　　　(b) 图形符号

图8-4　不带电反馈的直动式电液比例溢流阀结构原理图及图形符号

1—插头；2—衔铁推杆；3—传力弹簧；4—锥阀阀芯；5—防振弹簧；6—阀座；7—阀体

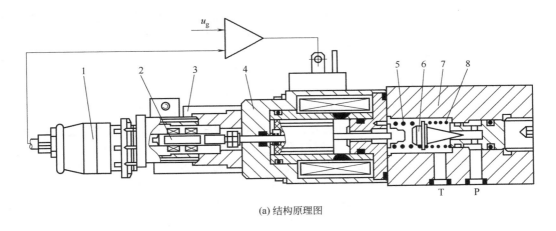

(a) 结构原理图

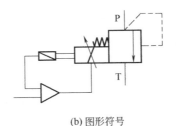

(b) 图形符号

图8-5　带位移电反馈型直动式电液比例溢流阀结构原理图及图形符号

1—位移传感器插头；2—位移传感器铁芯；3—夹紧螺母；4—比例电磁铁壳体
5—传力弹簧；6—锥阀阀芯；7—阀体；8—弹簧（防撞击）

图8-5中，衔铁推杆通过弹簧座传力弹簧5，产生的弹簧力作用在锥阀阀芯6 上。弹簧5 称为指令力弹簧，其作用与手调直动式溢流阀的调压弹簧相同，用于产生指令力，与作用在锥阀上的液压力相平衡。这是直动式比例压力阀最常用的结构。弹簧座的位置（即电磁铁衔铁的实际位置）由电感式位移传感器检测，且与输入信号之间有良好的线性关系，保证了弹簧获得非常精确的压缩量，从而得到精确的调定压力。锥阀阀芯与阀座间的弹簧用于防止阀芯与阀座的撞击。

由于输入电压信号经放大器产生与设定值成比例的电磁铁衔铁位移，故该阀消除了衔铁的摩擦力和磁滞对阀特性的影响，阀的抗干扰能力强。在对重复精度、滞环等指标有较高要求时（如先导式电液比例溢流阀的先导阀），优先选用这种带电反馈的电液比例压力阀。

图8-6所示为带位置调节型比例电磁铁的直动式电液比例溢流阀的外形图。

图8-6　带位置调节型比例电磁铁的直动式电液比例溢流阀的外形图

直动式压力阀的控制功率较小，通常控制流量为1～3L/min，低压力等级的流量最大可达10L/min。直动式压力阀可在小流量系统中用作溢流阀或安全阀，更主要的是作为先导阀，控制功率放大级主阀，构成先导式压力阀。

② 先导式电液比例溢流阀　图8-7（a）所示为带力控制型比例电磁铁的先导式电液比例溢流阀。这种形式的电液比例溢流阀是在两级同心式手调溢流阀结构的基础上，将手调直动式溢流阀更换为带力控制型比例电磁铁的直动式电液比例溢流阀得到的。显然，除先导级采用电液比例压力阀之外，其余与两级同心式普通溢流阀的结构相同，属于压力间接检测型先导式电液比例溢流阀。

这种先导式电液比例溢流阀的主阀采用了两级同心式锥阀结构，先导阀的回油必须通过泄油口3（Y口）单独直接引回油箱，以确保先导阀回油背压为零。否则，如果先导阀的回油压力不为零（如与主回油口接在一起），该回油压力就会与比例电磁铁产生的指令力叠加在一起，主回油压力的波动就会引起主阀压力的波动。主阀进口的油压力作用于主阀阀芯10的底部，同时也通过控制通道8作用于主阀阀芯10的顶部。当油压力达到比例电磁铁的推力时，先导锥阀2打开，先导油通过Y口流回油箱，并在控制腔阻尼孔6和固定节流孔7处产生压降，主阀阀芯因此克服复位弹簧12上升，接通A口及B口的油路，系统多余流量通过主阀阀口流回油箱，压力因此不会继续升高。　这种电液比例溢流阀配置了手调限压安全阀，当电气系统或液压系统发生故障（如出现过大的电流，或液压系统出现过高的压力）时，安全阀起作用，限制系统压力的上升。手调安全阀的设定压力通常比比例溢流阀调定的最大工作压力高10%以上。

采用比例溢流阀，可以显著提高控制性能，使原来溢流阀控制的压力调整由阶跃式变为比例阀控制的缓变式，避免了压力调整引起的液压冲击和振动。如将比例溢流阀的泄漏油路及先导阀的回油路单独引回油箱，主阀出油口也接压力油路，则图8-7所示比例溢流阀可作比例顺序阀用。若改变比例溢流阀的主阀结构，就可获得比例减压阀、比例顺序阀等不同类型的比例压力控制阀。

图8-8所示为先导式电液比例溢流阀的外形图。

（2）电液比例减压阀

电液比例减压阀中，根据通口数目有二通和三通之分。直动式二通减压阀不常见；新型结构的先导式二通减压阀，其先导控制油引自减压阀的进口。直动式三通减压阀常以双联形式作为比例方向节流阀的先导级阀；新型结构的先导式三通减压阀，其先导控制油引自减压阀的进口。

电液比例减压阀（定值控制）的功能是降压和稳压，并提供压力随输入电信号变化的恒压源。当采用单个油源向多个执行元件供油，其中部分执行元件需要高压，其余执行元件需要低压时，可通过减压阀的减压作用得到低于油源压力的恒压源；当系统压力波动较大，其中的某一负载又需要恒定压力时，则可在该负载入口串接一减压阀，以稳定其工作压力，如作为两级阀或多路阀的先导控制级。

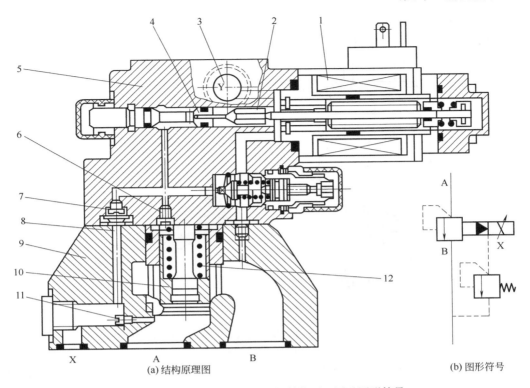

图8-7 先导式电液比例溢流阀结构原理图及图形符号

1—线圈；2—锥阀；3—泄油口；4—先导阀阀座；5—先导阀阀体；6—控制腔阻尼孔；
7—固定节流孔；8—控制通道；9—主阀阀体；10—主阀阀芯；11—堵头；12—复位弹簧

图8-8 先导式电液比例溢流阀的外形图

溢流阀和减压阀虽然同属压力控制阀，但是电液比例溢流阀与恒流源并联，构成恒压源。减压阀串接在恒压源与负载之间，向负载提供大小可调的恒定工作压力。

① 直动式电液比例减压阀 三通直动式电液比例减压阀是利用减压阀增大的出油口压力来控制出油口与回油口的沟通，达到精确控制出口压力并保护执行元件的目的。三通直动式电液比例减压阀多用作先导级。

图8-9所示为螺纹插装式结构的直动式三通电液比例减压阀（由于只配有一个比例电磁铁，故称为单作用）。图中，P口接恒压源，A口接负载，T口通油箱。A→T与P→A之间可以是正遮盖，也可以是负遮盖。

三通电液比例减压阀正向流通（P→A）时为减压阀功能，反向流通（A→T）时为溢流阀功能。三通电液比例减压阀的输出压力作用在反馈面积上与输入指令力进行比较，自动启闭 P→A 口或 A→T 口，维持输出压力稳定。

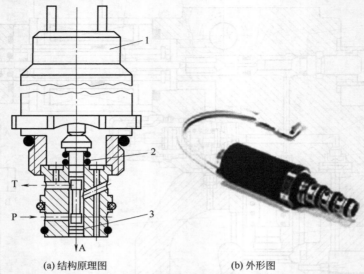

(a) 结构原理图　　　　　　　　(b) 外形图

图 8-9　单作用直动式三通电液比例减压阀结构原理图及外形图

1—比例电磁铁；2—传力弹簧；3—阀芯

② 先导式电液比例减压阀　图 8-10（a）所示为先导式二通单向电液比例减压阀的结构图。

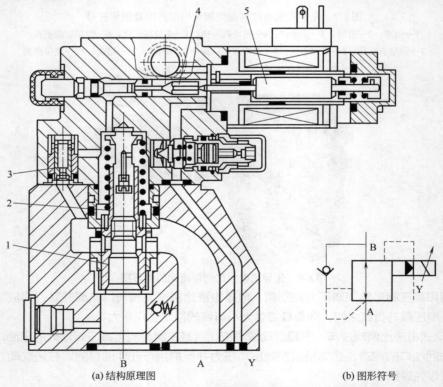

(a) 结构原理图　　　　　　　　(b) 图形符号

图 8-10　先导式二通单向电液比例减压阀结构原理图及图形符号

1—主阀阀芯；2—复位弹簧；3—流量稳定器；4—先导阀阀芯；5—衔铁

该阀的特点如下：

a.先导油引自主阀的进口。

b.配置先导流量稳定器。

c.消除反向瞬间压力峰值，保护系统安全。

d.带单向阀，允许反向自由流通。

在减压阀出口所连接的负载突然停止运动的情况下，常常会在出口段管路引起瞬时的超高压力，严重时将使系统破坏而酿成事故。这种阀可消除反向瞬间压力峰值，其机理是在负载即将停止运动时，先给比例减压阀一个接近于零的低输入信号；停止运动时，主阀阀芯底部在高压作用下快速上移，受压液体产生的瞬时高压油通过主阀弹簧腔向先导阀回油口卸荷（单向阀在产生瞬间高压时来不及打开之故）。

图8-11所示为先导式二通单向电液比例减压阀的外形图。

8.2.2 电液比例流量阀

电液比例流量阀，其功用是对液压系统中的流量进行比例控制，进而实现对执行器输出速度或输出转速的比例控制。按照功能不同，电液比例流量阀可以分为电液比例节流阀和电液比例流量阀（调速阀）两大类。按照控制功率大小不同，电液比例流量阀又可分为直动式和先导式，直动式的控制功率及流量较小。

（1）电液比例节流阀

电液比例节流阀属于节流控制功能阀类，其通过流量与节流口开度大小有关，同时受到节流口前后压差的影响。

图8-11 先导式二通单向电液比例减压阀的外形图

① 直动式电液比例节流阀 图8-12（a）所示为直动式电液比例节流阀的结构图。力控制型比例电磁铁1直接驱动节流阀阀芯（滑阀）3，阀芯相对于阀体4的轴向位移（即阀口轴向开度）与比例电磁铁的输入电信号成比例。此种阀结构简单、价廉，滑阀机能除了图示常闭式外，还有常开式；但由于没有压力或其他检测补偿措施，工作时受摩擦力及液动力的影响，故控制精度不高，适宜低压小流量液压系统采用。

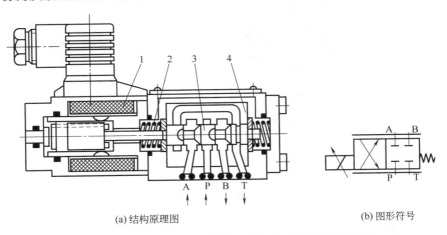

(a) 结构原理图　　　　　　　　　　　　(b) 图形符号

图8-12 单级直动式电液比例节流阀结构原理图及图形符号

1—比例电磁铁；2—对中弹簧；3—节流阀阀芯（滑阀）；4—阀体

图8-13所示为直动式电液比例节流阀的外形图。

图8-13　直动式电液比例节流阀的外形图

　　② 先导式电液比例节流阀　图8-14为位移电反馈型先导式电液比例节流阀。它由带位移传感器5的插装式主阀与三通先导比例减压阀2组成。先导阀2插装在主阀的控制盖板6上。先导油口X与进油口A连接，先导泄油口Y引回油箱。外部电信号u_i输入比例放大器4与位移传感器的反馈信号u_f比较得出差值。此差值驱动先导阀阀芯运动，控制主阀阀芯8上部弹簧腔的压力，从而改变主阀阀芯的轴向位置（即阀口开度）。与主阀阀芯相连的位移传感器5的位移检测杆1将检测到的阀芯位置反馈到比例放大器4，以使阀的开度保持在指定的开度上。这种位移电反馈构成的闭环回路，可以抑制负载以外的各种干扰力。

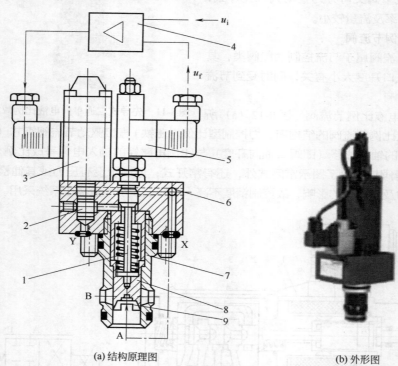

(a) 结构原理图　　　　　　　　　　　(b) 外形图

图8-14　位移电反馈型先导式电液比例节流阀结构原理图及图形符号

1—位移检测杆；2—三通先导比例减压阀；3—比例电磁铁；4—比例放大器；
5—位移传感器；6—控制盖板；7—阀套；8—主阀阀芯；9—主阀节流口

（2）电液比例调速阀

　　电液比例调速阀由电液比例节流阀派生而来。将节流型流量控制阀转变为调速型流量控制阀，可采用压差补偿、压力适应、流量反馈三种途径。

　　图8-15为一种位移电反馈型直动式电液比例调速阀的结构原理图及图形符号。它由节流阀、

作为压力补偿器的定差减压阀4、单向阀5和电感式位移传感器6等组成。节流阀芯3的位置通过位移传感器6检测并反馈至比例放大器。当液流从B油口流向A油口时，单向阀开启，不起比例流量控制作用。这种比例调速阀可以克服干扰力的影响，静态、动态特性较好，主要用于较小流量的系统。

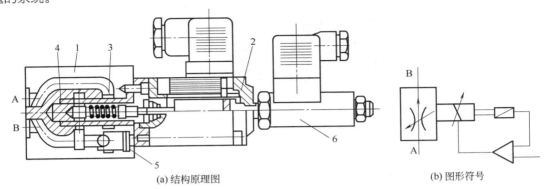

(a) 结构原理图　　　　　　　　　　　　(b) 图形符号

图8-15　位移电反馈型直动式电液比例调速阀结构原理图及图形符号

1—阀体；2—比例电磁铁；3—节流阀芯；4—作为压力补偿的定差减压阀；

5—单向阀；6—电感式位移传感器

8.2.3　电液比例方向阀

在电液比例方向控制阀中，与输入电信号成比例的输出量是阀芯的位移或输出流量，并且该输出量随着输入电信号的正负变化而改变运动方向。因此，电液比例方向控制阀本质上属于方向流量控制阀。

（1）直动式电液比例方向阀

图8-16为一种普通型直动式电液比例方向阀的结构原理图，它主要由两个比例电磁铁1、6，阀体3，阀芯（四边滑阀）4，对中弹簧2、5 组成。当比例电磁铁1通电时，阀芯右移，油口P与B通，A 与T通，而阀口的开度与比例电磁铁1的输入电流成比例；当比例电磁铁6通电时，阀芯向左移，油口P与A通、B与T通，阀口开度与比例电磁铁6的输入电流成比例。与伺服阀不同的是，这种阀的四个控制边有较大的遮盖量，端弹簧具有一定的安装预压缩量。阀的稳态控制特性有较大的中位死区。另外，由于受摩擦力及阀口液动力等干扰的影响，这种直动式电液比例方向节流阀的阀芯定位精度不高，尤其是在高压大流量工况下，稳态液动力的影响更加突出。为了提高电液比例方向阀的控制精度，可以采用位移电反馈型直动式电液比例方向阀。

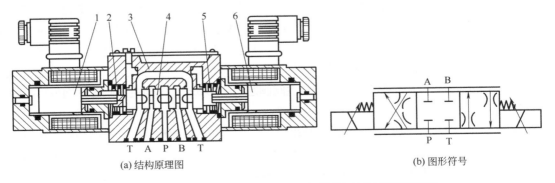

(a) 结构原理图　　　　　　　　　　　　(b) 图形符号

图8-16　普通型直动式电液比例方向阀结构原理图及图形符号

1，6—比例电磁铁；2，5—对中弹簧；3—阀体；4—阀芯

图8-17是直动式电液比例方向阀的外形图。

图8-17　直动式电液比例方向阀外形图

（2）先导式电液比例方向阀

当用电液比例方向阀控制高压大流量液流时，阀芯直径加大，作用在阀芯上的运动阻力（主要成分是稳态液动力）进一步增加，而比例电磁铁提供的电磁驱动力有限。为获得足够的阀芯驱动力和降低过流阻力，可采用二级或多级结构（亦称先导式）的比例方向阀。第一级（先导级）采用普通的单级电液比例方向阀的结构，用于向第二级（主级或功率级）提供足够的驱动力（液压力）。

图8-18（a）是先导阀采用减压阀的开环控制二级电液比例方向阀的结构图。这种阀的先导级和功率级之间没有反馈联系，也不存在对主阀阀芯位移及输出参数的检测和反馈，整个阀是一个位置开环控制系统。先导级输出压力（或压差）驱动主阀阀芯，与主阀阀芯上的弹簧力相比较，主阀阀芯上的弹簧是一个力-位移转换元件，主阀阀芯位移（对应阀口开度）与先导级输出的压力成比例。为实现先导级输出压力与输入电信号成比例，先导级可采用电液比例减压阀或电液比例溢流阀，从而最终实现功率级阀口开度与输入电信号之间的比例关系。

其工作原理如下。

① 当比例电磁铁2和3的电流为零时，先导减压阀阀芯5处于中位，对中弹簧7将主阀阀芯6也推到中位。

② 主阀阀芯6的动作由减压型先导阀4来控制，比例电磁铁2和3由集成比例放大器1控制分别得电。当比例电磁铁2得电时，输出作用在先导减压阀阀芯上的指令力。该指令力将先导减压阀阀芯5推向右侧，并在先导阀4的出口A1处产生与电信号成比例的控制压力p_{A1}。此控制压力作用在主阀阀芯6的右端面上，克服弹簧力推动主阀阀芯移动。这时，P口与A口及B口与T口接通。当 p_{A1} 与主阀阀芯上的弹簧力达到平衡时，主阀阀芯即处于确定的位置。主阀阀芯位移的大小（对应主阀阀口轴向开度的大小）取决于作用在主阀阀芯端面上的先导控制液压力的高低。由于先导阀采用比例压力阀，故实现了主阀阀口轴向开度与输入电信号之间的比例关系。当给电磁铁3输入电信号时，在主阀阀芯左端腔体内产生与输入信号相对应的液压力 p_{B1}。这个液压力通过固定在阀芯上的连杆，克服弹簧7的弹簧力使主阀阀芯6向右移动，实现主阀阀芯轴向位移与输入信号的比例关系。

主阀阀芯装配时对中弹簧7有一定的预压缩量，以保证输入信号相同时，主阀阀芯在左右两个方向的移动量相等。弹簧座采用悬置方式，有利于减小滞环。采用单弹簧结构，有利于主阀阀芯另一侧配置位移传感器。由于整个阀内部采用开环方案，故这种阀的控制精度不高，首级抗干扰（液动力、摩擦力）能力较差，但它的结构简单，制造和装配无特殊要求，通用性好，调整方便。

图8-19是先导阀采用减压阀的开环控制二级电液比例方向阀的外形图。

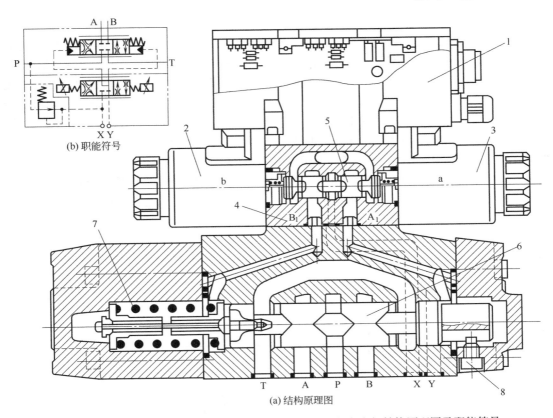

(b) 职能符号

(a) 结构原理图

图8-18 不带内部反馈闭环的先导减压型二级电液比例方向阀结构原理图及职能符号

1—集成式比例放大器；2，3—比例电磁铁；4—减压型先导阀；5—先导减压阀阀芯
6—主阀阀芯；7—对中弹簧；8—主阀阀芯防转螺钉

图8-19 先导阀采用减压阀的开环控制二级电液比例方向阀的外形图

8.2.4 电液比例压力流量复合控制阀

　　电液比例压力流量复合控制阀是根据塑料机械、压铸机械液压控制需要，在三通调速阀基础上发展起来的一种精密比例控制阀。这种阀是将电液比例压力控制功能与电液比例流量控制功能复合到一个阀中，简称PQ阀。它可以简化大型复杂液压系统及其油路块的设计、安装和调试。

（1）结构与工作原理

图8-20为一种PQ阀的结构原理，它是在一个定差溢流节流型电液比例三通流量阀（调速阀）的基础上，增设一个电液比例压力先导控制级而成。当系统处于流量调节工况时，首先给比例压力先导阀1输入一个恒定的电信号，只要系统压力在小于比例压力先导阀的调节压力范围内变动，比例压力先导阀总是可靠关闭，此时比例压力先导阀仅起安全阀作用。比例节流阀2阀口的恒定压差，由作为压力补偿器的定差溢流阀来保证，通过比例节流阀2阀口的流量与给定电信号成比例。在此工况下，PQ阀具有溢流节流型三通比例流量阀的控制功能。当系统进行压力调节时，一方面给比例节流阀2输入一个保证它有一固定阀口开度的电信号；另一方面，调节比例压力先导阀的输入电信号，就可得到与之成比例的压力。在此工况下，PQ阀具有比例溢流阀的控制功能。手调压力先导阀3可使系统压力达到限压压力时，与定差溢流阀主阀芯一起组成先导式溢流阀。限制系统的最高压力，起到保护系统安全作用。在 PQ 中通常设有手调先导限压阀，故采用了PQ阀的系统中，可不必单独设置大流量规格的系统溢流阀。事实上，PQ 阀的结构形式多种多样。例如，在流量力反馈的三通比例流量阀的基础上，增加一比例压力先导阀，即构成另一种结构形式的PQ阀；再如，以手调压力先导阀取代电液比例压力先导阀，就可构成带手调压力先导阀的PQ阀。

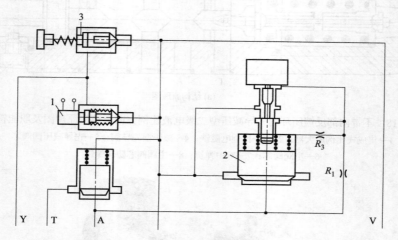

图8-20　电液比例压力流量复合控制阀（PQ阀）的结构原理
1—比例压力先导阀；2—比例节流阀；3—手调压力先导阀

（2）型号意义（见图8-21）

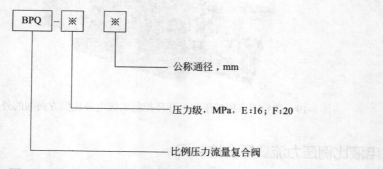

图8-21　电液比例压力流量复合控制阀的型号表示方法

（3）技术规格（见表8-1）

表8-1 电液比例压力流量复合控制阀的技术规格

型号	公称通径/mm	最高工作压力/MPa	压力控制				流量控制				流量调节范围/(L/min)	频宽(−3bB)/Hz	质量/kg
			压力调节范围/MPa	额定电流/mA	滞环/%	重复精度/%	额定电流/mA	压差/MPa	滞环/%	重复精度/%			
BPQ-※16	16	E:16 F:20	1.0～16 1.0～20	810	<3	1	810	0.6	<7	1	1～125	8	15.5

（4）外形尺寸（见图8-22）

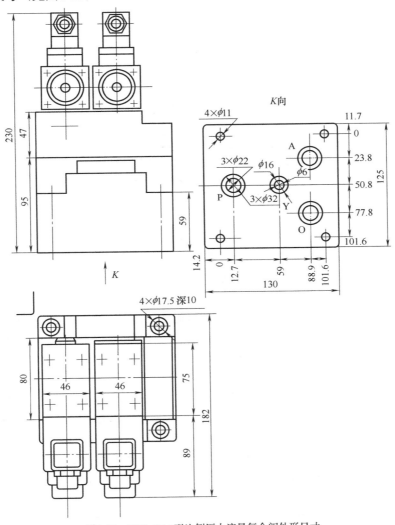

图8-22 BPQ-※16型比例压力流量复合阀外形尺寸

8.2.5 电液比例阀的工作特性

电液比例阀的工作特性，可分为静态特性和动态特性，其中动态特性常用阶跃响应或频率响应来表示；静态特性又可进一步分为静态控制特性和静态负载特性，对于不同类型的电液比例阀，有不同的静态特性。

（1）静态特性

电液比例阀的静态特性是指稳定工作条件下，比例阀的各静态参数（流量、压力、输入电流或电压）之间的相互关系。这些关系可用相关特性方程或在稳定工况下输入电流信号由0增加至额定值I_n，又从额定值减小到0的整个过程中，被控参数（压力p或q）的变化曲线（简称特性曲线）描述，如图8-23所示。电液比例阀的理想静态特性曲线应为通过坐标原点的一条直线，以保证被控参数与输入信号完全成同一比例。但因阀内存在的摩擦、磁滞及机械死区等因素，故阀的实际静态特性曲线是一条封闭的回线。此回线与通过两端平均直线之间的差别反映了稳态工况下比例阀的控制精度和性能，这些差别主要由非线性度、滞环、分辨率、重复精度等静态性能指标参数进行描述。

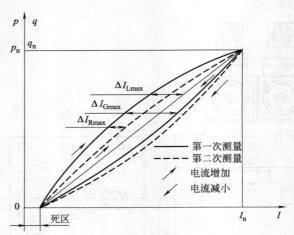

图 8-23　电液比例阀的静态特性曲线

① 非线性度　比例阀实际特性曲线上各点与平均斜线间的最大电流偏差I_{Lmax}与额定输入电流 I_n 的百分比，称为电液比例阀的非线性度（见图8-23）。非线性度越小，比例阀的静态特性越好。电液比例阀的非线性度通常小于10%。

② 滞环　电液比例阀的输入电流在作一次往复循环中，同一输出压力或流量对应的输入电流的最大差值I_{Gmax}与额定输入电流I_n的百分比，称为电液比例阀的滞环误差，简称滞环（见图8-23）。滞环越小，比例阀的静态性能越好。电液比例阀的滞环通常小于7%，性能良好的比例阀，滞环小于3%。

③ 分辨率　使比例阀的流量或压力产生变化（增加或减少）所需输入电流的最小增量值与额定输入电流的百分比，称为电液比例阀的分辨率。分辨率小时静态性能好，但分辨率过小将会使阀的工作不稳定。

④ 重复精度　在某一输出参数（压力或流量）下从一个方向多次重复输入电流，多次输入电流的最大差值I_{Rmax}与额定输入电流I_n的百分比，称为电液比例阀的重复精度。一般要求重复精度越小越好。

由于电液比例阀一般不在零位附近工作，而且对它的工作性能要求也不像电液伺服阀那样高，因此对比例阀的死区以及由于油温和进出口压力变化引起的特性零位漂移等，对阀的工作影响不太显著，一般不作为电液比例阀的主要性能指标。

下面介绍几类比例阀的特性曲线。

图8-24为电液比例溢流阀的静态控制特性曲线，描述了输入电流信号和溢流阀控制压力之间的关系，反映了近似比例关系以及死区、滞环等非线性特性。该曲线通常称为电液比例溢流阀的I-P特性曲线。

图8-25为比例溢流阀的静态负载特性曲线，常称为p-q曲线。图8-25（a）反映了实际溢流压

力随溢流流量的变化关系，图8-25（b）表
示了每一流量规格的先导式比例溢流阀所
允许的最低调定压力关系。另一方面，从
图8-25（a）还可看出，调定压力不可太
高，否则曲线严重上翘，即随溢流流量变
化，实际溢流压力偏离调定压力甚大。可
见调定压力必须限定在某一允许的范围内，
才能保证电液比例溢流阀具有"等压力"
特性，即溢流阀的启闭压力与负载流量
（溢流流量）大小近似无关。溢流阀的 p-q
特性常称为"启闭特性"。

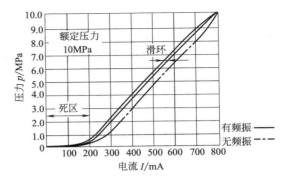

图8-24　电液比例溢流阀的静态控制特性曲线

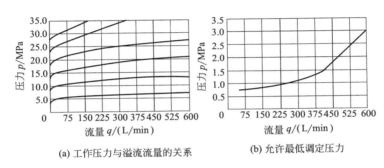

(a) 工作压力与溢流流量的关系　　(b) 允许最低调定压力

图8-25　电液比例溢流阀的静态负载特性曲线

电液比例减压阀的静态控制特性，即 I-P 特性曲线与图8-24相同。其静态负载特性，即 p-q 特性曲线如图8-26所示。同溢流阀的 p-q 特性曲线（见图8-25）相比，不难发现减压阀输出压力 p 随负载流量增加而减小，即 p-q 特性曲线不是上翘而是下倾的。与溢流阀相仿，电液比例减压阀也有一个与负载流量相关的最低调定压力，而且这根曲线也是下倾的。

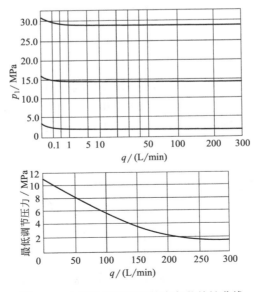

图8-26　电液比例减压阀静态负载特性曲线

电液比例节流阀的静态控制特性曲线即 I-q 特性曲线如图8-27所示。节流阀公称流量 q_n 是指在额定输入电流 I_n 下（阀口处于最大开启度）、阀口压降最小（Δp_{min}）时，阀所通过的流量。在实际应用回路中，比例节流阀实际通过的流量不仅与输入电流大小有关，还和阀口形状及阀口压降有关，可能达到公称流量的 2～4 倍，这一点明显不同于比例调速阀。

电液比例节流阀静态负载特性即 p-q 特性曲线如图8-28所示。由图可见，比例节流阀的输出流量 q 与阀口压降之间呈指数非线性关系，且存在死区 Δp_1，为此使系统最小工作压力高于阀的最小工作压差 Δp_1，以保证比例节流阀的正常工作。

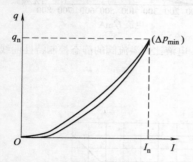

图8-27 比例节流阀静态控制特性

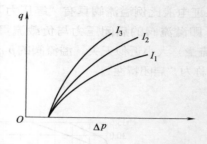

图8-28 比例节流阀静态负载特性

电液比例调速阀的静态控制特性曲线即 I-q 特性与电液比例节流阀 I-q 特性曲线相同，存在明显的死区。其静态负载特性曲线即 p-q 特性曲线如图8-29所示，和节流阀的 p-q 特性曲线显著不同，即阀的输出流量 q 受负载压力变化影响甚少。

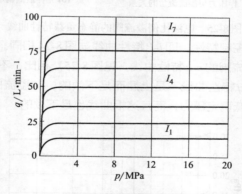

图8-29 比例调速阀静态负载特性

电液比例方向阀的静态控制特性即 I-q 特性如图8-30所示。由图可见，比例方向阀有明显的死区，通常可达额定输入幅值的 20%～25%。其频宽通常在 50Hz 以下，但近年已有 100Hz 的产品面世。

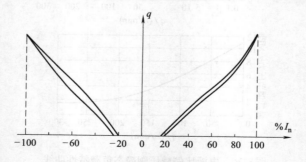

图8-30 电液比例方向阀静态控制特性

（2）动态特性

电液比例阀的动态特性用频率响应（频域特性）和瞬态响应（时域特性）表示。频域特性用波德图表示，并以比例阀的幅值比为−3dB（即输出流量为基准频率时输出流量的70.7%）时的频率定义为幅频宽，以相位滞后达到−90°时的频率定义为相频宽。应取幅频宽和相频宽中较小者作为阀的频宽值。频宽是比例阀动态响应速度的度量，频宽过低影响系统的响应速度，过高会使高频传到负载上去，一般电液比例阀的频宽在1~10Hz之间，而高性能的电液伺服比例阀的频宽可高达120Hz甚至更高。

电液比例阀的瞬态响应特性也是指通过对阀施加一个典型输入信号（通常为阶跃信号），阀的输出流量对阶跃输入电流的跟踪过程中所表现出的振荡衰减特性。反映电液比例阀瞬态响应快速性的时域性能主要指标有超调量、峰值时间、响应时间和过渡过程时间。具体可参考电液伺服阀的特性。

图8-31为电液比例节流阀的典型阶跃响应特性（动态流量的测量非常困难，图中以节流阀阀芯行程变化表示阀的阶跃响应特性）。

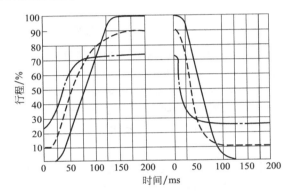

图8-31　电液比例节流阀的典型阶跃响应特性

8.3　电液比例阀的应用

电液比例阀多用于开环液压控制系统中，实现对液压参数的遥控，也可作为信号转换与放大元件用于闭环控制系统。与普通液压阀相比，比例阀阀位转换过程是受控的，设定值可无级调节，能实现复杂程序和运动规律控制，实现特定控制所需液压元件少，可明显地简化液压系统及减少投资费用，便于机电一体化，通过电信号实现远程控制，大大提高液压系统的控制水平。

（1）电液比例压力控制

采用电液比例压力控制可以很方便地按照生产工艺及设备负载特性的要求，实现一定的压力控制规律，同时避免了压力控制阶跃变化而引起的压力超调、振荡和液压冲击。与传统手调阀的压力控制相比较，可以大大简化控制回路及系统，又能提高控制性能，而且安装、使用和维护都比较方便。在电液比例压力控制回路中，有用比例阀控制的，也有用比例泵或马达控制的，但是以采用电液比例压力阀控制为基础的控制回路被广泛应用。

① 比例调压回路　采用电液比例溢流阀可以实现构成比例调压回路，通过改变比例溢流阀的输入电信号，在额定值内任意设定系统压力。

电液比例溢流阀构成的调压回路基本形式有两种：如图8-32（a）所示，用一个直动式电液比例溢流阀2与传统先导式溢流阀3的遥控口相连接，比例溢流阀2作远程比例调压，而传统先导式溢流阀3除作主溢流外，还起系统的安全阀作用；如图8-32（b）所示，直接用先导式电液比例溢流阀5对系统压力进行比例调节，比例溢流阀5的输入电信号为零时，可以使系统卸荷。安装在阀5遥控口的传统直动式溢流阀6，可以预防过大的故障电流输入致使压力过高而损坏系统。

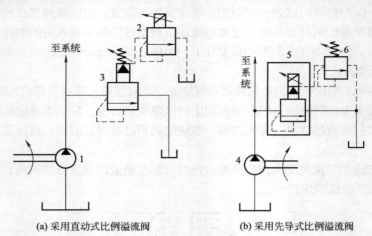

(a) 采用直动式比例溢流阀　　(b) 采用先导式比例溢流阀

图 8-32　电液比例水溢流阀的比例调压回路

1，4—定量液压泵；2—直动式电液比例溢流阀；3—传统先导式溢流阀；
5—先导式电液比例溢流阀；6—传统直动式溢流阀

② 比例减压回路　采用电液比例减压阀可以实现构成比例减压回路，通过改变比例减压阀的输入电信号，在额定值内任意降低系统压力。与电液比例调压回路一样，电液减压阀构成的减压回路基本形式也有两种。

a. 如图 8-33（a）所示，用一个直动式电液比例压力阀3与传统的先导式减压阀4的先导遥控口相连接，用比例压力阀3作远程控制减压阀4的设定压力，从而实现系统的分级变压控制；液压泵1的最大工作压力由溢流阀2设定。

b. 如图 8-33（b）所示，直接用先导式电液比例减压阀7对系统压力进行减压调节，液压泵5的最大工作压力由溢流阀6设定。

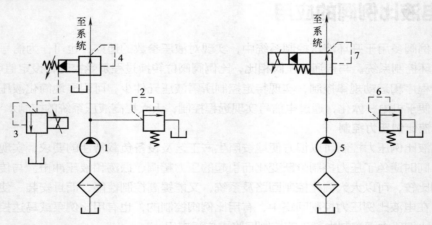

(a) 采用传统先导式减压阀和直动式比例压力阀　　(b) 采用先导式比例减压阀

图 8-33　电液比例减压阀的比例减压回路

1，5—液压泵；2—传统先导式溢流阀；3—直动式电液比例压力阀；
4—传统先导式减压阀；6—传统直动式溢流阀；7—先导式电液比例减压阀

（2）电液比例速度控制

采用电液比例流量阀（节流阀或调速阀）控制可以很方便地按照生产工艺及设备负载特性的要求，实现一定的速度控制规律。与传统手调阀的速度控制相比较，可以大大简化控制回路及系统，又能提高控制性能，而且安装、使用和维护都比较方便。

① 基本回路　图8-34所示为电液比例节流阀的节流调速回路。其中，图8-34（a）所示为进口节流调速回路，图8-34（b）所示为出口节流调速回路，图8-34（c）所示为旁路节流调速回路。它们的结构与功能的特点和传统节流阀的调速回路大体相同。所不同的是，电液比例调速阀可以实现开环或闭环控制，可以根据负载的速度特性要求，以更高精度实现执行器各种复杂的速度控制。将图中的比例节流阀换为比例调速阀，即构成电液比例调速阀的节流调速回路，由于比例调速阀具有补偿功能，所以执行器的速度负载特性即速度平稳性要好。

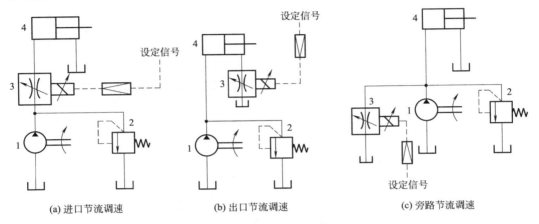

(a) 进口节流调速　　　　(b) 出口节流调速　　　　(c) 旁路节流调速

图8-34　电液比例节流阀的节流调速回路

1—定量液压泵；2—溢流阀；3—电液比例节流阀；4—液压缸

② 机床微进给电液比例控制回路　图8-35所示为机床微进给电液比例控制回路原理图，采用了传统调速阀1和电液比例调速阀3，以实现液压缸2驱动机床工作台的微进给。液压缸的运动速度由其流量 q_2（$q_2=q_1-q_3$）决定。当 $q_1>q_3$ 时，活塞左移；而当 $q_1<q_3$ 时，活塞右移，故无换向阀即可实现活塞运动换向。此控制方式的优点是：用流量增益较小的比例调速阀即可获得微小进给量，而不必采用微小流量调速阀；两个调速阀均可在较大开度（流量）下工作，不易堵塞；既可开环控制也可以闭环控制，可以保证液压缸输出速度恒定或按设定的规律变化。如将传统调速阀1用比例调速阀取代，还可以扩大调速范围。

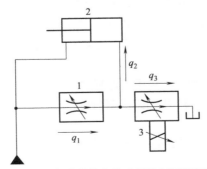

图8-35　机床微进给电液比例控制回路原理

1—传统调速阀；2—液压缸；3—电液比例调速阀

（3）电液比例方向速度控制

采用兼有方向控制和流量的比例控制功能的电液比例方向阀或电液伺服比例阀（高性能电液比例方向阀），可以实现液压系统的换向及速度的比例控制。下面给出几个实例。

① 焊接自动线提升装置的电液比例控制回路 图8-36（a）所示为焊接自动线提升装置的运行速度循环图，要求升、降最高速度达到0.5m/s，提升行程中的速度不得超过0.15m/s，为此采用了电液比例方向节流阀1和电子接近开关2（模拟式触发器）组成的提升装置电液比例控制回路。如图8-36（b）所示，工作时，随着活塞挡铁逐步接近开关2，开关2输出的模拟电压相应降低直到0V，通过比例放大器去控制电液比例方向节流阀，使液压缸5按运行速度循环图的要求，通过四杆机械转换器将水平位移转换为垂直升降运动。此回路对于控制位置重复精度的大惯量负载是相当有效的。

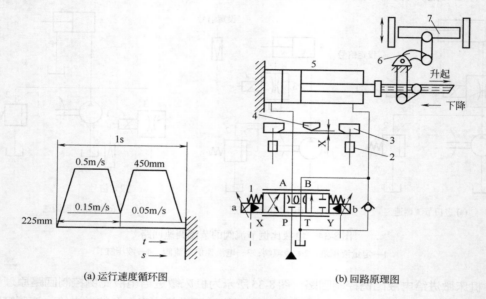

(a) 运行速度循环图　　　　　　　　　　　(b) 回路原理图

图8-36　焊接自动线提升装置的电液比例控制回路

1—电液比例方向节流阀；2—电子接近开关（模拟起始器）；3—控制挡块；

4—活动挡块；5—液压缸；6—四杆机械转换器；7—工作机构

② 无缝钢管生产线穿孔机芯棒送入机构的电液比例控制系统 图8-37所示为无缝钢管生产线穿孔机芯棒送入机构的电液比例控制原理，芯棒送入液压缸行程为1.59m，最大行驶速度为1.987m/s，启动和制动时的最大加（减）速度为30m/s²，在两个运动方向运行所需流量分别为937L/min和168L/min。系统采用公称通径$DN10$的比例方向节流阀为先导控制级，通径$DN50$的二通插装阀为功率输出级，组合成电液比例方向节流控制插装阀。采用通径$DN10$的定值控制压力阀作为先导控制级，通径$DN50$的二通插装阀为功率输出级，组合成先导控制式定值压力阀，以满足大流量和快速动作的控制要求。采用进油节流阀调节速度和加（减）速度，以适应阻力负载；采用液控插装式锥阀锁定液压缸活塞，采用接近开关、比例放大器、电液比例方向节流阀等的配合控制，控制加（减）速度或斜坡时间，控制工作速度。

（4）使用注意事项

① 在选择比例节流阀或比例方向阀时，一定要注意，不能超过电液比例节流阀或比例方向阀的功率域（工作极限）。

② 注意控制油液污染。比例阀对油液污染度通常要求为NAS1638的7～9级（ISO的16/13，17/14，18/15级），决定这一指标的主要环节是先导级。

③ 比例阀与放大器必须配套。通常比例放大器能随比例阀配套供应，放大器一般有深度电流负反馈，并在信号电流中叠加着颤振电流。放大器设计成断电时或差动变压断线时使阀芯处于原始位置，或是系统压力最低，以保证安全。放大器中有时设置斜坡信号发生器，以便控制升压、降压时间或运动加速度或减速度。驱动比例方向阀的放大器往往还有函数发生器以便补偿比较大的死区特性。

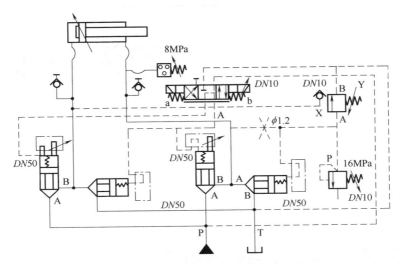

图8-37 无缝钢管生产线穿孔机芯棒送入机构的电液比例控制系统原理

比例阀与比例放大器安置距离可达60m，信号源与放大器的距离可以是任意的。

④ 控制加速度和减速度的传统的方法有：换向阀切换时间延迟；液压缸内端位缓冲；电子控制流量阀和变量泵等。用比例方向阀和斜坡信号发生器可以提供很好的解决方案，这样就可以提高机器的循环速度并防止惯性冲击。

第9章

电液伺服阀

9.1 电液伺服阀的工作原理及组成

电液伺服系统是一种控制灵活、精度高、快速响应性好、输出功率大的系统，在这种伺服系统中，用电气作为信号，传递快、线路连接方便，适于远距离控制，易于测量比较和校正，以液压能为动力，输出力大、惯性小、反应快。

9.1.1 基本组成与控制机理

电液伺服阀是一种自动控制阀，它既是电液转换组件，又是功率放大组件，其功用是将小功率的模拟量电信号输入转换为随电信号大小和极性变化且快速响应的大功率液压能［流量（或）和压力］输出，从而实现对液压执行器位移（或转速）、速度（或角速度）、加速度（或角加速度）和力（或转矩）的控制。电液伺服阀通常是由电气-机械转换器、液压放大器（先导级阀和功率级主阀）和检测反馈机构组成的（见图9-1）。

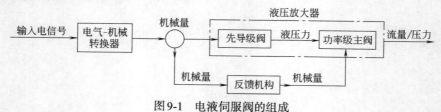

图9-1 电液伺服阀的组成

9.1.2 电气-机械转换器

电气-机械转换器包括电流-力转换和力-位移转换两个功能。

典型的电气-机械转换器为力马达或力矩马达。力马达是一种直线运动电气-机械转换器，而力矩马达则是旋转运动的电气-机械转换器。力马达和力矩马达的功用是将输入的控制电流信号转换为与电流成比例的输出力或力矩，再经弹性组件（弹簧管、弹簧片等）转换为驱动先导级阀运动的直线位移或转角，使先导级阀定位、回零。通常力马达的输入电流为150～300mA，输出力为3～5N。力矩马达的输入电流为10～30mA，输出力矩为0.02～0.06N·m。伺服阀中所用的电气-机械转换器有动圈式和动铁式两种结构。

（1）动圈式电气-机械转换器

动圈式电气-机械转换器产生运动的部分是控制线圈，故称为"动圈式"。输入电流信号后，产生相应大小和方向的力信号，再通过反馈弹簧（复位弹簧）转化为相应的位移量输出，故简称为动圈式力马达（平动式）或"力矩马达"（转动式）。动圈式力马达和力矩马达的工作原理是位于磁场中的载流导体（即动圈）受力作用。

动圈式力马达的结构原理如图9-2所示，永久磁铁1及内、外导磁体2、3构成闭合磁路，在环状工作气隙中安放着可移动的线圈4，它通常绕制在线圈架上，以提高结构强度，并采用弹簧5悬挂。当线圈中通入控制电流时，按照载流导线在磁场中受力的原理移动并带动阀芯（图中未画出）移动，此力的大小与磁场强度、导线长度及电流大小成比例，力的方向由电流方向及固定磁通方向按电磁学中的左手定则确定。图9-3为动圈式力矩马达的结构原理。与力马达所不同的是动圈式力矩马达采用扭力弹簧或轴承加盘圈扭力弹簧悬挂控制线圈。当线圈中通入控制电流时，按照载流导线在磁场中受力的原理使转子转动。

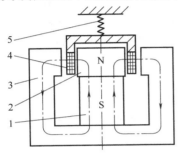

图9-2 动圈式力马达的结构原理

1—永久磁铁；2—内导磁体；3—外导磁铁；4—线圈；
5—弹簧

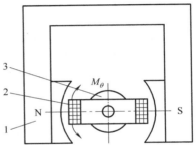

图9-3 动圈式力矩马达的结构原理

1—永久磁铁；2—线圈；3—转子

磁场的励磁方式有永磁式和电磁式两种，工程上多采用永磁式结构，其尺寸紧凑。动圈式力马达和力矩马达的控制电流较大（可达几百毫安至几安培），输出行程也较大［±（2～4）mm］，而且稳态特性线性度较好，滞环小，故应用较多。但其体积较大，且由于动圈受油的阻尼较大，其动态响应不如动铁式力矩马达快。多用于控制工业伺服阀，也有用于控制高频伺服阀的特殊结构动圈式力马达。

（2）动铁式力矩马达

动铁式力矩马达输入为电信号，输出为力矩。图9-4为动铁式力矩马达的结构原理。

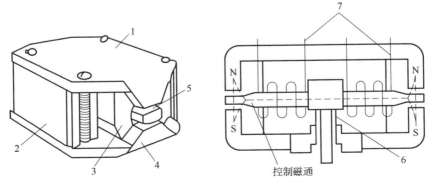

图9-4 动铁式力矩马达的结构原理

1—上导磁体；2—永久磁铁；3—线圈；4—下导磁体；5—衔铁；6—弹簧管；7—线圈引出线

它由左右两块永久磁铁、上下两块导磁体1及4、带扭轴（弹簧管6、衔铁 5及套在线圈上的两个线圈3）组成，衔铁悬挂在弹簧管上，可以绕弹簧管在4个气隙中摆动。左右两块永久磁铁使上下导磁体的气隙中产生相同方向的极化磁场。没有输入信号时，衔铁与上下导磁体之间的4个气隙距离相等，衔铁受到的电磁力相互抵消而使衔铁处于中间平衡状态。当输入控制电流时，产生相应的控制磁场，它在上下气隙中的方向相反，因此打破了原有的平衡，使衔铁产生与控制电流大小和方向相对应的转矩，并且使衔铁转动，直至电磁力矩与负载力矩和弹簧反力矩等相平衡。但转角是很小的，可以看成是微小的直线位移。

动铁式力矩马达输出力矩较小，适合控制喷嘴挡板之类的先导级阀。其优点是自振频率较高，动态响应快，功率、重量比较大，抗加速度零漂性好。缺点是：限于气隙的形式，其转角和工作行程很小（通常小于0.2mm），材料性能及制造精度要求高，价格昂贵；此外，它的控制电流较小（仅几十毫安），故抗干扰能力较差。

9.1.3 先导级阀

先导级阀又称前置级，用于接受小功率的电气-机械转换器输入的位移或转角信号，将机械量转换为液压力驱动功率级主阀，犹如一对称四通阀控制的液压缸；主阀多为滑阀，它将先导级阀的液压力转换为流量或压力输出。电液伺服阀先导级主要有喷嘴挡板式和射流管式两种。

（1）喷嘴挡板式先导级阀

喷嘴挡板式先导级阀的结构原理如图9-5所示，它是通过改变喷嘴与挡板之间的相对位移来改变液流通路开度的大小以实现控制的，具有体积小、运动部件惯量小、无摩擦、所需驱动力小、灵敏度高等优点，特别适用于小信号工作，因此常用作二级伺服阀的前置放大级。其缺点主要是中位泄漏量大，负载刚性差，输出流量小，节流孔及喷嘴的间隙小（0.02～0.06mm），易堵塞，抗污染能力差。

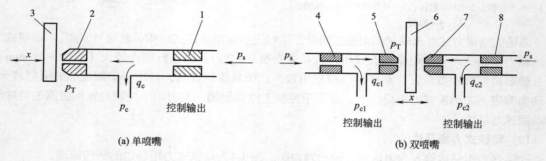

(a) 单喷嘴　　　　　　　　　　　　　　(b) 双喷嘴

图9-5 喷嘴挡板式先导级阀的结构原理

1，4，8—固定节流孔；2，5，7—喷嘴；3，6—挡板；p_s—输入压力；p_T—喷嘴处油液压力；
p_c，q_c—控制输出压力、流量

（2）射流管式先导级阀

如图9-6所示，射流管阀由射流管3、接收板2和液压缸1组成，射流管3由垂直于图面的轴 c 支撑并可绕轴左右摆动一个不大的角度。接收板上的两个小孔 a 和 b 分别和液压缸1的两腔相通。当射流管3处于两个孔道 a、b 的中间位置时，两个孔道 a、b 内油液的压力相等，液压缸1不动；如有输入信号使射流管3向左偏转一个很小的角度时，两个孔道 a、b 内的压力不相等，液压缸1左腔的压力大于右腔，液压缸1向右移动，反之亦然。 射流管的优点是结构简单、加工精度低、抗污染能力强。

缺点是惯性大、响应速度低、功率损耗大。因此这种阀只适用于低压及功率较小的伺服系统。

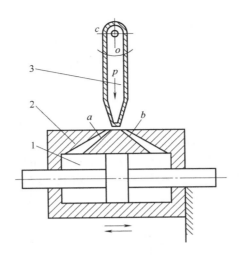

图9-6 射流管式先导级阀
1—液压缸；2—接收板；3—射流管

9.1.4 功率级主阀（滑阀）

电液伺服阀中的功率级主阀是靠节流原理进行工作，即借助阀芯与阀体（套）的相对运动改变节流口通流面积的大小，对液体流量或压力进行控制。滑阀的结构及特点如下。

（1）控制边数

根据控制边数的不同，滑阀有单边控制、双边控制和四边控制三种类型（见图9-7）。单边控制滑阀仅有一个控制边，控制边的开口量x控制了执行器（此处为单杆液压缸）中的压力和流量，从而改变了缸的运动速度和方向。双边控制滑阀有两个控制边，压力油一路进入单杆液压缸有杆腔，另一路经滑阀控制边x_1的开口和无杆腔相通，并经控制边x_2的开口流回油箱；当滑阀移动时，x_1增大，x_2减小，或相反，从而控制液压缸无杆腔的回油阻力，故改变了液压缸的运动速度和方向。四边控制滑阀有4个控制边，x_1和x_2是用于控制压力油进入双杆液压缸的左、右腔，x_3和x_4用于控制左、右腔通向油箱；当滑阀移动时，x_3和x_4增大，x_2和x_3减小，或相反，这样控制了进入液压缸左、右腔的油液压力和流量，从而控制了液压缸的运动速度和方向。

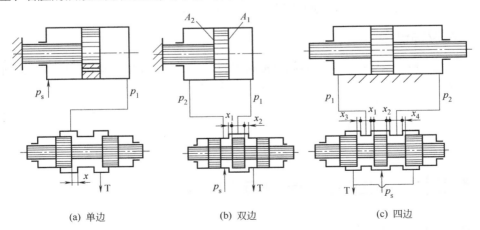

(a) 单边   (b) 双边   (c) 四边

图9-7 单边、双边和四边控制滑阀

单边、双边和四边控制滑阀的控制作用相同。单边和双边滑阀用于控制单杆液压缸；四边控制滑阀既可以控制双杆缸，也可以控制单杆缸。四边控制滑阀的控制质量好，双边控制滑阀居中，单边控制滑阀最差。但是，单边滑阀无关键性的轴向尺寸，双边滑阀有一个关键性的轴向尺寸，而四边滑阀有 3 个关键性的轴向尺寸，所以单边滑阀易于制造、成本较低，而四边滑阀制造困难、成本较高。通常，单边和双边滑阀用于一般控制精度的液压系统，而四边滑阀则用于控制精度及稳定性要求较高的液压系统。

（2）零位开口形式

滑阀在零位（平衡位置）时，有正开口、零开口和负开口三种开口形式（见图9-8）。正开口（又称负重叠）的滑阀，阀芯的凸肩宽度（也称凸肩宽，下同）t 小于阀套（体）的阀口宽度 h；零开口（又称零重叠）的滑阀，阀芯的凸肩宽度 t 与阀套（体）的阀口宽度 h 相等；负开口（又称正重叠）的滑阀，阀芯的凸肩宽度 t 大于阀套（体）的阀口宽度 h。滑阀的开口形式对其零位附近（零区）的特性具有很大影响，零开口滑阀的特性较好，应用最多，但加工比较困难，价格昂贵。

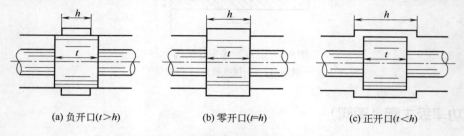

(a) 负开口($t>h$)　　　　(b) 零开口($t=h$)　　　　(c) 正开口($t<h$)

图9-8　滑阀的零位开口形式

（3）通路数、凸肩数与阀口形状

按通路数，滑阀有二通、三通和四通等几种。二通滑阀（单边阀）[见图9-7（a）] 只有一个可变节流口（可变液阻），使用时必须和一个固定节流口配合，才能控制一腔的压力，用来控制差动液压缸。三通滑阀 [见图9-7（b）] 只有一个控制口，故只能用来控制差动液压缸，为实现液压缸反向运动，需在有杆腔设置固定偏压（可由供油压力产生）。四通滑阀 [见图9-7（c）] 有 4 个控制口，故能控制各种液压执行器。

阀芯上的凸肩数与阀的通路数、供油及回油密封、控制边的布置等因素有关。二通阀一般为 2 个凸肩，三通阀为 2 个或 3 个凸肩，四通阀为 3 个或 4 个凸肩。三凸肩滑阀为最常用的结构形式。凸肩数过多将加大阀的结构复杂程度、长度和摩擦力，影响阀的成本和性能。

滑阀的阀口形状有矩形、圆形等多种，矩形阀口又有全周开口和部分开口之分。矩形阀口的开口面积与阀芯位移成正比，具有线性流量增益，故应用较多。

9.1.5　检测反馈机构

设在阀内部的检测反馈机构将先导阀或主阀控制口的压力、流量或阀芯的位移反馈到先导级阀的输入端或比例放大器的输入端，实现输入输出的比较，解决功率级主阀的定位问题，并获得所需的伺服阀压力-流量性能。常用的反馈形式有机械反馈（位移反馈、力反馈）、液压反馈（压力反馈、微分压力反馈等）和电气反馈。

9.2　电液伺服阀的典型结构与工作特性

9.2.1　电液伺服阀的典型结构

（1）滑阀式伺服阀

如图9-9所示，该阀由永磁动圈式力马达、一对固定节流孔、预开口双边滑阀式前置液压放大器和三通滑阀式功率级主阀组成。前置控制滑阀的两个预开口节流控制边与两个固定节流孔组成一个液压桥路。滑阀副的阀芯（控制阀芯）直接与力马达的动圈骨架相连，控制阀芯在阀套内滑动。前置级的阀套又是功率级滑阀放大器的阀芯。

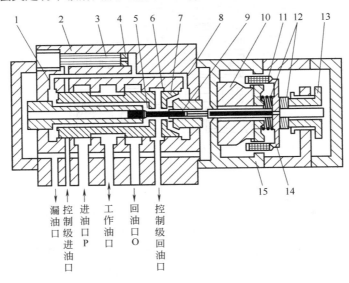

图9-9 直接位置反馈电液伺服阀

1—左节流孔；2—壳体；3—滤油器；4—减压孔板；5—控制级节流边；6—主滑阀（控制级阀套）；
7—控制级节流边；8—右节流孔；9—控制阀芯；10—碳钢；11—动圈；12—对中弹簧；
13—调节螺钉；14—内导磁体；15—外导磁体

输入控制电流使力马达动圈产生的电磁力与对中弹簧的弹簧力相平衡，使动圈和前置级（控制级）阀芯（控制阀芯）移动，其位移量与动圈电流成正比。前置级阀芯（控制阀芯）若向右移动，则滑阀右腔控制口面积增大，右腔控制压力降低；左侧控制口面积减小，左腔控制压力升高。该压力差作用在功率级滑阀阀芯（即前置级的阀套）的两端上，使功率级滑阀阀芯（主滑阀）向右移动，也就是前置级滑阀的阀套（主滑阀）向右移动，逐渐减小右侧控制孔的面积，直至停留在某一位置。在此位置上，前置级滑阀副的两个可变节流控制孔的面积相等，功率级滑阀阀芯（主滑阀）两端的压力相等。这种直接反馈的作用，使功率级滑阀阀芯跟随前置级滑阀阀芯运动，功率级滑阀阀芯的位移与动圈输入电流大小成正比。

该阀采用动圈式力马达，结构简单，功率放大系数较大，滞环小，工作行程大；固定节流口尺寸大，不易被污物堵塞；主滑阀两端控制油压作用面积大，从而加大了驱动力，使滑阀不易卡死，工作可靠。

（2）喷嘴挡板式伺服阀

图9-10中上半部为衔铁式力马达，下半部为喷嘴挡板式和滑阀式液压放大器。衔铁与挡板和弹簧杆连接在一起，由固定在阀体上的弹簧管支撑。弹簧杆下端为一球头，嵌放在滑阀的凹槽内，永久磁铁和导磁体形成一个固定磁场。当线圈中没有电流通过时，衔铁和导磁体间的四个气隙中的磁通相等，且方向相同，衔铁与挡板都处于中间位置，因此滑阀没有油输出。当有控制电流流入线圈时，一组对角方向的气隙中的磁通增加，另一组对角方向的气隙中的磁通减小，于是衔铁在磁力作用下克服弹簧管的弹性反作用力而以弹簧管中的某一点为支点偏转 θ 角，并偏转到磁力所产生的转矩与弹簧管的弹性反作用力产生的反转矩平衡时为止。这时滑阀尚未移动，而挡板因随衔铁偏转而发生挠曲，改变了它与两个喷嘴之间的间隙，一个间隙减小，另一个间隙增大。

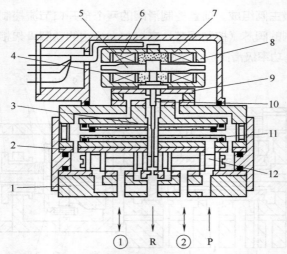

图9-10 喷嘴挡板式力反馈两级电液伺服阀

1—阀体；2—阀套；3—反馈杆；4—弹簧管；5—衔铁；6—线圈；7—磁钢；8—导磁体；
9—喷嘴；10—挡板；11—油滤；12—阀芯

通入伺服阀的压力油经滤油器、两个对称的固定节流孔和左右喷嘴流出，通向回油。当挡板挠曲、喷嘴挡板的两个间隙不相等时，两喷嘴后侧的压力 p_a 和 p_b 就不相等，它们作用在滑阀的左右端面上，使滑阀向相应方向移动一段距离，压力油就通过滑阀上的一个阀口输向执行元件，由执行元件回来的油经滑阀上另一个阀口通向回油。滑阀移动时，弹簧杆下端球头跟着移动，在衔铁挡板组件上产生转矩，使衔铁向相应方向偏转，并使挡板在两喷嘴间的偏移量减少，这就是力反馈。反馈作用的结果，是使滑阀两端的压差减小。当滑阀通过弹簧杆作用于挡板的力矩、喷嘴作用于挡板的力矩以及弹簧管反力矩之和等于力矩马达产生的电磁力矩时，滑阀不再移动，并一直使其阀口保持在这一开度上。通入线圈的控制电流越大，使衔铁偏转的转矩、弹簧杆的挠曲变形、滑阀两端的压差以及滑阀的偏移量就越大，伺服阀输出的流量也就越大。由于滑阀的位移、喷嘴与挡板之间的间隙、衔铁转角都依次和输入电流成正比，因此这种阀的输出流量也和输入电流成正比。输入电流反向时，输出流量也反向。

由于力反馈的存在，使得该伺服阀的力矩马达在其零点附近工作，即衔铁偏转角 θ 很小，故线性度好。此外，改变反馈弹簧杆的刚度，就能在相同输入电流时改变滑阀的位移。

该伺服阀结构紧凑，外形尺寸小，响应快。但喷嘴挡板的工作间隙较小，对油液的清洁度要求较高。

（3）射流管式伺服阀

如图9-11所示，该阀采用衔铁式力矩马达带动射流管，两个接收孔直接和主阀两端面连接，控制主阀运动。主阀靠一个板簧定位，其位移与主阀两端压力差成比例。这种阀的最小通流尺寸（射流管口尺寸）比喷嘴挡板的工作间隙大4～10倍，故对油液的清洁度要求较低。缺点是零位泄漏量大；受油液黏度变化影响显著，低温特性差；力矩马达带动射流管，负载惯量大，响应速度低于喷嘴挡板阀。

（4）直接驱动型电液伺服阀

MOOG公司最近推出了一种直接驱动型电液伺服阀。该阀使用线性力马达。线性力马达是一个永磁差动马达，马达包括线圈、一对高能永磁稀土磁铁、衔铁和对中弹簧。永久磁铁提供了所需的磁力部分。线性力马达有一个中间的自然零位位置，其产生在两个方向上的力和行程正比于电流。 该阀主要由3部分组成，即直线力马达、液压阀及放大器组件（见图9-12），其核心部分是直线力马达。直线力马达是由一对永久磁钢，左、右导磁体，中间导磁体，衔铁，控制线圈及弹簧片组成。

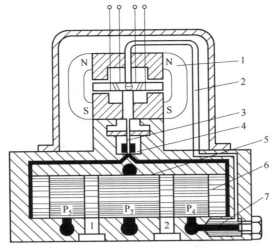

图9-11 射流管式电液伺服阀

1—力矩马达；2—柔性供压管；3—射流管；4—射流接收器；5—反馈弹簧；6—阀芯；7—滤油器

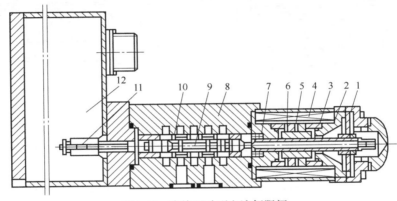

图9-12 直接驱动型电液伺服阀

1—弹簧片；2—右导磁体；3—磁钢；4—控制线圈；5—中间导磁体；6—衔铁；7—左导磁体；
8—阀体；9—阀芯；10—阀套；11—位置传感器；12—放大器

① 直线力马达（见图9-13）的工作原理 在控制线圈的输入电流为0时，左右磁铁各自形成2个磁回路，由于一对磁铁的磁感应强度相等，导磁体材料相同，在衔铁两端的气隙磁通量相等，这样衔铁保持在中位，此时直线力马达无力输出。当控制线圈的输入电流不为0时，衔铁两端气隙的合成磁通量发生变化，使衔铁失去平衡，克服弹簧片的对中力而移动，此时直线力马达有力输出。

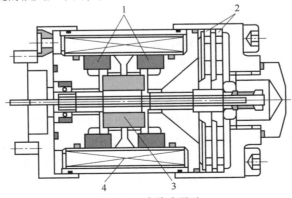

图9-13 直线力马达

1—永久磁铁；2—对中弹簧；3—衔铁；4—线圈

② 直接驱动式电液伺服阀的工作原理　电指令信号加到阀芯位置控制器集成块上，电子线路使直线力马达上产生一个脉宽调制（PWM）电流，振荡器就使阀芯位置传感器（LVDT）励磁，经解调后的阀芯位置信号和指令位置信号进行比较，阀芯位置控制器产生一个电流给直线力马达，力马达驱动阀芯，使阀芯移动到指令位置。阀芯的位置与电指令信号成正比。伺服阀的实际流量是阀芯位置与通过节流口的压力降的函数。在没有电流施加于线圈上时，磁铁和弹簧保持衔铁在中位平衡状态，见图9-14（a）。当电流用一个极性加到线圈上时，围绕着磁铁周围的空气气隙的磁通增加，在其他处的气隙磁通减少，见图9-14（b）。

这个失衡的力使衔铁朝着磁通增强的方向移动，若电流的极性改变，则衔铁朝着相反的方向移动。在向外冲程时，必须克服弹簧产生对中力，加上外力（例如液动力、由于污染产生的摩擦力），在返回时回到中心位置，弹簧力加上马达力提供了滑阀驱动力，使阀减少污染敏感。在弹簧对中位置，线性力马达仅需非常低的电流。

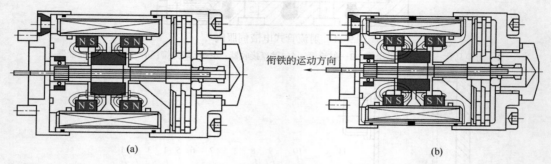

图9-14　直线力马达的工作原理

阀套加工有矩形的环形槽连接供油口P（压力为p_s）和回油口T。在零位，滑阀的凸肩刚好盖住P和T的开口，滑阀运动到零位的任一方向时，使油液从p_s到控制孔口，并从另一孔口经回油口T回到油箱。

电信号正比于所需的阀芯位置，被施加到集成的电路板上，并在马达线圈上产生一个脉宽调制信号（PWM）电流，电流引起衔铁运动然后使阀芯运动。

阀芯移动并打开，压力p_s到一个控制孔口，而另一个控制孔口被打开并回油箱。

位移传感器（LVDT）用机械的方法连接到阀芯上，依靠产生一个正比于阀芯位置的电信号测量阀芯的位置。解调后的阀芯位置信号和指令信号相比较，产生误差信号，并产生电的误差驱动电流到力马达线圈。

滑阀移动到指令位置后，误差信号减少到零。产生的滑阀位置正比于指令信号。

9.2.2　电液伺服阀的工作特性

电液伺服阀是电液伺服系统的关键部件，其特性对伺服系统的性能影响很大，根据阀的使用功能不同，电液伺服阀的性能指标有所不同。

（1）静态特性

电液伺服阀的静态特性是指在稳定工作条件下，伺服阀的各种特性参数之间的相互关系，主要包括负载流量特性、空载流量特性、压力特性和内泄漏特性四个方面。

① 负载流量特性　负载流量特性曲线是输入不同电流时对应的流量与负载压力构成的抛物线簇曲线，如图9-15所示。负载流量特性曲线完全描述了伺服阀的静态特性。要测得这些曲线却相当麻烦，在零位附近很难测出精确的数值，而伺服阀却正好是在此处工作的。所以这些曲线主要用来确定伺服阀的类型和估计伺服阀的规格，以便与所要求的负载流量和负载压力相匹配。

② 空载流量特性　空载流量是在给定伺服阀压降（通常为6.3MPa）和零负载压力条件下，

测得的输入电流和输出流量之间的函数关系曲线（见图9-16）。这是一根不通过原点的环形线，造成环线的主要原因是：力马达的磁性材料有磁滞和阀芯位移有摩擦力。

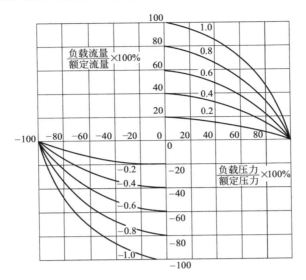

图9-15　电液伺服阀的负载流量特性曲线

该曲线充分反映了伺服阀零位附近（正好是伺服阀的主要工作区）的特性，可反映伺服阀的额定流量q_R、流量增益、滞环、非线性度、不对称度和零偏等参数。

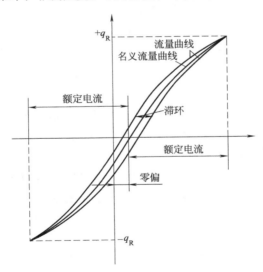

图9-16　空载流量特性曲线

a. 额定电流。为产生额定流量对线圈任一极性所规定的输入电流（不包括零偏电流），以mA为单位。通常，额定电流是针对单线圈连接、双线圈差动连接或并联连接而言。当双线圈串联工作时，其额定电流为上述额定电流之半。

b. 流量增益。流量曲线回环的中点轨迹线称为名义流量曲线，见图9-16，它是无滞环流量曲线。由于伺服阀的滞环通常很小，因此可以把流量曲线的一侧当成名义流量曲线使用。

流量曲线上某点或某段的斜率就是阀在该点或区段的流量增益，等于在规定的压差下输入信号发生给定变化时流量的变化。从名义流量曲线的零流量点向两极各作一条与名义流量曲线偏差为最小的直线，这就是名义流量增益线，见图9-17。两个极性的名义流量增益线斜率的平均值就是该伺服阀的名义流量增益。

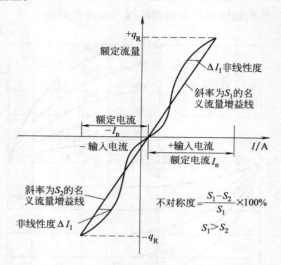

图9-17 名义流量增益、非线性度和不对称度

伺服阀的额定流量与额定电流之比称为额定流量增益，单位为 $m^3/(s \cdot A)$。一旦输入信号大得足以形成通过阀的流量，该流量将与输入信号成比例。直线的斜率称为阀的流量增益，等于在规定压差下输入信号发生给定变化时流量的变化。零重叠阀芯凸肩棱边准确对应着阀口棱边，消除了死区零重叠。在很小的信号值下也出现通过阀的流量，使阀在零位附近十分灵敏。

c.非线性度（也称线性度误差）。它是实际流量曲线与理想化增益之间的最大差值，用额定电流的百分数表示。公称流量曲线与公称流量增益线的最大偏离值与额定电流的百分比称为非线性度。一般要求非线性度小于7.5%，即非线性度 $\Delta I_1/I_n < 7.5\%$，见图9-17。非线性度表示流量曲线的不直线性。

d.不对称度（也称对称度误差）。它是针对中位两侧的阀芯位移的流量增益曲线之间的差异。用每个极性的流量增益之差与较大者的百分比表示。不对称度表示两个极性的名义流量增益的不一致，见图9-17。通常不对称度小于10%。

e.滞环。两条实际特性曲线之间的最大差值 ΔI_{max} 与额定控制电流 I_n 的百分比（$\Delta I_{max}/I_n \times 100\%$）。

图9-16表明伺服阀的流量曲线呈回环状，这是由力矩马达磁路的磁滞现象和伺服阀中的游隙所造成的。磁滞回环的宽度直接随输入信号的幅度大小而变化，当输入信号减小时，磁滞回环的宽度将收缩。

伺服阀的滞环规定为输入电流缓慢地在正、负额定电流之间做一次循环时，产生相同输出流量的两个输入电流的最大差值与额定电流的百分比，见图9-16。伺服阀的滞环一般小于5%. 高性能伺服阀小于3%。

f.分辨率。它是从流量加大的状况变成流量减小的状况或者反过来变化所需要的输入电流之差。如图9-18所示，通常用最大额定输入电流的百分数表示。引起伺服阀输出流量的最小改变量所需要的电流变化值与额定电流之比，称为阀的分辨率。伺服阀的分辨率一般小于1%，高性能伺服阀的分辨率小于0.5%。

③ 压力特性　压力特性曲线是输出流量为零（将两个负载口堵死）时，负载压降与输入电流呈回环状的函数曲线（见图9-19）。在压力特性曲线上某点或某段的斜率称为压力增益，它直接影响伺服系统的承载能力和系统刚度，压力增益大，则系统的承载能力强、系统刚度大、误差小。

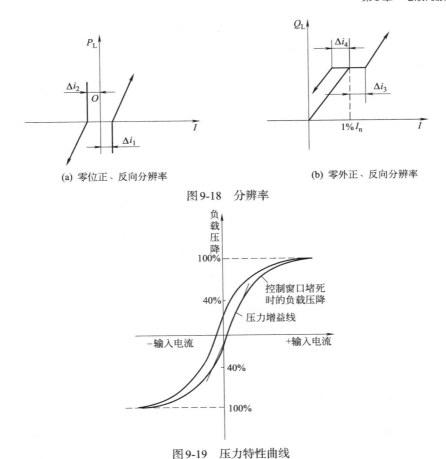

(a) 零位正、反向分辨率

(b) 零外正、反向分辨率

图9-18　分辨率

图9-19　压力特性曲线

④ 内泄漏特性　内泄漏特性也称静耗流量特性。当输出流量为零时，由回油口流出的内部泄漏量称为静耗流量。静耗流量随输入电流变化，当阀处于零位时，静耗流量最大（见图9-20）。对于两级伺服阀，静耗流量由先导级的泄漏流量和功率级的泄漏流量两部分组成，减小前者将影响阀的响应速度；后者与滑阀的重叠情况有关，较大重叠可以减少泄漏，但会使阀产生死区，并可能导致阀淤塞，从而使阀的滞环与分辨率增大。

功率级的泄漏流量的大小反映了功率滑阀的配合情况及磨损程度。因此，对于新阀，可用泄漏曲线评价阀的制造质量；而对于旧阀，则可用其判断阀的磨损程度。功率级的泄漏流量与额定压力的比值还可用于确定功率滑阀的流量，即压力系数。

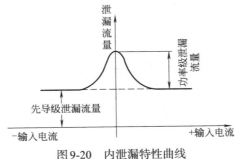

图9-20　内泄漏特性曲线

（2）动态特性

电液伺服阀的动态特性可用频率响应特性（频域特性）或瞬态响应特性（时域特性）表示。

① 频率响应特性 频率响应是指输入电流在某一频率范围内作等幅变频正弦变化时，空载流量与输入电流的百分比。频率响应特性用幅值比（dB）与频率及相位滞后［度(°)］与频率的关系曲线［波德（Bode）图］表示（见图9-21）。输入信号或供油压力不同，动态特性曲线也不同，所以，动态响应总是对应一定的工作条件，伺服阀产品样本通常给出±10%、±100%两组输入信号试验曲线，而供油压力通常规定为7MPa。

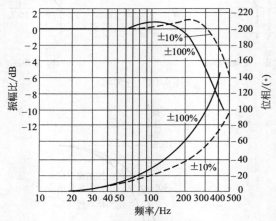

图9-21 伺服阀的频率响应特性曲线

幅值比是某一特定频率下的输出流量幅值与输入电流之比，除以一指定频率（输入电流基准频率，通常为5周/秒或10周/秒）下的输出流量与同样输入电流幅值之比。相位滞后是指某一指定频率下所测得的输入电流和与其相对应的输出流量变化之间的相位差。伺服阀的幅值比为-3dB（即输出流量为基准频率时输出流量的70.7%）时的频率定义为幅频宽，用ω_{-3}或f_{-3}表示；以相位滞后达到-90°时的频率定义为相频宽，用$\omega_{-90°}$或$f_{-90°}$表示。由阀的频率特性可以直接查得幅频宽ω_{-3}和相频宽$\omega_{-90°}$，应取其中较小者作为阀的频宽值。频宽是伺服阀动态响应速度的度量，频宽过低会影响系统的响应速度，过高会使高频传到负载上去。伺服阀的幅值比一般不允许大于+2dB。通常力矩马达喷嘴挡板式两级电液伺服阀的频宽在100～130Hz之间，动圈滑阀式两级电液伺服阀的频宽在50～100Hz之间，电反馈高频电液伺服阀的频宽可达250Hz，甚至更高。

② 瞬态响应特性 瞬态响应是指电液伺服阀施加一个典型输入信号（通常为阶跃信号）时，阀的输出流量对阶跃输入电流的跟踪过程中表现出的振荡衰减特性（见图9-22）。反映电液伺服阀瞬态响应快速性的时域性能主要指标有超调量、峰值时间、响应时间和过渡过程时间。超调量M_p是指响应曲线的最大峰值$E(t_{p1})$与稳态值$E(\infty)$的差；峰值时间t_{p1}是指响应曲线从零上升到第一个峰值点所需要的时间。响应时间t_r是指从指令值（或设定值）的5%～95%的运动时间；过渡过程时间是指输出振荡减小到规定值（通常为指令值的5%）所用的时间（t_s）。

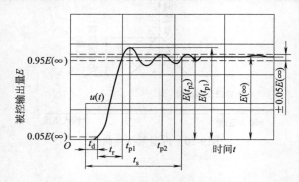

图9-22 伺服阀的瞬态响应特性曲线

9.3 其他新型伺服阀

现代国防和工业应用中，对伺服阀的性能提出了越来越高的要求，为此，一些研究机构及伺服阀厂商围绕节能高效、提高可靠性、提升响应速度、降低成本等进行了新型伺服阀的技术开发。下面从新驱动方式、新材料、新原理和新结构及数字化等几个方面介绍新型伺服阀的研究成果。

9.3.1 新驱动方式的伺服阀

尽管射流管伺服阀比喷嘴挡板伺服阀在抗污染能力方面要好，但这两种类型的伺服阀存在的突出问题仍然是抗污染能力差，对介质的清洁度要求非常高，这给其使用和维护造成了诸多不便。因此，如何提高电液伺服阀的抗污染能力和提高可靠性，成为伺服阀未来的发展趋势。采用阀芯直接驱动技术省掉了喷嘴挡板或射流管等易污染的元部件，是近年来出现的一种新型驱动方式，如采用直线电动机、步进电动机、伺服电动机、音圈电动机等。这些新技术的应用不仅提高了伺服阀的性能，而且为伺服阀发展提供了新思路。

（1）阀芯直线运动方式

这种伺服阀采用直线电动机、步进电动机、伺服电动机或音圈电动机作为驱动元件，直接驱

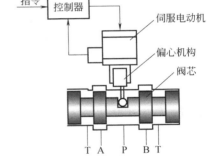

动伺服阀阀芯。对于电动机输出轴，可以通过偏心机构将旋转运动变成直线运动，如图9-23所示，也可通过其他高精度传动机构将旋转运动转换为直线运动。这种驱动方式一般都有位移传感器，可构成位置闭环系统精确定位开度，保证伺服阀稳定工作。其特点在于结构简单，抗污染能力好，制造装配容易，伺服阀的频带主要由电动机频响决定。

图9-23　采用偏心机构的电动机驱动伺服阀

（2）阀芯旋转运动方式

旋转式伺服阀作为直动式伺服阀的一个分支，可定义为驱动阀芯（或阀盘）做旋转运动直接或间接来实现油路的开闭、换向和流量调节。根据驱动阀芯运动的自由度，主要可以分为三类：单自由度直驱转阀、单自由度间驱转阀和双自由度转阀。

单自由度直驱转阀直接通过旋转阀芯实现控制功能，一般通过阀芯旋转运动使阀套转动或轴向移动来实现；双自由度转阀通过旋转阀芯间接地使阀芯移动来实现伺服功能，双自由度转阀也称为2D阀。单自由度直驱转阀为一级阀，控制流量一般较小；单自由度间驱转阀和2D阀都是利用液压力驱动的二级阀，可以实现大流量控制。

单自由度转阀的结构如图9-24（a）所示，它由阀体、阀套和阀芯组成。阀芯上设有环形槽和轴向槽，两个环形槽分别与高压油口P、低压油口T相连；两组轴向槽径向对称，分别与环形槽相通，阀套上的控制阀口与轴向槽相对应，当阀芯旋转时实现A、B油口高低液压油的换向与流量控制。

双自由度转阀（2D阀）的结构如图9-24（b）所示，它由阀体、阀芯、步进电动机及传动机构等组成。这种2D阀是在单自由度转阀基础上进行的结构创新，将驱动阀芯与主滑动阀芯结合为一体，使其结构更加紧凑，性能也更优越。2D阀阀体腔的一端加工有螺旋槽，通过加工于阀芯上的高低压孔与螺旋槽相配合构成伺服螺旋机构，旋转阀芯使阀体左右两腔产生压差，推动阀芯实现双级导控的功能。该阀无须机械弹簧作为阀芯平衡元件，结构简单紧凑，抗污染能力强，能够

直接开设多组轴向槽，以提高阀的动态性能。为获得线性的控制效果，需要对电动机传统的控制方式进行改进，以提高电动机控制的性能。

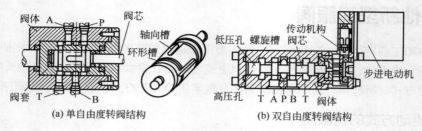

图9-24　旋转式伺服阀的结构

9.3.2　新材料的伺服阀

由于一些新材料表现出较好的运动特性，许多研究机构尝试将它们应用于电液伺服阀的先导级驱动中，以代替原有的力矩马达驱动方式。与传统伺服阀相比，采用新型材料的伺服阀具有抗污染能力强、结构紧凑等优点。虽然目前还有一些关键技术问题没有得到解决（如滞环大、重复性差等），但新材料的应用和发展给电液伺服阀的技术发展注入了新的活力。

（1）压电晶体材料

压电元件的特点是"压电效应"，在一定的电场作用下会产生外形尺寸的变化，一定范围内其形变与电场强度成正比。压电元件的主要材料为压电陶瓷（PZT）、电致伸缩材料（PMN）等。比较典型的压电陶瓷材料有日本TOKIN公司的叠堆型压电伸缩陶瓷等。

PZT直动式伺服阀的原理为：在阀芯两端，通过钢球分别与两块多层压电元件相连，通过压电效应使压电材料产生伸缩来驱动阀芯移动，实现电-机械转换。PMN喷嘴挡板式伺服阀则在喷嘴处设置与压电叠堆固定连接的挡板，由压电叠堆的伸缩实现挡板与喷嘴的间隙增减，使阀芯两端产生压差来推动阀芯移动。

目前，压电式电-机械转换器的研制比较成熟，并已得到较广泛的应用，它具有频率响应快的特点，这使伺服阀频宽甚至能达到上千赫兹，但亦有滞环大、易漂移等缺点，导致阀芯与控制信号之间的非线性较严重，高精度控制有一定的难度，制约了压电元件在电液伺服阀上的进一步应用。

（2）超磁致伸缩材料

超磁致伸缩材料（GMM）与传统的磁致伸缩材料相比，在磁场的作用下能产生大得多的长度或体积变化。利用GMM转换器研制的直动式伺服阀是把GMM转换器与阀芯相连，通过控制驱动线圈的电流来驱动GMM的伸缩，带动阀芯产生位移，从而控制伺服阀的输出流量。这种新型伺服阀与传统伺服阀相比，不仅频率响应快，而且具有精度高、结构紧凑等优点。

目前，在GMM的研制及应用方面，美国、瑞典和日本等国处于领先水平。从目前情况来看，与压电材料和传统磁致伸缩材料相比，GMM材料具有应变大、能量密度高、响应速度快、输出力大等特点。世界各国对GMM电-机械转换器及相关的技术研究都相当重视，GMM技术快速发展，已由实验室研制阶段逐步进入市场开发阶段。今后还需解决GMM的热变形、磁晶各向异性、材料腐蚀性及制造工艺、参数匹配等方面的问题，以利于在高科技领域得到更广泛应用。

（3）形状记忆合金材料

形状记忆合金（SMA）的特点是具有形状记忆效应，将其在高温下定型后，冷却到低温状态并对其施加外力，一般金属在超过其弹性变形后会发生永久变形，而SMA却在将其加热到某一温度后恢复至原来高温下的形状。利用这个特性研制的伺服阀是在阀芯两端加一组由形状记忆合金绕制的SMA执行器，通过加热和冷却的方法来驱动SMA执行器，使阀芯两端的形状记忆合金伸长或收缩，驱动阀芯移动，同时加入位置反馈来提高伺服阀的控制性能。SMA虽变形量大，但其响应速度较慢，且变形不连续，这限制了其应用范围，使其不适合于高精度的应用场合。

9.3.3 新原理和新结构的伺服阀

传统的伺服阀存在节流损失大、抗污染能力差等缺陷，为此，一些新原理或新结构的伺服阀被提出并得到应用。前面提到的旋转阀便是一种新结构的伺服阀，其他还包括以下几种。

（1）高速开关阀

传统的开关阀由于切换时间长、换向频率低而不能适应高精度电液控制系统的要求，而伺服阀虽然控制精度高，但抗污染能力差，且结构复杂、价格较高。高速开关阀一直在全开或全闭状态下工作，因此，压力损失小、能耗低、对污染不敏感、工作可靠、结构简单、价格低廉、工作精度较好、响应速度快、误差小，可直接采用计算机数字控制。因此，近20年来人们对高速开关阀高度重视，并首先在少数工业发达国家得到了优先展开。对高速电磁开关阀的研究和应用已经成为液压领域的一个重要课题。

图9-25所示为常见的二位二通高速电磁开关阀。高速电磁开关阀的控制信号是开关式脉冲信号。当脉冲信号为低电平时，电磁铁断电，回油球阀在回油口和进油口压差的作用下向左运动。最终紧靠在回油阀密封座面上，使回油口断开，进油口与工作油口连通，实现控制动作。当脉冲信号为高电平时，电磁铁通电，衔铁产生电磁推力通过顶杆和分离销使回油球阀一起向右移动，直到供油球阀靠到其密封座面中，此时供油中断。

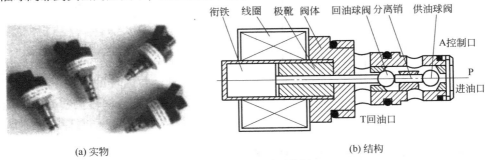

(a) 实物　　　　　　　　　　　　　　　　　　(b) 结构

图9-25　高速电磁开关阀

高速开关阀通常工作在脉宽调制（PWM）控制方式下，其工作原理是根据一系列脉冲电信号控制高频电磁开关阀的通断，通过改变通断时间实现阀输出流量的调节。由于阀芯始终处于开、关高频运动状态，而不是传统的连续控制，高速开关阀具有较强的抗污染能力和较高的效率。

高速开关阀的研究主要体现在三个方面：一是电-机械转换器结构创新（见图9-26）；二是阀芯和阀体新结构研制；三是新材料应用。国外研究高速开关阀有代表性的厂商和产品有美国Sturman Industrie公司设计的磁门阀、日本Nachi公司设计生产的高速开关阀、美国CAT公司开发的锥阀式高速开关阀等。国内主要有浙江大学研制的耐高压高速开关阀等。由于高速开关阀流量分辨率不够高，因此主要应用于对控制精度要求不高的场合。

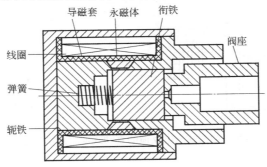

图9-26　高速开关式电-机械转换器

（2）压力伺服阀

常规的电液伺服阀一般都为流量型伺服阀，其控制信号与流量成比例关系。在一些力控制系统中，采用压力伺服阀较为理想。压力伺服阀是指其控制信号与输出压力成比例关系。图9-27所示为压力伺服阀的结构原理，通过将两个负载口的压力反馈到衔铁组件上，与控制信号达到力平衡，实现压力控制。由于压力伺服阀对加工工艺要求较高，目前国内还没有相关成熟产品。

（3）多余度伺服阀

鉴于伺服阀容易出现故障，影响系统的可靠性，在一些要求高可靠性的场合（如航空航天），一般都采用多余度伺服阀。大多数多余度伺服阀都是在常规伺服阀的基础上进行结构改进并增加冗余，如针对喷嘴挡板阀故障率较高的问题，将伺服阀力矩马达、反馈元件、滑阀副做成多套，发生故障随时切换，保证伺服阀正常工作。图9-28所示为一种双喷嘴挡板式多余度伺服阀，通过一个电磁线圈带动两个喷嘴挡板转动，当其中一个喷嘴挡板卡滞后，另一个可以继续工作。

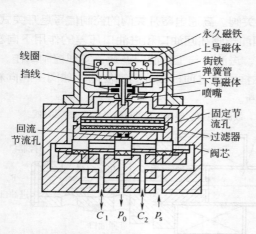

图9-27 压力伺服阀的结构原理

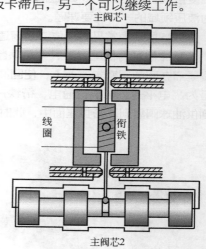

图9-28 双喷嘴挡板式多余度伺服阀

（4）动圈式全电反馈大功率伺服阀（MK阀）

动圈式全电反馈伺服阀（MK阀）可以分为直动式和两级先导式两种，其中两级阀中的先导级直接采用直动阀结构，功率级为滑阀结构。图9-29为动圈式全电反馈的直动式伺服阀结构原理，当线圈通电后（电流从几安培到十几安培），在电磁场作用下动圈产生位移，从而推动阀芯运动，通过位移传感器精确测量阀芯位移构成阀芯的位置闭环控制。

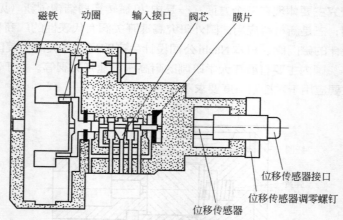

图9-29 动圈式全电反馈的直动式伺服阀结构原理

（5）非对称伺服阀

传统电液伺服阀阀芯是对称的，两个负载口的流量增益基本相同，但是用其控制非对称缸时，会使系统开环增益突变，从而影响系统的控制性能。为此，通过特殊阀芯结构设计研制的非对称电液伺服阀，可有效改善对非对称缸的控制性能。

图9-30所示为非对称伺服阀控非对称缸的原理，图中$W_1 \sim W_4$分别是4个节流阀口的面积梯度，A_1和A_2分别为非对称缸有杆腔和无杆腔的面积。在对称伺服阀中，4个节流阀口的面积梯度完全相同，而在非对称伺服阀中，4个节流阀口的面积梯度存在差异，用于抵消非对称缸的结构差异。理论分析表明，为了使非对称伺服阀控非对称缸系统在空载时正、反向运动速度相等，且在换向瞬间不产生压力跃变，伺服阀各阀口的面积梯度需满足：

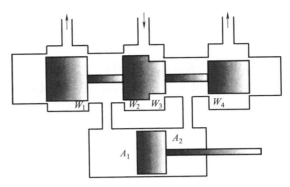

图9-30　非对称伺服阀控非对称缸的原理

$$\begin{cases} W_1 = \sqrt{n}\,W_4 \\ W_2 = n W_4 \\ W_3 = n\sqrt{n}\,W_4 \end{cases} \tag{9-1}$$

9.3.4　伺服阀的数字化与智能化

随着数字控制及总线通信技术的发展，伺服阀朝着数字化和智能化的方向发展，具体表现在以下几个方面。

（1）伺服阀内集成数字驱动控制器

对于直驱式伺服阀或三级伺服阀，由于需要对主阀芯位移进行闭环控制以提高伺服阀的控制精度，因此在伺服阀内直接集成了驱动控制器，用户无须关心阀芯控制，只需要把重点放在液压系统整体性能方面。另外，在一些电液伺服阀内还集成了阀控系统的数字控制器，这种控制器具有较强的通用性，可采集伺服阀控制腔压力、阀芯位移或执行机构位移等，通过控制算法实现位置、力闭环控制，而且控制器参数还可根据实际情况进行修改。

（2）具有故障检测功能

伺服阀属于机、电、液高度集成的综合性精密部件，液压伺服系统的故障大部分都集中在伺服阀上。因此，实时检测与诊断伺服阀故障，对于提高系统维修效率非常重要。目前可通过数字技术对伺服阀的故障（如线圈短路或断路、喷嘴堵塞、阀芯卡滞、力反馈杆折断等）进行监测。

（3）采用通信技术

传统的伺服阀控制指令均是以模拟信号形式进行传输的，对于干扰比较严重的场合，常存在造成控制精度不高的问题。通过引入数字通信技术，上位机的控制指令可以通过数字通信形式发送给电液伺服阀的数字控制器，避免了模拟信号传输过程中的噪声干扰。目前，常见的通信方式包括CAN总线、ProfiBus现场总线等。

9.4　伺服阀的选择与使用

在伺服阀选择中常常考虑的因素有：阀的工作性能、规格；工作可靠、性能稳定、一定的抗污染能力；价格合理；工作液、油源；电气性能和放大器；安装结构，外形尺寸等。

9.4.1 伺服阀的选择

在伺服阀选择中常常考虑的因素有：阀的工作性能、规格；工作可靠、性能稳定、一定的抗污染能力；价格合理；工作液、油源；电气性能和放大器；安装结构，外形尺寸等。

（1）伺服阀选择的一般原则

① 流量伺服阀的流量增益曲线应有很好的线性，并具有较高的压力增益。

② 应具有较小的零位泄漏量，以免功率损失过大。

③ 伺服阀的不灵敏区要小，零漂、零偏也应尽量小，以减小由此引起的误差。

④ 对某些工作环境较恶劣的场合，应选用抗污染力较强的伺服阀，以提高系统的工作可靠性。

⑤ 伺服阀的频宽应满足系统的要求。对开环控制系统，伺服阀的相频宽比系统要求的相频宽大 3~5Hz 就足以满足一般系统的要求，但对欲获得良好性能的闭环控制系统而言，则要求伺服阀的相频宽（$f_{-90°}$）为负载固有频率（f_L）的 3 倍以上，即

$$f_{-90°} \geq 3f_L \tag{9-2}$$

负载固有频率 f_L 由负载质量和液压刚度等参数确定，可由下式计算

$$f_L = \frac{1}{2\pi}\sqrt{\frac{k_0}{M}} = \frac{1}{2\pi}\sqrt{\frac{4\beta_e A^2}{MV_1}} \tag{9-3}$$

式中　k_0——液压刚度，N/cm，$k_0 = \dfrac{4\beta_e A^2}{V_1}$；

β_e——液压油的体积弹性模量，MPa，一般取 $\beta_e = 700 \sim 1400$MPa；

V_1——伺服阀控制窗口（工作油口）到液压缸活塞（包括油管）的总容积，cm³；

M——负载及活塞部件的质量，kg。

需要说明的是，不是说 $f_{-90°}$ 选得越高越好，因为选择过高不仅会增加不必要的成本，还会导致不需要的高频干扰信号进入系统。

（2）按控制精度等要求选用伺服阀

系统控制精度要求比较低时，还有开环控制系统、动态响应不高的场合，都可以选用工业伺服阀甚至比例阀。只有要求比较高的控制系统才选用高性能的电液伺服阀，当然它的价格亦比较高。

（3）按用途选用伺服阀

电液伺服阀有许多种类、许多规格，分类的方法亦非常多，而只有按用途分类的方法选用伺服阀才是最方便的。按用途分，有通用型阀和专用型阀。专用型阀使用在特殊应用的场合，例如高温阀、防爆阀、高响应阀、余度阀、特殊增益阀、特殊重叠阀、特殊尺寸特殊结构阀、特殊输入特殊反馈的伺服阀等。还有特殊的使用环境对伺服阀提出特殊的要求，例如抗冲击、振动、三防、真空等。通用型伺服阀还分通用型流量伺服阀和通用型压力伺服阀。在力（或压力）控制系统中可以用流量阀，也可以用压力阀。压力伺服阀因其带有压力负反馈，所以压力增益比较平缓、比较线性，适用于开环力控制系统，作为力闭环系统也是比较好的。但因这种阀制造、调试较为复杂，生产也比较少，选用困难些。当系统要求较大流量时，大多数系统仍选用流量控制伺服阀。在力控制系统用的流量阀，希望它的压力增益不要像位置控制系统用阀那样要求较高的压力增益，而希望降低压力增益，尽量减少压力饱和区域，改善控制性能。虽然在系统中可以通过采用电气补偿的方法，或有意增加压力缸的泄漏等方法来提高系统性能和稳定性等，在订货时仍需向伺服阀生产厂家提出低压力增益的要求。通用型流量伺服阀是用得最广泛、生产量最大的伺服阀，可以应用在位置、速度、加速度（力）等各种控制系统中。所以应该优先选用通用型伺服阀。

（4）电液伺服阀规格的确定

和其他阀类的确定方法相同，伺服阀的额定压力应不小于使用压力。当然，也不是选择伺服阀额定压力越高越好。因为同一个阀，使用压力不同，其特性也是有差异的。伺服阀在使用压力降低后，不但影响伺服阀的输出流量，还会使阀的不灵敏区增加、频宽降低等，所以在将高额定压力的伺服阀用于低压系统时也要慎重。

伺服阀的流量规格，是根据伺服系统动力机构执行元件所需的最大负载流量 q_{Lm} 与最大负载压力 p_{Lm} 及伺服阀产品样本提供的参数确定的。具体方法如下：

① 伺服阀的输出流量要满足最大负载流量 q_{Lm} 的要求，而且应留有余量，这是为了考虑管路及执行元件流量损失的需要。通常取余量为负载所需最大流量的15%左右，对要求快速性高的系统可取30%，即

$$q_v = (1.15\sim1.30)q_{Lm} \tag{9-4}$$

式中　q_v——伺服阀的输出流量。

② 考虑到伺服阀应尽可能工作在线性区这一基本要求，一般选择油源的供油压力为

$$p_s = \frac{3}{2}p_{Lm} \tag{9-5}$$

式中　p_s——伺服系统油源供油压力。

需要注意的是，p_s 不得超过系统中选用液压元件的额定压力。

③ 计算阀压降

$$\Delta p_v = p_s - p_{Lm} \tag{9-6}$$

④ 由于制造厂样本提供的额定负载流量 q_{Lm} 是在额定阀压降 Δp_{vs} 下的数值，而阀在实际应用中的压降为 Δp_v，故要将 q_v 折算成伺服阀样本所规定额定压降下的流量 q_{Ls}，即

$$q_{Ls} = q_v\sqrt{\frac{\Delta p_{vs}}{\Delta p_v}} \tag{9-7}$$

⑤ 再根据参数 Δp_{vs} 及 q_{Ls} 选择阀的规格。

9.4.2　电液伺服阀的使用

（1）伺服阀线圈的接法

伺服阀一般有两个控制线圈，用户根据需要能够构成多种连接方式，如图9-31所示。

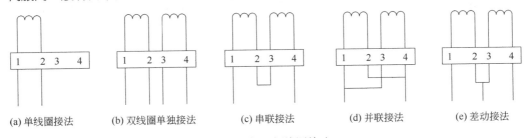

| (a) 单线圈接法 | (b) 双线圈单独接法 | (c) 串联接法 | (d) 并联接法 | (e) 差动接法 |

图9-31　伺服阀线圈接法

① 单线圈接法　只单独连接一个线圈，输入电阻等于单线圈电阻 R_c，线圈电流等于额定电流 I_n，电控功率为 $I_n^2 R_c$。单线圈接法可以减小电感的影响，但是由于力矩马达的4个工作气隙不可能做到完全相等和对称，单线圈接法往往会加大伺服阀流量特性的不对称度，因此一般不推荐单线圈接法。

② 双线圈接法　一个线圈输入额定电流，另一个线圈用来调偏、接反馈或引入颤振信号。

③ 串联接法　两个控制线圈串联连接，其输入电阻为单线圈接法的2倍，额定电流为单线圈

的1/2，电控功率为$I_n^2R_c/2$。串联接法的特点是额定电流和电控功率小，但易受电源电压变动的影响。

④ 并联接法　两个控制线圈并联连接，此时输入电阻为单线圈电阻的1/2，额定电流为单线圈接法时的额定电流，因此电控功率为$I_n^2R_c/2$。这种接法的特点是可靠性高，一个线圈损坏时阀仍能工作，具有余度作用，但易受电源电压变动的影响。

⑤ 差动接法　为了使主阀芯有最大位移，信号电流应等于额定电流的1/2，电控功率为$I_n^2R_c$。差动接法的特点是不易受伺服放大器电源电压变动的影响。

（2）颤振信号

为提高伺服阀的分辨率，改善系统的性能，可以在伺服阀的输入信号上叠加一个高频低幅值的电信号，使伺服阀处在一个颤振状态中，以减小或消除伺服阀中由于干摩擦所产生的游隙，并防止阀芯卡死。

颤振信号的频率一般取伺服阀频宽的1.5～2.0倍。例如，伺服阀的频宽为100Hz，则颤振频率取150～200Hz。颤振信号的频率不应与伺服阀、执行元件及负载的谐振频率重合。颤振幅值应足以使峰值填满游隙宽度，幅值不能过大，要避免通过伺服阀传递到负载。颤振幅值一般取10%的额定电流。颤振信号的波形采用正弦波、三角波或方波，它们的效果是相同的。

但是，附加的颤振信号也会增加滑阀节流口及阀芯外圆和阀套内孔的磨损，以及力矩马达的弹性支撑元件的疲劳，缩短伺服阀的使用寿命。因此，在一般情况下，应尽可能不加颤振信号。

（3）伺服阀的安装底座

① 伺服阀的安装底座应有足够的刚度。一般可用铁磁材料如45、2Cr13等结构钢制造，也可用铝合金等非铁磁性材料制造，但不允许用磁性材料制造。伺服阀不应安装在振动强烈或运动有剧变的机器上，周围也不允许有较强的电磁干扰。

② 安装底座的表面粗糙度应小于1.6μm，表面平面度误差不大于0.025mm。

（4）伺服系统的连接管路

伺服系统的连接管路可采用冷拔钢管、铜管和不锈钢管。伺服阀与执行元件的连接管路不能太长，太长会降低系统频宽。因此，最好将伺服阀直接安装在执行元件的壳体上，以免使用外接油管。另外，还务必注意以下事项。

① 油管通径应保证高压油的最大流速小于3m/s，回油最大速度小于1.5m/s。

② 伺服阀的供油口前应设置绝对过滤度不大于10μm的高压过滤器，为使伺服阀工作更可靠和延长使用寿命，最好采用绝对过滤度不大于6μm高压过滤器。

③ 系统试安装完毕后，要用清洗板代替伺服阀循环清洗回路，避免伺服阀受到污染。

第 10 章

电液数字阀

10.1 电液数字阀的工作原理

用数字信号直接控制阀口的开启和关闭，从而控制液流的压力、流量和方向的阀类，称为电液数字阀（简称数字阀）。电液数字阀可直接与计算机接口，不需 D/A 转换，在计算机实时控制的电液系统中，已部分取代电液伺服阀或电液比例阀。由于电液数字阀和电液比例阀的结构大体相同，且与普通液压阀相似，故制造成本比电液伺服阀低得多。电液数字阀对油液清洁度的要求比电液比例阀更低，操作维护更简单。而且电液数字阀的输出量准确、可靠地由脉冲频率或宽度调节控制，抗干扰能力强；滞环小，重复精度高，可得到较高的开环控制精度，因而得到较快发展。

电液数字阀主要有增量式电液数字阀和脉冲调制式（快速开关式）电液数字阀两大类。

10.1.1 增量式数字阀的工作原理

增量式电液数字阀采用由脉冲数字调制演变而成的增量控制方式，以步进电动机作为电-机械转换器，驱动液压阀工作。图 10-1 所示为增量式电液数字阀控制系统工作原理框图。由计算机发出需要的脉冲序列，经驱动电源放大后使步进电动机得到一个脉冲时，它便沿着控制信号给定的方向转一步。每个脉冲将使电动机转动一个固定的步距角。步进电动机转动时，带动凸轮或螺纹等机构旋转角度 $\Delta\theta$ 转换成位移量 Δx，从而带动液压阀的阀芯移动一定的位移。因此根据步进电动机原有的位置和实际走的步数，可得到数字阀的开度，从而得到与输入脉冲数成比例的压力、流量。计算机可按此要求控制液压缸（或马达）。

增量式数字阀的输入和输出信号波形如图 10-2 所示。

由图 10-2 可见，阀的输出量与输入脉冲数成正比，输出响应速度与输入脉冲频率成正比。对应于步进电动机的步距角，阀的输出量有一定的分辨率，它直接决定了阀的最高控制精度。

10.1.2 脉宽调制式数字阀的工作原理

脉宽调制信号是具有恒定频率、不同开启时间比率的信号，如图 10-3 所示。脉宽时间 t_p 对采样时间 T 的比值称为脉宽占空比。用脉宽信号对连续信号进行调制，可将图 10-3（a）中的连续信号调制成图 10-3（b）中的脉宽信号。如调制的量是流量，则每采样周期的平均流量 $\bar{q} = \dfrac{q_n t_p}{T}$ 就与连续信号处的流量相对应。脉宽调制式数字阀的工作原理如图10-4所示。计算机发出的脉冲信号，经脉宽调制放大器后送到脉宽调制（快速开关）数字阀，以开启时间的长短来控制流量。在需要作两个方向运动的系统中，需要两个数字阀分别控制不同方向的运动。

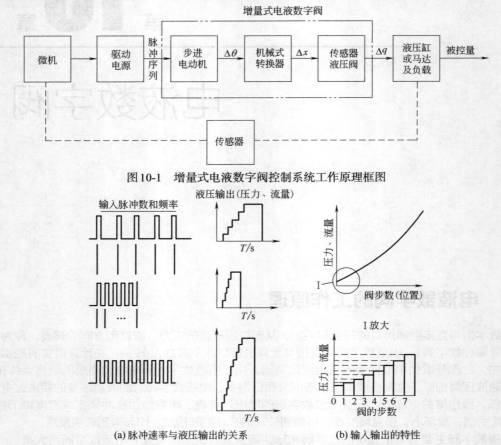

图10-1　增量式电液数字阀控制系统工作原理框图

图10-2　增量式数字阀的输入和输出信号波形图

由于作用于阀上的信号是一系列脉冲，所以液压阀也只有与之相对应的快速切换的开和关两种状态，而以开启时间来控制流量或压力。快速开关式电液数字阀中液压阀的结构与其他阀不同，它是一个快速切换的开关，只有全开、全闭两种工作状态。

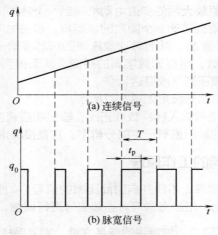

图10-3　信号的脉宽调制

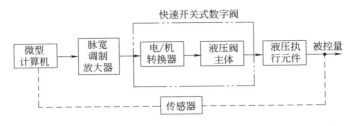

图10-4 脉宽调制式数字阀工作原理框图

10.2 电液数字阀的典型结构和工作特性

10.2.1 增量式数字阀

增量式数字阀与输入的数字式信号脉冲数成正比，步进电动机的转速随输入脉冲频率的变化而变化，当输入反向脉冲时，步进电动机将反向旋转。步进电动机在脉冲信号的基础上，使每个采样周期的步数较前一采样周期增减若干步，以保证所需的幅值。按用途的不同，增量式数字阀可分为数字流量阀、数字方向流量阀和数字压力阀等。

(1) 增量式数字流量阀

图10-5所示为直控式数字节流阀。步进电动机按计算机的指令而转动，通过滚珠丝杠5变为轴向位移，使节流阀阀芯6打开阀口，从而控制流量。该阀有两个面积梯度不同的节流口，阀芯移动时首先打开右节流口8，由于非全周边通流，故流量较小；继续移动时打开全周边通流的左节流口7，流量增大。阀开启时的液动力可抵消一部分向右的液动力。此阀可从节流阀阀芯6、阀套1和连杆2的相对热膨胀中获得温度补偿。

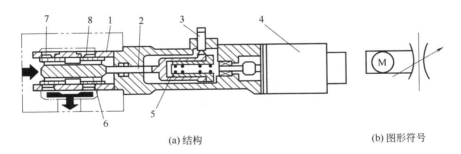

(a) 结构　　　　　　　　　　　　　　　　(b) 图形符号

图10-5　直控式数字节流阀结构图及图形符号

1—阀套；2—连杆；3—位移传感器；4—步进电动机；5—滚珠丝杠；
6—节流阀阀芯；7—左节流口；8—右节流口

图10-6所示为溢流型压力补偿数字调速阀。如图10-6（a）所示，在直控式数字节流阀前面并联一个溢流阀，并使溢流阀阀芯两端分别受节流阀进出口液压的控制，即可构成溢流型压力补偿的直控式数字调速阀。

图10-6（b）、（c）所示为溢流型压力补偿的先导式数字调速阀。步进电动机旋转时，通过凸轮或螺纹机构带动挡板4作往复运动，从而改变喷嘴3与挡板4之间的可变液阻，改变了喷嘴前的先导压力即B腔压力 P_B，使节流阀阀芯2跟随挡板4运动，因活塞截面积是活塞环形面积的2倍，所以当 $p_B = p_A/2$（p_A 为A腔压力）时，节流阀阀芯2停止运动，该调速阀的流量与节流阀阀芯2的位移成正比。溢流阀阀芯5的左、右两端分别受节流阀进、出口油压的控制，所以溢流阀的溢流压

力随负载压力的增加（降低）而相应增加（降低），从而保证节流阀进、出口压差恒定，消除了负载压力对流量的影响。

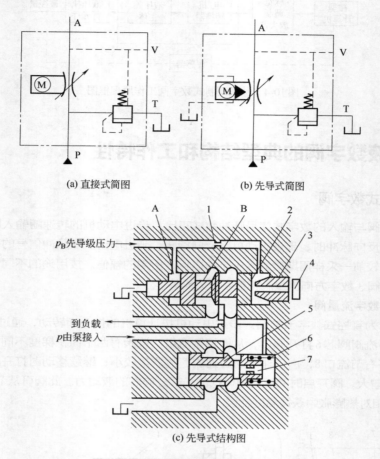

(a) 直接式简图   (b) 先导式简图

(c) 先导式结构图

图10-6　溢流型压力补偿数字调速阀

1，7—节流孔；2—节流阀阀芯；3—喷嘴；4—挡板；5—溢流阀阀芯；6—弹簧

　　如图10-7所示，分别在直控式和先导式数字节流阀前面串联一个减压阀，并使减压阀阀芯两端分别受节流阀进、出口液压的控制，即可构成减压型压力补偿的直控式［见图10-7（a）］和先导式［见图10-7（b）］数字调速阀。

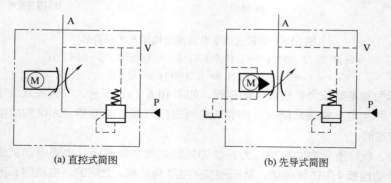

(a) 直控式简图   (b) 先导式简图

图10-7　减压型压力补偿数字调速阀

（2）增量式数字方向流量阀

　　图10-8所示为增量式数字方向流量阀的原理图。压力油由油口P进入，油口A及B接通负载

腔，油口 T 回油；油口 X 为先导级控制用的压力供油口，与控制阀阀芯 1 两端容腔 A_1 和 A_2 相通，但与 A_2 腔之间有固定节流孔 2。控制阀阀芯右端是喷嘴 3，左腔 A_1 与右腔 A_2 的面积比为 1∶2。当 A_2 腔的压力为 A_1 腔的 1/2 时，控制阀阀芯两端作用力保持平衡，此时喷嘴 3 与挡板 4 间隙一定，通过喷嘴 3 流出的流量也一定。若挡板 4 运动时，喷嘴 3 流出流量变化减小，p_2 随之变化。A_2 腔压力变化，阀芯移动，直到压力恢复为 $p_1=2p_2$ 时停止运动。这样，步进电动机使挡板运动的位移，便是控制阀阀芯跟随移动的距离，也就是阀的开度。这类阀可达到较高的控制精度。

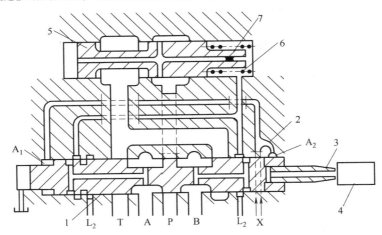

图 10-8　增量式数字方向流量阀

1—控制阀阀芯；2，7—固定节流孔；3—喷嘴；4—挡板；5—压力补偿阀阀芯；6—弹簧

为使控制阀阀芯节流口前后侧的压差保持恒定，阀的内部还可以设置安全型压力补偿装置。图 10-8 中压力补偿阀阀芯 5 的右端设有弹簧 6，通常 P 腔与 T 腔是关闭的。压力油由油口 P 经压力补偿阀阀芯中间的孔流到左端，经固定节流孔 7 与右端弹簧腔相连，此腔与负载腔（A 或 B 腔）压力相关。当负载腔压力下降时，阀芯右移，部分压力油经过补偿阀阀芯的节流口向 T 口排出，供油压力下降。当弹簧力与油口 P 及负载腔的压差相平衡时，补偿阀阀芯停止运动。这样可使控制阀阀芯节流口两侧的压差维持不变，以补偿负载变化时引起的流量变化。

（3）增量式数字压力阀

将普通压力阀（包括溢流阀、减压阀和顺序阀）的手动机构改用步进电动机控制，即可构成数字压力阀。计算机发出脉冲信号，步进电动机旋转时，由凸轮或螺纹等机构将角位移转换成直线位移，使弹簧压缩及先导级的针阀开度产生相应的变化，从而控制压力。

图 10-9 所示为增量式数字压力阀，其中，图（a）为结构原理图，图（b）为压力控制阀先导级的示意图。当计算机发出脉冲信号时，使步进电动机 1 转动且带动偏心轮 2 转动，顶杆 3 作往复运动，从而使弹簧的压缩量及先导阀的针阀 4 的开度产生相应的变化，也就调整了压力。该数字阀的最高压力和最低压力取决于凸轮的行程和弹簧的刚度及压缩量。这种压力阀也可手动调节，图（a）上的手轮 5 即为手动调节压力时使用。

10.2.2　脉冲调制式数字阀

脉冲调制式数字阀可以直接用计算机进行控制，由于计算机是按二进制工作的，最普通的信号，可量化为两个量级的信号，即"开"和"关"两种工作状态，因而结构简单、紧凑，价格低廉，抗干扰及抗污染能力强。控制这种阀的开与关及开和关的时间长度（脉宽），即可达到控制液流的方向、流量或压力的目的。由于这种阀的阀芯多为锥阀、球阀或喷嘴挡板阀，均可快速切换，而且只有开和关两个位置，故称为快速开关型数字阀，简称快速开关阀，作为数字阀用的高速开关阀切换时间一般均为几毫秒。现就几种典型结构进行介绍。

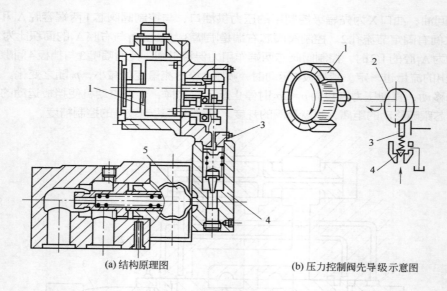

(a) 结构原理图　　　　　　　(b) 压力控制阀先导级示意图

图 10-9　增量式数字压力阀

1—步进电动机；2—偏心轮；3—顶杆；4—针阀；5—手轮

（1）二位二通电磁锥阀式快速开关型数字阀

如图 10-10 所示，当螺管电磁铁 4 不通电时，衔铁 2 在右端的弹簧 3 的作用下使锥阀 1 关闭；当电磁铁 4 有脉冲信号通过时，电磁吸力使衔铁带动左面的锥阀 1 开启。阀套 6 上的阻尼孔 5 用来补充液动力。

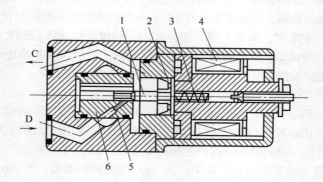

图 10-10　二位二通电磁锥阀式快速开关数字阀

1—锥阀；2—衔铁；3—弹簧；4—螺管电磁铁；5—阻尼孔；6—阀套

（2）二位三通电液球式快速开关型数字阀

如图 10-11 所示，快速开关式电液数字阀的驱动部分为力矩马达，根据线圈通电方向不同，衔铁 2 沿顺时针或逆时针方向摆动，输出力矩和转角。

液压部分有两组球阀，分为二级。若脉冲信号使力矩马达通电，衔铁沿顺时针偏转，先导级球阀 4 向下运动，关闭压力油口 P，L_2 腔与回油腔 T 接通，球阀 5 在液压力 p 作用下向上运动，工作腔 A 与 P 相通。与此同时，球阀 7 受 p 作用于上位，L_1 腔与 P 腔相通，球阀 6 向下关闭，断开 P 腔与 T 腔通路。反之，如力矩马达逆沿时针偏转时，工作腔 A 则与 T 腔相通。这种阀的额定流量仅为 1.2L/min，工作压力可达 20MPa，最短切换时间为 0.8ms。这种阀也可用电磁铁代替力矩马达。

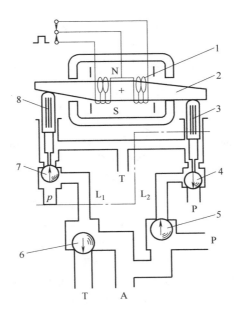

图10-11　二位三通电液球式快速开关型数字阀

1—线圈；2—衔铁；3，8—推杆；4，7—先导级球阀；5，6—功率级球阀

（3）喷嘴挡板式快速开关型数字阀

　　如图10-12所示，两个电磁线圈1、4控制挡板（浮盘）向左或向右运动，从而改变喷嘴与挡板之间的距离，使之或开或关，压力 P_1 和 P_2 得到控制（当两个电磁线圈都失电时，浮盘处于中间位置，使 $P_1 = P_2$），以组成不同的工况进行工作。显然，该阀只能控制对称执行元件。

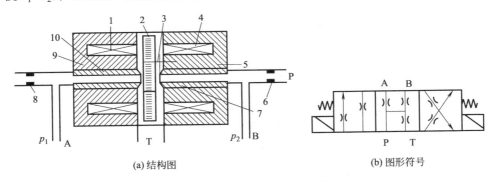

(a) 结构图　　　　　　　　　　　　　　　　　　　(b) 图形符号

图10-12　喷嘴挡板式快速开关型数字阀

1，4—电磁线圈；2—挡板（浮盘）；3—咬合气隙；5，9—轭铁；6，8—固定阻尼；7，10—喷嘴

10.2.3　电液数字阀的工作特性

　　电液数字阀的性能指标既与阀本身的性能有关，也与控制信号和放大器的结构以及与主机的匹配有关，是一项综合指标。

（1）静态特性

　　数字阀的静态特性可用输入的脉冲数或脉宽占空比与输出流量或压力之间的关系式或曲线表示。数字阀的优点之一是重复性好，重复精度高，滞环很小。增量式数字阀的静态特性（控制特性）曲线如图10-13所示，其中图（c）是方向流量阀特性曲线，实际由两个数字阀组成。

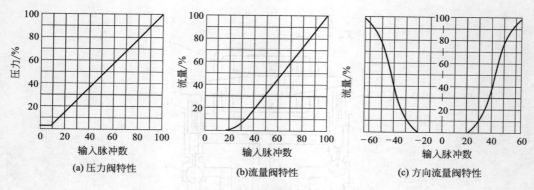

(a) 压力阀特性　　　　　　　(b)流量阀特性　　　　　　　(c) 方向流量阀特性

图10-13　增量式数字阀的静态特性曲线

由图10-13同样可得到阀的死区、线性度、滞环及额定值等静态指标。选用步距角较小的步进电动机或采取分频等措施可提高阀的分辨率，从而提高阀的控制精度。

脉宽调制式数字阀的静态特性（控制特性）曲线如图10-14所示。由图可见，控制信号太小时不足以驱动阀芯，太大时又使阀始终处于吸合状态，因而有起始脉宽和终止脉宽限制。起始脉宽对应死区，终止脉宽对应饱和区，两者决定了数字阀实际的工作区域；必要时可以用控制软件或放大器的硬件结构消除死区或饱和区。当采样周期较小时，最大可控流量也小，相当于分辨率提高。

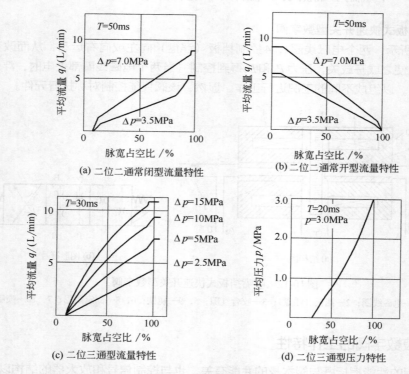

(a) 二位二通常闭型流量特性　　　　　　(b) 二位二通常开型流量特性

(c) 二位三通型流量特性　　　　　　(d) 二位三通型压力特性

图10-14　脉宽调制式数字阀的静态特性曲线

（2）动态特性

增量式数字阀的动态特性与输入信号的控制规律密切相关，增量式数字压力阀的阶跃特性曲线如图10-15所示，可见用程序优化控制时可得到良好的动态性能。

脉宽调制式数字阀的动态特性可用它的切换时间来衡量。由于阀芯的位移较难测量，可用控制电流波形的转折点得到阀芯的切换时间。图10-16所示为脉宽调制式数字阀的响应曲线，其动态指标是最小开启时间 t_{on} 和最小关闭时间 t_{off}。一般通过调整复位弹簧使两者相等。当阀芯完全开启或完全关闭时，电流波形产生一个拐点，由此可判定阀芯是否到达全开或全关位置，从而得到其切换时间。不同脉宽信号控制时，动态指标也不同。

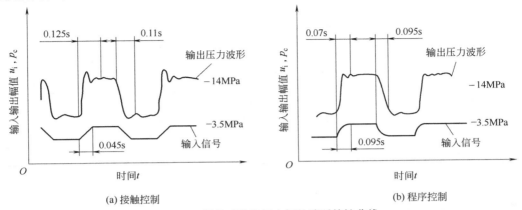

(a) 接触控制 (b) 程序控制

图 10-15　增量式数字压力阀的阶跃特性曲线

为了提高数字阀的动态响应，对于增量式阀可采用高、低压过激驱动和抑制电路以提高其开和关的速度；对于脉宽调制式阀可采用压电晶体电-机械转换器，但它的输出流量更小，而电控功率要求更大。

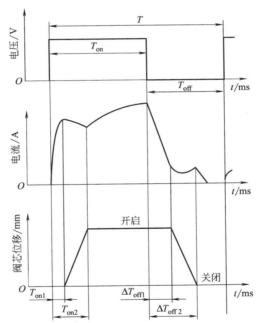

图 10-16　脉冲调制式数字阀的响应曲线

（3）与伺服阀及比例阀的性能比较

电液数字控制阀与伺服阀和比例阀的性能比较，见表 10-1。

表 10-1　电液数字控制阀与伺服阀和比例阀的性能比较

项目	电液数字阀		电液比例阀	电液伺服阀
	增量式	快速开关式		
介质过滤精度/μm	25	25	20	3
阀内压降/MPa		0.25～5	0.2～2	7

续表

项目	电液数字阀		电液比例阀	电液伺服阀
	增量式	快速开关式		
滞环、重复精度	<0.1%		3%	3%
抗干扰能力	强	强	中	中
温度漂移(20～60℃)	20%		6%～8%	2%～3%
控制方式	简单	简单	较简单	较复杂
动态响应	较低		中	高
中位死区	有	有	有	无
结构	简单	简单	较简单	复杂
功耗	中等		中	低
价格因子	1	0.5	1	3

10.3 电液数字阀的应用

尽管数字阀的出现迄今已有二十多年了，但其发展速度不快，应用范围目前也尚不如伺服和比例控制系统广泛。主要原因是，增量式存在分辨率限制，而脉宽调制式主要受两个方面的制约：一是控制流量小且只能单通道控制，在要求较大流量或方向控制时难以实现；二是有较大的振动和噪声，影响可靠性和使用环境。相反，具有数字量输入特性的数控电液伺服阀或比例阀克服了这些缺点。电控系统造价较高及可选用的商品化系列产品较少，也是数字阀应用受到限制的重要原因。

目前，数字阀主要用于先导控制和中小流量控制场合，如电液比例阀的先导级、汽车燃油量控制等。电液数字阀在注塑机、液压机、磨床、大惯量工作台、变量泵的变量机构、飞行器的控制系统中也有所应用。

(1) 用于注塑机、压铸机等液压系统

图 10-17 为采用数字式压力阀 PV 和数字式流量阀 FV 的注塑机的液压控制系统。调定输入步进电动机 M 的脉冲数和脉冲频率，可控制注射速度、注射压力的大小，以适应不同塑料材质对不同成型压力和注射速度的需要。

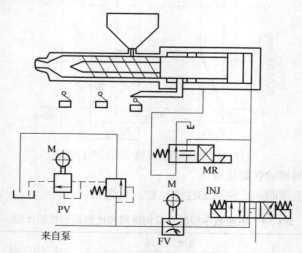

图 10-17 装有数字阀液压系统的注塑机

M—MIRS 型；FV—数字流量控制阀；PV—数字控制压力阀；

INJ—注射用电磁阀；MR—MIRS 用电磁阀

（2）组成数字泵，用于塑料机械

图10-18为用RCV型数字阀与变量柱塞泵相组合而成的数字泵。RCV型数字阀一端与步进电动机连接，另一端与控制变量泵斜盘斜角的变量液压缸的活塞杆连接。这种与活塞杆的反馈连接便构成一种机械随动装置，如此便可以数字的方式来控制变量泵的流量输出，满足各种机械的要求。

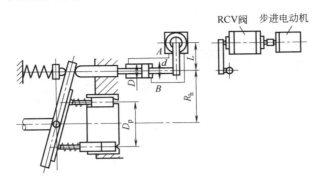

图10-18 数字泵的示意图

（3）多泵组合+数字阀供油系统

图10-19 为SZC10000-630型大型注塑机采用数字压力阀组、数字流量阀组以及由多台数字泵构成的机床供油系统。

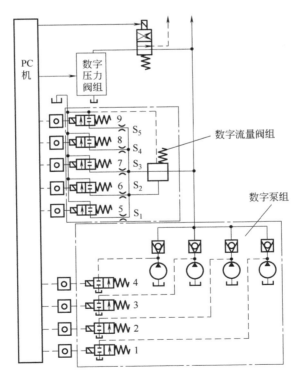

图10-19 大型注塑机机床供油系统

数字流量阀组以旁路节流的方式与泵出口相连。电磁阀采用旁路节流的方式，是因为若采用进口节流，则数字阀须通过全部流量，会造成体积庞大，成本增高，而且多余流量以比负载压力大得多的压力溢流，相对而言，旁路节流功率损失要少得多；旁路节流的另一个优点是电磁阀5～9可在低压下工作，故障率低些。数字式流量阀组中接入的定压差减压阀与普通调速阀中的该阀作用相同，也是起压力补偿作用，以保证通过数字阀组的流量不受负载变化的影响。

系统中采用的数字压力阀组，图中未详细画出，可参阅图10-20。它的作用是满足注塑机低压快合模、高压锁模、低压注射、高压注射等多级压力设定的需要，可大大提高系统工作效率。

该注塑机的数字泵组由4台泵联合供油。利用数字泵组的电磁阀1~4的通电或断电，可控制相对应的泵是工作或者卸荷，以满足注塑机不同的工况需要。

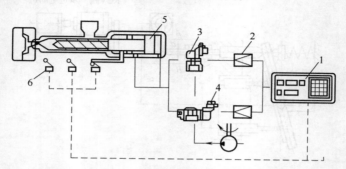

图10-20　数字阀调压和调速回路故障分析图

1—控制器；2—驱动放大器；3，4—数字阀；5—注射缸；6—行程开关

第 11 章

液压系统的基本回路

任何液压系统都是由一些基本回路所组成的。所谓液压基本回路是指能实现某种规定功能的液压元件的组合。按其在液压系统中的功用，基本回路可分为以下几种。

① 方向控制回路——控制执行元件运动方向的变换和锁停。

② 压力控制回路——控制整个系统或局部油路的工作压力。

③ 速度控制回路——控制和调节执行元件的速度。

④ 多执行元件控制回路——控制几个执行元件相互间的工作循环。

11.1 方向控制回路

在液压系统中，执行元件的启动、停止或改变运动方向是利用控制进入执行元件的油液通断或流向改变来实现的。实现这些功能的回路称方向控制回路。常见的方向控制回路有换向回路、锁紧回路和缓冲回路等。

11.1.1 换向回路

（1）使用换向阀的换向回路

如图 11-1 所示为使用二位三通阀的换向回路。图 11-1（a）中液压缸为单作用液压缸，当二位三通阀 2 处右位时，液压源 1 向单作用液压缸 3 大腔供液，活塞伸出，三位三通阀 2 换位，液压缸靠弹簧力或自身重力作用（竖直放置）退回。图 11-1（b）也是使用二位三通阀的换向回路，同时也是差动回路。

如图 11-2 所示为使用三位四通电液换向阀的换向回路。先导阀和主阀均为三位四通电液换向阀，弹簧对中复位，内部压力控制，外泄方式，常有手动应急控制装置。图 11-2 中，1DT 通电，2DT 断电，三位四通电液换向阀 2 处左工位，液压缸右行；2DT 通电，1DT 断电，三位四通电液换向阀 2 处于右工位，液压缸退回；两者同时断电，液压缸停止运动（图示位）。图中的电液换向阀可用其他形式的三位四通阀取代。

（2）使用双向变量泵的换向回路

如图 11-3 所示为使用双向变量泵的换向回路。工作原理：假定双向变量泵 2 向上部管路供液，则液压缸3右行，它的排液经下部管路回到双向变量泵2的入油口；双向变量泵2反向供液时，液控二位二通阀11处于通位（下工位），液压缸3左行，排出的油液经溢流阀10回油箱。阀9为系统安全阀。辅助泵1的作用是向系统供入冷却后的油液。

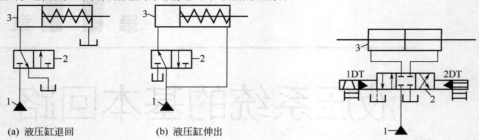

(a) 液压缸退回　　　　(b) 液压缸伸出

图11-1　换向回路（一）

1—液压源；2—二位三通阀；3—单作用液压缸

图11-2　换向回路（二）

1—液压源；2—三位四通电液换向阀；3—液压缸

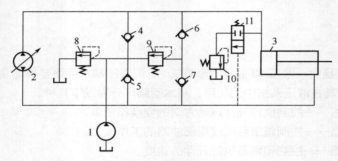

图11-3　双向变量泵换向回路

1—辅助泵；2—双向变量泵；3—液压缸；4~7—单向阀；8—低压阀；
9—安全阀；10—溢流阀；11—液控二位二通阀

11.1.2　锁紧回路

锁紧回路的功能是使液压执行机构能在任意位置停留，且不会因外力作用而移动位置。常见的锁紧回路有三种。

（1）用换向阀中位机能锁紧

如图11-4所示为采用三位换向阀O型（或M型）中位机能锁紧的回路。其特点是结构简单，不需增加其他装置。但由于滑阀环形间隙泄漏较大，故其锁紧效果不太理想，一般只用于要求不太高或只需短暂锁紧的场合。

（2）用液控单向阀锁紧

如图11-5所示为采用液控单向阀（又称双向液压锁）的锁紧回路。当换向阀3处于左位时，压力油经左边液控单向阀4进入液压缸5左腔，同时通过控制口打开右边液控单向阀，使液压油腔的回油可经右边的液控单向阀及换向阀流回油箱，活塞向右运动；反之，活塞向左运动，到了需要停留的位置，只要使换向阀处于中位，因阀的中位为H型机能，所以两个液控单向阀均关闭，液压缸双向锁紧。由于液控单向阀的密封性好（线密封），液压缸锁紧可靠，其锁紧精度主要取决于液压缸的泄漏。这种回路被广泛应用于工程机械、起重运输机械等有较高锁紧要求的场合。

（3）用制动器锁紧

上述两种锁紧回路都无法解决因执行元件内泄漏而影响锁紧的问题，特别是在用液压马达作为执行元件的场合，若要求完全可靠的锁紧，则可采用制动器。

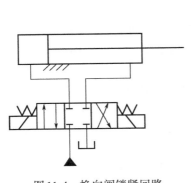

图11-4 换向阀锁紧回路

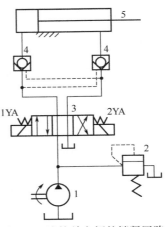

图11-5 液控单向阀的锁紧回路
1—液压泵；2—溢流阀；3—换向阀；
4—液控单向阀；5—液压缸

一般制动器都采用弹簧上闸制动、液压松闸的结构。制动器液压缸与工作油路相通，当系统有压力油时，制动器松开；当系统无压力油时，制动器在弹簧力作用下上闸锁紧。

制动器液压缸与主油路的连接方式有三种，如图11-6所示。

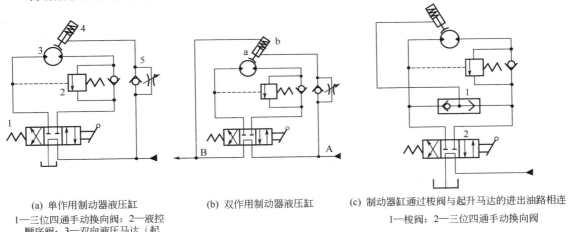

(a) 单作用制动器液压缸
1—三位四通手动换向阀；2—液控
顺序阀；3—双向液压马达（起
升液压马达）；4—制动器液
压缸；5—单向节流阀

(b) 双作用制动器液压缸

(c) 制动器缸通过梭阀与起升马达的进出油路相连
1—梭阀；2—三位四通手动换向阀

图11-6 用制动器的制动回路

如图11-6（a）所示，制动器液压缸4为单作用缸，它与起升液压马达的进油路相连接。采用这种连接方式，起升回路必须放在串联油路的最末端，即起升马达的回油直接通回油箱。若将该回路置于其他回路之前，则当其他回路工作而起升回路不工作时，起升马达的制动器也会被打开，因而容易发生事故。制动器回路中的单向节流阀的作用是：制动时快速，松闸时滞后。这样可防止开始起升负载时，因松闸过快而造成负载先下滑然后再上升的现象。

如图11-6（b）所示，制动器液压缸为双作用缸，其两腔分别与起升马达的进、出油路相连接。这种连接方式使起升马达在串联油路中的布置位置不受限制，因为只有在起升马达工作时，制动器才会松闸。

如图11-6（c）所示，制动器缸通过梭阀1与起升马达的进出油路相连接。当起升马达工作时，不论是负载起升或下降，压力油均会经梭阀与制动器缸相通，使制动器松闸。为使起升马达不工作时制动器缸的油与油箱相通而使制动器上闸，回路中的换向阀必须选用H型机能的阀。这种回路也必须置于串联油路的最末端。

11.1.3 制动回路

在各类机械设备的液压系统中，常常要求液压执行元件能够快速地停止，因此在液压系统中应该有制动回路。基本的制动方法有以下几种：采用换向阀制动；采用溢流阀制动；采用顺序阀制动；其他制动方法。

换向阀制动是通过换向阀的中位机能（如型号是O/M等机能的换向阀），切断执行元件的进出油路实现制动的。由于这时执行元件及其所驱动的负载往往有很大的惯性，会使执行元件继续运动，所以除了产生冲击、振动和噪声外，还在执行元件的进油腔产生真空，出油腔产生高压，对执行元件和管路不利，因此一般不采用这种方式。

采用溢流阀制动的回路如图11-7所示，由液压泵1、调速阀2、液压马达3、换向阀4（也可采用手动阀）和溢流阀5组成。当换向阀在图示（中位）位置时，系统处于卸荷状态；当换向阀在左位时，系统处于正常工作状态；当换向阀在右位时，液压泵处于卸荷状态，液压马达处于制动状态。这时液压马达的出口接溢流阀，由于回油受到溢流阀阻碍，回油压力升高，直至打开溢流阀，液压马达在溢流阀调定背压作用下迅速制动。

采用顺序阀制动的回路如图11-8所示，由液压泵1、溢流阀2、顺序阀3、液压马达4、换向阀5（也可采用手动阀）组成。当换向阀在左位时，系统处于正常工作状态，顺序阀在系统供油压力下打开，液压马达转动；当换向阀在图示（右位）位置时，液压泵处于卸荷状态，液压马达处于制动状态，这时液压马达的出口接顺序阀，回油受到顺序阀的阻碍，压力升高一定值后可打开顺序阀，液压马达在顺序阀调定背压作用下迅速制动。

除了上边介绍的制动方法外，也可采用以弹簧力为原动力的机械制动方式对液压马达进行制动。

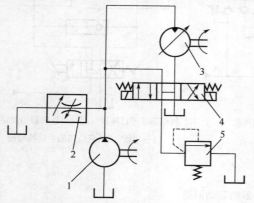
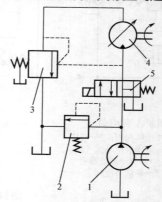

图 11-7　采用溢流阀制动的回路　　　图 11-8　采用顺序阀制动的回路
1—液压泵；2—调速阀；3—液压马达；　　1—液压泵；2—溢流阀；3—顺序阀；
4—换向阀；5—溢流阀　　　　　　　4—液压马达；5—换向阀

11.2　压力控制回路

用来调节系统或其分支回路压力的回路称为压力控制回路。压力控制回路的作用是调压、减压、增压、保压、卸载、平衡、缓冲等。

压力控制回路是利用压力控制阀控制系统压力的回路。这种回路可以实现调压、减压、增压、卸荷等各种控制，以满足工作部件对力或力矩的要求。

11.2.1 调压回路

调压回路的作用是调节系统的压力，限制系统压力的大小。在系统中常用溢流阀限制系统压力的大小。调压回路按其功能分为不同类型。

调压回路的作用是控制系统或其局部压力使之保持稳定或者限制最高（安全）压力。前者称为稳压（定压）回路，后者称为安全回路，所用元件为溢流阀。

（1）稳压回路

如图11-9所示为稳压回路（如进油节流调速回路中的液压源）。系统正常工作时溢流阀始终开启，所以泵的出口压力保持稳定。

（2）限压回路

如图11-10所示为限压回路，用以限制泵的最高工作压力。系统正常工作时，溢流阀闭合，泵的工作压力由负载决定。当负载压力达到溢流阀调定压力的115%~120%时，溢流阀开启溢流，以保障系统的安全，这种作用的溢流阀又称为安全阀。此外，在旁路节流调速回路中或使用溢流节流阀的进油节流调速回路中，溢流阀为安全阀，限定系统最大工作压力。

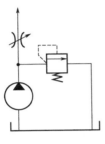

图11-9　稳压回路

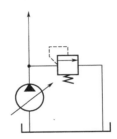

图11-10　限压回路

11.2.2 减压回路

一个密闭系统只能建立一种油压。对于只有一个泵的液压系统，若有两个以上的执行机构，分别需要不同的供油压力。此时需要用减压阀组成不同的压力区，这些执行机构才能同时工作，如图11-11所示。负载高的执行机构要放在减压阀的进油口端，负载低的执行机构要放在减压阀的出油口端。

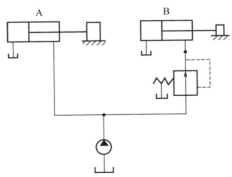

图11-11　减压基本回路工作原理

11.2.3 增压回路

增压回路用来使液压系统中的局部油路获得比泵工作压力高得多的压力，增压回路提高油液压力的主要元件是一个增压缸，如图11-12所示。换向阀右位通油时，补油箱的油通过单向阀进入增压缸的右腔；换向阀左位通油时，增压缸的右腔排出高压油供给执行机构a、b，达到对系统增压的目的。

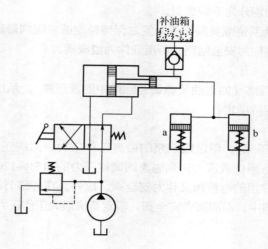

图11-12　增压基本回路

11.2.4　卸荷回路

在不停泵的情况下，常常需要对液压系统卸荷（卸掉压力），可采用不同液压元件达到目的。

如图11-13所示为二位二通阀卸荷回路。给二位二通阀通电，右位阀芯进入系统进行溢流卸荷。不通电时，二位二通阀关闭，系统继续进行工作。

如图11-14所示为先导溢流阀卸荷回路。在溢流阀上安放一个二位二通电磁阀，需卸荷时，给二位二通阀通电卸流，随后主油路进行卸荷。这种卸荷回路的优点是只需用一只小规格的二位二通阀安装在溢流阀上，并可进行遥控卸荷。

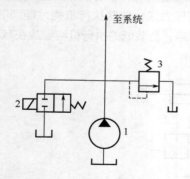

图11-13　二位二通阀卸荷回路

1—液压泵；2—二位二通阀；3—溢流阀

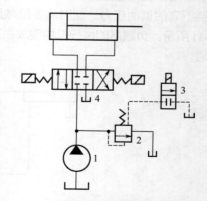

图11-14　先导溢流阀卸荷回路

1—液压泵；2—溢流阀；3—二位二通电磁阀；
4—换向阀

如图11-15所示为利用卸荷阀进行卸荷的回路。在该回路中，阀3调压高、阀4调压低。当主油路压力足以将阀4打开卸压时，泵2卸油，泵1供油，系统在高压状态下工作。当低压时，阀4关闭，泵1、泵2同时向系统供油。

11.2.5 平衡回路

为了防止立式液压缸或垂直运动的工作部件，因其自身重力作用而突然下落造成事故，可以在立式液压缸活塞下行时的回油路上设置适当的阻力，以产生一定的背压，阻止其下降或使下降缓慢进行，这时采用的回路即为平衡回路，也叫背压回路。如图11-16所示为利用顺序阀（平衡阀）形成背压的背压回路。将单向顺序阀的调定压力调整到与活塞部件的自身重力平衡或稍大于活塞部件自身重力，液压缸中的油液被节流产生背压，避免活塞因自身重力作用而超速下落。

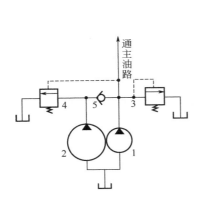

图11-15 用卸荷阀的卸荷回路

1—高压大流量泵；2—低压大流量泵；

3，4—溢流阀；5—单向阀

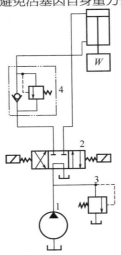

图11-16 平衡基本回路

1—液压泵；2—三位四通电磁换向阀；

3—溢流阀；4—平衡单向顺序阀

11.2.6 保压回路和泄压（释压）回路

有些工作机构如离合器，当它充压结合后仍要求在较长时间内保持一定压力，却并不需要继续进油或进油甚微。这时液压泵输出的油势必全部或大部从溢流阀流回油箱，造成能量损失和系统发热，必须采用蓄能器保压。这样的回路称为保压回路，也叫泄压（释压）回路。

如图11-17所示，液压泵输出的油液在进入系统同时充入蓄能器，当压力达到所需工作压力时，压力继电器接通电磁二位二通阀换向，于是溢流阀打开液压泵卸荷。这时，单向阀将上下油路隔断，系统压力及所需的微小流量均由蓄能器保证。当蓄能器压力随油的逐渐输出而降至一定程度时，继电器断电，溢流阀关闭，液压泵恢复供油。

11.2.7 缓冲回路

在液压系统中，突然的启、停、换向或负荷变化，引起油压大幅度的波动时，为避免管路和油封的破坏，可以增设缓冲补油回路，简称缓冲回路。

工程机械采用缓冲补油阀的回路大致有三种形式，如图11-18所示。

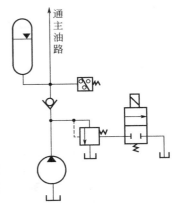

图11-17 蓄能器保压回路

如图11-18（a）所示，采用一对过载阀，以相反方向连接液压马达两边的油路。当一边油路过载而另一边油路产生负压时，相应的过载阀立即打开形成短路，使液压马达的进油和回油自行循环，从而过载油路获得缓冲，而负压油路又同时得到补油。这种回路结构简单、反应灵敏，适用于液压马达进回油流量相等的系统，但由于液压马达的外泄漏使补油不够充分。

如图11-18（b）所示，采用四个单向阀和一个过载阀，将液压马达两边油路和油箱或系统的回油路连接。若右边油路过载，部分高压油通过单向阀1打开过载阀2溢回油箱，而另一边负压油路则通过补油单向阀3从通油箱的回油路（通常具有0.3~0.5MPa背压）中获取补油。若是左边油路过载，根据同样原理，也能获得缓冲补油。这种回路缓冲补油比较充分，结构也比较简单，由于两边油路共一个过载阀，只能调定一种压力，故适用于液压马达两边油路的过载压力调定值相同的场合，例如起重机和挖掘机回转机构的液压回路等。

如图11-18（c）所示，采用两个过载阀和两个补油单向阀分别为液压马达两边油路缓冲补油，右边油路由过载阀1和单向阀3保证缓冲补油，左边则由阀2和阀4保证。这种回路能根据马达两边各自的负载情况分别调定过载压力值，适应性较好，应用比较普遍。

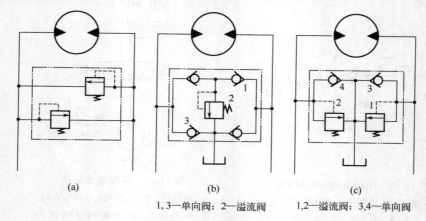

(a)　　　　　　　　(b)　　　　　　　　(c)

1,3—单向阀；2—溢流阀　　1,2—溢流阀；3,4—单向阀

图11-18　缓冲补油阀的回路

11.2.8　制动回路

在液压马达带动部件运动的液压系统中，由于运动部件具有惯性，要使液压马达由运动状态迅速停止，只靠液压泵卸荷或停止向系统提供油仍然难以实现，为此，需采用制动回路。制动回路的功能是利用溢流阀等元件在液压马达的回油路上产生背压，使液压马达受到阻力矩而被制动。

（1）用溢流阀的制动回路

如图11-19所示为基本溢流阀制动回路。三位四通电磁换向阀2切换至上位时，液压马达3运转；复至图示中位时，液压马达在惯性作用下转动并逐渐减速到停止转动；切换至下位时，液压马达回油路被溢流阀1所阻，于是回油压力升高，直至打开溢流阀，液压马达便在背压等于溢流阀调定压力的阻力作用下被制动。用节流阀4代替溢流阀产生的制动背压也可实现制动。

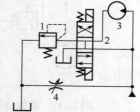

图11-19　基本溢流阀制动回路

1—溢流阀；2—三位四通电磁换向阀；

3—液压马达；4—节流阀

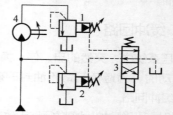

图11-20　溢流阀远程制动回路

1，2—先导式溢流阀；3—二位四通电磁

换向阀；4—液压马达

如图11-20所示为采用溢流阀的远程制动回路。二位四通电磁换向阀3接至两个先导式溢流阀1、2的遥控口，图示位置电磁阀3断电，溢流阀2的遥控口直接通油箱，故液压泵卸荷，而溢流阀1的遥控口堵塞，此时液压马达4被制动。当电磁阀通电，阀1遥控口通油箱，阀2遥控口堵塞，使液压马达运转。

（2）用顺序阀的制动回路

如图11-21所示为顺序阀制动回路。主要应用于液压马达产生负的载荷时的工况，三位四通电磁换向阀1切换到下位时，若液压马达3为正载荷，则远控顺序阀2由于压力作用而被打开；但当液压马达为负的载荷时，液压马达入口侧的油压降低，远控顺序阀起制动作用。如阀1处于中位，则液压泵卸荷，故液压马达停止。

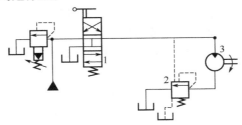

图11-21 顺序阀制动回路
1—三位四通电磁换向阀；2—远控顺序阀；3—液压马达

11.3 速度控制回路

液压传动系统中速度控制回路包括调节液压执行元件速度的调速回路、使之获得快速运动的快速回路、快速运动和工作进给速度以及工作进给速度之间的速度换接回路。

速度控制回路的主要作用是调节液压执行元件的运动速度，常用的有阀控制、泵控制和执行器控制三种方式。

11.3.1 调速回路

调速回路是液压系统的核心回路。调速回路是通过事先的调整或工作过程中自动调节来改变执行器的运动速度的。

（1）节流调速回路

按照流量阀安装位置的不同，有进油节流调速、回油节流调速和旁路节流调速三种。

① 进油节流调速回路

a.速度负载特性。如图11-22（a）所示，液压缸在稳定工作时，其受力平衡方程式是：

$$p_1 A = F + p_2 A \tag{11-1}$$

式中　p_1，p_2——液压缸的进油腔和回油腔压力，p_2可视为零；

　　　F，A——液压缸的负载和有效工作面积。

将前式整理后得

$$p_1 = \frac{F}{A} \tag{11-2}$$

则节流阀前后的压力差为

$$\Delta p = p_p - p_1 = p_p - \frac{F}{A} \tag{11-3}$$

因通过节流阀进入液压缸的流量为

$$q_V = CA_T\Delta p^{\varphi} = CA_T\left(p_p - \frac{F}{A}\right)^{\varphi} \qquad (11\text{-}4)$$

故活塞运动的速度为

$$v = \frac{q_V}{A} = \frac{CA_T}{A}\left(p_p - \frac{F}{A}\right)^{\varphi} \qquad (11\text{-}5)$$

式中　C，φ——节流阀系数和指数；

A_T——节流阀通流面积；

p_p——液压泵供油压力（即回路工作压力）。

式（11-5）即为本回路的速度-负载特性方程。由式可见，缸速 v 与节流阀通流面积 A_T 成正比；当 A_T 调定后，v 会随负载 F 的增大而减小，故这种调速回路的速度-负载特性较"软"。按上式选用不同的 A_T 值作 v-F 坐标曲线图，可得速度-负载特性曲线，如图11-22（b）所示。

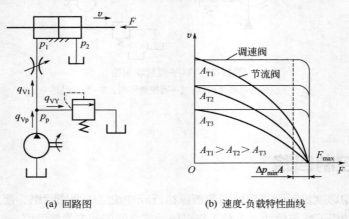

(a) 回路图　　　　　　　(b) 速度-负载特性曲线

图11-22　进油节流调速回路

b.最大承载能力。液压缸停止运动时，液压泵输出的流量全部经溢流阀回油箱，故该回路的最大承载能力 F_{max} 为

$$F_{max} = p_p A \qquad (11\text{-}6)$$

c.功率和效率。回路的功率损失为：

$$\begin{aligned}\Delta p &= p_p - p_1 = p_p q_{vp} - p_1 q_{v1} = p_p(q_{v1} + q_{vY}) - (p_p - \Delta p)q_{v1} \\ &= p_p q_{vY} + \Delta p q_{v1}\end{aligned} \qquad (11\text{-}7)$$

由式（11-7）可知，本调速回路的功率损失由两部分组成，即溢流损失 $\Delta P_Y = p_p q_{vY}$ 和节流损失 $\Delta P_T = \Delta p q_{v1}$。

回路的效率为：

$$\eta = \frac{P_1}{P_p} = \frac{Fv}{p_p q_{vp}} = \frac{p_1 q_1}{p_p q_{vp}} \qquad (11\text{-}8)$$

由此可见，进油节流调速回路的效率较低。它适用于轻载、低速、负载变化不大和对速度稳定性要求不高的小功率液压系统，如机械加工设备的液压系统。

② 回油节流调速回路　回路如图11-23所示。重复进油节流调速回路速度-负载特性方程的推求步骤，所得结果完全相同。可见进、回油节流调速回路有相同的速度-负载特性，进油节流调速回路的前述一切结论都适用于本回路。

前述两回路的不同点如下。

a.回油节流调速回路能承受一定的负值负载，并提高了缸速平稳性。

b.进油节流调速回路较易实现压力继电器对液压缸运动的控制。

c.若回路使用单杆缸，进油节流调速回路能获得更低的稳定速度。

为了提高回路的综合性能，实践中常采用进油节流调速回路，并在回油路加背压阀（用溢流阀、顺序阀或装有硬弹簧的单向阀串接于回油路），因而兼具了前两回路的优点。

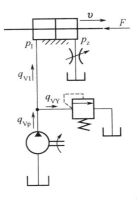

图11-23 回路节流调速回路

③ 旁路节流调速回路　将流量阀安放在和执行元件并联的旁油路上，即构成旁路节流调速回路。图11-24所示为采用节流阀的旁路节流调速回路。

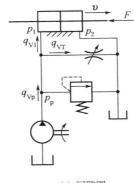

(a) 回路图

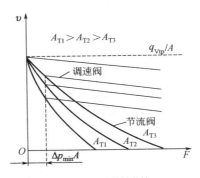

(b) 速度-负载特性曲线

图11-24 旁路节流调速回路

a.速度-负载特性。进入液压缸的流量和缸速分别为：

$$q_{V1} = q_{Vp} - q_{VT} = (q_{vtp} - \Delta q_{Vp}) - q_{VT} = (q_{vtp} - k_1 p_p) - CA_T \Delta p^\varphi$$
$$= q_{Vtp} - k_1 \frac{F}{A} - CA_T \left(\frac{F}{A}\right)^\varphi \tag{11-9}$$

$$v = \frac{q_{V1}}{A} = \frac{q_{Vtp} - k_1 \dfrac{F}{A} - CA_T \left(\dfrac{F}{A}\right)^\varphi}{A} \tag{11-10}$$

据式（11-10）选取不同的 A_T 值作图，得一组速度-负载特性曲线，如图11-24（b）所示。

b.最大承载能力。由图11-24（b）可知，回路的低速承载能力很差，调速范围也小。

c.功率与效率。旁路节流调速回路只有节流损失而无溢流损失，且节流损失和输入功率随负载而增减，故回路的效率较高。

旁路节流调速回路的速度-负载特性很软，低速承载能力又差，故其应用比前两种回路少，只用于高速、重载、对速度平稳性要求很低的较大功率的系统，如牛头刨床主运动系统、输送机械液压系统等。

④ 采用调速阀的节流调速回路　在节流调速回路中，若用调速阀代替节流阀，速度平稳性大为改善。采用调速阀和节流阀的速度-负载特性对比，如图11-22（b）和图11-24（b）所示。

在采用调速阀的调速回路中，虽然解决了速度稳定性问题，但由于调速阀中包含了减压阀和节流阀的损失，并且同样存在着溢流阀损失，故此回路的功率损失比节流阀调速回路还要大些。

(2) 容积调速回路

容积调速回路是采用变量泵或变量马达的调速回路。与节流调速相比较，容积调速的主要优点是压力和流量的损耗小，发热少；但缺点是难以获得较高的运动平稳性，且变量泵和变量马达的结构复杂，价格较贵。容积调速回路适用于工程机械、矿山机械、农业机械和大型机床等大功率液压系统。

容积调速的油路按油液循环方式的不同，分为开式油路和闭式油路两种。开式油路的优点是油液在油箱中便于沉淀杂质和析出气体，并得到良好的冷却；主要缺点是空气易侵入油液，致使运动不平稳，并产生噪声。闭式油路无油箱这一中间环节，泵吸油口和执行元件回油口直接连接，油液在系统内封闭循环，油气隔绝，结构紧凑，运行平稳，噪声小；缺点是散热条件差。

① 泵-缸式容积调速回路　回路组成及 v-F 特性曲线如图 11-25 所示。

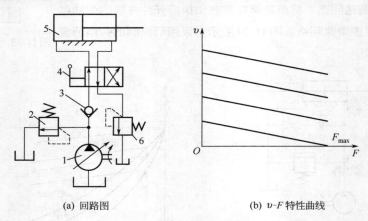

| (a) 回路图 | (b) v-F 特性曲线 |

图 11-25　泵-缸式容积调速回路

1—变量泵；2—安全阀；3—单向阀；4—换向阀；5—液压缸；6—背压阀

② 泵-马达式容积调速回路　泵-马达式容积调速回路有三种形式，即变量泵-定量马达式、定量泵-变量马达式和变量泵-变量马达式。

a.变量泵-定量马达式容积调速回路如图 11-26 所示。

b.定量泵-变量马达式容积调速回路如图 11-27 所示。

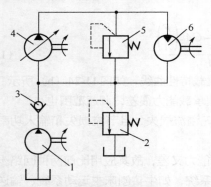
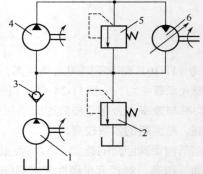

图 11-26　变量泵-定量马达式容积调速回路

1—辅助泵；2—溢流阀；3—单向阀；4—变量泵；
　　　　5—安全阀；6—定量马达

图 11-27　定量泵-变量马达式容积调速回路

1—辅助泵；2—溢流阀；3—单向阀；4—定量泵；
　　　　5—安全阀；6—变量马达

c.变量泵-变量马达式容积调速回路如图 11-28 所示。

（3）容积节流调速（联合调速）回路

容积节流调速是采用变量泵和流量控制阀联合调节执行元件的速度。

容积节流调速回路的特点如下。

a.无溢流损失，效率较高，但回路有节流损失，故其效率较容积调速回路要低一些。

b.速度稳定性高。

c.回路与其他元件配合容易实现快进-工进-快退的动作循环。

① 定压式容积节流调速回路 回路的组成及其调速特性曲线如图11-29所示。本回路速度稳定性很高，但效率低下，多用于机床进给系统。

② 变压式容积节流调速回路 变压式容积节流调速回路的组成如图11-30所示。回路的速度稳定性很高，效率也较高，适用于负载变化大、速度较低的中小功率系统。

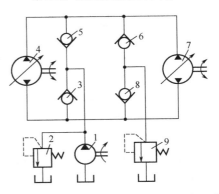

图11-28 变量泵-变量马达式容积调速回路
1—辅助泵；2—溢流阀；3，5，6，8—单向阀；
4—变量泵；7—变量马达；9—安全阀

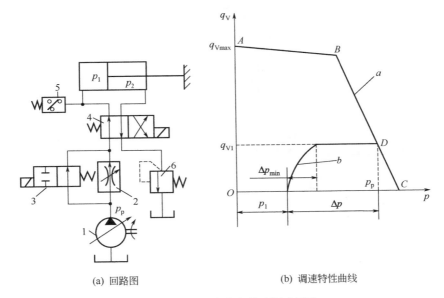

(a) 回路图 (b) 调速特性曲线

图11-29 定压式容积节流调速回路
1—限压式变量叶片泵；2—调速阀；3，4—电磁阀；5—压力继电器；6—背压阀

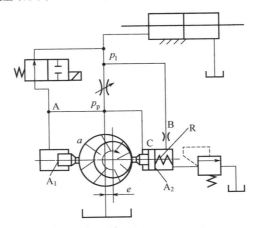

图11-30 变压式容积节流调速回路
A_1—单向缓冲缸；A_2（C）—单作用弹簧复位缸；A—连接管路；B—节流阀；R—弹簧

11.3.2 增速回路

增速回路，其作用在于使液压执行元件获得所需的高速，以提高系统的工作效率或充分利用功率。常用的增速回路有以下几种。

（1）液压缸差动连接的增速回路

图 11-31（a）所示的回路是利用二位三通换向阀实现的液压缸差动连接回路。这种连接回路可在不增加液压泵流量的情况下提高液压执行元件的运动速度，但是，泵的流量和有杆腔排出的流量合在一起流过的阀和管路应按合成流量来选择，否则会使压力损失过大，泵的供油压力过大，致使泵的部分压力油从溢流阀溢回油箱而达不到差动快进的目的。

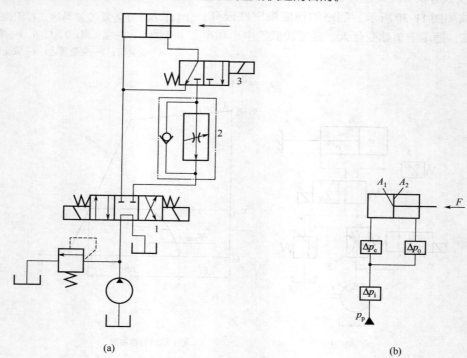

(a)   (b)

图 11-31　液压缸差动连接回路

1—三位四通电磁换向阀；2—节流阀；3—二位三通电磁换向阀

若设液压缸无杆腔的面积为 A_1，有杆腔的面积为 A_2，液压泵的出口至差动后合成管路前的压力损失为 Δp_i，液压缸出口至合成管路前的压力损失为 Δp_0，合成管路的压力损失为 Δp_c，如图 11-31（b）所示，则液压泵差动快进时的供油压力 p_p 可由力平衡方程求得，如 $A_1 = 2A_2$，即

$$p_p = \frac{F}{A_2} + \Delta p_0 + 2\Delta p_c + \Delta p_i \tag{11-11}$$

式中　F——差动快进时的负载。

（2）蓄能器增速回路

图 11-32 所示为采用蓄能器的增速回路，采用蓄能器的目的是可以用流量较小的液压泵。

（3）双泵供油增速回路

图 11-33 所示为双泵供油增速回路，图中 1 为大流量泵，用以实现快速运动；2 为小流量泵，用以实现工作进给。

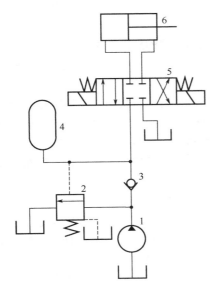

图 11-32　采用蓄能器的增速回路

1—液压泵；2—卸荷阀；3—单向阀；4—蓄能器；

5—三位四通电磁换向阀；6—油缸

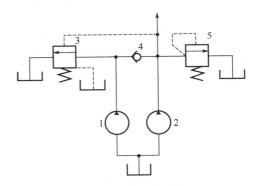

图 11-33　双泵供油增速回路

1，2—液压泵；3—卸荷阀；4—单向阀；5—减压阀

这种双泵供油回路的优点是功率损耗小，系统效率高，应用较为普遍，但系统也稍复杂一些。

（4）用增速缸的增速回路

图 11-34 所示为采用增速缸的增速回路，这种回路常被用于液压机的系统中。

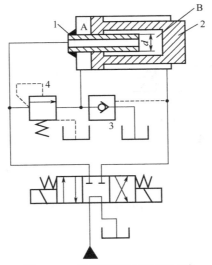

图 11-34　采用增速缸的增速回路

1—活塞；2—缸体；3—液控单向阀；4—减压阀

11.3.3　减速回路

减速回路又叫速度换接回路，其功能是使液压执行机构在一个工作循环中从一种运动速度变换到另一种运动速度，因而这个转换不仅包括液压执行元件快速到慢速的换接，而且也包括两个

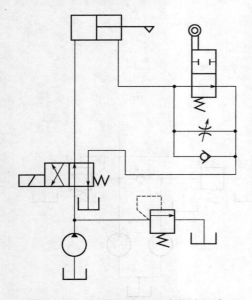

图11-35 采用行程阀的速度换接回路

慢速之间的换接。实现这些功能的回路应该具有较高的速度换接平稳性。

（1）快速与慢速的换接回路

图11-35所示为用行程阀来实现快慢速换接的回路。

这种回路的快慢速换接过程比较平稳，换接点的位置比较准确。缺点是行程阀的安装不能任意布置，管路连接较为复杂。若将行程阀改为电磁阀，安装连接比较方便，但速度换接的平稳性、可靠性以及换向精度都较差。

（2）两种慢速的换接回路

图11-36所示为用两个调速阀来实现不同工进速度的速度换接回路。图11-36（a）中的两个调速阀并联，由换向阀实现换接。这种回路不宜用于工作过程中的速度换接，只可用在速度预选的场合。图11-36（b）所示为两调速阀串联的速度换接回路。

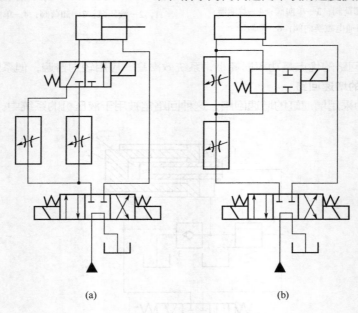

(a)　　　　　　　　　　　(b)

图11-36　采用两个调速阀的速度换接回路

11.3.4　同步回路

同步回路的作用是保证系统中两个或多个液压缸在运动中的位移量相同或以相同的速度运动。从理论上讲，对两个工作面积相同的液压缸输入等量的油液即可使两液压缸同步，但泄漏、摩擦阻力、制造精度、外负载、结构弹性变形以及油液中的含气量等因素都会使同步难以保证，为此，同步回路要尽量克服或减少这些因素的影响，有时要采取补偿措施，消除累积误差。

（1）带补偿措施的串联液压缸同步回路

图11-37所示，液压缸1有杆腔A的有效面积与液压缸2无杆腔B的面积相等。因而从A腔排

出的油液进入B腔后，两液压缸的升降便得到同步。但是两缸连通腔处的泄漏会使两个活塞产生同步位置误差。而补偿措施使同步误差在每一次下行运动中及时消除，以避免误差的累积。这种回路只适用于负载较小的液压系统。

（2）用同步缸、同步马达的同步回路

图11-38（a）所示为采用同步缸的同步回路，同步缸A、B两腔的有效面积相等，且两工作缸面积也相同，则能实现同步。这种同步回路的同步精度取决于液压缸的加工精度和密封性，精度可达到98%~99%。由于同步缸一般不宜做得过大，所以这种回路仅适用于小容量的场合。

图11-38（b）所示为采用相同结构、相同排量的液压马达作为等流量分流装置的同步回路。这种同步回路的同步精度比节流控制的要高，由于所用同步马达一般为容积效率较高的柱塞式马达，所以费用较高。

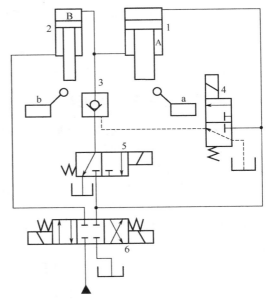

图11-37　带补偿措施的串联液压缸同步回路
1，2—液压缸；3—单向节流阀；4，5—二位三通电磁换向阀；
6—三位四通电磁换向阀；a，b—行程开关

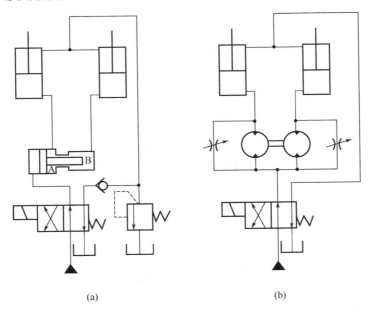

(a) (b)

图11-38　采用同步缸、同步马达的同步回路

11.4　常用液压油源回路

液压油回路是液压系统中提供一定压力和流量传动介质的动力源回路。在设计油源时要考虑下列因素。

① 油源压力的稳定性、流量的均匀性、系统工作的可靠性、传动介质的温度、污染度以及节能等。

② 针对不同的执行元件，油源装置中各种元件应合理配置，既能满足液压系统各项功能的要求，又不因配置不必要的元件和回路而造成投资成本的提高和浪费。常见的液压油源回路简介如下。

11.4.1　开式液压系统油源回路

图11-39所示为开式液压系统的基本油源回路。溢流阀8用于设定泵站的输出压力。油箱11用于盛放工作介质、散热和沉淀杂质等。通气过滤器2一般设置在油箱顶盖上并兼作注油口。液位计4一般设在油箱侧面，以便显示油箱液位高度。在液压泵6的吸油口设置过滤器，以防异物进入液压泵内。为了防止载荷急剧变化引起压力油液倒灌，在泵的出口设置单向阀7，用加热器1和冷却器10对油温进行调节（加热器和冷却器可以根据系统发热、环境温度、系统的工作性质决定取舍），并用温度计3等进行检测。冷却器通常设在工作回路的回油管中。为了保持油箱内油液的清洁度，在冷却器上游设置回油过滤器9。

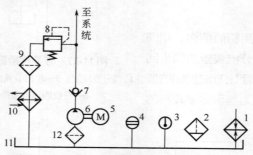

图11-39　开式液压系统的基本油源回路

1—加热器；2—通气过滤器；3—温度计；4—液位计；5—电动机；6—液压泵；
7—单向阀；8—溢流阀；9，12—过滤器；10—冷却器；11—油箱

11.4.2　闭式液压系统油源回路及补油泵回路

图11-40所示为闭式液压系统的基本油源回路。变量泵1的输出流量供给执行器（图中未画出），执行器的回油接至泵的吸油侧。高压侧由溢流阀4实现压力控制，向油箱溢流。吸油侧经单向阀2或3补充油液。为了防止冷却器11被堵塞或冲击压力在冷却器进口引起压力上升，设置有旁通单向阀9。为了保持油箱内油液的清洁度，在冷却器上游设置回油过滤器10。温度计12用于检测油温。

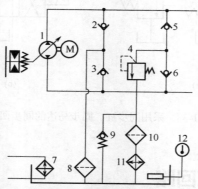

图11-40　闭式液压系统的油源回路

1—变量泵；2，3，5，6—单向阀；4—溢流阀；7—加热器；8，10—过滤器；
9—旁通单向阀；11—冷却器；12—温度计

在闭式液压系统中，一般设置补油泵向系统补油。图11-41所示为补油泵回路。向吸油侧进行高温补油的补油泵2可以是独立的，也可以是变量泵1的附带元件。补油泵2的补油压力由溢流阀3设定和调节，过滤器5用于净化补充油液。其他元件的作用同图11-40。

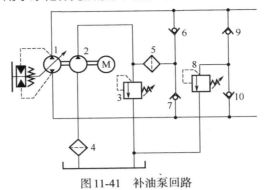

图11-41 补油泵回路

1—变量泵；2—补油泵；3，8—溢流阀；4，5—过滤器；6，7，9，10—单向阀

11.4.3 压力油箱油源回路

压力油箱又称充气油箱。图11-42所示为压力油箱回路，用于水下作业或者环境条件恶劣的场合。压力油箱1采用全封闭式设计，由充气装置（气压源2、通气过滤器3及减压阀4等）向油箱提供过滤的压缩空气，使箱内压力大于环境压力，防止传动介质被污染，充气压力根据环境条件确定。图中5为工作回路液压泵，其工作压力由溢流阀6设定并由压力表7显示；油箱压力由气压溢流阀8设定并由压力表9显示；液压泵10、过滤器11和冷却器12等组成离线过滤冷却回路，以提高对系统温度、污染度的控制，即使主系统不工作，采用这种结构，同样可以对系统进行过滤和冷却。

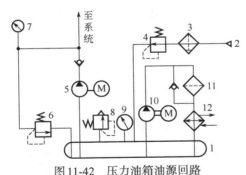

图11-42 压力油箱油源回路

1—压力油箱；2—气压源；3—通气过滤器；4—减压阀；5，10—液压泵；6—溢流阀；
7，9—压力表；8—气压溢流阀；11—过滤器；12—冷却器

11.5 多执行元件动作回路

采用同一液压源驱动多个执行元件的回路在机床和工程机械中得到广泛应用。这些执行元件动作之间有一定要求，如顺序动作、同步和互不干扰等。

11.5.1 顺序动作回路

顺序动作回路是实现两个或两个以上的执行元件依次先后动作的液压控制回路。通常有压力、

行程和时间控制三种形式。

（1）顺序阀和压力继电器控制的顺序动作回路

顺序阀控制的顺序动作回路如图11-43所示。工作原理：换向阀5处图示位置时，压力油液进入液压缸1大腔，活塞右行（伸出），由杆腔排出的油液经单向阀回油箱，活塞运动到终点时停止；压力升高，单向顺序阀4开启，压力油进入液压缸2大腔，活塞右行（伸出），到终点时停止运动。当换向阀5处右工位时，液压缸2活塞退回到终点时停止运动，压力升高，单向顺序阀3开启，液压缸1活塞退回，到终点时停止运动。这样，两液压缸按①—②—③—④运动顺序完成一次工作循环。将单向顺序阀3、4同时调换到液压缸1、2另一腔的油路上，也可实现不同的顺序动作。

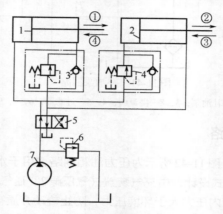

图11-43　顺序阀控制的顺序动作回路
1，2—液压缸；3，4—单向顺序阀；5—换向阀；6—溢流阀；7—液压泵

图11-44所示为使用压力继电器控制的顺序动作回路。回路的动作按工作要求设定并由控制电路保证。工作原理：1DT通电，电磁换向阀3切换到左工位，液压缸4活塞伸出，行至终点，压力升高，压力继电器7使1DT断电，3DT通电，电磁换向阀6处于左工位，液压缸5活塞伸出。返回时，1DT、2DT、3DT断电，4DT通电，电磁换向阀6处于右工位，液压缸5活塞先退回，退至终点，压力升高，压力继电器8使4DT断电、2DT通电，电磁换向阀3处于右工位，液压缸1活塞退回。这样按①—②—③—④运动顺序完成一次工作循环。压力控制顺序回路的缺点是可靠性差、位置精度较低。

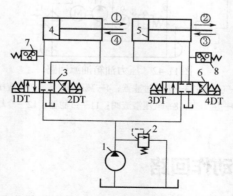

图11-44　压力继电器控制的顺序动作回路
1—液压泵；2—溢流阀；3，6—电磁换向阀；4，5—液压缸；7，8—压力继电器

（2）行程阀和行程开关控制的顺序动作回路

对于多执行元件液压系统，在给定的系统最高压力范围内，有时无法安排各压力顺序的调定压

力，故对多缸液压系统或顺序动作要求严格的液压系统，宜采用行程控制顺序动作回路，如图11-45所示为使用行程阀控制的顺序动作回路。当电磁铁1DT通电时，换向阀3处于右工位，液压缸1活塞右行，当挡块压下行程阀4时，液压缸2活塞右行；当电磁铁1DT断电时，换向阀3重新处于图示位置，液压缸1活塞先退回，行程阀4复位，液压缸2活塞退回。这样按①—②—③—④运动顺序完成一次工作循环。

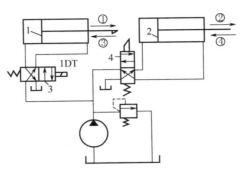

图11-45　行程阀控制的顺序动作回路

1，2—液压缸；3—换向阀；4—行程阀

图11-46所示为使用行程开关控制的顺序动作回路。工作原理：按下循环启动按钮，电磁铁1DT通电，换向阀3处于右工位，液压缸1活塞右行；到达预定位置时，挡块触动行程开关2XK，使2DT通电，阀4处于右工位，液压缸2活塞右行；到达预定位置时，挡块在行程终点触动行程开关3XK，使1DT断电，换向阀3处于图示位置，液压缸1活塞先退回；在行程终点，挡块触动行程开关1XK，使2DT断电，液压缸2活塞退回。这样按①—②—③—④运动顺序完成一次工作循环。

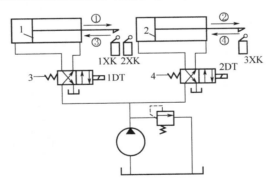

图11-46　行程开关控制的顺序动作回路

1，2—液压缸；3—换向阀；4—行程阀

11.5.2　同步动作回路

使两个或两个以上的执行元件（通常为液压缸）保持位移相同或速度相同的回路称为同步回路。执行元件位移相同称为位置同步，执行元件速度相同称为速度同步。但影响同步精度的因素很多，如泄漏、摩擦、制造精度、负载等。同步回路就是尽量克服或减少这些因素的影响。同步回路也是多执行元件的速度控制回路。

（1）机械连接同步回路

如图11-47所示的回路是利用刚性梁连接、齿轮齿条啮合等机械方法，使两液压缸实现位置同步的。同步精度取决于机构的刚度。这种同步方法简单可靠，宜用于两液压缸负载差别不大的情况，否则会发生卡死现象。这时应在液压系统中进一步采取措施，以保证其运动同步。

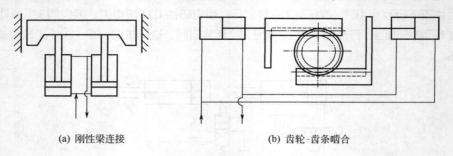

(a) 刚性梁连接   (b) 齿轮-齿条啮合

图11-47　机械连接同步回路

（2）串联液压缸同步回路

图11-48所示两液压缸活塞有效面积相等且串联连接，可实现位移（位置）同步，其同步精度较高，能适应较大偏载；因泄漏等因素影响，不能保证严格同步，且不能消除每一行程的积累误差。

图11-49所示为采用补偿装置的两液压缸串联同步回路，工作原理：换向阀4处左工位，液压泵向液压缸1上腔供液，其排液进入液压缸2上腔，液压缸2排出液体经换向阀4回油箱，两缸同步下行。若液压缸1活塞先达终点，行程开关1XK动作，电磁换向阀3切换到左位，压力油液经液控单向阀5进入液压缸2上腔，使其活塞继续下行到终点；若液压缸2活塞先到终点，则压力开关2XK动作，电磁换向阀3处于右位，压力油液使液控单向阀5开启，液压缸1下腔油液回油箱，使其活塞继续下行到终点。

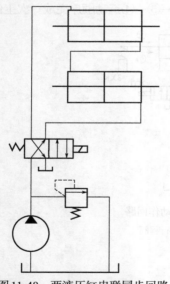

图11-48　两液压缸串联同步回路

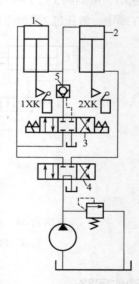

图11-49　采用补偿装置的两液压缸串联同步回路

1，2—液压缸；3—电磁换向阀；4—换向阀；5—液控单向阀

采用补偿装置两液压缸串联同步回路压力较大，为两缸工作压力之和，这不但需要较高压力的液压泵，且使密封困难和泄漏增加，一般使用于小型液压机械。

（3）节流阀和调速阀同步回路

图11-50所示为使用节流阀单向同步回路。当液压缸下行时，分别调节单向节流阀A、B的流量使两液压缸在回程时近似同步。使用调速阀可达较高的同步精度。图11-51所示为使用调速阀

双向同步回路。由于进、出油节流时使用一个调速阀，故不能分别调整往返速度。该回路也可使用节流阀，但同步精度较低。使用节流阀或调速阀的同步回路，只能保证速度同步，但必须采取措施消除因位置不同步而产生的累积误差。

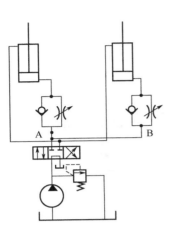

图11-50　节流阀单向同步回路

A，B—单向节流阀

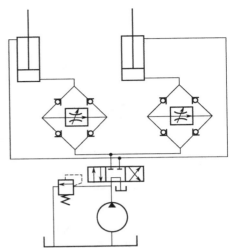

图11-51　调速阀双向同步回路

（4）分流集流阀同步回路

图11-52所示为使用分流集流阀（又称同步阀）同步回路。分流集流阀可自动补偿两液压缸因负载变化对同步速度的影响。同步精度为1%~3%。换向阀1处于左工位时，压力油液经单向节流阀2、分流集流阀3和液控单向阀4、5进入两液压缸下腔，使两缸活塞同时上行。换向阀1处于右工位，压力油液进入两液压缸上腔，同时液控单向阀4、5开启，两液压缸下腔回液经液控单向阀4、5和分流集流阀3、单向节流阀2回油箱，两缸下行同步。单向节流阀2用以控制活塞下降速度和增加背压。液控单向阀4、5可防止两液压缸下行时因负载不同而窜油。分流集流阀只能实现速度同步。在行程末端，分流集流阀两节流孔连通而消除累积误差。在偏载较大的条件下，分流集流阀也可保证两液压缸速度同步。当流量低于其额定流量较多时，同步精度显著较低，分流集流阀前后压差一般为0.3~0.5MPa，不宜用于低压系统。

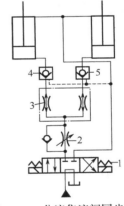

图11-52　分流集流阀同步回路

1—换向阀；2—单向节流阀；3—分流集流阀；4，5—液控单向阀

（5）同步缸同步回路

图11-53所示的回路中同步缸3为两结构尺寸相同的共活塞杆的双杆双作用液压缸。由于两活塞运动速度相同，结构尺寸相同，故液压缸4、5同步。同步缸3活塞上的双向单向阀2可在行程终点消除累积误差。换向阀1用于控制液压缸4、5的正、反向运动。同步缸同步回路原理也适用于多缸；同步缸也可以是其他结构形式；消除累积误差也可用特定的外接回路。同步缸的同步精度较高，一般在1%以内。

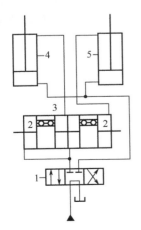

图11-53　同步缸同步回路

1—换向阀；2—双向单向阀；3—同步缸；4，5—液压缸

（6）并联液压马达的同步回路

如图11-54所示，由于两排量相同的液压马达并联（同轴），

且分别对结构相同的两液压缸进行供液或回液控制，可使液压缸同步。同步精度取决于两液压马达的几何排量、容积效率及两缸负载差异等因素。一般选用容积效率较稳定的柱塞液压马达，同步精度为2%~5%。图11-54（a）采用单向阀消除同步误差；图11-54（b）中两换向阀A、B应同时动作。

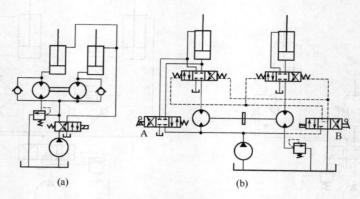

图 11-54　并联液压马达的同步回路

（7）伺服变量泵同步回路

图11-55所示为采用伺服变量泵的同步回路。回路以液压马达1为基准，采用测速发电机5检

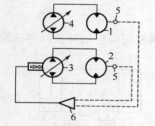

图 11-55　伺服变量
泵的同步回路

1，2—液压马达；3—伺服变量泵；
4—变量泵；5—测速发电机；
6—运算放大器

测液压马达1、2转速，经运算放大器6比较后得到偏差信号并放大后控制伺服变量泵3调节排量，从而使两液压马达速度同步。该回路同步精度为0.1%，系统效率较高，适用大功率同步系统。

11.5.3　防干扰回路

防干扰回路是指多个执行元件同时动作时，它们之间的运动速度互不影响。常见的多缸互不干扰回路如下。

（1）流量阀防干扰回路

如图11-56所示，节流阀5、6定量分配液压泵输出的油液（也可用一分流阀代替两节流阀5和6），调速阀3、4分别调节两液压缸回油流量，当1DT和2DT通电时，两缸活塞快速右进。若液压缸1快进结束，则3DT通电使其转为工进。这时液压缸2仍快进，但由于节流阀6的限流作用，则压力油不可能过多地流向仍快进的液压缸2而影响液压缸1的工进速度。反之，由于节流阀5的存在，也不会影响液压缸2的工进速度。如果用比例流量阀代替节流阀5、6，效果会更好。

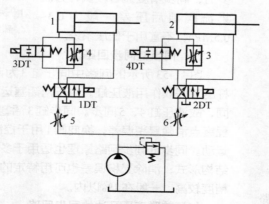

图 11-56　流量阀防干扰回路
1，2—液压缸；3，4—调速阀；5，6—节流阀

（2）双泵互不干扰回路

图11-57所示为使用双泵的防干扰回路，可实现两液压缸A、B的快进、工进和快退循环而互不干扰，工作原理：使电磁换向阀9、10切换到右工位，高压小流量泵1经调速阀5和6、低压大流量泵2由单向阀7和8联合向液压缸A、B供油，两者均快速右行，回油分别经行程阀13和14的下工位通道和电磁换向阀9、10回油箱。若液压缸A先进到预定位置，挡铁下压行程阀13的阀杆，而使其处上工位，则液压缸A的回油经调速阀11和电磁换向阀9回油箱，转为工进，工进速度由调速阀11调定，同时因调速阀11的节流作用使液压缸A进油腔压力升高促使单向阀7关闭，这时高压小流量泵1除向液压缸A供油外仍通过调速阀5向液压缸B供油，低压大流量泵2仍通过单向阀8向液压缸B供油，液压缸B仍快速右行。两液压缸速度互不干扰。当液压缸B的挡铁在预定位置下

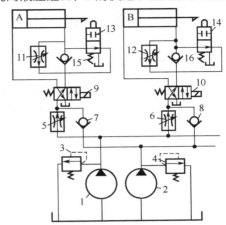

图11-57　双泵的防干扰回路

1—高压小流量泵；2—低压大流量泵；3，4—溢流阀；
5，6，11，12—调速阀；7，8，15，16—单向阀；9，10—电磁换向阀；13，14—行程阀；A，B—液压缸

压行程阀14的阀杆而使其处上工位时，则液压缸B的回油经调速阀12和电磁换向阀10回油箱，转为工进，工进速度由调速阀12调定。基于同上的理由，单向阀8封闭，两液压缸均处工进状态，所需油液的流量均由高压小流量泵1提供。若液压缸B先期完成工进，使电磁换向阀10断电而处图示状态，则低压大流量泵2经单向阀8、16向液压缸B小腔供液，使它快速退回，液压缸A仍处工进状态，两者运动速度互不干扰。回路中调速阀5、6起限流作用，调速阀11、12起调速作用。

11.5.4　多执行元件卸荷回路

多执行元件卸荷回路的功用是使液压泵在各个执行元件都处于停止位置时自动卸荷，而当任一执行元件要求工作时又立即由卸荷状态转换成工作状态，如图11-58所示。

液压泵的卸荷油路只有在各换向阀都处于中位时才能接通油箱，任一换向阀不在中位时液压泵都会立即恢复压力油的供应。

多执行元件卸荷回路对液压泵卸荷的控制十分可靠。但当执行元件数目较多时，卸荷油路较长，使的卸荷压力增大，影响卸荷效果。这种回路常用于工程机械上。

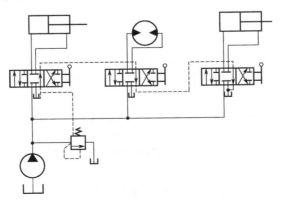

图11-58　多执行元件卸荷回路

11.6 叠加阀控制回路

11.6.1 叠加阀的特点及应用

叠加阀是叠加式液压阀的简称。叠加阀是在集成块的基础上发展起来的一种新型液压元件，叠加阀的结构特点是阀体本身既是液压阀的机体，又具有通道体和连接体的功能。使用叠加阀可实现液压元件间无管化集成连接，使液压系统连接方式大为简化，系统紧凑，功耗减少，设计安装周期缩短。

目前，叠加阀的生产已形成系列，每一种通径系列的叠加阀的主油路通道的位置、直径，安装螺钉孔的大小、位置、数量都与相应通径的主换向阀相同。因此每一通径系列的叠加阀都可叠加起来组成相应的液压系统。

在叠加式液压系统中，一个主换向阀及相关的其他控制阀所组成的子系统可以叠加成一阀组，阀组与阀组之间可以用底板或油管连接形成总液压回路。在进行液压系统设计时，完成了系统原理图的设计后，还要绘制成叠加阀式液压系统图。为便于设计和选用，目前所生产的叠加阀都给出其型谱符号。有关部门已颁布了国产普通叠加阀的典型系列型谱。

叠加阀根据工作性能，可分为单功能阀和复合功能阀两类。

（1）单功能叠加阀

单功能叠加阀与普通液压阀一样，也具有压力控制阀（包括溢流阀、减压阀、顺序阀等）、流量阀（如节流阀、单向节流阀、调速阀等）和方向阀（如换向阀、单向阀、液控单向阀等）的作用。为便于连接形成系统，每个阀体上都具备 P、T、A、B 四条以上贯通的通道，阀内油口根据阀的功能分别与自身相应的通道相连接。为便于叠加，在阀体的结合面上，上述各通道的位置相同。出于结构的限制，这些通道多数是用精密铸造成形的异形孔。

单功能叠加阀的控制原理、内部结构均与普通同类板式液压阀相似。为避免重复，在此仅以 Y_1 型溢流阀为例，说明叠加阀的结构特点。

先导叠加式溢流阀如图 11-59 所示。图中先导阀为锥阀，主阀芯为前端锥形面的圆柱形。压力油从阀口 P 进入主芯右端 e 腔，作用于主阀芯 6 右端。同时通过小孔 d 进入主阀阀芯左腔 b，再通过小孔 a 作用于先导阀阀芯 3 上。当进油口压力小于阀的调整压力时，锥阀芯关闭，主阀芯无溢流；当进油口压力升高，达到阀的调整压力后，锥阀芯打开，液流经小孔 d、a 到达出油口 T_1，液流流经阻尼孔 d 时产生压力降，使主阀芯两端产生压力差，此压力差克服弹簧力使主阀芯 6 向左移动，主阀芯开始溢流。调节螺钉，可压缩弹簧 2，从而调节阀的调定压力。图 11-59（b）为叠加式溢流阀的型谱符号。

（2）复合功能叠加阀

复合功能叠加阀又称为多机能叠加阀。它是在一个控制阀芯单元中实现两种以上的控制机能的叠加阀。现以顺序背压阀为例介绍复合叠加阀的回路。

图 11-60 所示为顺序背压叠加阀。其作用是在差动系统中，当执行元件快速运动时，保证液压缸回油畅通；当执行元件进入工进工作过程后，顺序阀自动关闭，背压阀工作，在液压缸回油腔建立起所需的背压。复合功能叠加阀的工作原理：当执行元件快进时，A 口的压力低于顺序阀的调定压力值，阀芯 1 在调压弹簧 2 的作用下，处于左端，油口 B 液流畅通，顺序阀处于常通状态。执行件进入工进后，由于流量阀的作用，使系统的压力提高，当进油口 A 的压力超过顺序阀的调定值时，控制柱塞 3 推动主阀芯右移，油路 B 被截断，顺序阀关闭，回油阻力升高，压力油作用在主阀芯上开有轴向三角槽的台阶左端面上，对阀芯产生向右的推力，主阀芯 1 在 A、B 两腔油压的作用下，继续向右移动使节流阀口打开，B 腔的油液经节流口回油，维持 B 腔回油保持一定的压力。

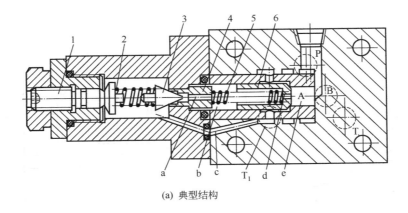

(a) 典型结构

Y₁-F10D-P/T

(b) 型谱符号

图11-59　叠加式溢流阀

1—推杆；2，5—弹簧；3—锥阀芯；4—锥阀座；6—主阀芯

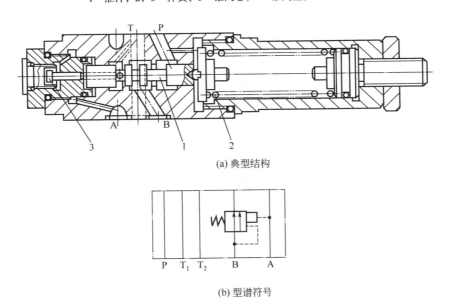

(a) 典型结构

(b) 型谱符号

图11-60　顺序背压叠加阀

1—主阀芯；2—调压弹簧；3—控制活塞

　　叠加阀的结构有单功能的，也有复合功能的。由叠加阀组成的系统有很多优点：结构紧凑，占地面积小，系统的设计、制造周期短，系统更改时增减元件方便迅速，配置灵活，工作可靠。

11.6.2　叠加阀控制回路实例

　　图11-61所示为叠加阀及其控制回路示意图。换向阀在最上面，与执行元件连接的底板在最下方，而叠加阀则安装在换向阀与底板之间。

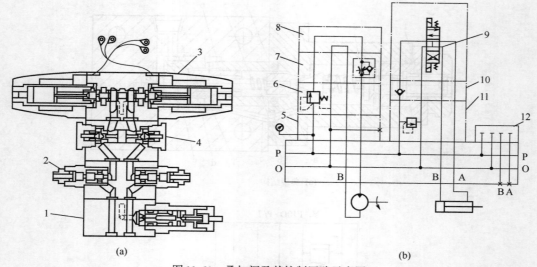

图 11-61　叠加阀及其控制回路示意图

1—溢流阀；2—流量阀；3—电磁阀；4—单向阀；5—安装压力表的板；6—顺序阀；7—单向进油节流阀；
8—顶板；9—换向阀；10—单向阀；11—溢流阀；12—备用回路盲板

11.7　插装阀控制回路

11.7.1　插装阀的特点及应用

　　插装阀又称为二通插装阀、逻辑阀、锥阀，简称插装阀。插装阀是一种以二通型单向元件为主体、采用先导控制和插装式连接的新型液压控制元件。

　　插装阀的主要结构包括插装件、控制盖板、先导控制阀和集成块四部分，如图 11-62 所示。

　　① 插装件由阀芯、阀体、弹簧和密封件等组成。插装件可以是锥阀式结构，也可以是滑阀式结构。插装件是插装阀的主体，插装元件为中空的圆柱形，前端是圆锥形密封面的组合体，性能不同的插装阀其阀芯的结构不同，如插装阀芯的圆锥端可以是封堵的锥面，也有带阻尼孔或开三角槽的圆锥面。插装元件安装在插装块体内，可以自由地轴向移动，控制插装阀芯的启闭和开启量的大小，可以控制主油路液体的流动方向、压力和流量。常用插装元件如图 11-63 所示。

　　② 控制盖板由盖板内嵌装各种微型先导控制元件（如梭阀、单向阀、插式调压阀）等元件组成。内嵌的各种微型先导控制元件与先导控制阀结合可以控制插装件的工作状态。在控制盖板上还可以安装各种检测插装件工作状态的传感器等。根据控制功能不同，控制盖板可以分为力-方向控制盖板、压力控制盖板和流量控制盖板三大类。当具有两种以上功能时，称为复合控制盖板。控制盖板的主要功能是固定插装件、沟通控制

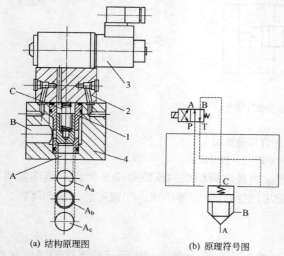

(a) 结构原理图　　(b) 原理符号图

图 11-62　插装阀结构原理图和原理符号图

1—插装件；2—控制盖板；3—先导控制阀；4—集成块

油路和主阀控制腔之间的联系等。

③ 先导控制阀安装在控制盖板上（或集成块上），是对插装件动作进行控制的小通径控制阀。主要有6mm和10mm通径的电磁换向阀、电磁球阀、压力阀、比例阀、可调阻尼器、缓冲器以及液控先导阀等。当主插件通径较大时，为了改善其动态特性，也可以用较小通径的插装件进行两级控制。先导控制元件用于控制插装件阀芯的动作，以实现插装阀的各种功能。

④ 集成块用来安装插装件、控制盖板和其他控制阀，沟通主要油路。

插装阀的优点：主阀芯质量小、行程短、动作迅速、响应灵敏、结构紧凑、工艺性好、工作可靠、寿命长，便于实现无管化连接和集成化控制等，特别适用于高压大流量系统。二通插装阀控制技术在锻压机械、塑料机械、冶金机械、铸造机械、船舶、矿山等工程领域得到了广泛的应用。

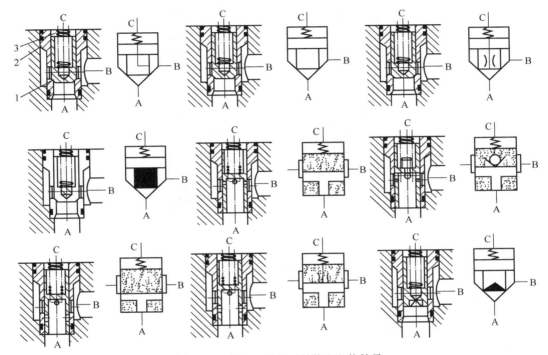

图11-63　常用插装件的结构和职能符号
1—阀芯；2—阀套；3—弹簧

选择适当的插装元件，连接不同的控制盖板或与不同的先导控制阀，可组成各种功能的大流量插装阀。

11.7.2　插装阀方向控制回路

插装阀与换向阀组合，可形成各种形式的插装方向阀。图11-64所示为几种插装方向阀示例。

① 插装单向阀。如图11-64（a）所示，将插装阀的控制油口C口与A或B连接，形成插装单向阀。若C与A口连接，则阀口B到A导通，A到B不通；若C与B口连接，则阀口A到B口导通，B到A不通。

② 电液控单向阀。如图11-64（b）所示，当电磁阀不通电时，B口与C口连通，此时只能从A到B导通，B到A不通；当电磁阀通电时，C口通过电磁阀接油箱。此时A口与B口可以两方向导通。

③ 二位二通插装换向阀。如图11-64（c）所示，当电磁阀不通电时，油口 A 与B关闭；当电磁阀通电时，油口A与B导通。

④ 二位三通插装换向阀。如图11-64（d）所示，当电磁阀不通电时，油口A与T导通，油口P关闭；当电磁阀通电时，油口P与A导通，油口T关闭。

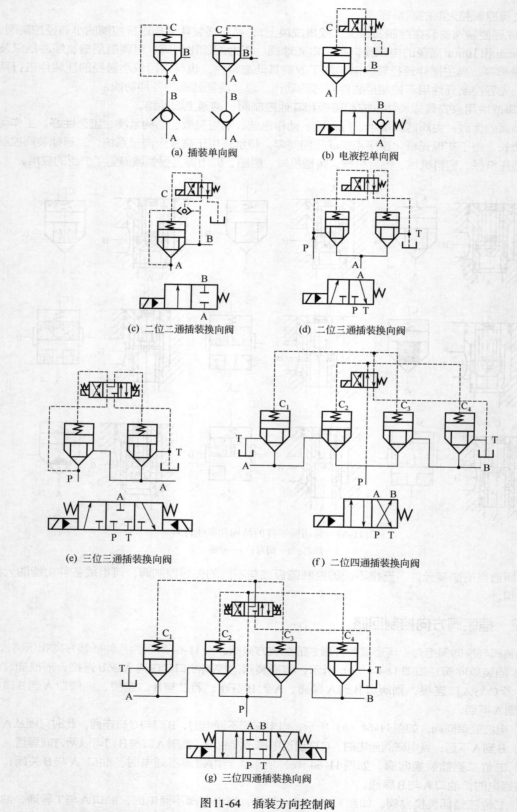

(a) 插装单向阀

(b) 电液控单向阀

(c) 二位二通插装换向阀

(d) 二位三通插装换向阀

(e) 三位三通插装换向阀

(f) 二位四通插装换向阀

(g) 三位四通插装换向阀

图11-64　插装方向控制阀

⑤ 三位二通插装换向阀。如图11-64（e）所示，当电磁阀不通电时，控制油使两个插装件关

闭,油口P、T、A互不连通;当电磁阀左电磁铁通电时,油口P与A连通,油口T关闭;当电磁
阀右电磁铁通电时,油口A与T连通,油口P关闭。

⑥ 二位四通插装换向阀。如图11-64(f)所示,当电磁阀不通电时,油口P与B导通,油口
A与T导通;当电磁阀通电时,油口P与A导通,油口B与T导通。

⑦ 三位四通插装换向阀。如图11-64(g)所示,当电磁阀不通电时,控制油使四个插装件关
闭,油口P、T、A、B互不连通;当电磁阀左电磁铁通电时,油口P与A连通,油口B与T连通;
当电磁阀右电磁铁通电时,油口P与B连通,油口A与T连通。

根据需要还可以组成具有更多位置和不同机能的四通换向阀。

11.7.3 插装阀压力控制回路

采用带阻尼孔的插装阀芯并在控制口C安装压力控制阀,就组成如图11-65所示为各种插装式
压力控制阀。

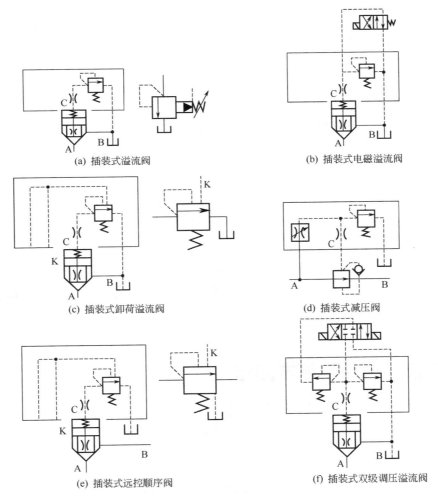

(a) 插装式溢流阀

(b) 插装式电磁溢流阀

(c) 插装式卸荷溢流阀

(d) 插装式减压阀

(e) 插装式远控顺序阀

(f) 插装式双级调压溢流阀

图11-65 插装式压力控制阀

① 图11-65(a)所示为插装式溢流阀,用直动式溢流阀来控制油口C的压力,当油口B接油
箱时,阀口A处的压力达到溢流阀控制的调定值后,油液从B口溢流。

② 如图11-65(b)所示为插装式电磁溢流阀,溢流阀的先导回路上再加一个电磁阀来控制其
卸荷,构成一个电磁溢流阀。电磁阀不通电时,系统卸荷;通电时溢流阀工作,系统升压。

③ 如图 11-65（c）所示为插装式卸荷溢流阀，用卸荷溢流阀来控制油口 C 的压力，当远控油路没有油压时，系统按溢流阀调定的压力工作；当远控油路有控制油压时，系统卸荷。

④ 如图 11-65（d）所示为插装式减压阀，当 A 口的压力低于先导溢流阀调定的压力时，A 口与 B 口直通，不起减压作用；当 A 口压力达到先导溢流阀调定的压力时，先导溢流阀开启，减压阀芯动作，使 B 口的输出压力稳定在调定的压力。

⑤ 如图 11-65（e）所示为插装式远控顺序阀，B 口不接油箱，与负载相接，先导溢流阀的出口单独接油箱，成为一个先导式顺序阀。当远控油路没有油压时，就是内控式顺序阀；当远控油路有控制油压时，就是远控式顺序阀。

⑥ 如图 11-65（f）所示为插装式双级调压溢流阀，用两个先导溢流阀控制一个压力插装件，用一个三位四通换向阀控制两个先导阀的导通。更换不同中位机能的换向阀，就有不同的控制方式。

11.7.4　插装阀速度控制回路

控制插装件阀芯的开启高度就能使它起到控制流量、速度作用。如图 11-66（a）所示，将插装件与带行程调节器的盖板组合，由调节器上的调节杆限制阀芯的开口大小，就形成了插装式节流阀。如图 11-66（b）所示，将插装式节流阀与定差减压阀连接，组成了插装式调速阀。

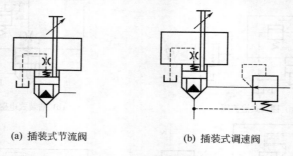

（a）插装式节流阀　　　　（b）插装式调速阀

图 11-66　插装式流量阀

11.7.5　插装阀复合控制回路

插装阀经过适当的连接和组合，可组成各种功能的液压控制阀。实际的插装阀系统是一个集方向、流量、压力于一体的复合油路。一组插装油路既可以由不同通径规格的插装件组合，也可与普通液压阀组合，组成复合系统。

11.8　电液比例控制基本回路

电液比例控制是介于电液开关控制系统和电液伺服控制系统之间的一种控制系统。如果液压基本回路中含有电液比例元件，则称为电液比例控制基本回路。含有电液比例控制基本回路的液压传动系统，称为电液比例控制系统。

其特点是：

① 能够按比例控制压力和流量，从而对执行元件能够实现力、速度和位移的连续控制，还能根据输入电信号的极性改变液流方向。

② 能够避免力、速度和方向变换时的冲击现象。

③ 可以降低能耗，有显著的节能效果。

④ 易与微电子结合，特别是数字式比例元件可与计算机（PLC）结合，实现遥控、自控和自适应控制。

11.8.1 电液比例压力控制回路

电液比例压力控制回路与压力控制回路的本质区别是：不仅可以简化回路，还可通过改变输入电流实现多级调压甚至无级调压，使控制质量有一个质的提高。

电液比例压力控制回路基本功能：在正常工况下向系统各部分提供合理的控制压力（包括系统的卸荷控制），以满足系统对力或力矩方面的要求；在异常工况下能提供压力保护，避免系统超出安全压力限度而受到损坏。

电液比例压力控制回路分为采用比例溢流阀和采用比例压力控制泵两类。

（1）电液比例溢流式调压回路

① 采用直动式比例溢流阀的调压回路　在比例调压回路中，常用比例溢流阀来进行调压。通过改变输入比例电磁铁的电流，在额定值内任意设定系统压力，适用于多级调压系统。

图11-67所示为采用直动式比例溢流阀的调压回路。在工作过程中确保安全可靠，带比例溢流阀的调压回路必须加入限压的安全阀。

图11-67（a）所示为采用直动式比例溢流阀的调压回路，通常用于流量较小的液压系统中。

图11-67（b）所示为由普通先导溢流阀加一个小型直动式比例溢流阀的调压回路，适用于大流量时的调压回路。当直动式比例溢流阀用于远程调压，主溢流阀不仅作为主溢流外，还作为系统的安全阀使用。

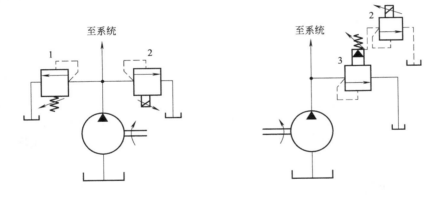

(a) 直动式比例溢流阀的调压回路　　　　(b) 先导溢流阀加小型直动式比例溢流阀的调压回路

图11-67　采用直动式比例溢流阀的调压回路

1—安全阀；2—直动式比例溢流阀；3—先导式溢流阀

② 采用先导式比例溢流阀的调压回路　图11-68所示为采用先导式比例溢流阀的调压回路，比例溢流阀在电流为零时可以使系统卸荷。为防止过大的故障电流输入而引起过高的压力对系统造成伤害，设置有安全阀。

如图11-68（a）所示，采用小型直动式比例压力阀对普通压力阀进行控制，是将比例阀作为先导级，同先导式溢流阀、减压阀或顺序阀的遥控口通过管道相连接。这种方式的优点是只要采用一个小型的直动式比例溢流阀就可以对系统或支路上的压力作比例控制或者远距离控制。但由于增加了连接管道，使控制容积增加，并且受主阀的性能限制。

图11-68（b）所示为采用专门设计和制造的先导式比例压力阀，虽然其主阀结构基本相同，由于设计时考虑到性能参数的优化，它的控制性能得到提高。所以在控制性能要求较高的场合宜采用这种方案。

（2）采用电液比例压力控制泵的调压回路

图11-69所示为采用电液比例压力控制泵的调压回路，其调压过程如下。

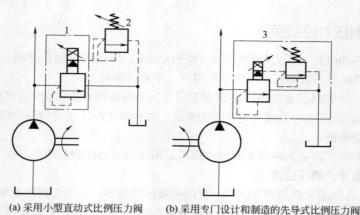

(a) 采用小型直动式比例压力阀　　(b) 采用专门设计和制造的先导式比例压力阀

图 11-68　采用先导式比例溢流阀的调压回路

1—先导式比例溢流阀；2—安全阀；3—带限压阀的比例溢流阀

① 工作时，对其内置的比例溢流阀输入一固定电流，电液比例压力控制泵就是一个电液比例恒压泵。在负载压力低于（还没有达到）比例溢流阀的设定压力时，电液比例压力控制泵以最大流量向系统供油，此时供油压力随负载而变化，电液比例压力控制泵未进行调压。

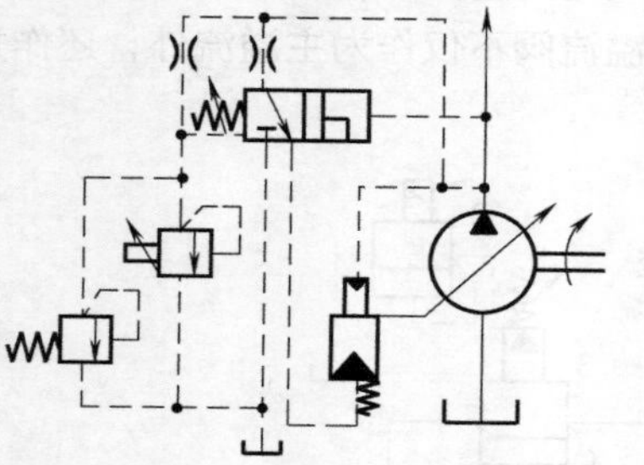

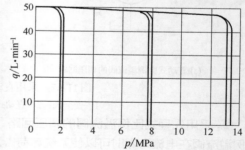

图 11-69　电液比例压力控制泵的调压回路

② 电液比例压力控制泵的工作压力达到比例溢流阀的设定值时，比例溢流阀开始溢流，比例压力控制泵开始进行调节，保持在恒压状态工作。

图 11-70 所示为电液比例压力控制泵的特性曲线。电液比例压力控制泵根据输入电流的变化，有级或无级地调节系统压力。压力调节时泵的流量自动适应负载要求，该泵的截流压力即为溢流阀电流设定的压力，截流压力时泵的流量仅维持泄漏的需要，所以截流时功耗很小。因此这种泵适用于带保压工序或需多级调压的系统。

11.8.2　电液比例减压回路

在单泵供油的液压系统中，当某个支路所需的工作压力低于溢流阀的设定值时，或要求支路有可调的稳定的低压力时，就要采用减压阀组成减压回路。比例减压阀可在不影响主油路的情况下对某一支路实现多级低压或复杂的低压波形曲线。波形越复杂，经济效益越显著。

图 11-71 所示为采用比例减压阀的基本回路。

图 11-70　电液比例压力控制泵的特性曲线

图 11-71（a）中采用单向减压阀。液压泵同时向缸Ⅰ和Ⅰ供油。缸Ⅱ下行时通过单向减压阀可获得低于系统压力的多种低压值。回程时缸Ⅱ上腔的回油经单向阀回油箱，不受减压阀阻碍。二通减压阀在控制压力上升时是足够快的，用它控制压力下降时，由于结构上使二次压力油回油必须经细小的通道，所以很慢。

图 11-71（b）所示，采用三通比例减压阀就可以解决这个问题。在二次压力过高时，油液可以经三通比例减压阀的另一主通道直接回油箱。三通比例减压阀控制压力上升或下降时间基本相同，可用于活塞双向运动时保持恒压控制。

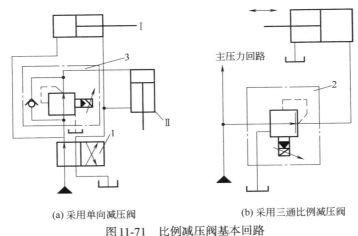

(a) 采用单向减压阀　　　　　(b) 采用三通比例减压阀

图 11-71　比例减压阀基本回路

1—二通比例减压阀；2—三通比例减压阀；3—单向比例减压阀

11.8.3　电液比例速度控制回路

（1）比例节流调速及其压力补偿

比例节流阀或比例调速阀联合使用，既可以对单个执行器进行多速控制，也可以对多个执行器分别进行速度控制；比例节流阀与溢流阀联合使用，可以保持比例节流口的进口压力为恒定的条件下，实现对流量的准确控制。

图 11-72 所示为（进口）比例节流调速回路。利用一个比例节流阀对两个执行器的前进、后退速度分别进行控制。如果每个液压缸在前进、后退两个方向上各需要两种工作速度，用普通节流元件来实现时需要 8 只节流阀或调速阀，此外还需要增加若干个用于选择工作速度的电磁阀。现在只用 1 只比例元件即可实现。电液比例调速适用于在工作循环中速度需要经常转换的场合，特别是对速度转换和停止有特别要求的场合。

图 11-72（a）所示为进口节流比例调速回路。比例节流阀装在主油路上，在最大开口量时应能顺利通过泵的全部流量，负载的运动速度将受负载的大小影响。

图 11-72（b）所示为带压力补偿的比例调速回路。利用比例调速阀，或利用溢流阀的遥控口，获得压力补偿。要获得较好的压力补偿效果，阻尼孔 R 的直径需要仔细选择，通常不大于 0.8mm。否则执行器的运动会出现不稳定的爬行现象。

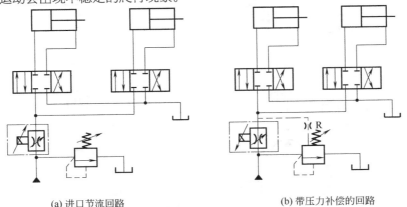

(a) 进口节流回路　　　　　　　(b) 带压力补偿的回路

图 11-72 比例节流调速回路

（2）比例容积调速回路

① 比例排量调节型变量泵的调速回路　图 11-73 所示为比例排量调节型变量泵的调速回路，通过改变泵的排量来改变进入液压执行器的流量，从而达到调速的目的。因为没有节流损失，所以效率较高，适用于大功率和频繁改变速度的应用。

比例排量调节型变量泵的调速回路工作性能如下。

a.当控制电流给定时，比例排量调节型变量泵像定量泵一样工作，变量活塞不会回到零流量位置处，即不存在截流压力，所以回路中应设置过流量足够大的安全阀。

b.比例排量泵调速时，供油压力与负载相适应，即工作压力随负载而变化。泵和系统泄漏量的变化会影响到调速的精度，使调速精度不高。如果在负载变化时，可通过改变输入控制信号的大小进行补偿。

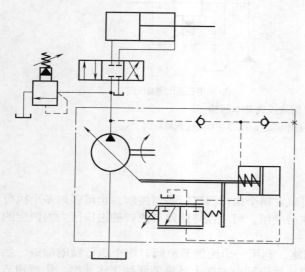

图11-73　比例排量调节变量泵的调速回路

c.若负载由大变小，速度就会增加。此时可以减小控制电流，输出流量因而减小，从而对因负载变化而引起的速度变化进行补偿。

② 比例流量调节型变量泵的调速回路　图11-74所示为比例流量调节容积节流调速回路。由于有内部的负载压力补偿，它的输出流量与负载无关，是一种稳流量泵，具有很高的稳流精度。利用比例流量调节型变量泵的调速回路，可以方便地用电信号控制系统各工况所需流量，同时做到泵压力与负载压力相适应成为负载感应控制。

图11-74（a）所示为不带压力控制的比例流量调节回路。由于该泵不会回到零流量处，系统必须设置足够大的溢流阀，使在不需要流量时能以合理的压力排走所有的流量。

图11-74（b）所示为一种带有压力调节的比例流量调节回路。通过手动压力调节阀3可以调定泵的截流压力，当压力达到调定值时，泵便自动减小输出流量，维持输出压力近似不变，直至截流。但有时为了避免变量活塞的频繁移动，上述溢流阀仍是必要的。由于这种泵有节流损失，因而这种系统会有一定程度的发热，限制了它在大功率范围的使用。

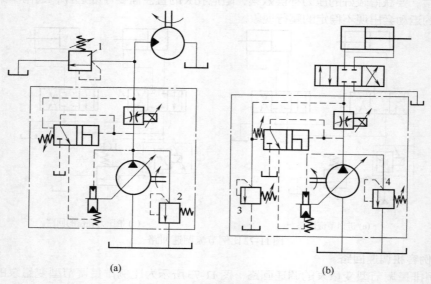

(a)　　　　　　　　　(b)

图11-74　比例流量调节容积节流调速回路

1—溢流阀；2，4—内置限压阀；3—截流压力调节阀

11.8.4 电液比例方向和速度控制回路

电液比例方向阀具有方向控制及比例节流的功能，用于控制负载的运动方向和速度。使用比例方向阀的回路，可省去节流调速元件，能迅速、准确地实现工作循环，避免压力尖峰并且满足切换性能的要求，延长元件和机器的使用寿命。

常见的比例方向阀有二位四通和三位四通两种。比例方向阀是进、出口同时进行节流控制，比例方向阀的两条通道的开口面积从零到最大变化，取决于控制电流。为了适应不对称液压缸的要求，比例方向阀的两条通道的开口面积比有两种情况：对称阀芯时是1：1，非对称阀芯时是2：1。单杆液压缸在同一速度下，进、出两腔的流量不相同。三位四通阀的中位机能，即无信号状态下自然位置上各油口的连通情况有多种形式，它们对回路的性能具有十分重要的影响，特别是它的进、出口同时节流功能给比例方向调速回路带来很多与普通换向阀回路不同的特性。有些情况，在使用普通换向阀是可行的，但使用同样中位机能的比例方向阀就会出问题。最明显不同的地方是在比例控制中，执行器两工作腔的面积比必须与控制阀的开口面积比相适应。

（1）对称执行元件的比例方向与速度控制回路

对称执行元件包括液压马达、面积相等的双杆活塞液压缸以及面积比接近1：1的单杆活塞液压缸。这类执行元件可由对称开口的中闭型O型和加压型P型以及泄放型Y型的比例方向阀来进行控制。Y型的比例方向阀既可用于对称执行元件，也可用于非对称执行元件。

① 封闭型O型比例方向阀换向回路

图11-75所示为封闭型O型比例方向阀换向回路，其特点是：

a. 封闭型O型比例方向阀处于中位时，执行器的进出油口全封闭，活塞或马达被锁住。但当惯性负载较大，阀芯转换较快时，会使回油腔的压力过分升高，而进油腔的压力过分降低，出现抽空或空穴。这两种现象都会使运动不稳定，因此，使用这种回路时应注意执行元件在制动和换向时的高压保护，以及防止空穴产生的措施。尽量使比例阀芯较缓慢地返回中位是一种比较有效的方法，它可以避免出现空穴，消除因惯性引起的压力峰值。

b. 执行元件可以是液压马达或对称液压缸，溢流阀1用于吸收压力冲击时的压力峰值，其调整压力应大于系统最高工作压力。两个单向阀2为高压腔溢流通道，两个补油单向阀3用于出现真空时补油，其开启压力应在0.05MPa以下。如果这个液压马达回路只是整个液压系统

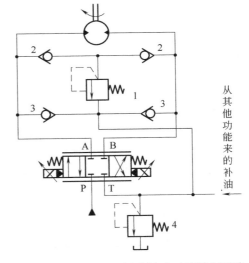

图11-75 封闭型O型比例方向速度控制回路
1—溢流阀；2—单向阀；3—补油单向阀；4—背压阀

的一部分，那么其他部分的回油可与补油单向阀的进油口相连，并加上调整压力为0.3MPa左右的背压阀4，可使防止真空的措施更为理想。

② 加压型P型比例方向阀换向回路 图11-76所示为带限压溢流阀的P型比例方向和速度控制回路，其特点如下。

a. P型比例方向阀在中位时，与普通P型换向阀不完全相同，它的A、B油口与P油口是几乎关闭的，只允许小流量通过，并对两腔加压，而T油口是完全关闭的。这种阀一般只适用于对称的液压执行元件。它能在中位时提供小量油流，以补偿执行元件的泄漏，也可减少换向过程产生

的空穴，以免机器受到损坏。

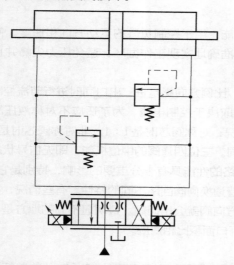

图 11-76　带限压溢流阀的 P 型比例方向和速度控制回路

b. P 型比例方向阀只能补偿小惯性下出现的真空。对于大惯量系统而言，为防止出现冲击和空穴，可在执行器两端跨接两个限压溢流阀，这种跨接式溢流阀只适用于对称执行元件。对于单杆活塞液压缸，若跨接溢流阀，当活塞杆外伸时，有杆腔的流量可能会经跨接溢流阀向无杆腔泄油，但往往不足以补充为防止真空或空穴出现大腔所需的流量。同样，当活塞杆缩回时，小腔不足以收容大腔来的油液，因而也不能提供足够的压力保护。跨接式溢流阀用于压力保护时，只推荐用于对称执行元件。

c. P 型阀用于单杆活塞液压缸，当阀处于中位时，还有可能使液压缸产生缓慢的移动。当选用的液压马达的泄漏不是直接向外排出，而是从内部排向低压腔时，也应注意慎用 P 型阀。因为 P 型阀中位时是两边加压，此压力有可能导致马达密封损坏。

（2）非对称执行元件的电液比例方向与速度控制回路

图 11-77 所示为 Y 型比例换向阀控制的差动缸换向及速度控制回路。

图 11-78（a）所示为换向及速度控制回路，其中非对称执行元件指面积比为 2：1 或近似于 2：1 的单出杆液压缸。它可用由开口面积 2：1 的泄放型 Y 型的比例方向阀来控制。

Y 型阀处在中位（自然位置）时，供油口封闭，而两工作油口通过节流小孔与油箱相连。因此，阀处于中位时，不会在两腔建立起高压。由于结构上的不同，Y 型比例方向阀与普通的 Y 型方向阀在使用性能上也有所不同。普通的 Y 型方向阀在中位时，其控制的液压缸是可以浮动的。Y 型比例方向阀处于中位时，因连通两工作腔与回油口 T 的开口很小，不能很方便地使液压缸浮动。另外，在制动和换向时，因为小孔的阻尼作用，为了防止真空的出现和由惯性引起的压力峰值，增加适当的元件是必要的。

图 11-77（b）所示为 Y 型比例方向阀控制非对称缸的压力保护回路，是用于避免真空状态和惯性压力冲击产生的典型回路。其中两个单向阀用于真空时补油，它们的开启压力应很低，同时要注意考虑补油管的尺寸大小、补油点连接的位置以及补油的压头等细节问题，以便真空时能及时吸油。

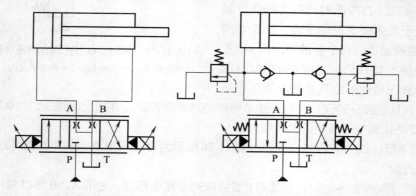

(a) 换向及速度控制回路　　　　　　(b) Y 型比例方向阀控制非对称缸的压力保护回路

图 11-77　Y 型比例换向阀控制的差动缸换向及速度控制回路

11.8.5　电液比例差动控制回路

（1）电液比例差动控制回路

在电液比例差动控制回路中，使用的差动缸面积比常常是2∶1，且比例阀的两条主油路的开口面积比也是2∶1。传统的差动回路，只有一种差动速度，而比例差动回路可以对差动速度进行无级调节。实现差动控制常用的比例换向阀是Y1型和Y3型。

图11-78所示为电液比例差动控制两种典型回路。

图11-78（a）是采用Y1型阀实现差动控制的。左电磁铁通电时是液压缸差动向右运动工况，右电磁铁通电是返回工况。与普通方向阀有所不同，在两个方向上速度是连续可调的。差动速度的调节是控制从P到A的开口面积变化来实现的。由于在换向阀的B油口接上单向阀，使阀在中位时不具有Y型阀的机能。为此，可以用一个节流小孔与单向阀并联，如图中虚线所示。

图11-78（b）是采用Y3型比例方向阀来实现差动控制的，Y3型阀芯是专门用来实现差动回路的，它只需使用一个单向阀即可。

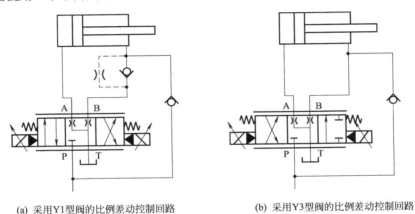

(a) 采用Y1型阀的比例差动控制回路　　　　(b) 采用Y3型阀的比例差动控制回路

图11-78　电液比例差动控制回路

（2）特殊电液比例差动控制回路

图11-79所示为特殊电液比例差动控制回路。控制回路可以对外伸运动实现连续的无级调速，其较大速度段为差动回路，因而增加了调速范围。差动连接可平滑地过渡到最大推力连接，而且使回路大为简化。

控制回路中活塞随输入电流变化的外伸动作过程如下。

① 力加速段。当输入控制信号为零时阀在2位是自然中位，活塞停止不动。当从放大器来的控制电流信号较小时，阀芯的工作位置逐渐过渡到3的位置，这是全力工作模式，液压缸提供最大的推力，使活塞尽快加速，如图11-79（b）行程段Ⅰ。

② 差动加速段。如果继续增大控制电流，则阀位由3过渡到4的位置，此时是差动工作模式。这时由于B到T的油路被关闭，使油液通过单向阀与P会合，形成最大流量，此时活塞的运动速度加大，并与输入电流信号成比例。在电流不断增加的过程中，活塞的运动处于差动加速阶段，如图11-79（b）行程段Ⅱ。

③ 差动快速段。当控制电流增加到一定程度并恒定在一定值时，活塞恒定在一定的速度上运动，这是活塞的差动快速运动阶段，如图11-79（b）行程段Ⅲ。

④ 在活塞行程接近工作行程时，控制信号电流逐渐减小，阀芯又逐渐回复到全力工作模式，活塞的运动速度与输入控制电流成比例地下降，直至工作行程中又可获得所需速度的大推力，如图11-79（b）中，Ⅴ为减速过渡段，Ⅵ为全力工作段。

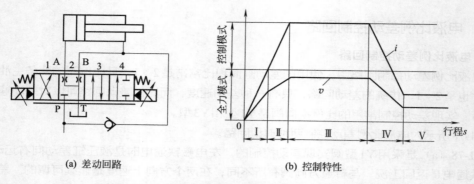

(a) 差动回路　　　　　　　　　(b) 控制特性

图11-79　特殊差动阀的比例差动回路及控制特性

Ⅰ—力加速段；Ⅱ—差动加速段；Ⅲ—差动快速段；Ⅳ—减速过渡段；Ⅴ—全力工作段

11.8.6　电液比例控制同步回路

机械设备在使用过程中，需要两个或两个以上的执行元件同步运行，即多个执行元件要求具有相同的位移或相同的速度。普通液压传动系统中的同步回路，由于各执行元件的负载不同、摩擦阻力不同、缸径制造尺寸上的差异、泄漏的不同等因素影响，使它们不能达到较高的同步精度。

电液比例控制同步回路在一定程度上可以克服上述影响。通常以其中一个执行器的位置作为参考量，改变进入其他执行器的流量来达到位置跟随而实现同步。

电液比例控制同步回路的控制变量信息来自对位置误差的检测，位置误差的检测是利用位移传感器来进行的，因而位置同步精度高且容易实现双向同步。根据选用的比例元件的不同，可分为比例调速阀同步回路、比例方向阀同步回路和比例变量泵同步回路。前两者属于节流控制型，后者属于容积控制型。

（1）采用比例调速阀的电液比例控制同步回路

图11-80所示为采用比例调速阀实现节流型电液比例控制同步回路，其特点是双向调速和双向同步。

比例调速阀实现节流型电液比例控制同步回路具体工作过程如下。

① 上升行程为进口节流，下降行程为回油节流。回油节流有助于防止因自重下滑时的超速运行。因此，设计这种回路时选用的比例调速阀2和手动调速阀4不能过大，否则要采用其他阻尼措施。

② 回路中液控单向阀3的作用是在液压泵突然停转或阀在中位时，可将液压缸锁紧并且液压缸顶起的重物重量越大液压缸下腔压力越高，阀3关得越紧，其密封性能越好，能将重物长时间地停留在某一位置而不滑下，有较好的平衡效果。另外，以四个单向阀为组（共两组），构成桥式整流回路，使正反向行程通过调速阀的流量流向一致。

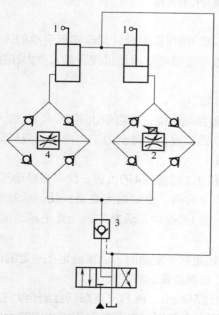

图11-80　采用比例调速阀控的同步回路

1—位置传感器；2—比例调速阀；3—液控单向阀；4—手动调速阀

这种回路的同步速度先由手动调速阀4调节，两个位置传感器1随时检测活塞的移动位移，反馈回控制器进行比较，得出位置偏差信号，对比例调速阀2进行控制，最后消除偏差，获得高精度的同步控制。

（2）采用电液比例方向阀的电液比例控制同步回路

图11-81所示为采用电液比例方向阀的同步回路，其具体工作过程如下。

① 位移传感器1和2检测两液压缸的运动位移输入比例放大控制器3。

② 当两液压缸出现位置偏差时，比例放大控制器就得到一个偏差控制信号，进而调整比例方向阀4的开口，使开口朝减小偏差的方向变化，直至偏差完全消失，达到两缸位置和速度同步。

这种同步控制系统实际上也是位置闭环控制系统，其控制精度主要取决于位移传感器的检测精度与电液比例阀的响应特性。换向阀6用于控制运动方向，手动节流阀5调节液压缸的上下运动速度。

（3）采用比例流量变量泵的电液比例控制同步回路

图11-82所示为采用比例流量变量泵的电液比例控制同步回路。其特点如下。

① 比例元件需采用比例排量控制泵或比例流量控制泵，是一种具有双向调速双向同步功能的回路。

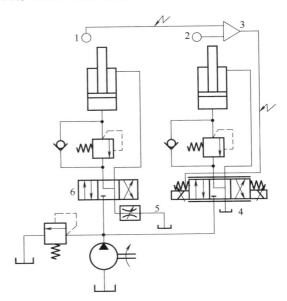

图11-81　采用一个比例方向阀控制的同步回路
1，2—位移传感器；3—比例放大控制器；4—比例方向阀；
5—手动节流阀；6—换向阀

② 速度控制采用电气遥控设定，位置反馈控制原理同采用两个比例方向阀的同步控制原理。

③ 由于是容积控制，没有节流损失和溢流损失，效率较高，适用于大功率系统和高速的同步系统。

④ 两个执行器的供油液压系统完全独立，因而特别适用于两液压缸相距较远又要求同步精度较高的场合。

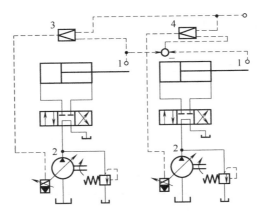

图11-82　采用比例流量控制变量泵的同步回路
1—位置传感器；2—比例流量控制变量泵；3，4—比例放大器

11.9　基于PLC液压系统基本控制方式

PLC广泛应用于液压系统的控制中，主要控制方式包括顺序控制、同步控制、压力控制、速度控制、位置控制等。

11.9.1　顺序控制

液压系统执行机构的顺序控制包括时间顺序控制、行程顺序控制，有时还会采用顺序阀或压力继电器进行压力顺序控制。

（1）时间顺序控制

液压系统时间顺序动作控制过程是指执行机构动作的切换由时间决定。利用PLC定时器（T）对液压系统顺序动作进行控制，通过外部输入装置设定定时器的时间参数。

图11-83所示为组合机床二次加工进给的动力滑台的液压系统。

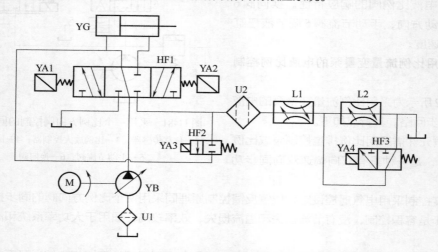

图11-83　组合机床二次加工进给的动力滑台的液压系统

组合机床加工工件时动力滑台二次加工进给运动是由YA1~YA4四个电磁铁的通断来控制，电磁铁YA1~YA4的通断电动作顺序如表11-1所示。

表11-1　电磁铁通断电动作顺序

工况	YA1	YA2	YA3	YA4	转换指令
快进	+	−	+	−	SB1
一次工进	+	−	−	−	SQ2
二次工进	+	−	−	+	SQ3
停留	+	−	−	+	SQ4
快退	−	+	−	−	T0
停止					SQ1

动力滑台液压系统的具体运行要求如下。

① 按下启动按钮SB1，液压滑台从原位快速启动。

② 当快进到挡铁压动SQ2时，液压滑台由快进转为一次工进。

③ 当一次工进到挡铁压动SQ3时，液压滑台由一次工进转为二次工进。

④ 二次工进到终点死挡铁处，压住SQ4。

⑤ 终点停留6s后，转为反向快退，到达原位置后压下SQ1停止。

⑥ 系统在控制方式上，能实现自动/单周循环控制及点动调整控制。

根据动力滑台的要求进行分析，该系统共需开关量的输入点10个，开关量输出点4个，综合系统的经济性和技术指标选用三菱FX-24MR型PLC。该PLC有12个输入端，12个输出端。其端子分配图如图11-84所示。

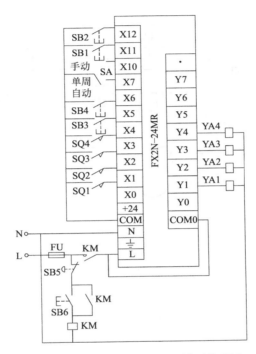

图11-84　动力滑台液压系统的端子分配图

（2）行程顺序控制

液压系统经常要求执行机构按一定的顺序完成动作，液压系统中多缸行程顺序控制时，通常采用行程开关检测液压缸的行程，行程信息反馈到PLC的输入端，PLC由此发出后续动作指令。

PLC控制简单、方便，因此适合于动作顺序比较复杂、多缸循环顺序动作回路。PLC编程方便、易于使用，变更动作顺序只需在程序上稍加修改即可。

图11-85所示为机床由定位缸、加紧缸、切削缸组成的三缸顺序动作液压系统回路。

在三缸顺序动作液压系统回路中，SQ1~SQ6是行程开关，各缸活塞上的撞块只要运行到行程开关的上方（距离小于5mm），行程开关就能感应到信号，从而控制电磁阀的通断。

液压多缸顺序动作如下。

• YA1得电则电磁阀1左位接入工作，定位缸活塞伸出，实现动作①。

• 当活塞移到预定位置，使缸上撞块处于行程开关SQ3的上方时，电磁阀1左位断电，同时电磁阀2左位得电，夹紧缸活塞伸出，实现动作②。

• 当夹紧缸活塞伸出达到预定位置，使缸上撞块处于行程开关SQ4的上方时，电磁阀2左位断电，同时电磁阀3左位得电，切削缸活塞伸出，实现动作③。

• 当切削缸活塞伸出达到预定位置，使缸上撞块处于行程开关SQ6的上方时，电磁阀3左位断电，同时电磁阀3右位得电，切削缸活塞退回，实现动作④。

• 当切削缸活塞退回到预定位置，使缸上撞块处于行程开关SQ5的上方时，电磁阀3右位断电，同时电磁阀2右位得电，夹紧缸活塞退回，实现动作⑤。

• 当夹紧缸活塞退回到预定位置，使缸上撞块处于行程开关SQ3的上方时，电磁阀2右位断电，同时电磁阀1右位得电，定位缸活塞退回，实现动作⑥。

• 当动作⑥完成，行程开关SQ1得信号时，定时等待30s（装卸工件），此时若已经按下停止按钮则循环结束，若没有按下停止按钮则转入新一轮循环。

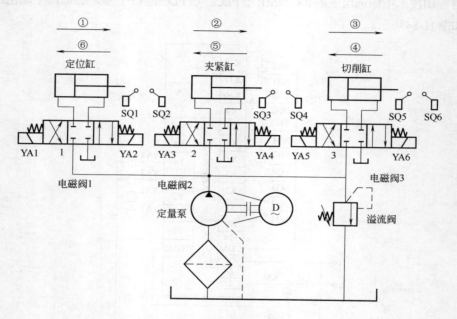

图11-85 三缸顺序动作液压系统回路

1~3—电磁阀

11.9.2 液压缸同步控制

液压缸同步控制是由PLC按照预先编制的控制程序输入液压、位移指令给液压系统和位移监控系统，液压系统接受指令后，液压缸根据控制参量产生相应的位移。位移监控系统根据各液压缸的位移情况，及时反馈给PLC，控制软件程序将根据位移反馈信息及时修整液压、位移指令，通过反复调控形成位移的闭环，使各缸的位移在每个循环内的系统误差控制在规定值之内。

图11-86所示为车辆液压缸同步升降系统总体结构，液压缸同步升降系统由传感器、四个自由升降的液压缸和PLC组成。

液压缸上装有位移传感器和力传感器，液压系统采用比例阀控制，采用前面两点液压缸A、B动作，后面两点液压缸C、D跟随动作。传感器信号由PLC进行采集，PLC根据采集到的数据控制液压比例阀，驱动相应的液压缸伸缩，完成同步升降操作，用于车辆等机械设备中。根据不同车辆特点调整好四个液压缸的位置，调节液压缸高度到触及车辆底部为止，确定

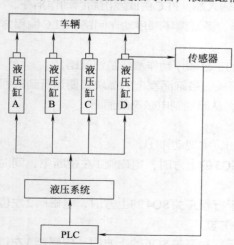

图11-86 车辆液压缸同步升降系统总体结构图

液压缸高度的初始点位置。在车辆的顶升过程中，液压缸缓慢动作以避免单点受力过重或其中一点悬空。

液压缸同步控制过程如下。

启动时，PLC输出一定的初始电流到比例阀，驱动四个液压缸同时上升。前两点液压缸A、B同时上升过程中，若出现两点高度差大于1mm，PLC增大对低点液压缸比例阀的输出电流，控制该点上升速度增加，此时对高点液压缸比例阀输出的电流不变，直到两点高度差在1mm以内，PLC再输出初始电流到该低点液压缸比例阀，液压缸以初始设置速度上升。后两点液压缸C、D在上升过程中，液压缸C跟随液压缸A的速度变化，液压缸D跟随液压缸B的速度变化。

输出到液压缸A或B比例阀的电流变化时，输出到液压缸C或D比例阀的电流跟随变化，当两者高度差大于2mm时，PLC控制后点液压缸进行调节。由于液压缸C、D速度是随液压缸A、B变化的，采用调节改变加速度以调节电流来调节液压缸C、D速度。

在液压缸同步控制过程中出现异常现象的处理方法如下。

① 出现一缸悬空的现象，则其他三缸停止上升动作，悬空点液压缸以较小速度继续上升，直到悬空现象清除。

② 若液压缸A或B悬空，则液压缸A或B上升到与液压缸B或A高差在1mm以内为止；若液压缸C或D悬空，则液压缸C或D上升到与液压缸A或B高差在2mm以内为止，四点同时恢复以初始速度动作。四个液压缸都上升到目标高度时，此时如果有液压缸超差，即伸出高度超过目标高度1mm，则单独缓慢下降该液压缸到要求范围，四缸伸出高度都在要求范围内时停止动作。

11.9.3 压力、速度、位置控制

(1) 压力控制

液压系统压力控制是用压力阀、压力继电器或压力传感器来控制和调节液压系统主油路或某一支路的压力，以满足执行元件所需的力或力矩的要求。在液压压力控制系统中，经常使用PLC与压力继电器或压力传感器对液压系统压力实行精确控制。

图11-87所示为颚式破碎机过载保护装置PLC液压保护系统。

颚式破碎机过载保护装置的机械组成是定颚固定在设备箱体内壁上，电动机通过带传动，带动偏心轮转动，从而带动动颚做复摆运动，实现破碎物料。

颚式破碎机过载保护装置PLC液压保护系统工作过程如下：

① 按下设备启动按钮SB时，YA2、YA4得电，形成差动回路，使液压缸6快速向左移动到左极限位，并对蓄能器7充液。

② 压力继电器8为系统所设定的右腔工作低压极限值，当右腔压力达到此值时，压力继电器8发出信号给PIC，使YA2失电、YA4失电、YA3得电，从而对液压缸6

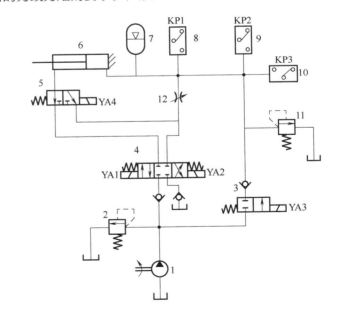

图11-87 颚式破碎机过载保护装置PLC液压保护系统

1—单向定量泵；2,11—溢流阀；3~5—电磁换向阀；6—液压缸；7—蓄电池；
8—压力继电器（工作低压极限）；9—压力继电器（工作高压极限）；
10—压力继电器（保护压力极限）；12—节流阀

右腔补充压力油。

③ 当压力达到压力继电器9所设定的工作高压极限时，电磁铁YA3自动断电，并由蓄能器7对液压缸6左腔保压，补充液压缸6因泄漏而减少的压降。

④ 当破碎物料的强度超过破碎机所设定的压力极限时，液压缸6右腔的压力会急剧增大，触发压力继电器10动作，从而使电磁铁YA1得电，YA2与YA4失电，液压缸6迅速向右移动，致使动颚排料口增大，排出硬度高的物料。若高硬度不能自动落下，则由辅助装置清除。

⑤ 当液压缸6右腔压力下降到压力继电器8所设定的值时，YA3得电，液压缸6活塞向左移动，破碎机迅速恢复正常的工作状态。其中溢流阀11设定的压力值要比压力继电器10设定值稍高，当压力继电器10动作失灵时，溢流阀11就会开启，起溢流保护作用。节流阀12可以控制液压缸6活塞运动的速度。

（2）速度控制

在液压速度控制系统中，通常采用PLC与比例阀组合使用实现液压缸速度的精准控制。

图11-88所示为机械手PLC液压系统速度控制系统。实际生产过程中，机械手在一个工作循环需要完成的顺序动作依次为：下降、夹紧、上升、左移、下降、松开、上升、右移。采用PLC实现机械手的自动循环控制，必须在某些动作位置设置位移传感器或行程开关来检测动作是否到位，并确定从一个动作转入下一个动作的条件。

根据机械手的动作要求，选用3个液压缸来完成这些顺序动作如下。

① 升降液压缸1在工件两个位置（原位与目标位置）上方的下降和上升运动。

② 移动液压缸2的左移和右移运动。

③ 夹紧液压缸3的夹紧和松开动作。

④ 缸1下降或上升到位时应停止运动。

⑤ 缸2左移或右移到位时也应停止运动，故需分别设置一行程开关SQ1~SQ4。

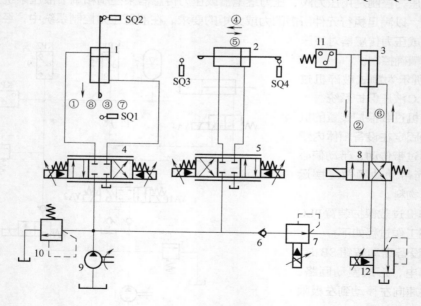

图11-88　机械手PLC液压速度控制系统

1—升降液压缸；2—移动液压缸；3—夹紧液压缸；4~5—比例换向阀；6—单向阀；7—比例减压阀；8—电磁换向阀；9—液压泵；10—溢流阀；11—压力继电器；12—比例溢流阀；SQ1~SQ4—行程开关

（3）位置控制

在液压位置控制系统中，经常采用PLC与位移传感器对位置实行精确控制。图11-89所示为

PLC电液比例液压位置控制系统。系统由主要由伺服比例阀、位移传感器、液压缸、液压泵、溢流阀、比例放大器等部分组成。要求液压缸运动过程中运行平稳、液压缸定位准确、定位精度高、无爬行及抖动现象发生。比例阀采用伺服比例阀，比例放大器采用与之配套的比例放大器。由于比例阀阀芯的位置与输入电流成比例，伺服比例阀阀芯的开口量正比于输入电流的大小，从而使期望位移的数值同液压缸的实际位移值一致，达到精确控制液压缸位置的目的。

液压缸行程检测通过位移传感器实现，主要用来检测液压缸的位置。在PLC电液比例液压位置控制系统中位移传感器采用磁致伸缩线性位移传感器，其输出为4~20mA或DC0~5V，0~10V的标准信号，传感器输出的反馈信号能方便快捷地输入A/D转换模块。转换后的位置数据将存入PLC的内部寄存器，最后由PLC将内部寄存器的数据通过计算处理后调用PID闭环控制算法对液压缸的位置实施闭环控制。

PID闭环控制算法流程图如图11-90所示。

① P_n为设定值，P_{tn}为反馈量。

② PLC根据采集的信号计算出偏差e_n，根据偏差e_n通过PLD控制算法计算出控制量，并输出控制量$M(t)$。

③ 输出控制量$M(t)$必须要通过D/A转换，转换后的数据存入PLC内部数据存储器。

④ 经过PLC的D/A转换成4~20mA的模拟量输出信号后，直接传送给比例放大器。

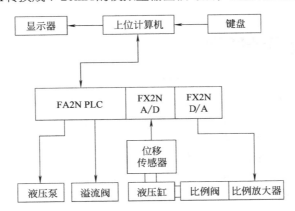

图11-89 PLC电液比例液压位置控制系统

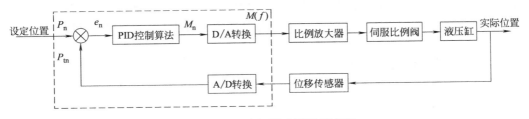

图11-90 PID闭环控制算法原理图

第 12 章

液压系统设计方法及设计步骤

12.1 液压系统设计原则

液压系统是机器的重要组成部分，不仅要符合主机动作循环和静、动态性能等方面的要求，还要满足结构简单、工作安全可靠、效率高、寿命长、经济性好、维护使用简便等条件。至关重要的环节就是液压传动系统的安全可靠性，现从以下几方面评定。

（1）可靠性与使用条件密切相关

使用条件主要包括液压系统使用过程中的环境条件、油液种类、油液温度、工作压力、流量、转速、速度、连续或间断工作等。同样的液压系统在各种使用条件下，其可靠性是不相同的，使用条件越恶劣，可靠性越低。

（2）可靠性与使用时间密切相关

使用时间是指液压系统工作的期限，用时间或相应的指标表示。例如：液压泵用小时，液压换向阀用换向次数。使用时间根据实际情况可以是长期的，如若干年，也可以是短期的，如几十或数百小时。通常工作时间越长，可靠性越低。

（3）可靠性与产品的技术指标有关

产品的主要技术指标包括液压元件的额定工作压力、额定转速、适用介质、介质黏度范围、适用温度范围、运动速度等。

12.2 液压系统设计方法

12.2.1 经验设计方法

液压系统在设定动力部分的参数时，不仅要求实现稳态最佳匹配，而且要求实现动态的最佳匹配；在设计控制部分时，不但要求系统的控制性能好，同时也要求抗干扰性强。要实现上述目标，仅仅对液压元件特别是那些专用液压元件的性能参数提出过高的要求是不行的，这样做的结果只能加大元件的加工难度，导致液压系统制造和运行成本的增加。因此，经验在液压系统设计中是极其重要的。

在设计任何一个液压系统时，液压阀以及其他组件的合理选用是保证其性能可靠、运行平稳、安装简便、易于维修的重要因素之一。

① 阀规格的选择：应根据系统的工作压力和实际通过该阀的最大流量来从已定型的阀件产品中选择。其中，溢流阀按液压泵的最大流量选取；节流阀和调速阀的选择要考虑最小稳定流量能满足执行机构最低稳定速度的要求。

② 控制阀的流量一般要选得比实际通过的流量大一些，必要时也允许有小于20%的短时间过流量。

③ 溢流阀选型不当，会导致其动作缓慢。可通过适当增大主阀芯阻尼孔直径来减小主阀芯的开度。

④ 以两个泵并联供油时，若系统中选用了两种规格以及调定参数相同的溢流阀，则容易产生共振。

⑤ 对于液压阀的选取，不仅要求工作原理相符，而且还要考虑结构合适。例如同一工作原理的液控单向阀，结构上又可分内泄式和外泄式以及先导式与非先导式，要根据液压系统的工作状态和流量阀的特点来正确选择，否则，将导致系统不能正常工作。再如顺序阀，按结构可分为直动式和先导式以及内控式与外控式，若选择错误将导致压力失控和引发噪声。

⑥ 长时间卸荷的液压系统宜选用先导式卸荷溢流阀。

12.2.2　计算机仿真设计方法

仿真技术作为液压系统或元件设计阶段的必要手段，已被业界广泛认识。1973年，第一个直接面向液压技术领域的专用液压仿真软件HYDSIM程序研制成功。它是由美国俄克拉荷马州立大学推出的。随着流体力学、现代控制理论、算法理论、可靠性理论等相关学科的发展，特别是计算机技术的突飞猛进，液压仿真技术也日益成熟，越来越成为液压系统设计人员的有力工具。

（1）仿真技术在液压领域的应用

一个比较完善的液压系统不仅应有良好的静态性能，而且还应具有良好的动态性能。这是因为系统中执行元件的速度、动作和方向以及外载荷在不断变化，如果系统的动态特性不灵敏，则反馈信号就无法被系统很快执行，造成系统灵敏死区、动作死区等，这样被加工出来的零件精度就会降低。

以前人们在研究和设计时，常常凭借设计者的知识和经验用真实的元部件构成一个动态系统，然后在这个系统上进行试验，研究结构参数对系统动态特性的影响。用这种方法进行参数调节比较困难，要花费大量的人力、物力和时间，而且一次性成功的把握很小。这就要求人们利用其他方法对元件进行设计与试验。计算机仿真技术不仅可以在设计中预测系统性能，减少设计时间，还可以通过仿真对于所设计的系统进行整体分析和评估，从而达到优化系统、缩短设计周期和提高系统稳定性的目的。

仿真技术在液压领域的应用主要包括以下几个方面。

① 通过理论推导建立已有液压元件或系统的数学模型，用试验结果与仿真结果进行比较，验证数学模型的准确度，并把这个数学模型作为今后改进和设计类似元件或系统的仿真依据。

② 通过建立数学模型和仿真实验，确定已有系统参数的调整范围，从而缩短系统的调试时间，提高效率。

③ 通过仿真试验研究测试新设计的元件各结构参数对系统动态特性的影响，确定参数的最佳匹配，提供实际设计所需的数据。

④ 通过仿真试验验证新设计方案的可行性及结构参数对系统动态性能的影响，从而确定最佳控制方案和最佳结构。

（2）液压建模与仿真的方法

仿真技术的三个主要组成部分是数学建模、模型解算和仿真结果分析。液压仿真一般采用下面三种方法。

第一种方法是自行编程仿真，对于较为简单的系统，而仿真者具有较好的建模能力和一定编程能力，则自行编程进行仿真。早在20世纪50年代，Hanpun和Nightingale就分别作了液压伺服系统动态性能分析，那时采用的是传递函数法，一般只分析系统的稳定性及频率响应，这是一种理论成熟、简单实用的方法，直到现在，仍被广泛采用。但这种方法只能用在单输入-单输出的线性定常系统中，不足以描述系统内部的各变量的特征，也不宜处理液压系统中普遍存在的非线性问题。所以这种方法在研究机构中用得较多。

第二种方法是数学模型由用户自行建立，选用一些通用的算法系统进行仿真，如常用的MATLAB/SIMULINK软件，它提供了许多数学模型解算工具，更值得一提的是这类软件还提供较好的仿真结果后处理功能。该方法越来越多地为研究人员所使用。

第三种方法是选用专用的液压仿真软件进行仿真，这类专用软件一般提供建模工具，用户只要根据要求用原理图等方式输入仿真用数据，专用软件便可自动建立数学模型，并进行仿真计算输出仿真结果。

依据建模方法的不同，这些软件主要可分为两种，即用状态方程方法建模的仿真软件和用键合图方法建模的仿真软件。绝大多数液压仿真软件采用状态方程方法建模。如美国麦道飞机公司率先开发的用以预测液压元件和系统工作性能的AFSS（advanced fluid system simulation）仿真软件包，使液压设计从经验估计提高到定量分析的水平。

键合图是由美国的H.M.Paynter于20世纪60年代初发明的，它以图形方式来表达系统中各元件间的相互关系，能反映元件间的负载效应及系统中的功率流动情况，可用来描述液压回路的动态特性，是研究液压动力系统的有力工具。目前已开发出了几种采用键合图方法建模的液压仿真软件，如美国在20世纪80年代末开发的面向键合图的动力系统通用仿真程序ENPORT，已在一定的范围获得应用。但该程序需要在大容量、大型计算机上运行，并且对于非线性系统的解析存在着若干限制，从而影响了该软件的推广。由于对于绝大多数用户来说从键合图出发的起点过高，而一个较好的液压系统仿真软件包需要具有开放性和可扩充性，因此从长远考虑用状态方程方法建模更有生命力。

但是不论是基于何种原理的仿真软件，纵观近几年液压仿真技术的发展，现代液压仿真软件一般都具有如下功能。

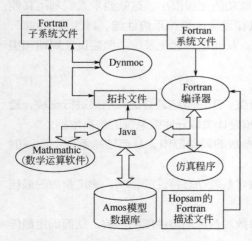

图12-1　数据库管理的仿真环境示意图

① 广泛的基本液压元件模型及灵活的组装。广泛的基本液压元件模型才能够适应各种仿真要求，但无论基本模型库多么包罗万象，也不可能包含用户对元件模型的全部要求。自定义元件模型应该可以用软件自带的元件模块组装。

② 支持多领域建模仿真。在现代实际的工程应用设计中，几乎很少有纯粹的液压系统存在。液压系统通常仅仅是作为整个系统的一部分，即使元件也可能包括机械和电子器件，这就要求仿真时可以加入其他领域的模型，最常见的如DSH中加入电子和机械方面的仿真模型，而Amesim带有液压、机械、控制、信号、热力学、气动等多种模型库。

③ 数据库技术应用和技术文档生成功能。一个仿

真系统最主要的技术文档是系统的原理图，其他还包括元件的微分和代数方程的数学模型描述、参数、仿真结果、其他产品信息等。实现这一功能的手段开始采用复杂的数据库技术，而不是以传统的难以管理的文件系统形式。以瑞典某大学的液压仿真软件Hopsan为例，其使用数据库管理的仿真环境示意图如图12-1所示。

图12-1中，Dynmoc用以生成元件模型和系统连接的Fortran程序，而数据库、仿真程序和数学运算软件Mathmathic之间采用了Java接口。Amos模型数据库对数据进行集中管理，实现数据共享，保证数据的一致性和安全性以及用户操作的独立性，迅速准确地实现数据查询和通信。

④ 图形化操作界面：目前，几乎所有知名的液压仿真软件都支持图形化操作界面，从而使仿真技术能够更广泛地用于实际工程，更大范围地商品化。元件模型在软件中用图标表示，元件型号和元件参数通过操作液压原理图直接选取，软件通过各自的识别技术、回路的拓扑信息及组成元件的模型，由计算机自动生成回路的仿真描述文件或程序。

⑤ 支持实时仿真及提供与通用软件相匹配的接口，当前的液压仿真软件的积分运算器都包含了可变步长的功能，加上硬件速度的飞速提高，仿真速度大大提高，实现实时仿真已不是那么困难，而实时仿真使仿真人员在计算机屏幕上"实时"地看到系统的动作，更直观、更具说服力。在软件的接口方面，MATLAB/SIMULINK已经成为所有液压仿真软件的通用接口，一些有合作关系的公司和大学研究机构也相互提供了接口。

(3) 液压仿真技术存在的主要问题

① 系统建模不易　对液压系统进行建模的首要任务就是建立数学模型，最困难的就是进行建模，然后才可能进行计算机研究，建模是一件相当复杂的工作。目前大多数采用状态方程建模，但也有一些软件采用传递函数或键合图进行建模。这些对于一般的液压工作者来说存在着难度。传统的定量仿真技术首先要建立精确的数学模型，将对象系统的结构和功能表示成为以微分方程为主的一系列数学方程，通过解方程组之类的数学途径，导出基于函数解或是数值解的系统行为描述后才可能进行计算机仿真。但在实际系统太复杂或是知识积累不够的情况下，根本不可能构造出系统的精确定量模型。

利用相似系统这一概念，液压系统这样的非电系统可以通过系列的转换化为相似的电路系统。首先使用电路元件的符号可以把复杂的液压系统职能符号变成便于阅读和分析系统特性的电路图。其次，利用各种成熟的电路理论技术，例如阻抗概念和各种网络理论（如网络的拓扑分析法），可以有效地用于实际液压系统的分析。再次，电路元件更换方便，数值容易改变，测量电流和电压都比较方便。非常重要的一点是，各种近代电路理论，如网络方程、图论、分裂法等，在近二三十年都得到了长足的发展，在计算机辅助分析和设计领域都得到了成功应用。因此借鉴已有经验，可以将液压回路（或是液压单元）和液压系统转换为结构和特性类似的电回路和电系统来研究。

② 系统仿真的精度和可靠性不高　由于液压仿真软件和仿真技术等方面的原因，仿真结果的精度不是很高。如果建模的原理和方法不正确、模型简化、对模型原始数据的选取存在偏差和计算机性能的影响，都会降低仿真结果的精度。

③ 仿真模型库不完善　在大多数的液压系统仿真系统中，一般将仿真元件简单分为液压泵、液压马达、液压阀、液压缸和液压辅件五类。然而据此建立的模型库都是标准元件，而在实际液压系统中还存在许多元件是模型库中没有的，因此需要另外编入。

④ 液压软件的通用性不好　许多仿真软件是某一专门领域的，对液压系统中的元件和仿真参数都有严格的要求，因此使用不同的仿真软件对同一系统也需要编写不同的仿真程序，即这些软件的移植性和其他软件的接口性不好。

12.2.3　优化设计方法

液压系统的优化是优化设计理论在液压系统的应用。不同类型的液压系统，其优化内容和方法也不同。根据液压系统的结构，优化问题包括动力部分优化和控制部分优化。

动力部分的优化，主要是确定传动原件的结构参数，属于参数优化问题。动力部分一旦确定，就成了控制部分的被控对象，其数学模型不再改变，因此，称为固有部分。这样，控制部分的优化问题，就归结为控制器的设计问题。如果控制器的结构已经确定，优化问题的设计变量就是控制器的某些待定参数，属于参数优化问题。如果控制器的结构不定，以控制器输出的信号 $u(t)$ 为设计变量，就属于函数优化问题。

液压系统优化的内容主要有以下几个方面。

（1）效率

从节能的角度出发，希望液压系统有比较高的效率。液压系统的总效率可表达为

$$\eta = \eta_{\mathrm{p}}\eta_{s}\eta_{\mathrm{c}} \tag{12-1}$$

式中　η_{p}——动力元件的效率；

　　　η_{s}——液压效率；

　　　η_{c}——执行元件效率。

提高动力元件和执行元件的效率是元件优化问题。提高液压效率则主要是系统优化问题。液压效率等于执行元件输入功率与动力元件输入功率之比，即

$$\eta_{s} = \frac{\int p_{\mathrm{L}}q_{\mathrm{L}}\mathrm{d}t}{\int p_{s}q_{s}\mathrm{d}t} \tag{12-2}$$

式中　p_{L}，q_{L}——负载压力和负载流量；

　　　p_{s}，q_{s}——动力元件（如液压泵）的输出压力和流量。

液压系统效率优化问题主要是压力、流量的适应问题和动力传输机构参数优化问题。

（2）相对稳定性

欲使系统正常工作，就必须有一定的稳定裕量，即有较理想的相对稳定性，从时域上说，应使阶跃响应最大超调量较小；从频域上说，开环频率特性有一定的相位裕量和幅值裕量；闭环频率特性谐振峰值较小。

（3）快速性

当指令信号变化之后，系统能比较迅速地跟踪。在时域，应使其阶跃响应上升时间较小。在开环频率特性上看，剪切频率应比较大；在闭环频率特性上看，截止频率应较大。

（4）综合控制性能

系统的综合控制性能指标兼顾了相对稳定性和快速性。这类指标从两个方面考查系统的相对误差。一方面是响应时间，控制性能好的系统响应时间要短；另一方面是误差积分指标，误差积分指标小的系统表现出较好的综合控制性能。

（5）抗干扰能力

系统在干扰信号的作用下，响应最大峰值要小，响应时间要短。稳定刚度和动态刚度要大，系统无阻尼自振频率应远离干扰信号基频。另外，系统自身参数变化对其性能的影响要小。

（6）稳态精度

稳态精度高的系统表现出比较好的稳态跟踪能力，即稳态误差值（系统误差稳态分量的终值）比较小，希望有比较高的型次和比较大的开环放大系数。对于零型系统，当用相对增量方程描述系统时，希望闭环频率特性的零频值应尽量接近1。

由于解决问题的出发点和手段不同，寻优可分为解析法和迭代法。随着科技的发展，目前广泛应用计算机技术进行模拟优化，常用 MATLAB/SIMULINK、ANSYS 有限元分析软件。这些仿真软件的优化设计包括结构设计的最优化、参数最优化及性价比的最优化。用现代控制理论和人工智能专家库设计系统结构，并确定系统参数，缩短设计周期，达到最佳的效果。

12.3 液压系统设计流程

由于液压传动系统的设计要求和系统用途不同以及系统的繁简、借鉴资料的多寡、设计人员知识和经验的多少等各有差异，所以液压传动系统的设计方案没法统一，但是基本内容是一致的，其设计流程如图12-2所示。设计流程中有时需要穿插进行，交叉展开。若是简单液压系统，则可以将设计流程简化；若是较复杂的液压系统，则需要经过多次论证分析比较，方能确定设计方案。若是重大工程的复杂液压系统，不仅要反复论证方案，还要进行计算机仿真试验或者局部实物试验并反复修改后方可确定设计方案。在设计过程中，首要任务就是仔细查阅相关产品使用说明、设计手册和资料，查阅液压元件和液压附件的型号、结构和配置形式等。

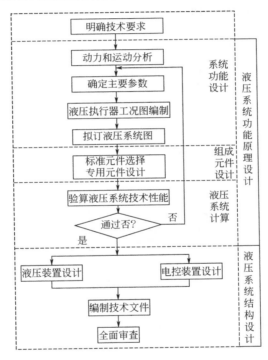

图12-2 液压系统设计流程

12.4 液压传动系统的设计步骤

12.4.1 明确液压系统的设计要求

设计要求是液压系统设计的主要依据，因此，在液压系统设计过程中，要明确液压系统的动作和性能要求。根据掌握的相关情况，需要考虑以下几个问题。

① 主机用途、结构布局（卧式、立式等）、使用条件（连续运转、间歇运转、特殊液体的使用）。

② 系统的动作和性能要求：主要包括运动方式、行程和速度范围、载荷情况、运动平稳性、定位精度、转换精度、工作循环和动作周期、同步或联锁要求、自动化程度、效率和工作可靠性等。

③ 系统的工作环境主要是指：环境温度、湿度、尘埃、是否易燃、外界冲击振动的情况以及

安装空间的大小等。

④ 其他方面的要求如：液压装置的重量、外观造型、尺寸及经济性。

12.4.2 进行工况分析

工况分析是确定液压系统主要参数的基本依据，包括每个液压执行元件的运动分析（运动循环图）和动力分析（负载循环图），以了解运动过程的本质，查明每个执行器在其工作中的负载、位移及速度的变化规律，并找出最大负载点和最大速度点。

（1）运动分析（运动循环图）

液压执行元件在工作过程中，一般要经历启动（工作循环的起点）加速、恒速（稳态）和减速制动等工况，执行机构在一个工作循环中的运动规律用运动循环图即速度循环图（$v\text{-}t$图）表示，如图12-4所示。

绘制速度循环图是为了计算液压执行元件的惯性负载及绘制其负载循环图，因而速度循环图的绘制通常与负载循环图同时进行。

（2）动力分析（负载循环图）

液压执行元件的负载包括工作负载和摩擦负载两类，工作负载又分阻力负载、超越负载（负载）和惯性负载三种类型。其中，阻力负载是指负载阻止执行器运动，负载方向与执行器运动方向相反，阻力负载有可能是常量或者变量，如图12-3（a）所示；超越负载是指负载助长执行器运动，负载方向与执行器运动方向一致，超越负载可能是常量或者变量，如图12-3（b）所示；惯性负载是指运动部件（如飞轮等）加速或减速时产生的负载，惯性负载通常由牛顿第二定律定义描述，如图12-3（c）所示。

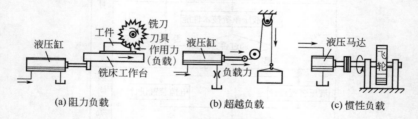

(a) 阻力负载　　　　　(b) 超越负载　　　　　(c) 惯性负载

图12-3　液压执行元件负载类型

摩擦负载也分静摩擦负载和动摩擦负载两种类型。执行元件的负载大小可由主机规格确定，也可用实验方法或理论分析计算得到。

液压执行器工作过程一般是启动→加速→恒速→减速制动，在整个过程中各工况外负载计算依据表12-1，摩擦负载和惯性负载计算依据表12-2和表12-3。

表12-1　液压执行器外负载计算公式

工况	负载力 F/N	负载力矩 $T/\text{N·m}$	符号意义
启动	$\pm F_e + F_{fs}$	$\pm T_e + T_{fs}$	F_e，T_e——执行器的工作负载，力、力矩与执行器运动方向相同（即超越负载）时取"＋"，方向相反（即阻力负载）时取"－" F_{fs}，T_{fs}——静摩擦负载力、力矩 F_{fd}，T_{fd}——动摩擦负载力、力矩 F_i，T_i——惯性负载力、力矩
加速	$\pm F_e + F_{fd} + F_i$	$\pm T_e + T_{fd} + T_i$	
恒速	$\pm F_e + F_{fd}$	$\pm T_e + T_{fd}$	
减速制动	$\pm F_e + F_{fd} - F_i$	$\pm T_e + T_{fd} - T_i$	

表12-2 摩擦负载计算公式

摩擦类型	摩擦力 F_f/N			摩擦力矩 T_f/N·m
	平面导轨		V形导轨	
静摩擦	水平	倾斜	$\dfrac{\mu_s\left(G\cos\beta + F_n\right)}{\sin\dfrac{\alpha}{2}}$	$\mu_s F'_n R$
	$\mu_s\left(G + F_n\right)$	$\mu_s\left(G\cos\beta + F_n\right)$		
动摩擦	$\mu_d\left(G + F_n\right)$	$\mu_d\left(G\cos\beta + F_n\right)$	$\dfrac{\mu_d\left(G\cos\beta + F_n\right)}{\sin\dfrac{\alpha}{2}}$	$\mu_d F'_n R$
符号说明	G——运动部件重力 F_n——工作负载在导轨上的垂直分力 β——平面导轨倾斜角 α——V形导轨夹角 μ_s, μ_d——静、动摩擦因数，取 μ_s =0.1~0.2，μ_d =0.05~0.12 F'_n——作用于轴径处的总径向力 R——轴径半径			

表12-3 惯性负载计算公式

液压执行器	直线运动	旋转运动
	液压缸	液压马达
惯性力 F_i/N	ma	
惯性矩 T_i/N·m		$J\varepsilon$
符号说明	m——运动部件质量，kg a——运动部件加速度，m/s^2 J——旋转部件的转动惯量，kg·m^2 ε——旋转部件的角加速度，rad/s^2	

根据计算出的外负载和循环周期，即可绘制负载循环图（F-t图），如图12-4所示。

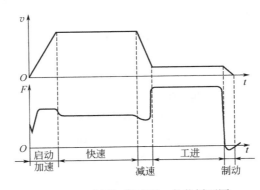

图12-4 液压缸的速度、负载循环图

12.4.3 初步确定液压系统方案

若要确定液压系统的方案，必须要与该机器的总体设计方案进行综合分析。首先，明确主机对液压系统的性能要求，进而抓住该类机器液压系统设计的核心和特点，然后按照可靠性、经济性和先进性的原则，确定液压系统方案。

如果机器（如机床液压系统）变速、稳速要求严格，那么它要求系统设计的核心是速度的调节、换向和稳定，因此应先确定其调速方式；如果机器（挖掘机、装载机液压系统）对速度无严格要求，而对输出力、力矩有要求，那么它要求系统设计的核心是调节和分配功率，因此，该液压系统的特点应该是采用组合油路。

（1）制订调速方案

液压执行元件确定之后，其运动方向和运动速度的控制是拟订液压回路的核心问题。

方向控制用换向阀或逻辑控制单元来实现。对于一般中小流量的液压系统，大多通过换向阀的有机组合实现所要求的动作。对高压大流量的液压系统，现多采用插装阀与先导控制阀的逻辑组合来实现。

速度控制通过改变液压执行元件输入或输出的流量或者利用密封空间的容积变化来实现。相应的调整方式有节流调速、容积调速以及两者的结合——容积节流调速。

节流调速一般采用定量泵供油，用流量控制阀改变输入或输出液压执行元件的流量来调节速度。此种调速方式结构简单，由于这种系统必须用溢流阀，故效率低，发热量大，多用于功率不大的场合。

容积调速是靠改变液压泵或液压马达的排量来达到调速的目的。其优点是没有溢流损失和节流损失，效率较高。但为了散热和补充泄漏，需要有辅助泵。此种调速方式适用于功率大、运动速度高的液压系统。

容积节流调速一般是用变量泵供油，用流量控制阀调节输入或输出液压执行元件的流量，并使其供油量与需油量相适应。此种调速回路效率也较高，速度稳定性较好，但其结构比较复杂。

节流调速又分别有进油节流、回油节流和旁路节流三种形式。进油节流启动冲击较小，回油节流常用于有负载的场合，旁路节流多用于高速。

（2）制订压力控制方案

液压执行元件工作时，要求系统保持一定的工作压力或在一定压力范围内工作，也有的需要多级或无级连续地调节压力，一般在节流调速系统中，通常由定量泵供油，用溢流阀调节所需压力，并保持恒定。在容积调速系统中，用变量泵供油，用安全阀起安全保护作用。

在有些液压系统中，有时需要流量不大的高压油，这时可考虑增压回路得到高压，而不用单设高压泵。液压执行元件在工作循环中，某段时间不需要供油，而又不便停泵的情况下，需考虑选择卸荷回路。

在系统的某个局部，工作压力需低于主油源压力时，要考虑采用减压回路来获得所需的工作压力。

（3）制订顺序动作方案

主机各执行机构的顺序动作，根据设备类型不同，有的按固定程序运行，有的则是随机的或人为的。工程机械的操纵机构多为手动，一般用手动的多路换向阀控制。加工机械的各执行机构的顺序动作多采用行程控制，当工作部件移动到一定位置时，通过电气行程开关发出电信号给电磁铁推动电磁阀或直接压下行程阀来控制后续的动作。行程开关安装比较方便，而用行程阀需连接相应的油路，因此只适用于管路连接比较方便的场合。

另外还有时间控制、压力控制等。例如液压泵无载启动，经过一段时间，当泵正常运转后，延时继电器发出电信号使卸荷阀关闭，建立起正常的工作压力。压力控制多用在带有液压夹具的机床、挤压机压力机等场合。当某一执行元件完成预定动作时，回路中的压力达到一定的数值，通过压力继电器发出电信号或打开顺序阀使压力油通过，来启动下一个动作。

（4）选择液压动力源

液压系统的工作介质完全由液压源来提供，液压源的核心是液压泵。节流调速系统一般用定量泵供油，在无其他辅助油源的情况下，液压泵的供油量要大于系统的需油量，多余的油经溢流阀流回油箱，溢流阀同时起到控制并稳定油源压力的作用。容积调速系统多数是用变量泵供油，用安全阀限定系统的最高压力。

为节省能源提高效率，液压泵的供油量要尽量与系统所需流量相匹配。对在工作循环各阶段中系统所需油量相差较大的情况，一般采用多泵供油或变量泵供油。对长时间所需流量较小的情况，可增设蓄能器作辅助油源。

油液的净化装置是液压源中不可缺少的。一般泵的入口要装有粗过滤器，进入系统的油液根据被保护元件的要求，通过相应的精过滤器再次过滤。为防止系统中杂质流回油箱，可在回油路上设置磁性过滤器或其他形式的过滤器。根据液压设备所处环境及对温升的要求，还要考虑加热、冷却等措施。

12.4.4 确定液压系统的主要技术参数

液压系统的主要参数包括压力、流量和功率。通常，首先选择系统工作压力，然后根据对执行元件的速度（或转速）要求，确定其流量。压力和流量一经确定，即可确定其功率，并作出液压系统的工况图。

（1）确定系统工作压力

液压系统工作压力由设备类型、载荷大小、结构要求和技术水平而定，还要考虑执行元件的装配空间、经济条件及元件供应情况等的限制。

一般来说，对于固定的尺寸不太受限的设备，压力可以选低一些，而对于行走机械等重载设备，压力要选得高一些。系统工作压力高，省材料，结构紧凑，重量轻，是液压系统的发展方向，但要注意治漏、噪声控制和可靠性等问题的妥善处理。具体选择参考表12-4、表12-5。

表12-4 按负载选择液压执行元件的工作压力

载荷/kN	<5	5~10	10~20	20~30	30~50	>50
工作压力/MPa	<0.8~1	1.5~2	2.5~3	3~4	4~5	≥5~7

表12-5 各类设备常用的工作压力

设备类型	压力范围/MPa	压力等级	说　明
机床、压铸机、汽车	<7	低压	低噪声、高可靠性系统
农业机械、工矿车辆、注塑机、船用机械、搬运机械、工程机械、冶金机械	7~21	中压	一般系统
油压机、冶金机械、挖掘机、重型机械	21~31.5	高压	空间有限、响应速度高、大功率下降低成本
金刚石压机、耐压试验机、飞机、液压机具	>31.5	超高压	追求大作用力、减轻重量

（2）液压执行元件主要结构参数的计算

根据液压系统负载图和已确定的系统工作压力进行计算。

① 活塞缸的内径、活塞杆直径

a. 液压缸内径 D 的计算：

ⓐ 根据负载大小选定系统压力表计算 D。

$$D = 3.57 \times 10^{-2} \sqrt{F/p} \qquad (12-3)$$

式中　D——液压缸内径，m；

　　　F——液压缸的推力，kN；

　　　p——选定的工作压力，MPa。

ⓑ 根据执行机构的速度要求和选定的液压泵流量来计算 D。

$$D = 8.74\sqrt{q_V/v} \tag{12-4}$$

式中　　D——液压缸内径，m；

　　　　q_V——进入液压缸的流量，m^3/s；

　　　　v——液压缸输出的速度，m/min。

　　注：无论采用哪种方法计算出的液压缸内径（缸径）都按表12-6圆整为标准值。

表12-6　液压缸内径系列（GB/T 2348—2018）

液压缸内径系列/mm	8、10、12、16、20、25、32、40、50、60、63、80、90、100、(110)、125、140、160、(180)、200、220、250、280、320、(360)、400、(450)、500

　　注：括号内数值是不推荐选用值。

　　b.活塞杆直径d的计算

　　ⓐ 根据速度比的要求来计算d。

$$d = D\sqrt{(\lambda - 1)/\lambda} \tag{12-5}$$

式中　　d——活塞杆直径，m；

　　　　D——液压缸内径，m；

　　　　λ——速度比，$\lambda = v_2/v_1 = D^2/(D^2 - d^2)$；

　　　　v_2——活塞杆缩入速度，m/min；

　　　　v_1——活塞杆伸出速度，m/min。

　　根据经验公式来计算，可以参考表12-7和表12-8。

表12-7　速度比与工作压力的关系

p/MPa	≤10	12.5~20	>20
λ	1.33	1.46~2	2

表12-8　活塞杆直径与速度比的关系

λ	1.15	1.25	1.33	1.46	2
d	0.36D	0.45D	0.5D	0.56D	0.71D

　　ⓑ 活塞直径d按强度要求计算。按简单的拉压强度计算

$$d \geqslant 3.57 \times 10^{-2}\sqrt{F/[\sigma]} \tag{12-6}$$

式中　　$[\sigma]$——许用应力，100~120MPa（碳钢）；

　　　　F——活塞杆输出力。

　　d计算出以后按表12-8圆整为标准数，也可以按照力学性能类型来计算。

　　当杆受拉力：$d = (0.3~0.5)D$

　　当杆受压力：$d = (0.5~0.55)D$（$p \leqslant 5MPa$）

　　$d = (0.6~0.7)D$　　（$5MPa < p \leqslant 7.0MPa$）

　　$d = 0.7D$　　　　　（$p > 7MPa$）

　　必要时活塞杆的直径d按下式进行强度校核：

$$D \geqslant \sqrt{4F/\pi[\sigma]} \tag{12-7}$$

式中　　F——液压缸的负载；

　　　　$[\sigma]$——活塞杆材料许用应力，$[\sigma] = R_m$（抗拉强度）$/n$（安全系数=1.4）。

　　表12-9为活塞杆外径尺寸系列。

表12-9　活塞杆外径尺寸系列（GB/T 2348—2018）

活塞杆外径尺寸/mm	4、5、6、8、10、12、14、16、18、20、22、25、28、(30)、32、36、40、45、50、56、(60)、63、70、80、90、100、110、(120)、125、140、160、180、200、220、250、280、320、360、400

② 液压马达的排量　计算时用到回油背压的数据，当工作速度很低时，还需按最低速度要求验算液压执行元件。根据式（12-8）和式（12-9）可以计算出执行元件的最小流量。

液压缸

$$A \geqslant \frac{q_{min}}{6v_{min}} \tag{12-8}$$

液压马达

$$V \geqslant \frac{q_{min}}{n_{min}} \tag{12-9}$$

式中　A——液压缸有效作用面积，cm²；

　　　V——液压马达排量，L/r；

　　　q_{min}——系统最小稳定流量，在节流调速系统中，q_{min}取决于流量阀的最小稳定流量，在容积调速系统中，q_{min}取决于变量泵或变量马达的最小稳定流量，L/min；

　　　n_{min}——液压马达最小稳定转速，r/min；

　　　v_{min}——液压缸最小稳定速度，m/s。

表12-10为执行元件的回油背压。

MPa

表12-10　执行元件的回油背压

系统类型	回油背压
简单系统或轻载节流调速系统	0.2~0.5
回油路带调速阀的系统	0.4~0.6
回油路设置有背压阀的系统	0.5~1.5
回油路较复杂的工程机械	1.2~3
回油路较短，且直接回油箱	可忽略不计

12.5　拟订液压系统原理图

拟订液压系统原理图主要是根据主机动作和性能要求先分别选择和拟订基本回路，然后将各个基本回路组合成一个完整的系统。

12.5.1　确定系统类型

液压系统主要有开式系统和闭式系统两种类型，系统比较见表12-11。系统的类型选择主要取决于它的调速方式和散热要求。采用节流调速和容积节流调速的系统、有较大空间放置油箱且不需另设散热装置的系统、要求结构尽可能简单的系统等都宜采用开式系统；采用容积调速的系统、对工作稳定性和效率有较高要求的系统、行走机械上的系统等宜采用闭式系统。

表12-11　开式系统与闭式系统的比较

系统类型	开　式	闭　式
适应工况	一般均能适应，一台液压泵可向多个执行元件供油	限于要求换向平稳、换向速度高的部分容积调速系统，一般一台液压泵只能向一个执行元件供油
结构特点和造价	结构简单，造价低	结构复杂，造价高
散热	散热好，但油箱较大	散热差，常用辅助液压泵换油冷却
抗污染能力	较差，可采用压力油箱来改善	较好，但对油液的过滤要求较高
管路损失和效率	管路损失大，用节流调速时效率低	管路损失较小，用容积调速时效率较高

12.5.2　选择液压基本回路

液压基本回路是决定主机动作和性能的基础，是组成系统的骨架。要根据液压系统所需完成的任务和工作机械对液压系统的设计要求进行选择。液压系统的回路由主回路（直接控制液压执行元件的部分）和辅助回路（保持液压系统连续稳定地运行的部分）两大部分构成。

（1）调速方式的选择

常用的液压调速方式有节流调速、容积调速以及容积-节流联合调速，三种调速方案的比较见表12-12。

表12-12　三种调速方案的对比分析

对比项目	节流调速	容积调速	容积-节流联合调速
变频调节方法	手动调节流量控制阀或电动调节电液比例流量阀	手动调节式、压力反馈式、电动伺服、电动比例调节变量泵或变量马达	压力反馈式变量泵和流量控制阀联合调节
结构、成本	简单、成本低	复杂、成本高	较复杂、成本较高
调速范围	小	大	较大
速度刚性	用普通节流阀调速时，速度刚度低	可得到恒功率或恒转矩调速特性，速度刚性较节流调速高	较高
功率损失及发热	大	小	较小
适用工况	小功率（<3kW）、负载变化不大、平稳性要求不高的系统	中、大功率（>5kW），要求温升小、平稳性要求不高的系统	中等功率3~5kW，要求温升小、平稳性要求较高的系统

调速方式的选择及速度控制的实现，与液压泵的驱动形式有关。常见的组成与应用场合如下。

① 定量泵节流调速回路，因调节方式简单，一次性投资少，在中小型液压设备，特别是机床中得到广泛应用。

② 变量泵的容积调速按控制方式可分为手动变量调速和压力（压力差）适应变量调速。前者通过外部信号（手动或比例电磁铁驱动）实现开环或大闭环控制；后者通过泵的出口压力或调节元件的前后压力差反馈控制。

③ 若原动机为柴油机、汽油机，可采用定量泵变速调节流量，同时用手动多路换向阀实现微调，常用于液压汽车起重机、液压机和挖掘机等设备。

（2）油路循环方式的选择

确定调速回路之后，回路的循环形式也可以确定。

① 节流调速和容积节流调速只能采用开式循环形式，开式回路结构简单，成本低，散热性好，但油箱体积大，容易混入空气，管路损失较大，效率较低。

② 容积调速大多采用闭式循环形式，闭式回路结构复杂，成本高，管路损失较小，效率较高，但散热条件差。

（3）液压动力源的选择

液压动力源的核心是液压泵。液压泵的选择与调速方案有关，当采用节流调速时，只能采用定量泵作动力源。在无其他辅助油源的情况下，液压泵的供油量要大于系统的用油量，溢流阀同时起到控制并稳定油源压力的作用。

当采用容积调速时，可选用定量泵或变量泵作动力源；当采用容积-节流调速时，必须采用变量泵作动力源。在容积调速或容积-节流调速系统中，用安全阀限定系统的最高压力。

动力源中泵的数量视执行元件的工况图而定，要考虑到系统的温升、效率及可能的干扰等。

①　对于快慢速交替工作的系统，工况图中最大和最小流量相差较大，且最小流量持续时间较长，因此，从降低系统发热和节能角度考虑，既可采用差动液压缸和单泵供油的方案，也可采用高低压双泵供油或单泵加蓄能器供油的方案。

②　对于有多级速度变换要求的系统，可采用多台定量泵组成的数字逻辑控制动力源。对于执行机构工作频繁、复合动作较多、流量需求变化大的系统，则可采用双泵双回路全功率变量或分功率变量组合供油方案等。

③　从防干扰角度考虑，对于多执行器的液压系统，宜采用多泵多回路供油方案。

（4）调压方式的选择

①　一般在节流调速系统中，通常由定量泵供油，用溢流阀调节所需压力，并保持恒定。在容积调速或容积-节流调速系统中，用变量泵供油，系统最高压力由安全阀限定。

②　若系统在不同的工作阶段需要两种以上工作压力，则可通过先导式溢流阀的遥控口，用换向阀实现多级压力控制。

③　若液压系统中暂时需要流量不大的高压油，则可考虑用增压回路获得高压，而不用单设高压泵。在系统的某个局部，工作压力需低于主油源压力时，可考虑采用减压回路来获得所需的工作压力。

④　当系统中有垂直负载作用时应采用平衡阀平衡负载，以限制负载的下降速度。

⑤　液压执行元件在工作循环中，某时间段不需要供油，而又不便停泵的情况下，需考虑选择卸荷回路。定量泵系统一般通过换向阀的中位（M型或H型机能）或电磁溢流阀的卸荷位实现低压卸荷；变量泵则可实现压力卸荷或流量卸荷（限压式变量泵）。

（5）换向方式的选择

对于一般中小流量的液压系统，大多通过换向阀的有机组合实现所要求的动作。对高压大流量的液压系统，现多采用插装阀与先导控制阀的逻辑组合来实现。

①　对装载机、起重机、挖掘机等工作环境恶劣的液压系统，主要考虑安全可靠，一般采用手动（脚踏）换向阀。

②　若液压设备要求的自动化程度较高，应选用电动换向，即小流量时选电磁换向阀，大流量时选电液换向阀或二通插装阀。

③　采用手动双向变量泵的换向回路，多用于卷扬起重、车辆马达等闭式回路。

（6）顺序动作方案的选择

主机各执行机构的顺序动作，根据设备类型不同，有的按固定程序运行，有的则是随机的或人为控制的。

①　工程机械（动作顺序随机系统）一般用手动的多路换向阀控制。

②　加工机械的各执行机构的顺序动作多采用行程控制，通过电气行程开关或直接压下行程阀来控制后续的动作。

③　带有液压夹具的机床、挤压机、压力机等，多用压力控制顺序动作。

12.5.3　由基本回路组成液压系统

选定适合的液压基本回路后，进行归并整理配以辅助性回路，如锁紧回路、平衡回路、缓冲回路、控制油路、润滑油路、测压油路等，就可以组成一个完整的液压系统。将各基本回路组成液压系统时应特别注意以下几点。

①　防止回路间可能存在的相互干扰。

②　系统应力求简单，并将作用相同或相近的回路合并，避免存在多余回路。

③　系统要安全可靠，要有安全、联锁等回路，力求控制油路可靠。

④　组成系统的元件要尽量少，并应尽量采用标准元件。

⑤　组成系统时还要考虑节省能源，提高效率，减少发热，防止液压冲击。

⑥ 测压点分布合理，防止液压冲击、振动和噪声。

⑦ 对可靠性要求高又不允许工作中停机的系统，应采用冗余设计方法，即在系统中设置一些备用的元件和回路，以替换故障元件和回路，保证系统持续可靠运转。

最后，必须进行方案论证，对多个方案从结构、技术、成本、操作、维护等方面进行反复对比，最后选择一个结构完整、技术先进合理、性能优良的液压系统。

12.6　选择液压元件

液压系统的组成元件包括标准元件和专用元件。在满足系统性能要求的前提下，应尽量选用现有的标准液压元件，有特殊要求时可自行设计液压元件。选择液压元件时一般应考虑以下几方面问题。

① 应用方面：如主机的类型（如工业设备、行走机械等）、原动机的特性、安装形式、环境情况（如温度、湿度、尘土等）、货源情况及维护要求等。

② 系统要求：工作压力和流量的大小、操纵控制方式、工作介质的种类、循环周期、冲击振动情况等。

③ 经济性问题：使用量、成本、货源情况及产品历史、质量和信誉等。

④ 其他：应尽量采用标准化、通用化及货源条件较好的元件，以缩短制造周期，有利于互换和维护。

12.6.1　液压泵的选择

液压泵有叶片泵、齿轮泵、柱塞泵和螺杆泵等类型，各类型液压泵的特性参数差异甚大，如表12-13所示。

表12-13　液压泵类型及特性

特性	叶片泵	齿轮泵	柱塞泵		螺杆泵
			轴向式	径向式	
额定压力/MPa	低压泵6.3，中压泵16，高压泵32	低压泵2.5，高压泵达25	约40	约40	2.5~10
排量/（mL/r）	1~350	0.5~650	4~100	6~500	25~1500
最高转速/（r/min）	500~4000	300~7000	5000	1800	25~1500
最大功率/kW	320	120	2660	260	390
总效率/%	75~90	75~90	85~95	80~92	70~85
适用黏度/（mm²/s）	20~200	20~500	20~200		19~49
自吸能力	好	非常好	差		最好
变量能力	单作用叶片泵能变量	否	好		否
功率质量比/（kW/kg）	大	中	大		小
输出压力脉动	小	大	小		小
污染敏感度	大	小	大		小
历时变化	叶片磨损后效率下降较小	齿轮磨损后效率下降	配流盘、滑靴或分配阀磨损时效率下降较大		螺杆磨损后效率下降
黏度对效率的影响	稍小	很大	很小		
噪声	小~中	小~大	中~大		很小
价格	中	最低	高		高
适用场合	机床、工程机械、农牧机械、搬运机械、车辆	机床、液压机、注塑机、工程机械、飞机及要求噪声较低的场合	精密机床和机械、轻纺化工机械、石油机械		工程机械、矿山冶金机械、锻压机械、建筑机械、船舶、飞机等

注：对于总效率，定量泵规格大取大值，规格小取小值，变量泵取小值。

（1）确定液压泵的最大工作压力

$$p_p \geqslant p_1 + \sum \Delta p \tag{12-10}$$

式中　p_p——液压泵的最大工作压力，MPa；

　　　p_1——液压执行元件最大工作压力，MPa；

　　$\sum \Delta p$——从液压泵出口到液压执行元件入口之间总的管路损失。

待元件选定并绘出管路图时才能进行准确计算，初算时可按经验数据选取：管路简单、流速不大的，$\sum \Delta p = 0.2 \sim 0.5$MPa；管路复杂，进口有调速阀的，取$\sum \Delta p = 0.5 \sim 1.5$MPa。

（2）确定液压泵的流量

① 多液压执行元件同时工作时，液压泵的输出流量应为

$$q_p \geqslant K \sum q_{max} \tag{12-11}$$

式中　q_p——液压泵的流量，L/min；

　　　K——系统泄漏系数，$K = 1.1 \sim 1.3$；

　　$\sum q_{max}$——同时动作的液压执行元件的最大总流量，可从q-t图上查得，对于在工作过程中用节流调速的系统，还须加上溢流阀的最小溢流量，一般取3L/min。

② 系统使用蓄能器作辅助动力源时，液压泵的输出流量应为

$$q_p = \sum_{i=1}^{z} \frac{V_i K}{T_i} \tag{12-12}$$

式中　q_p——液压泵的流量，L/min；

　　　K——系统泄漏系数，一般取$K = 1.2$；

　　　T_i——液压设备工作周期，min；

　　　V_i——每一液压执行元件在工作周期中的总耗油量，L；

　　　Z——液压执行元件的个数。

③ 采用差动缸回路的系统，液压泵的最大流量q_p应为：

$$q_p \geqslant K(A_1 - A_2) v_{max} \tag{12-13}$$

式中　A_1，A_2——液压缸无杆腔与有杆腔的有效面积，m²；

　　　v_{max}——液压缸的最大移动速度，m/s。

（3）选择液压泵的规格

根据上述计算求得的p_p和q_p值，按系统中拟选的液压泵的形式，从产品样本或手册中选择相应的液压泵。为使液压泵有一定的压力储备，泵的额定压力一般要比最大工作压力大25%~60%。液压泵的额定流量应与计算所需流量相当，不要超过太多。

液压泵的输出流量为：

$$q_{p_0} = Vn \times 10^{-3} \eta_V \tag{12-14}$$

式中　V——排量，cm³/r；

　　　n——转速，r/min；

　　　η_V——容积效率。

压力越低，转速越低，则液压泵的容积效率越低，说明变量泵在小排量情况下工作时，容积效率较低。液压泵的总效率影响整个液压系统的效率，因此，应选择高效液压泵，使液压泵在高效区工作。

（4）确定液压泵的驱动功率

① 在工作循环中，如果液压泵的压力和流量比较恒定，即p-t图、q-t图变化较平缓，则

$$P = \frac{p_p q_p}{60 \eta_p} \tag{12-15}$$

式中　P——液压泵的驱动功率，kW；

　　p_p——液压泵的最大工作压力，MPa；

　　q_p——液压泵的流量，L/min；

　　η_p——液压泵的总效率，齿轮泵取 0.60~0.80，叶片泵取 0.70~0.80，柱塞泵取 0.80~0.85。

② 限压式变量泵的驱动功率，可按流量特性曲线拐点处的流量、压力值计算。一般情况下可取 $p_p=0.8p_{p\,max}$，$q_p=q_n$，则

$$P = \frac{0.8 p_{p\,max} q_n}{60 \eta_p} \tag{12-16}$$

式中　P——液压泵的驱动功率，kW；

　　$p_{p\,max}$——液压泵的最大工作压力，MPa；

　　q_n——液压泵的额定流量，L/min。

③ 在工作循环中，如果液压泵的流量和压力变化较大，即 p-t、q-t 曲线起伏变化较大，则需分别计算出各个动作阶段内所需功率，驱动功率取其平均功率

$$\overline{P} = \sqrt{\frac{P_1^2 t_1 + P_2^2 t_2 + \cdots + P_n^2 t_n}{t_1 + t_2 + \cdots + t_n}} \tag{12-17}$$

式中　t_1，t_2，$\cdots$，t_n——一个循环中每一动作阶段内所需的时间，s；

　　P_1，P_2，$\cdots$，P_n——一个循环中每一动作阶段内所需的功率，kW。

按平均功率选出电动机功率后，还要验算每一阶段内电动机超载量是否都在允许范围内。通常允许电动机短时间在超载25%的状态下工作。

12.6.2　选择驱动液压泵的电动机

电动机分卧式和立式。其中，立式电动机通过钟形罩与泵连接，泵可以伸入油箱内部，结构紧凑，外形整齐，噪声小；卧式电动机需要通过支架与泵一起安装在油箱顶部或单独设置在基座上，占用空间大，但泵的故障诊断和维护较为方便。电动机选择：根据液压泵的驱动功率的计算和液压泵的转速及其使用要求，选择电动机的型号规格，并检验每个工作阶段电动机的峰值超载量是否都低于25%。国内常用的 Y 系列交流异步电动机的技术参数见表 12-14。

表 12-14　Y 系列交流异步电动机主要技术参数

型号	额定功率/kW	额定电流/A	转速/(r/min)	效率/%	功率因数 cosφ	堵转转矩额定转矩/倍	堵转电流额定电流/倍	最大转矩额定转矩/倍	噪声/dB(A) 1级	噪声/dB(A) 2级	振动速度/(mm/s)	质量/kg
同步转速 3000r/min　2级												
Y80M1-2	0.75	1.8	2830	75.0	0.84	2.2	6.5	2.3	66	71	1.8	17
Y80M2-2	1.1	2.5	2830	77.0	0.86	2.2	7.0	2.3	66	71	1.8	18
Y90S-2	1.5	3.4	2840	78.0	0.85	2.2	7.0	2.3	70	75	1.8	22
Y90L-2	2.2	4.8	2840	80.5	0.86	2.2	7.0	2.3	70	75	1.8	25
Y100L-2	3	6.4	2880	82.0	0.87	2.2	7.0	2.3	74	79	1.8	34
Y112M-2	4	8.2	2890	85.5	0.87	2.2	7.0	2.3	74	79	1.8	45
Y132S1-2	5.5	11.1	2900	85.5	0.88	2.0	7.0	2.3	78	83	1.8	67
Y132S2-2	7.5	15	2900	86.2	0.88	2.0	7.0	2.3	78	83	1.8	72
Y160M1-2	11	21.8	2930	87.2	0.88	2.0	7.0	2.3	82	87	2.8	115
Y160M2-2	15	29.4	2930	88.2	0.88	2.0	7.0	2.3	82	87	2.8	125
Y160L-2	18.5	35.5	2930	89.0	0.89	2.0	7.0	2.2	82	87	2.8	145
Y180M-2	22	42.2	2940	89.0	0.89	2.0	7.0	2.2	87	92	2.8	173
Y200L1-2	30	56.9	2950	90.0	0.89	2.0	7.0	2.2	90	95	2.8	232
Y200L2-2	37	69.8	2950	90.5	0.89	2.0	7.0	2.2	90	95	2.8	250

续表

型号	额定功率/kW	额定电流/A	转速/(r/min)	效率/%	功率因数cosφ	堵转转矩额定转矩/倍	堵转电流额定电流/倍	最大转矩额定转矩/倍	噪声/dB(A) 1级	噪声/dB(A) 2级	振动速度/(mm/s)	质量/kg
Y225M-2	45	84	2970	91.5	0.89	2.0	7.0	2.2	90	97	2.8	312
Y250M-2	55	103	2970	91.5	0.89	2.0	7.0	2.2	92	97	4.5	387
Y280S-2	75	139	2970	92.0	0.89	2.0	7.0	2.2	94	99	4.5	515
Y280M-2	90	166	2970	92.5	0.89	2.0	7.0	2.2	94	99	4.5	566
Y315S-2	110	203	2980	92.5	0.89	1.8	6.8	2.2	99	104	4.5	922
Y315M-2	132	242	2980	93.0	0.89	1.8	6.8	2.2	99	104	4.5	1010
Y315L1-2	160	292	2980	93.5	0.89	1.8	6.8	2.2	99	104	4.5	1085
Y315L2-2	200	365	2980	93.5	0.89	1.8	6.8	2.2	99	104	4.5	1220
Y355M1-2	220	399	2980	94.2	0.89	1.2	6.9	2.2	109		4.5	1710
Y355M2-2	250	447	2985	94.5	0.90	1.2	7.0	2.2	111		4.5	1750
Y355L1-2	280	499	2985	94.7	0.90	1.2	7.1	2.2	111		4.5	1900
Y355L2-2	315	560	2985	95.0	0.90	1.2	7.1	2.2	111		4.5	2105
同步转速1500r/min　4级												
Y80M1-4	0.55	1.5	1390	73.0	0.76	2.4	6.0	2.3	56	67	1.8	17
Y80M2-4	0.75	2	1390	74.5	0.76	2.3	6.0	2.3	56	67	1.8	17
Y90S-4	1.1	2.7	1400	78.0	0.78	2.3	6.5	2.3	61	67	1.8	25
Y90L-4	1.5	3.7	1400	79.0	0.79	2.3	6.5	2.3	62	67	1.8	26
Y100L1-4	2.2	5	1430	81.0	0.82	2.2	7.0	2.3	65	70	1.8	34
Y100L2-4	3	6.8	1430	82.5	0.81	2.2	7.0	2.3	65	70	1.8	35
Y112M-4	4	8.8	1440	84.5	0.82	2.2	7.0	2.3	68	74	1.8	47
Y132S-4	5.5	11.6	1440	85.5	0.84	2.2	7.0	2.3	70	74	1.8	68
Y132M-4	7.5	15.4	1440	87.0	0.85	2.2	7.0	2.3	71	78	1.8	79
Y160M-4	11	22.6	1460	88.0	0.84	2.2	7.0	2.3	75	82	1.8	122
Y160L-4	15	30.3	1460	88.5	0.85	2.2	7.0	2.3	77	82	1.8	142
Y180M-4	18.5	35.9	1470	91.0	0.86	2.0	7.0	2.2	77	82	1.8	174
Y180L-4	22	42.5	1470	91.5	0.86	2.0	7.0	2.2	77	82	1.8	192
Y200L-4	30	56.8	1470	92.2	0.87	2.0	7.0	2.2	79	84	1.8	253
Y225S-4	37	70.4	1480	91.8	0.87	1.9	7.0	2.2	79	84	1.8	294
Y225M-4	45	84.2	1480	92.3	0.88	1.9	7.0	2.2	79	84	1.8	327
Y250M-4	55	103	1480	92.6	0.88	2.0	7.0	2.2	81	86	2.8	381
Y280S-4	75	140	1480	92.7	0.88	1.9	7.0	2.2	85	90	2.8	535
Y280M-4	90	164	1480	93.5	0.89	1.9	7.0	2.2	85	90	2.8	634
Y315S-4	110	201	1480	93.5	0.89	1.8	6.8	2.2	93	98	2.8	912
Y315M-4	132	240	1480	94.0	0.89	1.8	6.8	2.2	96	101	2.8	1048
Y315L1-4	160	289	1480	94.5	0.89	1.8	6.8	2.2	96	101	2.8	1105
Y315L2-4	200	361	1480	94.5	0.89	1.8	6.8	2.2	96	101	2.8	1260
Y355M1-4	220	407	1488	94.4	0.87	1.4	6.8	2.2	106		4.5	1690
Y355M3-4	250	461	1488	94.7	0.87	1.4	6.8	2.2	108		4.5	1800
Y355L2-4	280	515	1488	94.9	0.87	1.4	6.8	2.2	108		4.5	1945
Y355L3-4	315	578	1488	95.2	0.87	1.4	6.9	2.2	108		4.5	1985
同步转速1000r/min　6级												
Y90S-6	0.75	2.3	910	72.5	0.7	2.0	5.5	2.2	56	65	1.8	21
Y90L-6	1.1	3.2	910	73.5	0.7	2.0	5.5	2.2	56	65	1.8	24
Y100L-6	1.5	4	940	77.5	0.7	2.0	6.0	2.2	62	67	1.8	35
Y112M-6	2.2	5.6	940	80.5	0.7	2.0	6.0	2.2	62	67	1.8	45
Y132S-6	3	7.2	960	83.0	0.8	2.0	6.5	2.2	66	71	1.8	66
Y132M1-6	4	9.4	960	84.0	0.8	2.0	6.5	2.2	66	71	1.8	75
Y132M2-6	5.5	12.6	960	85.3	0.8	2.0	6.5	2.2	66	71	1.8	85
Y160M-6	7.5	17	970	86.0	0.8	2.0	6.5	2.0	69	75	1.8	116
Y160L-6	11	24.6	970	87.0	0.8	2.0	6.5	2.0	70	75	1.8	139
Y180M-6	15	31.4	970	89.5	0.8	1.8	6.5	2.0	70	78	1.8	182
Y200L1-6	18.5	37.7	970	89.8	0.8	1.8	6.5	2.0	73	78	1.8	228
Y200L2-6	22	44.6	980	90.2	0.8	1.8	6.5	2.0	73	78	1.8	246
Y225M-6	30	59.5	980	90.2	0.9	1.7	6.5	2.0	76	81	1.8	294

续表

型号	额定功率/kW	额定电流/A	转速/(r/min)	效率/%	功率因数cosφ	堵转转矩额定转矩/倍	堵转电流额定电流/倍	最大转矩额定转矩/倍	噪声/dB(A) 1级	噪声/dB(A) 2级	振动速度/(mm/s)	质量/kg
Y250M-6	37	72	980	90.8	0.9	1.8	6.5	2.0	76	81	2.8	395
Y280S-6	45	85.4	980	92.0	0.9	1.8	6.5	2.0	79	84	2.8	505
Y280M-6	55	104	980	92.0	0.9	1.8	6.5	2.0	79	84	2.8	565
Y315S-6	75	141	980	92.8	0.9	1.6	6.5	2.0	87	92	2.8	850
Y315M-6	90	169	980	93.2	0.9	1.6	6.5	2.0	87	92	2.8	965
Y315L1-6	110	206	980	93.5	0.9	1.6	6.5	2.0	87	92	2.8	1028
Y315L2-6	132	246	980	93.8	0.9	1.6	6.5	2.0	87	92	2.8	1195
Y355M1-6	160	300	990	94.1	0.9	1.3	6.7	2.0	102		4.5	1590
Y355M2-6	185	347	990	94.3	0.9	1.3	6.7	2.0	102		4.5	1665
Y355M4-6	200	375	990	94.3	0.9	1.3	6.7	2.0	102		4.5	1725
Y355L1-6	220	411	991	94.5	0.9	1.3	6.7	2.0	102		4.5	1780
Y355L3-6	250	466	991	94.7	0.9	1.3	6.7	2.0	105		4.5	1865
同步转速750r/min　8级												
Y132S-8	2.2	5.8	710	80.5	0.7	2.0	5.5	2.0	61	66	1.8	66
Y132M-8	3	7.7	710	82.0	0.7	2.0	5.5	2.0	61	66	1.8	76
Y160M1-8	4	9.9	720	84.0	0.7	2.0	6.0	2.0	64	69	1.8	105
Y160M2-8	5.5	13.3	720	85.0	0.7	2.0	6.0	2.0	64	69	1.8	115
Y160L-8	7.5	17.7	720	86.0	0.8	2.0	5.5	2.0	67	69	1.8	140
Y180L-8	11	24.8	730	87.5	0.8	1.7	6.0	2.0	67	72	1.8	180
Y200L-8	15	34.1	730	88.0	0.8	1.8	6.0	2.0	70	72	1.8	228
Y225S-8	18.5	41.3	730	89.5	0.8	1.7	6.0	2.0	70	75	1.8	265
Y225M-8	22	47.6	730	90.0	0.8	1.8	6.0	2.0	70	75	1.8	296
Y250M-8	30	63	730	90.5	0.8	1.8	6.0	2.0	73	75	1.8	391
Y280S-8	37	78.2	740	91.0	0.8	1.8	6.0	2.0	73	78	2.8	500
Y280M-8	45	93.2	740	91.7	0.8	1.8	6.0	2.0	73	78	2.8	562
Y315S-8	55	114	740	92.0	0.8	1.6	6.5	2.0	82	87	2.8	875
Y315M-8	75	152	740	92.5	0.8	1.6	6.5	2.0	82	87	2.8	1008
Y315L1-8	90	179	740	93.0	0.8	1.6	6.5	2.0	82	87	2.8	1065
Y315L2-8	110	218	740	93.3	0.8	1.6	6.3	2.0	82	87	2.8	1195
Y355M2-8	132	264	740	93.8	0.8	1.3	6.3	2.0	99		4.5	1675
Y355M4-8	160	319	740	94.0	0.8	1.3	6.3	2.0	99		4.5	1730
Y355L3-8	185	368	742	94.2	0.8	1.3	6.3	2.0	99		4.5	1840
Y355L4-8	200	398	743	94.3	0.8	1.3	6.3	2.0	99		4.5	1905
同步转速600r/min　10级												
Y315S-10	45	101	590	91.5	0.7	1.4	6.0	2.0	82	87	2.8	838
Y315M-10	55	123	590	92.0	0.7	1.4	6.0	2.0	82	87	2.8	960
Y315L2-10	75	164	590	92.5	0.8	1.4	6.0	2.0	82	87	2.8	1180
Y355M1-10	90	191	595	93.0	0.8	1.2	6.0	2.0	96		4.5	1620
Y355M2-10	110	230	595	93.2	0.8	1.2	6.0	2.0	96		4.5	1775
Y355L1-10	132	275	595	93.5	0.8	1.2	6.0	2.0	96		4.5	1880

12.6.3 液压阀的选择

在液压系统设计中，液压阀的正确选用，既能提高液压系统设计合理性，使性能更优，安装维护简便容易，又是保证系统正常工作的重要条件。现就合理选用液压阀作如下介绍。

(1) 选择的一般原则

根据系统的功能要求，确定液压阀的类型，应尽量选择标准系列的通用产品、根据实际安装情况，选择不同的连接方式，例如管式或板式连接等、根据系统设计的最高工作压力选择液压阀的额定压力；根据通过液压阀的最大流量选择液压阀的流量规格，如溢流阀应按液压泵的最大流量选取，流量阀应按回路控制的流量范围选取，其最小稳定流量应小于调速范围所要求的最小稳定流量。

（2）液压阀安装方式的选择

液压阀的安装方式对液压装置的结构形式有决定性的影响，因此要根据具体情况来选择合适的安装方式。一般来说，在选择液压阀安装方式的时候，应根据所选择液压阀的规格大小、系统的复杂程度及布置特点来定。螺纹连接型，适合系统较简单、元件数目较少、安装位置比较宽敞的场合。板式连接型，适合系统较复杂、元件数目较多、安装位置比较紧凑的场合。连接板内可以钻孔以沟通油路，将多个液压元件安装在连接板上，可减少液压阀之间的连接管道，减少泄漏点，使得安装、维护更方便。法兰连接型一般用于大口径的阀。

（3）液压阀额定压力的选择

液压阀的额定压力是液压阀的基本性能参数，标志着液压阀承压能力的大小，是指液压阀在额定工作状态下的名义压力。液压阀额定压力的选择，可根据系统设计的工作压力选择相应压力级的液压阀，并应使系统工作压力适当低于产品标明的额定压力值。高压系列的液压阀，一般都能适用于该额定压力以下的所有工作压力范围。当然，高压液压元件在额定压力条件下制订的某些技术指标，在不同工作压力情况下会有些不同，而有些指标会变得更好。在各压力级的液压阀逐步向高压发展，并统一为一套通用高压系列的趋势下，对液压阀额定压力的选择也将更方便。

（4）液压阀流量规格的选择

液压阀的额定流量是指液压阀在额定工况下通过的名义流量。液压阀的实际工作流量与系统中油路的连接方式有关：串联回路各处流量相等，并联回路的流量则等于各油路流量之和。对液压阀流量参数的选择，可依产品标明的额定流量为根据。如果产品能提供通过不同流量时的有关性能曲线，则对元件的选择使用就更为合理了。一个液压系统各部分回路通过的流量不可能都是相同的，因此，不能单纯根据液压泵的额定输出流量来选择阀的流量参数，而应该考虑到液压系统在所有设计工作状态下各部分阀可能通过的最大流量。如换向阀的选择则要考虑到如果系统中采用差动液压缸，在液压缸换向动作时，无杆腔排出的流量比有杆腔排出的流量大许多，甚至可能比液压泵输出的最大流量还要大；再如选择节流阀、调速阀时，不仅要考虑可能通过该阀的最大流量，还应考虑该阀的最小稳定流量指标；又如某些回路通过的流量比较大，如果选择与该流量相当的换向阀，在换向动作时可能产生较大的压力冲击，为了改善系统工作性能，可选择更大规格的换向阀；某些系统，大部分工作状态通过的流量不大，偶然会有大流量通过，考虑到系统布置的紧凑，以及阀本身工作性能的允许，或者压力损失的瞬时增加，在许可的情况下，不按偶然的大流量工况选取，仍按大部分工作状况的流量选取，允许阀在短时超流量状态下使用。

（5）液压阀控制方式的选择

液压阀有手动控制、机械控制、液压控制或电气控制等多种类型，根据系统的操纵需要和电气系统的配置能力进行选择。如小型的和不常用的系统，可直接靠人工调节溢流阀进行工作压力的调整；如果溢流阀的安装位置离操作位置较远，直接调节不方便，则可加装远程调压阀，以进行远距离控制；如果液压泵启闭频繁，则可选用电磁溢流阀，以便采用电气控制，还可选择初始或中间位置能使液压泵卸荷的换向阀。在许多场合，采用电磁换向阀，容易与电气系统组合，以提高系统的自动化程度。而某些场合，为简化电气控制系统，并使操作简便，则宜选用手动换向阀等。

（6）经济方面的选择

选择液压阀时，应在满足工作要求的前提下，尽可能选用造价和成本较低的液压阀，以提高主机的经济指标。比如，对于速度稳定性要求不高的系统，则应选择节流阀而不选用调速阀。另外，在选择液压阀时，也不要一味选择价格比较便宜的阀，要考虑其工作的可靠性与工作寿命，即考虑综合成本，同时也要考虑其维护的方便性与快速性，以免影响生产。

（7）液压阀的具体选用

① 方向控制阀的选取　应根据系统工作的要求来选取方向阀的种类，例如要求油流只能向一个方向流动，不能反向流动时，则应选用单向阀；如果要求执行元件完成"进-退-停止"的工作循环时，应选择三位换向阀；若只完成两种工作状态，即进给和退回，则应选用二位换向阀，接通或关闭油路；再如执行元件要完成"快进-工进-快退-停止"的工作循环或往复频繁运动时，通常应选用换向阀来变换油液流动的方向。还可根据系统的工作状态和阀的特点选取方向阀，例如运动部件质量小，换向精度要求不高，流量小于63L/min时，应选择电磁换向阀，因为这种阀换向冲击大，所以只允许通过小流量，不适宜大流量通过；如果运动部件质量大，速度变化范围较大，换向要求平稳，流量大于63L/min时，应选用换向平稳又无冲击的电液换向阀；如果系统中有锁紧回路，应选择密封性能好的液控单向阀，而不选择密封性差的换向阀。

② 压力控制阀的选取　压力控制阀用于控制液压系统的压力，因此应根据液压系统的工作状态、对压力的要求和控制阀在系统中的功用来选取。例如在定量泵节流调速系统中，执行元件的运动速度依靠节流阀控制；为了保持泵的工作压力基本恒定，应选用溢流阀进行稳压溢流；为了防止系统过载，可在泵的出口处并联一个溢流阀，用于保护泵和整个系统的安全；若系统中有减压回路时，必须使用减压阀将高压回路的压力减为低压；若系统中采用压力控制各部件的先后顺序动作时，应使用顺序阀，将顺序阀的压力调定为要求的压力值，从而控制部件的动作顺序，也可采用压力继电器，将液压力转换为电信号，来控制各部件的先后顺序动作；如果要求执行元件运动平稳，应在回路上设置背压阀，以形成一定的回油阻力，可大大地提高执行元件的运动平稳性。溢流阀、顺序阀、单向阀和节流阀均可作背压阀使用。

③ 流量控制阀的选取　主要根据液压系统的工作状态和流量控制阀的特点来选用流量控制阀，用以控制执行元件的运动速度。例如执行元件要求速度稳定，而且不产生爬行，应选择调速阀，在选择调速阀的规格时，应注意调速阀的最小稳定流量，应满足执行元件的最低速度要求，也就是说调速阀的最小稳定流量应小于执行元件所需的最小流量；若流量稳定性要求特别高，或用于微量进给的情况下，应选择温度补偿式调速阀。总之，液压阀的选择正确与否，对系统设计的成败有很大的关系。作为一个液压方面的设计者，应对国内外液压阀的生产情况有较全面的了解，特别是各种液压阀的性能、新老产品的替代与更换。也要经常到使用现场了解液压阀的工作状况，只有这样，才能达到液压阀正确与合理的选用。

④ 电液控制阀的选用　电液控制阀有电液伺服阀、比例阀和数字阀等类型。可根据执行元件的控制内容、控制精度、响应特性、稳定性要求等进行选择。

12.6.4　执行元件的确定

（1）液压缸

应尽量按上述计算已确定的液压缸结构性能参数（液压缸内径、活塞杆直径、速度及速比、工作压力等），从现有标准液压缸产品（工程、冶金、车辆和农机四大系列）的若干规格中，选用所需的液压缸，选用时应考虑以下两方面问题。

① 从占用空间、重量、刚度、成本和密封性等方面，对各种液压缸的缸筒组件、活塞组件、密封组件、排气装置、缓冲装置的结构形式进行比较。

② 根据负载特性和运动方式等选择液压缸的安装方式，选择安装方式时尽可能使液压缸只受运动方向的负载而不受径向负载，并具有容易找正、刚度好、成本低、维护性好等条件。

（2）液压马达

液压马达常用的有齿轮式、叶片式和柱塞式等形式。各类型的马达具有不同的特性，详见表12-15。通常按已确定的液压马达结构性能参数进行选择，同时要考虑工作机构布置、安装条件、占用空间及经济性等方面，综合考虑后，择优选定其规格型号。

表 12-15　常用液压马达的特性

类型		排量范围/(mL/r)	压力/MPa	转速范围/(r/min)	容积效率/%	总效率/%	启动转矩效率/%	噪声	抗污染敏感度	价格
齿轮式	外啮合	5.2~160	20~160	150~2500	85~94	77~85	75~80	较大	较好	最低
	内啮合摆线	80~1250	14~20	10~800	94	76	76	较小	较好	低
叶片式	单作用	10~200	16~20	100~2000	90	75	80	中	差	较低
	双作用	20~220	16~25	100~2000	90	75	80	较小	差	低
	多作用	298~9300	21~28	10~400	90	76	80~85	小	差	高
轴向柱塞式	斜盘式	2.5~3600	31.5~40	100~3000	95	90	85~90	大	中	较高
	斜轴式	2.5~3600	31.5~40	100~4000	95	90	90	较大	中	高
	双斜盘式	36~3150	25~31.5	10~600	95	90	90	较小	中	高
	钢球柱塞式	250~600	16~25	10~300	95	90	85	较小	较差	中
径向柱塞式 单作用	柱销连杆	126~5275	25~31.5	5~800	>95	90	>90	较小	较好	高
	静力平衡	360~5500	17.5~28.5	3~750	95	90	90	较小	较好	较高
	滚柱式	250~4000	21~30	3~1150	95	90	90	较小	较好	较高
多作用	滚柱柱塞传力	215~12500	30~40	1~310	95	90	90	较小	好	高
	钢球柱塞	64~100000	16~25	3~1000	93	85	95	较小	中	较高

12.6.5　辅助元件的选择和设计

（1）蓄能器的选择

蓄能器可以储存油液的压力能。蓄能器按照产生压力能的方式可分为重力式蓄能器、弹簧式蓄能器和充气式蓄能器。其中充气式蓄能器包括活塞式蓄能器和皮囊式蓄能器两种。各类型的特性及用途见表12-16，其应用特点如下。

表 12-16　蓄能器的分类、特点及用途

类型		特点						用途	
		响应	噪声	容量控制/L	最大压力/MPa	漏气	温度/℃	蓄能	吸收脉动冲击
重力式蓄能器		不好	有	可做较大容量	45	—	−50~120	可	不好
弹簧式蓄能器		不好	有	小	1.2	—	−50~120	可	不太好
充气式蓄能器	活塞式	不太好	有	较大	21	小量	−50~120	可	不太好
	皮囊式	良好	无	≤480	200	无	−10~120	可	可

① **短时大量放油**　如果液压系统在一个工作循环中，只在很短的时间内大量用油，便可采用蓄能器作为辅助油源。在系统不需大量油液时，可以把液压泵输出的多余压力油储存在蓄能器内，到需要时再由蓄能器快速释放给系统。这样，既满足系统的最大流量的要求，又使液压泵的容量减小，电动机功率减小，从而节约能耗并降低温升。

② **维持系统压力**　主要用于压力机或机床夹紧装置的液压系统。在实现保压时，由蓄能器将储存的压力油液供给系统，补偿系统泄漏，使系统在一段时间内维持系统压力。

③ **应急能源**　在液压泵由于停电或故障停止向系统提供油液的情况下，蓄能器充当应急能源，可避免油源突然中断所造成的机件损坏。

④ **减小液压冲击**　蓄能器能吸收系统在液压泵突然启动或停止、液压阀突然关闭或开启、液

压缸突然运动或停止时所出现的液压冲击，也能吸收液压泵工作时的压力脉动。

选择蓄能器时应考虑以下几个因素。

a.在考虑其公称压力的前提下，主要是确定蓄能器的容积和充气压力。

b.针对工作介质种类及其工作温度选择和确定合适的皮囊材质。

c.考虑其质量、体积、价格及使用寿命等因素。

（2）过滤器的选择

过滤器的主要作用就是清除液体介质中的杂质，防止液体污染，保证液压系统正常工作。按照过滤机理可分为深度型滤芯过滤器、表面型滤芯过滤器和磁性滤芯过滤器。选择过滤器主要考虑以下几点。

① 液压泵的形式和规格、安装位置、环境温度、所选油液特性和油液温度以及过滤器通过流量等。

② 根据液压系统的技术要求，确定滤芯的类型、允许最大压降、破坏压力、过滤精度及尺寸规格。

③ 要保证过滤器具有足够的通流能力，滤芯应具有足够的强度、耐蚀性能，清洗与更换方便。

（3）管件的选择

管件包括油管和管接头。常用的油管有硬管（钢管和铜管）和软管（橡胶管和尼龙管）两类，选用的主要依据是液压系统的工作压力、通过流量、工作环境和液压元件的安装位置等。通常情况下优选硬管。表12-17列出了钢管的尺寸规格。

表12-17 钢管的尺寸规格

公称直径		钢管外径 /mm	管接头连接螺纹 /mm	公称压力/MPa					推荐通过流量/(L/min)
mm	in			≤2.5	≤8	≤16	≤25	≤31.5	
				管子壁厚/mm					
3				1	1	1	1	1.4	0.63
4				1	1	1	1.4	1.4	2.5
5,6	1/8	10	M10×1	1	1	1	1.6	1.6	6.3
8	1/4	14	M14×1.5	1	1	1.6	2	2	25
10,12	3/8	18	M18×1.5	1	1.6	1.6	2	2.5	40
15	1/2	22	M22×1.5	1.6	1.6	2	5	3	63
20	3/4	28	M27×2	1.6	2	2.5	3.5	4	100
25	1	34	M33×2	2	2	3	4.5	5	160
32	1¼	42	M42×2	2	2.5	4	5	6	250
40	1½	50	M48×2	2.5	3	4.5	5.5	7	400
50	2	63	M60×2	3	3.5	5	6.5	8.5	630
65	2½	75		3.5	4	6	8	10	1000
80	3	90		4	5	7	10	12	1250
100	4	120		5	6	8.5			2500

管道的内径d和壁厚可采用下列两式计算，并需查设计手册圆整为标准数值。

$$d = 2\sqrt{\frac{q}{\pi[v]}} \tag{12-18}$$

$$\delta = \frac{pdn}{2R_{\mathrm{m}}} \tag{12-19}$$

式中 $[v]$——允许流速；

n——安全系数；

R_{m}——管道材料的抗拉强度。

管接头主要有焊接式管接头、卡套式管接头、扩口式管接头、橡胶软管接头和快速接头。常用管接头类型的结构及特点如表12-18所示

表 12-18　常用管接头

名称	结构简图	特点和说明
焊接式管接头	球形头	连接牢固，利用球面进行密封，简单可靠 焊接工艺必须保证质量，必须采用厚壁钢管，装拆不便
卡套式管接头	油管　卡套	用卡套卡住油管进行密封，轴向尺寸要求不严，装拆简便 对油管径向尺寸精度要求较高，为此要采用冷拔无缝钢管
扩口式管接头	油管　管套	用油管管端的扩口在管套的压紧下进行密封，结构简单 适用于钢管、薄壁钢管、尼龙管和塑料管等低压管道的连接
扣压式管接头		用来连接高压软管 在中、低压系统中应用
固定铰接管接头	螺钉 组合垫圈 接头体 组合垫圈	是直角接头，优点是可以随意调整布管方向，安装方便，占空间小 接头与管子的连接方法，除左图所示的卡套式外，还可用焊接式 中间有通油孔的固定螺钉把两个组合垫圈压紧在接头体上进行密封

（4）压力表与压力表开关的选择

选用压力表应使它的测量范围大于液压系统的最高压力。在压力稳定的系统中，压力表测量范围一般为最高工作压力的1.5倍，压力波动较大的系统压力表测量范围应为最大工作压力的2倍。压力表开关结构如图12-5所示。

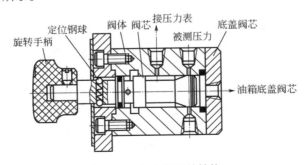

图 12-5　压力表开关结构

（5）油箱容积的确定

初始设计时，先按公式确定油箱的容量，待系统确定后，再按散热的要求进行校核。油箱容量的经验公式为

$$V = \alpha q_{\mathrm{p}} \tag{12-20}$$

式中　V——油箱的容量，L；

q_p——液压泵每分钟排出压力油的容积，L/min；

α——经验系数，低压系统为2~4，中压系统为5~7，高压系统为10~12。

在确定油箱尺寸和满足系统供油要求的同时，还要保证执行元件全部排油时，油箱不能溢出，而系统最大充油时，油箱的油位不能低于最低限度。

油箱结构设计需要注意以下几点。

① 吸油管和回油管应尽量相距远些，两管之间用隔板隔开，隔板高度最好为箱内油面高度的3/4。

② 油箱上各盖板、管口处都要妥善密封。注油器上要加滤油网，油箱箱盖上安装空气过滤器。

③ 油箱中安装热交换器、油位指示器，必须考虑它的安装位置，以及测温、控制等措施。

④ 油箱应设起吊钩或环。

(6) 密封件的选择

液压密封件的种类繁多，根据各自不同的特性选用符合要求的密封件是关键步骤。工程机械上常用的液压密封件通常可以归纳为自封式压紧型液压密封件、唇形密封件两大类。

① 压紧型密封件 主要是O形密封圈、圆形密封圈和方形密封圈等。它们是液压传动系统中广泛应用的动密封元件和静密封元件。它们安装在密封槽内通常产生10%~25%的径向压缩变形，并对密封表面产生较高的初始接触应力，从而阻止无压力液体的泄漏。液压缸工作时，压力液体挤压自封式压紧型液压密封件，使之进一步变形，并对密封表面产生较大的随压力液体的压强增高而增高的附加接触应力，并与初始接触应力一起共同阻止压力液体的泄漏。但当工作压力大于10MPa时，为了避免合成橡胶质自封式压紧型液压密封件的一部分被挤入密封间隙而在液压缸往复运动中被切掉而造成泄漏，须在合成橡胶质自封式压紧型液压密封件的受压侧各设置一合成树脂挡圈，如尼龙挡圈、聚甲醛挡圈和填充聚四氟乙烯挡圈。

② 唇形密封件 主要是由O形密封圈与V形密封圈、U形密封圈、Y形密封圈、YX形密封圈及其他特殊形状的液压密封圈的叠加使用构成的。

V形密封圈的密封性能较好，可根据工作压力的大小来确定所用密封圈的数目，通常须借助于压盖的调整来补偿密封圈的磨损量，其致命的弱点是结构复杂，通常须由支承环、密封圈和压环三部分组成，其摩擦阻力较大并随工作压力和密封圈数目的增大而增大。因此V形密封圈仅适宜于运动速度较低而工作压力较高的液压缸采用。

U形密封圈的密封性能较好，但单独使用时极易翻滚，因此需与锡青铜质支承环配套使用，其摩擦阻力较大并随工作压力的升高而增大。因此U形密封圈仅适宜用于工作压力较低或运动速度较低的液压缸。

Y形密封圈是依靠其张开的唇部紧贴于密封表面而保持密封的，通常可单独使用，其密封性能较好，摩擦阻力较小，耐压性能好，工作稳定性好，使用寿命长。因此Y形密封圈适宜用于高速变压、大缸径、大行程的液压缸。一般作副密封用。

YX形密封圈是截面高度与宽度之比大于2，并且工作唇与非工作唇不等高的Y形密封圈，分为孔用YX形密封圈和轴用YX形密封圈，其密封性能一样，除具有Y形密封圈的一切优点外，YX形密封圈单独使用时绝不翻滚，进一步提高了其耐压性及工作稳定性。因此YX形密封圈特别适宜用于高压、高速变压及快速运动的液压缸。可作主密封选用。

通过分析液压系统对密封件的要求，掌握液压密封件的技术性能、密封机理、使用特性，并根据要求合理选用密封件，是确保液压系统力学性能的有效方法。明确密封件的特性要求，应具有下列特性：耐高压，密封件的材料应该有高的机械强度。低摩擦磨损，密封件的材料应该有较低的摩擦系数和较高的耐磨性，密封件的设计保证它在较好的润滑工况下工作。回油能力强，保证带出的油膜在回程时能带回系统内部，实现动态平衡，防止背压的形成。泄压功能，即密封件有单向阀的功能，在系统压力较低或降为零时，万一已经形成的背压能马上降下来，防止困油现象的出现。

12.7 验算液压系统的性能

当各回路形式、液压元件及连接管路等完全确定后，就能对其某些技术性能进行验算，以判断设计质量，找出修改设计的依据。计算的内容一般包括：系统压力损失、系统效率、系统发热与温升、液压冲击等。

12.7.1 压力损失的验算

验算液压系统压力损失的目的是为正确调整系统的工作压力，使执行元件输出的力（或转矩）满足设计要求，并可根据压力损失的大小分析判断系统设计是否符合要求。

（1）液压系统压力损失 $\sum \Delta p$

$$\sum \Delta p = \sum \Delta p_\lambda + \sum \Delta p_\xi + \sum \Delta p_V \tag{12-21}$$

式中　$\sum \Delta p$——液压系统压力损失，MPa；

$\quad\quad \sum \Delta p_\lambda$——管路的沿程损失，MPa；

$\quad\quad \sum \Delta p_\xi$——管路的局部压力损失，MPa；

$\quad\quad \sum \Delta p_V$——阀类元件的局部损失，MPa。

系统调整压力 p_p 必须大于执行元件工作压力 p_1 和总压力损失 $\sum \Delta p$ 之和，即

$$p_p \geqslant p_1 + \sum \Delta p \tag{12-22}$$

式中　p_p——液压泵的最大工作压力，MPa；

$\quad\quad p_1$——液压执行元件最大工作压力，MPa；

$\quad\quad \sum \Delta p$——总压力损失，MPa。

（2）液压系统总效率的验算

① 液压系统效率 η 的计算，主要考虑液压泵的总效率 η_p、液压执行元件的总效率 η_m 及液压回路的效率 η_L。η 可由下式估算。

$$\eta = \eta_p \eta_m \eta_L \tag{12-23}$$

其中，液压泵和液压马达的总效率 η_L 可由产品样本查得。

② 液压回路效率 η_L 可按下式计算。

$$\eta_L = \frac{\sum p_1 q_1}{\sum p_p q_p} \tag{12-24}$$

式中　$\sum p_1 q_1$——各执行元件的负载压力和负载流量（输入流量）乘积的总和，kW；

$\quad\quad \sum p_p q_p$——各个液压泵供油压力和输出流量乘积的总和，kW。

③ 系统在一个完整循环周期内的平均回路效率 $\overline{\eta_L}$ 可按下式计算。

$$\overline{\eta_L} = \frac{\sum \eta_{L_i} t_i}{T} \tag{12-25}$$

式中　η_{L_i}——各工作阶段的液压回路效率；

$\quad\quad t_i$——各个工作阶段的持续时间，s；

$T = \sum t_i$——一个完整循环的时间，s。

12.7.2 系统发热温升的验算

液压系统工作时，除执行元件驱动外载荷输出有效功率外，其余功率损失全部转化为热量，

使油温升高，产生一系列不良的影响。为此，必须对系统进行发热与温升计算，以便对系统的温升加以控制。对不同的液压系统，因其工作条件不同，允许的最高温度也不相同，允许值见表12-19。

表12-19　各种液压系统允许油温　　　　　　　　　　　　　　　℃

液压系统工作条件	正常工作温度	最高允许温度	油的温升
机床	30~55	50~70	≤30~35
金属粗加工机械	30~70	60~80	—
机车车辆	40~60	70~80	—
船舶	30~60	70~80	—
工程机械	50~80	70~80	≤35~40

① 液压系统的总发热量，可用下式计算。

$$H = P(1-\eta) \tag{12-26}$$

式中　H——液压系统的总发热量，W；

P——液压系统的实际输入功率，即液压泵的实际输入功率，W；

η——系统的总效率。

液压系统所产生的热量，一部分使油液和系统的温度升高，另一部分经过冷却表面，散发到空气中。当产生的热量 H 全部被冷却表面所散发时，即

$$H = KA\Delta t \tag{12-27}$$

式中　H——液压系统的总发热量，W；

K——散热系数，当通风很差时 K 为 8.5~9.32，当通风良好时，K 为 15.13~17.46，当风扇冷却时，K 为 23.3，当循环水冷却时，K 为 110.5~147.6；

A——油箱散热面积，m²；

Δt——液压系统油液的温升，℃。

由式（12-27）可得

$$\Delta t = \frac{H}{KA}$$

计算时，如果油箱三边的结构尺寸比例为（1∶1∶1）~（1∶2∶3），而且油位高度为油箱高的0.8时，其散热面积的近似计算式为

$$A = 0.065\sqrt[3]{V^2} \tag{12-28}$$

式中　A——油箱散热面积，m²；

V——油箱有效容积，L。

② 液压系统冲击压力估算　压力冲击是由于管道液流速度急剧改变而形成的。它不仅伴随产生振动和噪声，而且会因过高的冲击压力而使管路、液压元件遭到破坏。由于精确计算较难，一般是通过估算或试验确定的。

12.8　液压控制系统的设计步骤

液压控制系统的设计步骤包括：明确液压控制系统的设计要求、进行工况分析、选择控制方案，拟订控制系统原理图、静态分析（确定液压控制系统主要技术参数）、动态分析、校核控制系统指标、设计液压油源及辅助装置等，设计流程如图12-6所示。与液压传动系统设计流程相比较，两者具有很大的相似之处，也有一定不同之处。分析如下。

① 相似之处：两者前两个步骤相同，都是明确设计要求和进行工况分析；液压控制系统控制

方案和液压传动系统传动方案相似；液压控制系统油源和辅助装置设计与液压传动系统相似。

② 不同之处：液压控制系统通过静态分析确定主要系统参数，而液压传动系统是确定系统参数和选择液压元件；液压控制系统需要对系统动态特性进行计算和分析，而液压传动系统不需要；液压控制系统还要对控制指标进行校核，如有所需应对系统进行校正设计。

12.8.1 明确液压控制系统设计要求

液压控制系统设计要求主要包括：控制系统类型及性能要求、主机的工作条件、整体布局、可靠性和经济要求。具体要求如下。

① 伺服控制系统的类型主要有机液、电液、气液、电气液等；控制信号有模拟信号和数字信号；控制的物理量有位置、速度、加速度和力或力矩。首先选定伺服控制系统的类型，然后明确控制系统信号类型，最后确定控制的物理量。

② 静态极限：最大行程、最大速度、最大力或力矩、最大功率。

③ 控制精度：由给定信号、负载力、干扰信号、伺服阀及电控系统零漂、非线性环节（如摩擦力、死区等）以及传感器引起的系统误差，定位精度，分辨率以及允许的漂移量等。

④ 动态特性：相对稳定性可用相位裕量和增益裕量、谐振峰值和超调量等来规定，响应的快速性可用截止频率或阶跃响应的上升时间和调整时间来规定。

⑤ 工作环境：主机的工作温度、工作介质的冷却、振动与冲击、电气的噪声干扰以及相应的耐高温、防水、防腐蚀、防振等要求。

⑥ 特殊要求：设备重量、安全保护、工作的可靠性以及其他工艺要求。

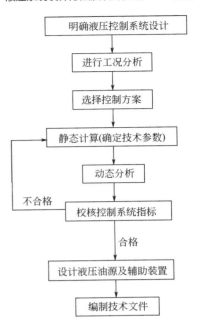

图12-6 液压控制系统设计流程

12.8.2 进行工况分析

设计控制系统的最基本问题是能够正确确定系统的外负载。它直接影响系统的组成和动力元件参数的选择，所以分析负载特性应尽量反映客观实际，分析方法可以参考液压传动系统中讲述的内容。液压控制系统的负载类型有惯性负载、弹性负载、黏性负载、各种摩擦负载（如静摩擦、动摩擦等）以及重力和其他不随时间、位置等参数变化的恒值负载等。

12.8.3 选择控制方案，拟订控制系统原理图

在掌握设计要求之后，可针对不同的控制对象，选择基本类型和选定控制方案并拟订控制系统的框图和原理图。例如对直线位置控制系统一般采用阀控液压缸的方案，其框图如图12-7所示。

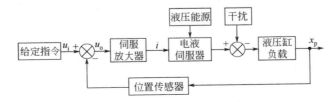

图12-7 阀控液压缸位置控制系统框图

液压动力机构的基本类型决定了液压控制系统的基本类型。液压动力机构（又称液压动力元件）是将液压控制元件、执行机构和负载组合成的液压装置。液压控制元件通常选择液压控制阀或伺服变量泵，液压执行机构通常选择液压缸或液压马达。根据控制元件和执行机构的组合方式不同，液压动力机构可分为四种类型：阀控液压缸、阀控马达、泵控液压缸和泵控马达。

泵控又称容积控制，一般用于闭式系统，通过液压泵排量的不断变化来控制马达或液压缸等执行机构的流量，进而控制执行机构动作。泵控系统的优点是原理结构简单，液压泵的工作压力与负载相互匹配，能够充分利用发动机的功率，通常不需要特殊的冷却装置。缺点是泵控系统液压固有频率低，频带窄，需要的变量控制伺服机构结构复杂，造价高，响应特性不如阀控系统，发热量较大，精度相对差些。泵控系统多数应用在功率大、温升不易解决的场合。

阀控又称节流控制，一般用于开式系统，通过比例阀或伺服阀的流量的不断变化来控制马达或液压缸等执行器的动作。阀控系统优点是控制回路简单、结构紧凑简单、系统节能、频带宽、响应特性好、控制精确高。缺点是系统复杂，成本较高，采用节流控制使功率损失大，效率低、温升快、需要配备冷却装置。阀控系统常应用于快速响应场合。

12.8.4 静态分析（确定液压控制系统主要技术参数）

在液压控制系统的静态分析过程中，可以确定液压控制系统主要技术参数，主要包括液压动力元件的参数以及电气元件的参数。

（1）液压动力元件的参数选择

液压动力元件是伺服系统的关键元件。它的一个主要作用是在整个工作循环中使负载按要求的速度运动。其次，它的主要性能参数能满足整个系统所要求的动态特性。此外，动力元件参数的选择还必须考虑与负载参数的最佳匹配，以保证系统的功耗最小，效率高。

动力元件的主要参数包括系统的供油压力、液压缸的有效面积（或液压马达排量）、伺服阀的流量。当选定液压马达作执行元件时，还应包括齿轮的传动比。

① 供油压力的选择　选用较高的供油压力，在相同输出功率条件下，可减小执行元件——液压缸的活塞面积（或液压马达的排量），因而泵和动力元件尺寸小、重量轻，设备结构紧凑，同时油腔的容积减小，容积弹性模数增大，有利于提高系统的响应速度。但是随供油压力的增加，由于受材料强度的限制，液压元件的尺寸和重量也有增加的趋势，元件的加工精度也要求提高，系统的造价也随之提高。同时，高压时，泄漏大，发热高，系统功率损失增加，噪声加大，元件寿命降低，维护也较困难。所以条件允许时，通常还是选用较低的供油压力。

常用的供油压力等级为 7~28MPa，可根据系统的要求和结构限制条件选择适当的供油压力。

② 伺服阀流量与执行元件尺寸的确定　将伺服阀的流量-压力曲线经坐标变换（$F_L=p_LA$，$v=\dfrac{q_L}{A}$）呈现在 v-F_L 平面上的抛物线，就是稳态状态下液压动力机构的输出特性，如图 12-8 所示，图中 F_L 为负载力，q_0 为伺服阀的空载流量，A 为液压缸有效作用面积，p_s 为供油压力，p_L 为伺服阀工作压力，q_L 为伺服阀的流量。

由图可见，当伺服阀空载流量和液压缸面积不变，提高供油压力时，曲线向外扩展，最大功率提高，最大功率点右移，如图 12-8（a）所示。当供油压力和液压缸面积不变，提高伺服阀空载流量时，曲线变高，曲线的顶点 Ap_s 不变，最大功率提高，最大功率点横坐标不变，如图 12-8（b）所示。当供油压力和伺服阀空载流量不变，增大液压缸面积 A，曲线变低，顶点右移，最大功率不变，最大功率点横坐标右移，如图 12-8（c）所示。

液压动力机构参数选择不仅仅是满足负载和性能要求，还要与负载形成最佳匹配。可采用负载最佳匹配图解法、解析法、近似法等。

③ 按液压固有频率选择动力元件 对功率和负载很小的液压伺服系统来说，功率损耗不是主要问题，可以根据系统要求的液压固有频率来确定动力元件。

④ 伺服阀的选择 限定系统偏宽的重要因素是伺服阀空载流量，其数值根据前面近似计算法中伺服阀空载流量的计算公式而获得，数值已知就可根据生产厂家提供的伺服阀样本选定伺服阀的规格，但是在应用过程中，伺服阀空载流量应留有余量，伺服阀的储备流量一般是负载流量的15%左右。具体选择可参考相关资料手册。除了流量参数外，在选择伺服阀时，还应考虑以下因素。

a.伺服阀的流量增益线性好。在位置控制系统中，一般选用零开口的流量阀，因为这类阀具有较高的压力增益，可使动力元件有较大的刚度，并可提高系统的快速性与控制精度。

b.伺服阀的频宽应满足系统频宽的要求。一般伺服阀的频宽应大于系统频宽的5倍，以减小伺服阀对系统响应特性的影响。

c.伺服阀的零点漂移、温度漂移和不灵敏区应尽量小，保证由此引起的系统误差不超出设计要求。

d.其他要求，如对零位泄漏、抗污染能力、电功率、寿命和价格等，都有一定要求。

⑤ 执行元件的选择 液压伺服系统的执行元件是整个控制系统的关键部件，直接影响系统性能的好坏。执行元件的选择与设计，除了按本节所述的方法确定液压缸有效面积 A（或液压马达排量 D）的最佳值外，还涉及密封、强度、摩擦阻力、安装结构等问题。

（2）反馈传感器的选择

根据所检测的物理量，反馈传感器可分为位移传感器、速度传感器、加速度传感器和力（或压力）传感器。它们分别用于不同类型的液压伺服系统，作为系统的反馈元件。闭环控制系统的控制精度主要取决于系统的给定元件和反馈元件的精度，因此合理选择反馈传感器十分重要。传感器的频宽一般应选择为控制系统频宽的5~10倍，这是为了给系统提供被测量的瞬时真值，减少相位滞后。传感器的频宽对一般系统都能满足要求，因此传感器的传递函数可近似按比例环节来考虑。

12.8.5 动态分析

一般液压控制系统的动态特性有不能振动、爬行或者液压冲击，工作环节的切换快速性和平稳性，动态误差小等要求。若系统动态特性不好，在动态过程中的工作情况就不能满足要求，严重的可能无法正常工作。因此，动态特性分析是不可缺少的。根据静态分析中确定的液压控制系统主要技术参数来分析液压控制系统的动态特性，通过数学建模，计算机仿真软件对系统的快速性和稳定性以及过渡过程性能指标进行分析。具体操作分析流程及方法如下。

① 分析系统的工作原理，明确所要分析的动态特性。

② 根据液压控制系统各组成元件的数学模型，推导系统的传递函数。

③ 绘制系统框图。

④ 在静态工作点上做线性化，采用频域分析法，绘制系统开环波德图和闭环波德图，分析稳定性，校核系统的频宽和峰值。

⑤ 利用计算机仿真软件模拟分析在典型信号作用下系统的瞬态响应，校核系统的过渡过程性能指标。

12.8.6 校核控制系统性能

在确定了系统传递函数的各项参数后，可通过闭环波德图或时域响应过渡过程曲线或参数计算对系统的各项静动态性能指标和各项稳态误差及静态要求进行校核。该步骤包括在系统的动态分析过程中，也可以单独作为一个设计步骤和设计内容。

如果经过性能校核，所设计的液压控制系统性能不满足要求，则应调整控制系统设计参数，重复上述计算或采用校正环节对系统进行补偿，从而改变系统的静、动态响应特性或系统精度，直到满足系统的要求。必要时，则需要采用校正环节，选择校正方式和设计校正元件。

12.8.7 设计液压油源及辅助装置

液压控制系统的液压油源及辅助装置设计选择原则和方法可参考液压传动系统，两者基本相同，但是对于液压控制系统特别要注意以下几个问题。

① 油液的清洁度要高，一般伺服系统油液的过滤精度控制在 $10\mu m$ 以下，要求高的系统可提高到 $5\mu m$。

② 油液中要防止空气进入，以免析出的气泡影响油液的可压缩性，降低控制系统的动态性能。

③ 要验算发热和温升。因为液压油源直接向控制系统供液，应控制其温度低于 $40℃$，对性能要求较高的大功率油源，系统应配置冷却装置。

12.9 技术文件的编制

技术文件的编写一般包括设计计算说明书，零部件目录表，标准件、通用件和外购件总表，技术说明书，操作使用说明书等。此外，还应提出电气系统设计任务书，供电气设计者使用。

12.10 液压系统的计算机辅助设计软件

在国际上，有许多成熟的仿真软件广泛应用于液压领域的设计过程中，其中德国亚琛工业大学的 DSH 软件和英国巴斯大学的 Bath/fp 推得最早，在行业中影响较大。随着这几年来的发展，又有数十款液压仿真软件和通用的系统仿真软件应运而生。下面将对 Bath/fp、DSH、英国的 Flow master、瑞典的 HOSPAN、法国的 AMESim 和美国的 Simulink 这六个系统进行较为全面的介绍。

（1）英国的 Bath/fp

Bath/fp 系统是专门用于液压与气动系统的时域仿真软件，由英国巴斯大学传动与运动控制中心开发。该软件在 20 世纪 80 年代初先以 HASP 为名出现的，1992 年以全新的面貌，推出其升级版，命名为 Bath/fp。该系统运行在 Unix 和 Linux 的 X Windows 环境下。

该软件采用面向原理图的图形建模方法，但原理图的编辑过程仍然比较粗糙。总体上离商品化还有一段距离（如元件图标放上去后就不能再移动，改变图标位置必须删除这个图标后重画或通过复杂的菜单操作完成），仿真的速度也不太理想。

该软件的特点：面向原理图的建模，齐全的可扩展的元件库（包括液压和气动的标准元件库、管道库、子元件库、控制库、负载库），将非线性仿真获得数据进行线性处理，以方便与控制包的连接。发展优势在于功能不断增强完全免费软件、占用内存小。

（2）德国的 DSHplus

该软件是专用的液压仿真软件系统。DSHplus 的早期版本于 1972 年开发，早期版本叫 DSH。DSHplus 是其升级版本。该软件采用 C++语言编写，运行时需要 C++编译器支持。

系统面向原理图建模，具有图形建模功能。对元件进行了细致的分类，共有 10 大类，然后层层细分。元件图形采用 ICON 图，原理图可缩放。每个元件由 3 部分构成：ICON、元件参数和元件函数描述。参数通过对话框设定，系统提供元件每个参数的默认值。

该软件拥有优化功能，通过自动搜索获得对要优化的控制器的设置或者是参数的最优值。同时，目前提供对MATLAB、Simulink和ADAMS等许多软件的接口，也可以将输出接入硬件系统中，参加系统运行。

该软件最重要的特点：拥有多数软件的接口；具有丰富的元件库；仿真算法中融入神经网络技术。

（3）英国的Flowmaster

Flowmaster软件由英国的Flowmaster International Ltd.公司开发，是主要应用在工程中的一维热流体系统仿真软件，该软件内置强大的一维流体动力系统解算器，可以分析复杂的工程系统的压力、温度、流量和流速，有助于工程技术人员完成液压动力系统、流体输运系统、冷却润滑系统等系统的设计。

Flowmaster软件主要功能有：精确计算系统压力、流量分布及元件流阻、流量和流速；分析系统稳态与瞬态、气体与液体、压缩与不可压缩、液压与润滑系统；元件尺寸分析和复杂管网优化。

（4）瑞典的HOPSAN

HOPSAN软件由瑞典林雪平大学流体机械工程系统部开发，最早于1977年推出。由于拥有丰富的液压元件子程序库，特别适合液压系统的仿真。该软件最初是为微型机开发，2001年发布了该软件的Windows NT版本，该版本还可以应用于实时系统的测量和控制。该软件系统被许多研究机构和生产企业所使用，林雪平大学也不断地投入人力，进行进一步的完善与开发。

HOPSAN软件的建模方法是元传输线法（unit transmission lines），源于特征法（the method of characteristics）和传输线建模（transmission line modelling）。这种方法特别适合并行计算，从而提高计算速度和实现分布计算功能。在传输线方法上增加了可变时间步长法，解决系统的刚性和断点问题。与键合图法（bond graph）相比，键合图法只能描述元件间的连接关系，不能反映元件间的因果关系，而传输线法能够描述出元件间的因果关系。该软件还拥有图形建模功能，元件图采用WMF图元文件格式，新版本的软件增加了WMF图元文件编辑器。它的图形建模功能较好，界面友好，编辑方便，效率很高，速度快；有系统连接时合理性的判断，可以在一定程度上避免错误的连接方式；可以方便地更改元件的图形文件，实现元件图的转换。缺点是图形不够美观。

该软件有图形元件库，元件库元素可以动态添加，用户可以编辑软件，设定元件图形，连接用的油口，以及用于仿真计算的变量等。但是没有提供元件参数库。参数的赋值通过对话框设定。

新版HOPSAN增加了优化功能，可以对系统的一些行为进行优化。也可以用来进行离线参数评估，通过计算比较仿真结果和测量结果的差别，并且通过优化使之最小。

在许多液压系统中，需要一个操作工来关闭控制循环。通过实时仿真可以验证这样的控制系统是否需要操作工。在半物理仿真（部分系统是仿真的，部分系统是真实的）硬件混合系统的混合过程中，可实现实时仿真。为了获得实时性能，需要采用非常有效的仿真方法。在HOPSAN仿真软件中，机械系统和液压系统是采用特征方法（the method of characteristics）处理的。通过这种方法，表示一个元件的微分方程式，可以在代表这个元件的子程序中完整求解。因此，这是一种对微分方程组进行分布式求解的方案。通过分布式求解器（distributed solver），一个液压系统可以很容易地被描述成由并行的子过程（parallel processes），各个子程序在不同的处理器上对各个元件或元件组进行并行仿真。该软件新增了系统图的输出，输出格式为BMP格式。但没有三维动画功能。为了进行有效的仿真试验，该软件拥有强大的命令接口，这可以对参数变化研究进行系列的仿真，还有诸如频率分析等强大的后处理工具。同时，拥有MATLAB软件的接口。

该软件的最重要的三个特点为：动态的图形元件库和图形建模功能；优化方法用于对系统行为的优化和参数的离线评估；具有实时仿真和分布式计算功能。

（5）法国的 AMESim

AMESim 系统是由法国 IMAGINE 公司开发的，可用于完成工程系统的建模，是一个通用的仿真和动态性能分析的图形化开发环境。AMESim 软件的界面用 C++实现，算法用 FORTRAN 语言实现，不需要其他商用软件作支撑。该系统面向原理图建模，其优点是不要求用户具备完备的仿真方面的专业知识，更易于为工程技术人员掌握和使用。在绘制的原理图上选定要赋值的元件，单击后，打开该元件的参数赋值对话框，便可赋值。"软"参数也按同样方法赋值。由于该系统不是一个专用的液压仿真软件，因此无液压元件参数库。输出的方式有文本和图形两种。但是，该软件无优化功能，也无网络功能，不能远程异地仿真，也无三维动画功能。

该软件的主要特点为：模型库丰富，多达 14 种；拥有 MATLAB、Simulink、ADAMS 等多种软件的接口；有开放的数据库，可将用户开发的子模型融入 AMESim 的数据库。

（6）美国的 Simulink

Simulink 系统是 Mathtools 公司的科学计算语言 MATLAB 的一个分支，主要用来实现对工程问题的模型化和动态仿真，目前广泛应用于动力系统仿真、信号控制模拟、机器人控制模拟及其生物医学工程等诸多领域。

Simulink 本身没有专门针对流体仿真的工具箱，用户使用时要自己建立模型，但可以任意调用已有的大量控制模块。同时 Mathtools 公司另行开发了一些收费模块，包含大量的机械、液压、气动模型。

Simulink 系统使用 MATLAB 语言，也可以与 C、C++结合，搭建系统时，可以结合优化工具箱进行优化；可以结合 Virtual Reality 工具箱实现三维动画功能；可以结合 MATLAB 的网页服务程序在 Web 应用中使用仿真。

该软件因为没有流体仿真工具箱，液压系统建模复杂，使用 Simulink，需要对系统的数学模型有深刻的理解；支持三维动画和网络仿真，但是实现起来比较复杂；应用最广泛，几乎所有的商业仿真软件都提供了与它的接口。

第 13 章

典型液压系统设计实例

13.1 压缩机连杆双头专用车床液压系统设计

13.1.1 技术要求

　　某厂欲自行设计制造一台专用车床，用于压缩机连杆两端长轴颈的车削加工。根据加工工件尺寸较长的特点，拟采用的加工工艺方案为：工件固定，刀具旋转并进给。车床主要由床身（布有相互平行的 V 形导轨和平导轨各一条）和左右两个车削动力头组成，其总体布局如图 13-1 所示。工件装夹于床身中部，两个独立的动力头，通过机械传动带动主轴及刀具旋转实现车床的主运动；进给运动要求采用液压缸实现，即在床身上安装两个液压缸，使其活塞杆与各动力头下部相连，通过液压缸往复运动驱

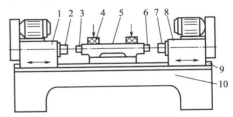

图 13-1　车床总体布局示意图

1, 8—动力头；2, 7—主轴；3, 6—连杆轴颈；4—夹具；
5—工件（连杆）；9—导轨；10—床身

动动力头实现车床的进给运动。车床加工工件时，车削动力头的进给工作循环为：快进→工进→快退→停止。已知：移动部件重量 $G=15$kN；各车削动力头的最大切削进给抗力（轴向力）估值为 $F_a=12$kN，主切削力（切向力）$F_t=40$kN。要求动力头的快速进、退速度相等，$v_1=v_{max}=4$m/min，工进速度无级调整范围为 $v_2=0.02\sim1.2$m/min。导轨的静、动摩擦因数分别为 $\mu_s=0.2$、$\mu_d=0.1$。

13.1.2 配置执行元件

　　根据车床的总体布局及技术要求，选择缸筒固定的单杆活塞缸作为驱动车削动力头实现进给运动的液压执行元件。

13.1.3 工况分析

　　由于动力头的快速进退及工作进给阶段的速度已给定，不必进行运动分析。故仅对液压缸作

动力分析，即通过分析计算，确定液压缸总的最大外负载。

（1）导轨摩擦阻力计算

车床工进阶段的导轨受力见图13-2，算得动摩擦阻力 F_{fd1} 为

$$F_{fd1} = \frac{G + F_z}{2}\mu_d + \frac{G + F_z}{2} \times \frac{\mu_d}{\sin\dfrac{\alpha}{2}}$$

$$= \frac{(15 + 40) \times 10^3}{2} \times 0.1 + \frac{(15 + 40) \times 10^3}{2} \times \frac{0.1}{\sin 45°} = 6640\text{N}$$

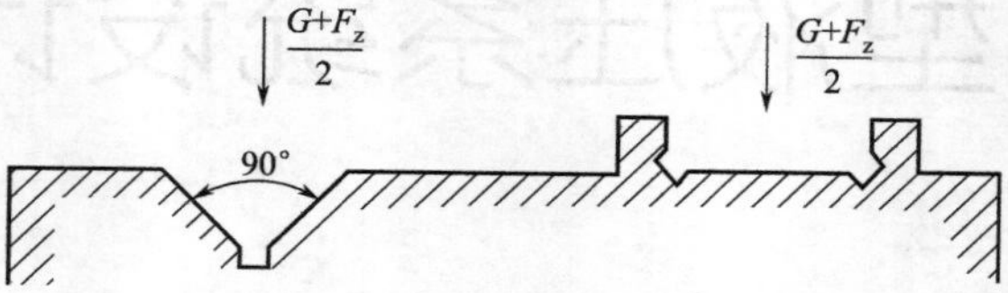

图13-2　车床导轨受力分析简图

车床空载快速进退阶段启动时，导轨受静摩擦阻力 F_{fd1} 作用，算得

$$F_{fd1} = \frac{G}{2}\mu_s + \frac{G}{2} \times \frac{\mu_s}{\sin\dfrac{\alpha}{2}} = \frac{15 \times 10^3}{2} \times 0.2 + \frac{15 \times 10^3}{2} \times \frac{0.2}{\sin 45°} \approx 3600\text{N}$$

加速阶段和恒速阶段的动摩擦阻力为

$$F_{fd2} = \frac{G}{2}\mu_d + \frac{G}{2} \times \frac{\mu_d}{\sin\dfrac{\alpha}{2}} = \frac{15 \times 10^3}{2} \times 0.1 + \frac{15 \times 10^3}{2} \times \frac{0.1}{\sin 45°} \approx 1800\text{N}$$

（2）惯性力计算

取速度变化量 $\Delta v = 0.02\text{m/s}$，启动时间 $\Delta t = 0.2\text{s}$，算得惯性力 F_i 为

$$F_i = \frac{G}{g} \times \frac{\Delta v}{\Delta t} = \frac{15 \times 10^3}{9.8} \times \frac{0.02}{0.2} \approx 153\text{N}$$

（3）工作负载计算

液压缸驱动车削动力头进给时的工作负载为切削抗力 F_e，已知 $F_e = 12\text{kN}$。

（4）液压缸密封摩擦阻力计算

作用于液压缸活塞上的密封摩擦阻力 F_m，用下式估算

$$F_m = (1 - \eta_{cm})F_e = (1 - 0.9) \times 12 \times 10^3 = 1200\text{N}$$

式中　η_{cm}——液压缸机械效率，$\eta_{cm} = 0.90 \sim 0.95$。

恒速时的动密封摩擦阻力估取为静密封摩擦阻力的30%，即 $F_{md} = 30\% F_{ms} = 360\text{N}$。

将上述计算过程综合后得到的各工作阶段的液压缸外负载结果列于表13-1。由表13-1可看出，最大负载出现在工进阶段，其最大值为 $F_{max} = 19000\text{N}$。

表13-1　液压缸外负载

工况		计算公式	外负载 F/N
快速	启动	$F = F_{fs} + F_{ms}$	4800
	加速	$F = F_{fd2} + \dfrac{G}{g} \times \dfrac{\Delta v}{\Delta t} + F_{md}$	2553
	恒速	$F = F_{fd2} + F_{md}$	2400
工进		$F = F_e + F_{fd1} + F_{md}$	19000

工况		计算公式	外负载F/N
快退	启动	$F=F_{fs}+F_{ms}$	4800
	加速	$F=F_{fd2}+\dfrac{G}{g}\times\dfrac{\Delta v}{\Delta t}+F_{md}$	2553
	恒速	$F=F_{fd2}+F_{md}$	2400

13.1.4　液压系统主要参数的确定

① 预选系统设计压力　本车床属于半精加工机床，负载最大时为慢速工进阶段，其他工况时载荷都不大，预选液压缸的设计压力p_1=3MPa。

② 计算液压缸主要结构尺寸　为了满足动力头快速进退速度相等的要求并减小液压泵的流量规格，将单杆缸的无杆腔作为主工作腔，并在快进时差动连接，则液压缸无杆腔与有杆腔的有效面积A_1与A_2应满足$A_1=2A_2$的关系，即活塞杆直径d和液压缸内径D间应满足$d=0.71D$。初选液压缸的回油背压0.3MPa，取液压缸机械效率η_{cm}=0.9，则可算得液压缸无杆腔的有效面积

$$A_1=\frac{F}{\eta_{cm}\left(p_1-\dfrac{p_2}{2}\right)}=\frac{19000}{0.9\times\left(3-\dfrac{0.3}{2}\right)\times10^6}=74.07\times10^{-4}\ (\text{m}^2)$$

从而得液压缸内径

$$D=\sqrt{\frac{4A_1}{\pi}}=\sqrt{\frac{4\times74.07\times10^{-4}}{3.14}}=97\ (\text{mm})$$

按GB/T 2348—2018，取液压缸内径标准值为D=100mm，则活塞杆直径为

$$d=0.71D=0.71\times100=71\ (\text{mm})$$

按GB/T 2348—2018，取活塞杆直径标准值为d=70mm，则液压缸实际有效面积为

$$A_1=\frac{\pi D^2}{4}=\frac{3.14\times100^2}{4}=7.85\times10^3\ (\text{mm}^2)$$

$$A_1=\frac{\pi(D^2-d^2)}{4}=\frac{3.14\times(100^2-70^2)}{4}=4\times10^3\ (\text{mm}^2)$$

$$A=A_1-A_2=3.85\times10^3\ (\text{mm}^2)$$

取调速阀的最小稳定流量q_{min}=50mL/min，活塞最小进给速度v=2cm/min，由于动力头的最低工进速度很低，需检验缸的结构尺寸：

$$A_1\geqslant\frac{q_{min}}{v_{min}}=\frac{50}{2}=25\ (\text{cm}^2)$$

结果表明缸的有效面积可满足最低稳定速度的要求。

差动连接快进时，液压缸有杆腔压力p_2必须大于无杆腔压力p_1，其差值估取$\Delta p=p_2-p_1$=0.5MPa，并注意到启动瞬间液压缸尚未移动，此时Δp=0；另外，取快退时的回油压力损失为0.6MPa。

液压缸在工进阶段的实际工作压力

$$p_1=\frac{\dfrac{F}{\eta_{cm}}+p_2A_2}{A_1}=\frac{\dfrac{19000}{0.9}+0.3\times10^6\times4\times10^3\times10^{-6}}{7.85\times10^3}=2.84\ (\text{MPa})$$

它正是系统工作循环中的最高压力。

③ 单个液压缸需求的最大流量　液压缸最大流量发生在快退阶段，单个液压缸的最大流量q_1为

$$q_{1max}=A_2v_{max}=40\times4\times10^2=16\ (\text{L/min})$$

④ 其他工作阶段的压力、流量和功率　如表13-2所示。由表可见，工进阶段以最高进给速度工作时，负载功率最大，其值为P_1=445W。

表13-2　各工作阶段的压力、流量和功率

工作阶段		计算公式	负载 F/N	工作腔压力 p_1/MPa	回油腔压力 p_2/MPa	单缸输入流量 $q_1/(L/min)$	负载功率 P_1/W
快进	启动	$p_1=\dfrac{\dfrac{F}{\eta_{cm}}+A_2\Delta p}{A}$ $q=Av_1$	4800	1.38	—	—	—
	加速		2553	1.25	1.75	—	—
	恒速		2400	1.21	1.71	15.38	152
工进		$p_1=\dfrac{\dfrac{F}{\eta_{cm}}+p_2A_2}{A_1}$ $q=A_1v_2$	19000	2.84	0.3	0.157~9.42	7~445
快退	启动	$p_1=\dfrac{\dfrac{F}{\eta_{cm}}+p_2A_1}{A_2}$ $q=A_2v_1$	4800	1.33	—	—	—
	加速		2553	1.88	0.6	—	—
	恒速		2400	1.84	0.6	16.02	336

⑤ 制订基本方案，拟订液压系统图

a. 制订液压回路方案

• 调速方式与油源方案。考虑到切削进给系统传动功率不是太大，低速时稳定性要求较高；加工期间负载变化较大，故采用限压式变量泵供油和调速阀联合的容积节流调速方案，且快进时液压缸差动连接，以满足系统为高压小流量和低压大流量的工况特点，从而提高系统效率，实现节能。调速阀设置在进油路上，通过调节通流面积实现液压缸及其拖动的动力头的车削进给速度大小；通过分别调整两个调速阀可使两个动力头获得较高同步精度。

• 方向控制方案。由于系统流量不是太大，故选用三位五通O型中位机能的电磁换向阀作主换向阀；本机床加工的轴颈长度尺寸无特殊精度要求，故采用行程控制即活动挡块压下电气行程开关，控制换向阀电磁铁的通断电来实现自动换向和速度换接。通过两个电磁换向阀的通断组合，可实现两个动力头的独立调节。在调整一个时，另一个应停止。

• 速度换接方案。快进和和工进的速度换接由二位二通行程阀和远控顺序阀实现，以简化油路，提高换接精度。工进时采用单向阀实现进油路和回油路的隔离。

• 背压与安全保护。为了提高液压缸及其驱动的车削动力头的运动平稳性，在液压缸工进时的回油路上设置一溢流阀，以使液压缸在一定的背压下运行。为了保证整个系统的安全，在泵出口并联一溢流阀，用于防止过载。

• 辅助回路方案。在液压泵入口设置吸油过滤器，以保证油液的清洁度；在液压泵出口设置压力表及多点压力表开关以便于各压力阀调压时的压力观测。

b.液压系统图。综合各液压回路设计方案绘制专用车床的液压系统原理图，如图13-3所示，图中附表是电磁铁及行程阀的状态。

⑥ 液压元件选型

a. 液压泵的选择。由表13-2可以查得液压缸的最高工作压力出现在工进阶段，即p_1=2.84MPa，此时缸的输入流量较小，泵至缸间的进油路压力损失估取为Δp=0.6MPa。则泵的最高工作压力p_p为

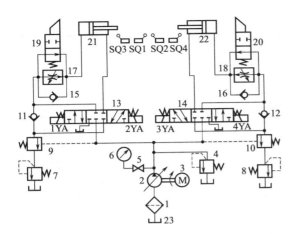

附表　专用车床液压系统电磁铁和行程阀状态

工况	电磁铁和行程阀状态					
	1YA	2YA	3YA	4YA	行程阀19	行程阀20
快进	+	−	−	+	下位	下位
工进	+	−	−	+	上位	上位
快退	−	+	+	−	上位	上位
等待	−	−	−	−	下位	下位

注："+"表示通电；"−"表示断电。

图13-3　专用车床液压系统原理图及电磁铁和行程阀状态

1—过滤器；2—变量泵；3—电动机；4，7，8—溢流阀；5—压力表开关；6—压力表；
9，10—远控顺序阀；11，12，15，16—单向阀；13，14—三位五通电磁换向阀；
17，18—调速阀；19，20—二位二通行程阀；21，22—液压缸；23—油箱

$$p_p = 2.84 + 0.6 = 3.44 \text{（MPa）}$$

在两车削头同时快退时，需要的总流量为

$$q_{2max} = 2q_{1max} = 2 \times 16.02 = 32.04 \text{（L/min）}$$

取泄漏系数为 $k=1.1$，则液压泵的流量为

$$q_p = kq_{2max} = 1.1 \times 32.04 = 35.24 \text{（L/min）}$$

根据系统所需流量，拟初选限压式变量液压泵的转速为 $n=1500$r/min，泵的容积效率 $\eta_v=0.85$，则泵的排量参考值为

$$V_g = \frac{1000q_v}{n\eta_v} = \frac{1000 \times 35.24}{1500 \times 0.85} = 27.64 \text{（mL/r）}$$

选用规格相近的YBX-B30M型限压式变量叶片泵，其额定压力为6.3MPa，排量为 $V=30$mL/r，泵的额定转速为 $n=1500$r/min，取容积效率 $\eta_v=0.85$，则该泵的额定流量为

$$q_p = Vn\eta_v = 30 \times 1500 \times 0.85 \times 10^{-3} = 38.25 \text{（L/min）}$$

与系统所需流量基本符合。

由表13-2可知，系统在工进阶段以最高进给速度工作时，负载功率最大，其值为 $P_{1max}=445$W，故按此阶段的液压泵所需驱动功率选择电动机。此时，泵的工作压力为 $p_p=3.44$MPa，流量为 $q_p=2q_1=2\times9.42=18.84$L/min。已知泵的总效率为 $\eta_p=0.80$，则液压泵在工进阶段所需的驱动功率为

$$P_p = \frac{p_p q_p}{\eta_p} = \frac{3.44 \times 10^6 \times 18.84 \times 10^{-3}}{0.8 \times 60 \times 10^3} = 1.35 \text{（kW）}$$

选用Y系列（IP44）中规格相近的Y90L-4-B5型立式三相异步电动机，其额定功率1.5kW，转速为1400r/min，则变量泵的实际输出流量为35.7L/min，能满足系统各工况对流量的要求。

b.控制元件的选择根据。系统工作压力与通过各液压控制阀及部分辅助元件的最大流量，选择的元件型号规格如表13-3所示。

表13-3　专用车床液压系统主要元件的型号规格

名称	通过流量/(L/min)	额定流量/(L/min)	额定压力/MPa	工作压力/MPa	型号
过滤器	35.70	40	原始压力损失≤0.02	—	XU-40×80J
限压式变量叶片泵	35.70	38.25	6.3	3.44	YBX-B30M

续表

名称	通过流量/(L/min)	额定流量/(L/min)	额定压力/MPa	工作压力/MPa	型号
先导式溢流阀	35.70	63	6.3	3.9	YF3-10B
六点压力表开关	—	—	6.3	3.9	K-6B
压力表	—	—	测压范围0~40	3.9	Y-40
直动式溢流阀	4.8	10	2.5	0.3	P-B10B
远控顺序阀	4.8		6.3	3.44	XY-10B
单向阀	16.02	25	6.3	3.44	I-25B
三位五通电磁换向阀	31.4	25	6.3	3.44	35D-25B
单向阀	31.4	63	6.3	6.3	I-63B
调速阀	<10	10	6.3	2.84	Q-10B
行程阀	15.46	100	6.3	2.84	22C-25BH

c.液压辅件的设计。本液压系统为中压系统，故取经验系数 $a=7$，则油箱容量 V 为

$$V = aq_p = 5 \times 35.7 = 178.5 \ （L）$$

13.2 板料折弯液压机系统设计计算

13.2.1 技术要求及已知条件

欲设计制造一台立式板料折弯机，其滑块及折弯机构的上下运动拟采用液压传动，要求通过电液控制实现的工作循环为：快速下降→慢速加压（折弯）→快速回程（上升）。

最大折弯力 $F_{max}=1000kN$

滑块重力 $G=15kN$

快速下降的速度 $v_1=23mm/s$

慢速加压（折弯）的速度 $v_2=12mm/s$

快速上升的速度 $v_3=53mm/s$

快速下降行程 $L_1=180mm$，慢速加压（折弯）的行程 $L_2=20mm$，快速上升的行程 $L_3=200mm$；启动、制动时间 $\Delta t=0.2s$。

要求用液压方式平衡滑块及折弯机构重量，以防自重下滑；滑块导轨摩擦力可以忽略不计。

由于折弯机为立式布置，行程较小（仅200mm），且往复速度不同，故选用缸筒固定的立置单杆活塞缸（取缸的机械效率 $\eta_{cm}=0.91$），作为执行元件驱动滑块及折弯机构对板料进行折弯作业。

预选液压缸的设计压力 $p_1=23MPa$。将液压缸的无杆腔作为主工作腔，考虑到液压缸下行时，滑块自重采用液压方式平衡，则可计算出液压缸无杆腔的有效面积 A_1

$$A_1 = \frac{F_{max}}{\eta_{cm} p_1} = \frac{1000 \times 10^3}{0.91 \times 23 \times 10^6} = 0.048 \ （m^2）$$

液压缸内径 D（活塞直径）

$$D = \sqrt{\frac{4A_1}{\pi}} = \sqrt{\frac{4 \times 0.048}{3.14}} = 0.247 \ （m）= 247mm$$

按GB/T 2348—2018，将液压缸内径圆整为标准值 $D=250mm=25cm$。活塞杆直径 d 可根据快速下行与快速上升的速度比来确定。

由 $\dfrac{v_3}{v_1}=\dfrac{D^2}{D^2-d^2}=\dfrac{53}{23}=2.3$ 得 $d=188mm$，取标准值 $d=180mm$。

从而可算得液压缸无杆腔和有杆腔的实际有效面积为

$$A_1 = \frac{\pi D^2}{4} = \frac{3.14 \times 250^2}{4} = 4.91 \times 10^4 \ （mm^2）$$

$$A_2 = \frac{\pi(D^2 - d^2)}{4} = \frac{3.14 \times (250^2 - 180^2)}{4} = 2.37 \times 10^4 \ （mm^2）$$

13.2.2 负载分析和运动分析

(1) 各工况负载分析

① 快速下降 启动加速

$$F_{i1} = \frac{G}{g} \times \frac{\Delta v_1}{\Delta t} = \frac{15 \times 10^3}{9.81} \times \frac{23 \times 10^{-3}}{0.2} = 176 \text{（N）}$$

② 慢速折弯 折弯时压头上的工作负载可分为两个阶段：初压阶段，负载力缓慢的线性增加，达到最大折弯力的5%，其行程为15mm；终压阶段，负载力急剧增加到最大折弯力，上升规律近似于线性，行程为5mm。

初压 $F_{e1} = F_{max} \times 5\% = 50000 \text{（N）}$

终压 $F_{e1} = F_{max} = 10^6 \text{ N}$

③ 快速回程 启动

$$F_{i2} + G = \frac{G}{g} \times \frac{\Delta v_2}{\Delta t} + G = \frac{15 \times 10^3}{9.81} \times \frac{53 \times 10^{-3}}{0.2} + 15 \times 10^3 = 15405 \text{（N）}$$

等速 $F = G = 15 \times 10^3 = 15000 \text{N}$

制动 $G - F_{i2} = G - \frac{G}{g} \times \frac{\Delta v_2}{\Delta t} = 15 \times 10^3 - \frac{15 \times 10^3}{9.81} \times \frac{53 \times 10^{-3}}{0.2} = 14595 \text{（N）}$

(2) 各工况运动分析

① 快速下行

$$t_1 = \frac{L_1}{v_1} = \frac{180}{23} = 7.826 \text{（s）}$$

② 慢速折弯

初压 $t_2 = \frac{L_2}{v_2} = \frac{15}{12} = 1.25 \text{（s）}$

终压 $t_3 = \frac{L_2'}{v_2} = \frac{5}{12} = 0.417 \text{（s）}$

③ 快速回程

$$t_4 = \frac{L_3}{v_3} = \frac{200}{53} = 3.774 \text{（s）}$$

利用以上数据，并在负载和速度过渡段做粗略的线性处理后便得到图13-4所示的液压缸负载循环图和速度循环图。

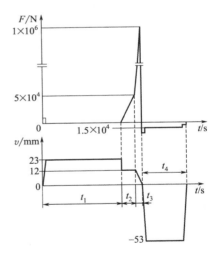

图13-4 液压缸负载循环图和速度循环图

(3) 确定系统主要参数，编制工况图

液压缸在工作循环中各阶段的压力和流量计算如表13-4所示。

表13-4 液压缸工作循环中各阶段的压力和流量

工况		计算公式	工作腔压力 p/MPa	输入流量 q/(cm³/min)
快速下行	启动	$p = \dfrac{F}{A_1 \eta_{cm}}$；$q = A_1 v_1$	3.942×10^{-3}	1128.43
	恒速		0	—
慢速加压	初压	$p = \dfrac{F}{A_1 \eta_{cm}}$；$q = A_1 v_2$	1.12	588.75
	终压		22.4	588.75→0
快速回程	启动	$p = \dfrac{F}{A_2 \eta_{cm}}$；$q = A_2 v_2$	0.71	
	恒压		0.69	1252.3
	制动		0.67	

工作循环中各阶段的功率计算：

① 快速下降

启动
$$P_1 = p_1 q_1 = 3.942 \times 10^{-3} \times 1128.46 = 4.45 \text{ (W)}$$

恒速
$$P_1' = 0$$

② 慢速加压

初压
$$P_2 = p_2 q_2 = 1.12 \times 588.75 = 659.4 \text{ (W)}$$

终压，行程只有5mm，持续时间仅$t_3=0.417$s，压力和流量变化情况较复杂，压力由1.12MPa增至22.4MPa，其变化规律可近似用一线性函数$p(t)$表示，即

$$p = 1.12 + \frac{22.4 - 1.12}{0.417}t = 1.12 + 51.03t$$

流量由588.75cm³/s减小为零，其变化规律可近似用一线性函数$q(t)$表示，即

$$q = 588.75\left(1 - \frac{t}{0.417}\right)$$

上述两式中，t为终压持续时间，取值范围0~0.417s。

从而得此阶段功率方程

$$P = pq = 588.75 \times (1.12 + 51.03t)\left(1 - \frac{t}{0.417}\right)$$

这是一个开口向下的抛物线方程，令$\frac{\partial P}{\partial t}=0$，可求得极值点$t=0.197$s以及此处的最大功率值为

$$P_3 = P_{max} = 588.75 \times (1.12 + 51.03 \times 0.197) \times \left(1 - \frac{0.197}{0.417}\right) = 3.47 \text{ (kW)}$$

而$t=0.197$s处的压力和流量分别为

$$p = 1.12 + 51.03 \times 0.197 = 11.17 \text{ (MPa)}$$

$$q = 588.75 \times \left(1 - \frac{0.197}{0.417}\right) = 310.61 \text{ (cm}^3\text{/s)}$$

③ 快速回程

启动
$$P_4 = p_4 q_4 = 0.71 \times 1252.3 = 889 \text{ (W)}$$

恒速
$$P_5 = p_5 q_5 = 0.69 \times 1252.3 = 864 \text{ (W)}$$

制动
$$P_6 = p_6 q_6 = 0.67 \times 1252.3 = 839 \text{ (W)}$$

根据以上分析与计算数据可绘出液压缸的工况图，如图13-5所示（图中，功率抛物线顶点两侧近似当作直线段处理）。

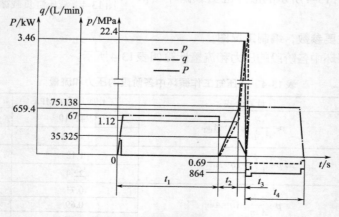

图13-5 折弯机液压缸工况图

13.2.3 制订基本方案，拟订液压系统图

考虑到折弯机工作时所需功率较大，故采用容积调速方式。为满足速度的有级变化，采用压力补偿变量液压泵供油，即在快速下降时，液压泵以全流量供油，当转换成慢速加压折弯时，泵的流量减小在最后5mm内，使泵流量减到零。当液压缸反向回程时，泵的流量恢复到全流量。

液压缸的运动方向采用三位四通M型中位机能电液换向阀控制，停机时换向阀处于中位，使液压泵卸荷。为防止压头在下降过程中由于自身重力作用而出现速度失控现象，在液压缸无杆腔回油路上设置一个内控单向顺序阀。

本机采用行程控制，利用动挡块触动滑块运动路径上设置的电气行程开关来切换电液换向阀，以实现自动循环。此外，在泵的出口并联一个溢流阀，用于系统的安全保护；泵出口尚需并联一个压力表及其开关，以实现测压。

综上拟定的折弯机液压系统原理图如图13-6所示。

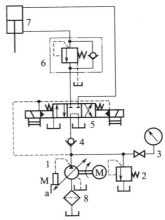

图13-6　折弯机液压系统原理图
1—变量泵；2—溢流阀；3—压力表及其开关；4—单向阀；
5—三位四通电液换向阀；6—单向顺序阀；
7—液压缸；8—过滤器

13.2.4 液压元件选型

（1）液压泵的选择

由图13-5可知，液压缸的最高工作压力出现在加压折弯阶段结束时，p_1=22.4MPa。此时缸的输入流量极小，且进油路元件较少，故泵至缸间的进油路压力损失估取为Δp=0.5MPa。算得泵的最高工作压力p_p为

$$p_p = p_1 + \Delta p = 22.4 + 0.5 = 22.9 \text{（MPa）}$$

所需的液压泵最大供油流量q_p按液压缸的最大输入流量（1252.3cm³/min）进行估算。取泄漏系数K=1.1，则

$$q_p = 1.1 \times 1252.3 = 1377.53 \text{（cm}^3\text{/min）}$$

根据系统所需流量，拟初选限压式变量液压泵的转速为n=1500r/min，暂取泵的容积效率η_V=0.90，则泵的排量参考值为

$$V_g = \frac{1000q_v}{n\eta_v} = \frac{60 \times 1377.53}{1500 \times 0.90} = 61.22 \text{（mL/r）}$$

根据以上计算结果查阅产品样本，选用规格相近的63YCY14-1B压力补偿变量型斜盘式轴向柱塞泵，其额定压力p_n=32MPa，排量V=63mL/r，额定转速n=1500r/min，容积效率η_V=0.92。其额定流量为$q_p=Vn\eta_V$=63×1500×0.92=86.94L/min，符合系统对流量的要求。

（2）驱动电动机的选择

最大功率出现在终压阶段t=0.197s时，液压泵的最大理论功率

$$P_t = (p + \Delta p) Kq = (11.17 + 0.5) \times 1.1 \times 310.61 \times 10^{-3} = 3.99 \text{（kW）}$$

取泵的总效率为η_p=0.85，则算得液压泵驱动功率为

$$P_p = \frac{P_t}{\eta_p} = \frac{3.99}{0.85} = 4.69 \text{（kW）}$$

查手册，选用规格相近的Y132S-4型封闭式三相异步电动机，其额定功率5.5kW，额定转速为1440r/min。按所选电动机转速和液压泵的排量，液压泵的最大实际流量为

$$q_t = nV = 1440 \times 63 \times 0.92 = 83.46 \ (\text{L/min})$$

大于计算所需流量82.65L/min，满足使用要求。

（3）其他液压元件的选择

根据所选择的液压泵规格及系统工作情况，选择系统的其他液压元件如表13-5所示。

表13-5　折弯机液压系统液压元件型号规格

元件名称	额定压力/MPa	额定流量/(L/min)	型号
斜盘式轴向柱塞泵	32	63mL/r(排量)	63YCY14-1B
溢流阀	35	250	DB10
压力表开关	40	—	AF6EP30/Y400
单向阀	31.5	120	S15P
三位四通电液换向阀	28	160	4WEH10G
单向顺序阀	31.5	150	DZ10
过滤器	<0.02(压力损失)	100	XU-100×80J

13.3　组合机床动力滑台液压系统设计

13.3.1　组合机床动力滑台的工作要求

液压系统在组合机床上主要是用于实现工作台的直线运动和回转运动，例如各个动力箱和刀具的快速进退及切削进给，此外还用于实现工件夹紧和输送等动作。组合机床的动力箱安装在动力滑台上，动力箱上的电动机带动刀具实现主运动，而动力滑台用来完成刀具的进给运动。多数动力滑台采用液压驱动，以便实现自动工作循环（如快进、Ⅰ工进、Ⅱ工进和快退等）。多种进给可根据工艺要求安排在一个工序中，还可以用多个动力滑台同时进行加工，这就要求液压系统的设计能够实现多个结构的同时动作。此外，在工件加工过程中，不同的工艺要求动力滑台产生不

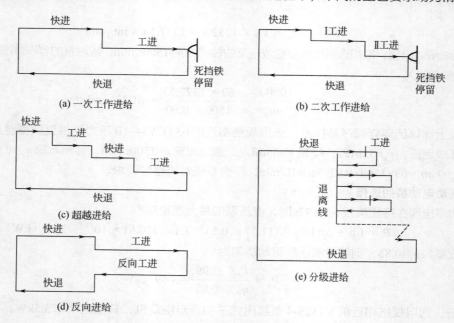

图13-7　组合机床动力滑台的典型工作循环

同的进给速度，因此要求液压系统应具有良好的调速功能。通常组合机床在工作过程中要完成一系列的动作循环。例如：首先工件由定位缸进行定位，夹紧缸夹紧，当工件夹紧后，压力继电器发出电信号；然后如果有回转工作台，这时回转工作台完成抬起→转位→落下的动作循环；接着一个或多个液压动力滑台同时实现快进→工进→快退→原位停止的动作循环，即液压动力滑台要实现同步动作。动力滑台完成动作循环后，回转工作台完成抬起→复位→落下的动作循环；最后夹紧缸松开，定位缸缩回，至此组合机床完成一个完整的动作循环。由于组合机床的动作循环复杂，动作步骤多，要实现精确可靠的动作循环，则要求液压系统具有很高的自动化程度和自动控制功能，因此液压系统必须与电气控制相结合，应尽可能使用电磁铁、行程开关、压力继电器等电气控制元件。

组合机床中定位缸、夹紧缸以及回转工作台的动作循环相对简单，由于动力滑台有时要完成两次或两次以上的进给动作，因此动力滑台的动作循环往往比较复杂。组合机床动力滑台液压系统的典型工作循环如图13-7所示，该动力滑台液压系统的工作循环如图13-7（a）所示，要完成的动作循环包括原位停止→快进→工进→死挡铁停留→快退→原位停止。

13.3.2 设计参数和技术要求

设计一个卧式单面多轴钻孔组合机床动力滑台的液压系统，要求液压系统完成的工作循环是：快进→工进→死挡铁停留→快退→原位停止。

设计参数如下。

主轴切削力：F_t=36kN

快进、快退速度：v=4.5m/min

工进速度：v'=20~180m/min

最大行程：l=400mm

工作行程：l'=180mm

工作部件重量：G=12kN

材料硬度：240HBW

动力滑台采用平面导轨，其静、动摩擦因数分别为μ_s=0.02、μ_d=0.08。往复运动的加减速时间要求不大于0.2s。

13.3.3 工况分析

（1）确定执行元件

多轴组合钻床的工作特点要求液压系统主要完成直线运动，因此，确定液压缸是液压系统的执行元件。

（2）动力分析

在对液压系统进行工况分析时，只考虑组合机床动力滑台所受到的工作负载、惯性负载和机械摩擦阻力负载，其他负载可忽略。

① 工作负载 工作负载是在工作过程中由于机器特定的工作情况而产生的负载。对于组合机床液压系统来说，沿液压缸轴线方向的切削力即为工作负载，大小为36kN。

② 惯性负载 最大惯性负载由移动部件的质量和最大加速度所决定，其中最大加速度可根据工作台最大移动速度和加速时间进行计算。已知往复加、减速时间最大为0.2s，工作台最大移动速度，即快进、快退速度为4.5m/min，因此惯性负载可表示为

$$F_m = m\frac{\Delta v}{\Delta t} = \frac{12 \times 10^3}{9.8} \times \frac{4.5}{60 \times 0.2} = 459 \text{（N）}$$

③ 阻力负载　阻力负载主要是工作台的机械摩擦阻力，分为静摩擦阻力和动摩擦阻力两部分。

静摩擦阻力　　　　　　　$F_{fs} = \mu_s N = 0.02 \times 12 \times 10^3 = 240$（N）

动摩擦阻力　　　　　　　$F_{fd} = \mu_d N = 0.08 \times 12 \times 10^3 = 960$（N）

根据上述负载力计算结果，可得出液压缸在各个工况下所受到的负载力和液压缸所需推力情况，如表13-6所示。

（3）运动分析

已知快进速度和快退速度 $v_1=v_3=4.5$m/min、快进行程 $l_1=400-180=220$mm、工进行程 $l_2=$ 180mm、快退行程 $l_3=400$mm，工进速度由主轴转速及每转进给量求出。

根据表13-6中计算结果，绘制组合机床动力滑台液压系统的负载循环图，如图13-8所示。图13-8表明，当组合机床动力滑台处于工作进给状态时，负载力最大为41280N，其他工况下负载力相对较小。

根据上述计算得到的数据，绘制组合机床动力滑台液压系统的速度循环图，如图13-9所示。

表13-6　液压缸在各工作阶段的负载

工况	负载组成	负载值 F/N	液压缸推力 F'/N $F'=F/\eta_m$
启动	$F=F_{fs}$	2400	2667
加速	$F=F_{fd}+F_m$	1419	1577
快进	$F=F_{fd}$	960	1067
工进	$F=F_{fd}+F_t$	37152	41280
反向启动	$F=F_{fs}$	2400	2667
加速	$F=F_{fd}+F_m$	1419	1577
快退	$F=F_{fd}$	960	1067

注：1.液压缸的机械效率 η_m 一般取0.9~0.95，此处取0.9。

2.此处未考虑滑台上的颠覆力矩的影响。

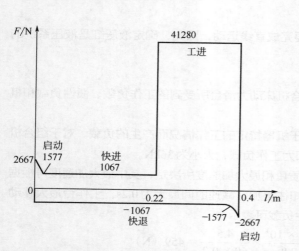

图13-8　组合机床动力滑台液压系统的负载循环图

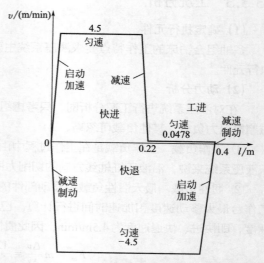

图13-9　组合机床动力滑台液压系统的速度循环图

13.3.4 确定主要技术参数

（1）初选液压缸工作压力

图13-8所示组合机床动力滑台液压系统负载循环图表明，本设计实例所设计的动力滑台液压系统在工进时负载最大，其值为41280N，其他工况时的负载都相对较低，初选液压缸的工作压力 p_1=4.5MPa。

（2）确定液压缸主要尺寸

由于工作进给速度与快速运动速度差别较大，且设计要求中给出的快进、快退速度相等，从降低总流量需求考虑，应确定采用单作用液压缸的差动连接方式。通常利用差动液压缸活塞杆较粗、可以在活塞杆中设置通油孔的有利条件，最好采用活塞杆固定，而液压缸缸体随滑台运动的常用典型安装形式。在这种情况下，液压缸应设计成无杆腔的工作面积 A_1，是有杆腔工作面积 A_2 2倍的形式，即活塞杆直径 d 与缸筒直径 D 成 d=0.707D 的关系。

工进过程中，当被加工件上的孔被钻通时，由于负载突然消失，液压缸有可能会发生前冲的现象，因此液压缸的回油腔应设置一定的背压（通过设置背压阀的方式），选取此背压值 p_2=0.8MPa。

快进时液压缸虽然作差动连接（即有杆腔与无杆腔均与液压泵的来油连接），但是连接管路中不可避免地存在着压降 Δp，且有杆腔的压力必须大于无杆腔，估算时取 $\Delta p \approx 0.5$MPa。快退时回油腔中也是有背压的，这时也选取背压值 p_2=0.8MPa。

工进时液压缸的推力计算公式为

$$\frac{F}{\eta_{cm}} = A_1 p_1 - A_2 p_2 = A_1 p_1 - (A_1/2) p_2 \tag{13-1}$$

式中　F——负载力，N；

η_{cm}——液压缸机械效率；

A_1——液压缸无杆腔的有效作用面积，m²；

A_2——液压缸有杆腔的有效作用面积，m²；

p_1——液压缸无杆腔压力，MPa，取4.5MPa；

p_2——液压缸有杆腔压力，MPa，取0.8MPa。

因此，根据已知参数，液压缸无杆腔的有效作用面积可计算为

$$A_1 = \frac{F/\eta_{cm}}{p_1 - \dfrac{p_2}{2}} = \frac{41280}{\left(4.5 - \dfrac{0.8}{2}\right) \times 10^6} = 0.01 \ （mm^2）$$

液压缸缸筒直径为

$$D = \sqrt{4A_1/\pi} = \sqrt{4 \times 0.01 \times 10^6/\pi} = 112.8 \ （mm）$$

根据前述差动液压缸缸筒和活塞杆直径之间的关系，d=0.707D，因此活塞杆直径为 d=0.707D=0.707×112.8=79.7mm，根据GB/T 2348—2018对液压缸缸筒内径尺寸和液压缸活塞杆外径尺寸的规定，圆整后取液压缸缸筒直径为 D=125mm，活塞杆直径为 d=90mm。

此时液压缸两腔的实际有效面积分别为

$$A_1 = \pi D^2/4 = 122.7 \times 10^{-4} \ （m^2）$$

$$A_1 = \pi (D^2 - d^2)/4 = 59.1 \times 10^{-4} \ （m^2）$$

计算得到液压系统的实际工作压力为

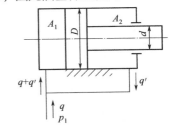

图13-10　液压缸的差动连接方式

$$p_1 = \frac{F/\eta_{cm} + A_2 p_2/2}{A_1} = \frac{41280 + 59.1 \times 10^{-4} \times \dfrac{0.8}{2} \times 10^6}{122.7 \times 10^{-4}} = 3.56 \text{（MPa）}$$

（3）计算最大流量

组合机床工作台在快进过程中，液压缸采用差动连接（见图13-10），此时有

$$q + q' = q + A_2 v_1 = A_1 v_1$$

因此，组合机床工作台快进过程中液压缸所需要的流量为

$$q_{快进} = \left(A_1 - A_2\right)v_1 = \left(122.7 \times 10^{-4} - 59.1 \times 10^{-4}\right) \times$$
$$4.5 \times 10^3 = 28.62 \text{（L/min）}$$

组合机床工作台在快退过程中液压缸所需要的流量为

$$q_{快退} = A_2 v_2 = 59.1 \times 10^{-4} \times 4.5 \times 10^3 = 26.6 \text{（L/min）}$$

组合机床工作台在工进过程中液压缸所需要的流量为

$$q_{工进} = A_1 v_1' = 122.7 \times 10^{-4} \times 47.8 = 0.587 \text{（L/min）}$$

其中最大的流量为快进流量28.6L/min。

根据上述液压缸直径及流量计算结果，进一步计算液压缸在各个工作阶段中的压力、流量和功率值，如表13-7所示。

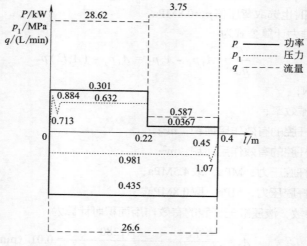

图13-11　多轴钻床动力滑台液压系统工况图

表13-7　各工况下的主要参数值

工况		推力 F/N	回油腔压力 p_2/MPa	进油腔压力 p_1/MPa	输入流量 $q/(\mathrm{L/min})$	输入功率 P/kW	计算公式
快进	启动	2667	0	0.884	—	—	$p_1 = \dfrac{F' + A_2 \Delta p}{A_1 - A_2}$
	加速	1577	1.213	0.713	—	—	$q = (A_1 - A_2)v_1$
	恒速	1067	1.132	0.632	28.62	0.301	$P = p_1 q$ $p_2 = p_1 + \Delta p$
工进		41280	0.8	3.75	0.587	0.0367	$p_1 = \dfrac{F' + A_2 p_2}{A_1}$ $q = A_1 v_2$ $P = p_1 q$

续表

工况		推力 F'/N	回油腔压力 p_2/MPa	进油腔压力 p_1/MPa	输入流量 q/(L/min)	输入功率 P/kW	计算公式
快退	启动	2667	0	0.45	—	—	$p_1=\dfrac{F'+A_2p_2}{A_2}$
	加速	1577	0.8	1.07	—	—	$q=A_1v_2$ $P=p_1q$
	恒速	1067	0.8	0.981	26.6	0.435	$p_2=p_{背压1}$

把表13-7中计算结果绘制成工况图,如图13-11所示。

13.3.5 拟订液压系统原理图

(1) 选择液压回路

① 选择速度控制回路 多轴组合钻床液压系统在整个工作循环过程中所需要的功率较小,系统的效率和发热问题并不突出,可考虑采用结构简单、成本低、更适合于小功率场合的节流调速回路。钻削过程中液压系统的负载变化不大,采用节流阀或调速阀的节流调速回路即可满足要求。但由于在钻头钻入铸件表面及孔被钻通时的瞬间存在负载突变的可能,因此考虑在工作进给过程中采用具有压差补偿的进口调速阀的调速方式,且在回油路上设置背压阀。由于选定了节流调速方案,所以油路最好采用开式循环回路,以提高散热效率,防止油液温升过高。

② 选择换向和速度换接回路 所设计多轴组合钻床液压系统对换向平稳性的要求不高,流量不大,压力不高,所以选用价格较低的电磁换向阀控制换向回路即可。为便于实现差动连接,换向阀可以选用一个三位五通电磁换向阀,或选用一个三位四通电磁换向阀和一个二位三通电磁换向阀,如图13-12所示。为了便于在间歇工作时手动调整工作台的位置和便于增设液压夹紧支路,可以考虑选用Y型中位机能的电磁换向阀,也可根据系统的要求相应地选用其他类型的中位机能。

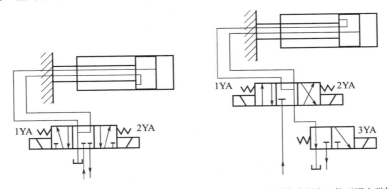

(a) 采用三位五通电磁换向阀　　　　　(b) 采用三位四通电磁换向阀和二位三通电磁换向阀

图13-12　换向回路

由前述计算可知,当工作台从快进转为工进时,进入液压缸的流量由28.62L/min降为0.587L/min,可选二位二通行程换向阀来进行速度换接,以减少速度换接过程中的液压冲击,如图13-13所示。由于工作压力较低,控制阀均用普通滑阀式结构即可。由工进转为快退时,在行程阀回路上并联了一个单向阀可以实现速度换接。为了控制轴向加工尺寸,提高换向位置精度,可以采用死挡块加压力继电器的行程终点转换控制方式。

(2) 油源的选择和能耗控制

表13-7表明,本设计实例多轴组合钻床动力滑台液压系统的供油工况主要为快进、快退时的低压大流量供油和工进时的高压小流量供油两种工况,若采用单个定量泵供油,显然系统的功率

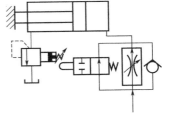

图13-13　速度切换回路

损失大、生产效率低。设计液压系统时，在液压系统的流量、方向和压力等关键参数确定后，还要考虑能耗控制，用尽量少的能量来完成系统的动作要求，以达到节能和降低生产成本的目的。

在图13-10的一个工作循环内，液压缸在快进和快退行程中要求油源以低压大流量供油，工进行程中要求油源以高压小流量供油。在一个工作循环中，液压油源在大部分时间都处于高压小流量供油状态，只有小部分时间工作在低压大流量供油状态。从提高系统效率、节省能量角度来看，如果选用单个定量泵作为整个系统的油源，液压系统会长时间处于大流量溢流状态，从而造成能量的大量损失，这样的设计显然是不合理的。如果采用单个定量泵供油方式，液压泵所输出的流量假设为液压缸所需要的最大流量28.62L/min，忽略油路中的所有压力和流量损失，液压系统在整个工作循环过程中，工进过程的功率消耗最大。如果采用一个大流量定量泵和一个小流量定量泵双泵串联的供油方式，双联泵组成的油源在工进和快进过程中输出不同的流量，与单泵供油方式相比，如果采用双泵供油的油源设计方案，在工进时系统所消

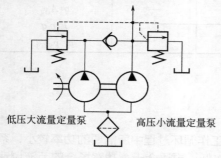

低压大流量定量泵　　高压小流量定量泵

图13-14　双泵供油油源

耗的功率可大大降低。除采用双联泵作为油源外，也可选用限压式变量泵作油源。但限压式变量泵结构复杂，成本高，且流量突变时液压冲击较大，工作平稳性差，因此本设计实例确定选用双联液压泵供油方案，有利于降低能耗和生产成本，如图13-14所示。

（3）压力控制回路的选择

由于采用双联泵供油方式，故采用液控顺序阀实现低压大流量泵卸荷，用溢流阀调整高压小流量泵的供油压力。为了便于观察和调整压力，在液压泵的出口处、背压阀和液压缸无杆腔进口处设测压点。

将上述所选定的液压回路进行整理归并，并根据需要作必要的修改和调整，最后画出液压系统原理图，如图13-15所示，电磁铁和行程阀动作顺序如表13-8所示。

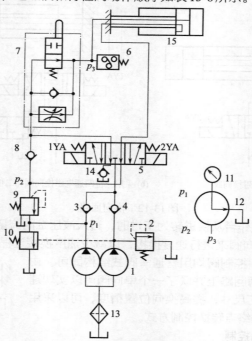

图13-15　液压系统原理图

1—液压泵；2—溢流阀；3，4，8，14—单向阀；5—三位五通电磁换向阀；6—压力继电器；7—阀组；
9，10—顺序阀；11—压力表；12—多接点压力开关；13—滤油器；15—液压缸

表13-8　电磁铁和行程阀动作顺序

动作	1YA	2YA	行程阀
快进	+	+	-
工进	+	-	+
快退	-	+	+
停止	-	-	-

为了解决动力滑台快进时回油路接通油箱，无法实现液压缸差动连接的问题，必须在回油路上串接一个液控顺序阀9，以阻止油液在快进阶段返回油箱。

为了避免多轴组合机床停止工作时回路中的油液流回油箱，导致空气进入系统，影响滑台运动的平稳性，图中添置了一个单向阀14。

考虑到本设计实例组合机床的用途是用于钻孔（通孔与不通孔）加工，对位置定位精度要求较高，图中增设了一个压力继电器6。当滑台碰上死挡块后，系统压力升高，压力继电器发出快退信号，操纵三位五通电磁换向阀5换向。

在进油路上设有压力表开关和压力表，钻孔行程终点定位精度不高，采用行程开关控制即可。

13.3.6　液压元件的选择

（1）液压泵和电动机规格

① 确定液压泵的最大工作压力　由于本设计采用双泵供油方式，根据图5-7，大流量液压泵只需在快进和快退阶段向液压缸供油，因此大流量泵工作压力较低。小流量液压泵在快速运动和工进时都向液压缸供油，而液压缸在工进时工作压力最大，因此对大流量液压泵和小流量液压泵的工作压力分别进行计算。

由表13-7可知，液压缸在整个工作循环中最大的压力为3.75MPa，由于液压泵的最大工作压力可表示为液压缸最大工作压力与液压泵到液压缸之间压力损失之和。对于调速阀进口节流调速回路，液压回路压力损失估算值，选取进油路上的总压力损失为0.8MPa，同时考虑到压力继电器的可靠动作要求压力继电器动作压力与最大工作压力的压差为0.5MPa，则小流量泵的最高工作压力可估算为

$$p_{p1} = 3.75 + 0.8 + 0.5 = 5.05 \ （MPa）$$

大流量泵只在快进和快退时向液压缸供油，快退时液压缸中的工作压力比快进时大，如取进油路上的压力损失为0.5MPa，则大流量泵的最高工作压力为p_{p2}=1.07+0.5=1.57MPa。

② 计算总流量　表13-7表明，在整个工作循环过程中，液压油源应向液压缸提供的最大流量出现在快进工作阶段，为28.62L/min，若整个回路中总的泄漏量按液压缸输入流量的10%计算，则液压油源所需提供的总流量为

$$q_p = 1.1 × 28.62 = 31.482 \ （L/min）$$

工作进给时，液压缸所需流量为0.587L/min，但由于要考虑溢流阀的最小稳定溢流量为3L/min，故小流量泵的供油量最少应为3.6L/min。

根据以上液压油源最大工作压力和总流量的计算数值，查阅有关样本，例如YUKEN日本油研液压泵样本，确定PV2R型双联叶片泵能够满足上述设计要求，因此，选取PV2R12-6/33型双联叶片泵，其中小泵的排量为6mL/r，大泵的排量为33mL/r，若取液压泵的容积效率为0.9，则当泵的转速为960r/min时，小泵的输出流量为

$$q_{p小} = 6 × 10^{-3} × 960 × 0.9 = 5.184 \ （L/min）$$

该流量能够满足液压缸工进速度的需要。

大泵的输出流量为

$$q_{p大} = 33 × 10^{-3} × 960 × 0.9 = 28.512 \ （L/min）$$

双泵供油的实际输出流量为

$$q_p = (6 + 33) \times 10^{-3} \times 960 \times 0.9 = 33.696 \text{（L/min）}$$

该流量能够满足液压缸快速动作的需要。液压泵参数如表13-9所示。

表13-9　液压泵参数

元件名称	额定流量/(L/min)	额定压力	型号
双联叶片泵	5.184+28.512	最高工作压力为21MPa	PV2R12-6/33

③ 电动机的选择　由图13-10可知，液压缸在快退时输入功率最大，这时液压泵工作压力为1.07MPa，流量为33.696L/min。取泵的总效率η_p=0.75，则液压泵驱动电动机所需的功率为

$$P = \frac{p_p q_p}{\eta_p} = \frac{1.07 \times 10^6 \times 33.696}{60 \times 0.75 \times 1000} \times 10^{-3} = 0.80 \text{（kW）}$$

根据上述功率计算数据，此系统选取Y132S-6型电动机，其额定功率P=3kW，额定转速n=960r/min。

（2）阀类元件和辅助元件的选择

根据液压系统的工作压力和通过各个阀类元件及辅助元件的流量，可选出这些元件的型号及规格，表13-10为选择元件的一种方案。

表13-10　阀类元件的选择

元件名称	型号	估计流量/(L/min)	规　格	
			额定流量/(L/min)	额定压力/MPa
三位五通电磁阀5	35DY-100BY	70	100	6.3
行程阀	22C-100BH	66.5	100	6.3
调速阀	Q-6B	<1	6	6.3
单向阀3	I-100B	30	100	6.3
单向阀4	I-10B	0.587	10	6.3
顺序阀(背压阀)9	X-25B	0.28	25	6.3
溢流阀2	Y-10B	5.64	10	6.3
单向阀8	I-100B	70	100	6.3
单向阀14	I-100B	70	100	6.3
阀组7中单向阀	I-100B	70	100	6.3
顺序阀10	AXY-D10B	30	63	10
过滤器	WU-100×100-J	84.24	100	6.3

油箱容积的确定：初始设计时，先按式确定油箱的容量，待系统确定后，再按散热的要求进行校核。油箱容量的经验公式为

$$V_容 = \alpha q_p = 7 \times 33.696 = 235.872 \text{（L）}$$

参考标准规定，取标准值$V_容$=250L=0.25m³

$$V = \frac{V_容}{0.8} = \frac{0.25}{0.8} = 0.3125 \text{（m³）}$$

13.4　叉车工作装置液压系统设计

13.4.1　概述

（1）叉车组成及分类

叉车是一种由自行轮式底盘和能垂直升降并可前后倾斜的工作装置组成的装卸搬运车辆。图

13-16所示是以内燃机为动力的平衡重式叉车外形，它由底盘（包括车架、动力及行走装置等）和工作装置（包括门架6、货叉7等）组成。为保持起升货物时车辆的整体稳定性，在底盘后部配有足够的平衡重物1。叉车的货叉起升、门架倾斜和转向均采用液压传动。工作时，驾驶人坐在座椅3上，通过操纵方向盘5和操纵杆4实现货物的装卸搬运作业。适合于货种多、货量大且必须迅速集散和周转的部门使用，成为港口码头、铁路车站和仓库货场等部门不可缺少的工具。叉车的使用不仅可实现装卸搬运作业的机械化，减轻劳动强度，节约大量劳力，提高劳动生产率，而且能够缩短装卸、搬运、堆码的作业时间，加速汽车和铁路车辆的周转，提高仓库容积的利用率，减少货物破损，提高作业的安全程度。

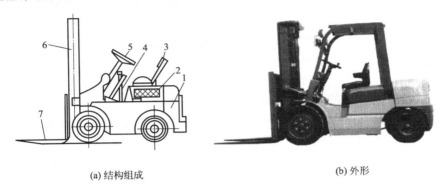

(a) 结构组成　　　　　　　　　　　　　　　　(b) 外形

图13-16　叉车的结构及外形

1—平衡重物；2—内燃机；3—座椅；4—操纵杆；5—方向盘；6—门架；7—货叉

根据叉车的动力装置不同，分为内燃叉车和电瓶叉车两大类；根据叉车的用途不同，分为普通叉车和特种叉车两种；根据叉车的构造特点不同，又分为直叉平衡重式叉车、插腿式叉车、前移式叉车、侧面式叉车等几种，其中直叉平衡重式叉车是最常用的一种叉车。

（2）叉车液压系统的设计要求

① 不允许液压油外漏而污染工作环境，特别是进集装箱和船舱内作业的叉车要求更为严格。

② 防止内漏，以减小叉车工作时货叉自行改变起升高度和倾角（以货叉下滑量和门架自倾角来衡量）。

③ 货叉起升要有微动控制，即起升操纵手柄要有一段明显的行程，使货叉缓慢起升或下降，以便对准货位。

④ 货叉的最大下降速度在机构上能自动限制（用下降调速阀），并有空载下降快、重载下降慢的特性，同时能保证在任何情况下（包括油管破裂），下降速度不大于600mm/s。

⑤ 要有超载安全保护。通常在系统中装有高灵敏度的溢流阀，它在叉车额定负荷时不开启，而在超载25%时要全开使货叉不能起升。

⑥ 具有门架倾斜自锁性能。当发动机熄火没有液压油供应时，操纵多路阀到前倾位置，门架不能靠荷重或自身重力前倾，以确保安全。

（3）叉车的结构及基本技术指标

叉车的基本技术参数有起重量、载荷中心距、起升高度、满载行驶速度、满载最大起升速度、满载爬坡度、门架的前倾角和后倾角以及最小转弯半径等。

① 起重量（Q）又称额定起重量，是指货叉上的货物中心位于规定的载荷中心距时，叉车能够举升的最大重量。我国标准中规定的起重量（t）系列为：0.50，0.75，1.25，1.50，1.75，2.00，2.25，2.50，2.75，3.00，3.50，4.00，4.50，5.00，6.00，7.00，8.00，10.00等。

② 载荷中心距（e）是指货物重心到货叉垂直段前表面的距离。标准中所给出的规定值与起

重量有关，起重量大时，载荷中心距也大。平衡重式叉车的载荷中心距如表13-11所示。

表 13-11　平衡重式叉车的载荷中心距

额定起重量 Q/t	$Q<1$	$1\leqslant Q<5$	$5\leqslant Q\leqslant 10$	$12\leqslant Q\leqslant 18$	$20\leqslant Q\leqslant 12$
载荷中心距 e/mm	100	500	600	900	1250

③ 起升高度（h_{max}）是指叉车位于水平坚实地面上，门架垂直放置且承受额定起重量的货物时，货叉所能升起的最大高度，即货叉升至最大高度时水平段上表面至地面的垂直距离。现有的起升高度（mm）系列为：1500，2000，2500，2700，3000，3300，3600，4000，4500，5000，5500，6000，7000。

④ 满载行驶速度（v_{max}）是指货叉上货物达到额定起重量且变速器在最高挡位时，叉车在平直干硬的道路上行驶所能达到的最高稳定行驶速度。

⑤ 满载最大起升速度（v_{amax}）是指叉车在停止状态下，将发动机油门开到最大时，起升大小为额定起重量的货物所能达到的平均起升速度。

⑥ 满载爬坡度（α）是指货叉上载有额定起重量的货物时，叉车以最低稳定速度行驶所能爬上的长度为规定值的最陡坡道的坡度值。

⑦ 门架的前倾角（β_f）及后倾角（β_b）分别指无载的叉车门架能从其垂直位向前和向后倾斜摆动的最大角度。

⑧ 最小转弯半径（R_{min}）是指将叉车的转向轮转至极限位置并以最低稳定速度做转弯运动时，其瞬时中心距车体最外侧的距离。

在叉车的基本技术参数中，起重量和载荷中心距能体现出叉车的装载能力，即叉车能装卸和搬运的最重货件。最大起升高度体现的是叉车利用空间高度的情况，可估算仓库空间的利用程度和堆垛高度。速度参数则体现了叉车作业循环所需要的时间，与起重量参数一起可估算出生产效率。

（4）叉车工作装置液压系统组成

如图13-17所示，叉车工作装置主要由货叉、叉架、门架、链条和滑轮、起升液压缸和倾斜液压缸组成。叉架升降由起升液压缸驱动，门架前后倾斜由倾斜液压缸驱动。为了做到一机多用，提高机器效能，除货叉外，叉车还可配备多种工作属具。工作装置、助力转向系统甚至行走传动系统等都需要由液压系统驱动完成。

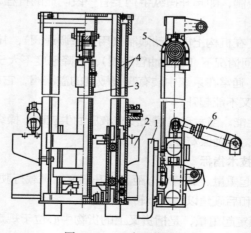

图 13-17　叉车工作装置

1—货叉；2—叉架；3—起升液压缸；4—门架；5—链条和滑轮；6—倾斜液压缸

　　某型号叉车工作装置的液压系统原理图如图13-18所示，该液压系统有起升液压缸8、倾斜液压缸6和属具液压缸7三个执行元件，由定量泵10供油，多路换向阀（属具滑阀1、起升液压缸滑阀3、倾斜液压缸滑阀4）控制各执行元件的动作，单向节流阀5调节起升和属具动作速度，从而驱动工作装置完成相应的工作任务。

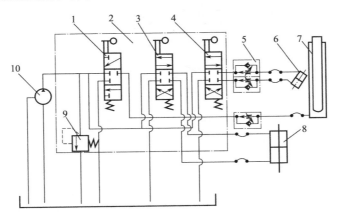

图13-18　某型号叉车工作装置液压系统原理图

1—属具滑阀；2—分配阀；3—起升液压缸滑阀；4—倾斜液压缸滑阀；5—单向节流阀；
6—倾斜液压缸；7—属具液压缸；8—起升液压缸；9—安全阀；10—定量泵

　　叉车行走驱动液压系统如图13-19所示，由变量主液压泵1供油，执行元件为液压马达5，主液压泵的吸油和供油路与液压马达的排油路和进油路相连，形成闭式回路。双向安全阀3保证液压回路双向工作的安全，梭阀4和换油溢流阀6使低压的热油排回油箱，辅助液压泵7把油箱中经过冷却的液压油补充到系统中，起到补充系统泄漏和换油的作用。补换溢流阀8限定补油压力，单向阀2保证补油到低压油路中，如图13-19所示。

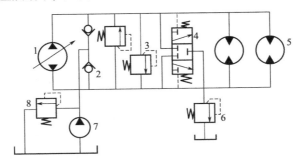

图13-19　行走驱动液压系统

1—主液压泵；2—单向阀；3—双向安全阀；4—梭阀；5—液压马达；6—换油溢流阀；

7—辅助液压泵；8—补换油溢流阀

　　该转向液压系统和叉车工作装置液压系统属各自独立的液压系统，分别由单独的液压泵供油。系统中流量调节阀2可保证转向助力器稳定供油，并使系统流量限制在发动机怠速运转时液压泵流量的1.5倍。随动阀3与普通的三位四通换向阀基本相同，只不过该阀的阀体与转向液压缸缸筒连接为一体，随液压缸缸筒的动作而动作。叉车直线行驶时，方向盘处于中间位置，随动阀3的阀芯也处于中间位置，转向液压缸4不动作，叉车直线行驶。当叉车转弯时，驾驶人转动方向盘，联动机构带动随动阀3的阀芯动作，使转向液压缸的两腔分别与液压泵或油箱连通，液压缸动作，驱动转向轮旋转，叉车转向，直到液压缸缸筒的移动距离与阀芯的移动距离相同时，阀芯复位，转向停止，如图13-20所示。

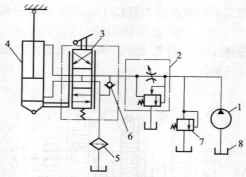

图 13-20　叉车助力转向液压系统

1—液压泵；2—调速阀；3—随动阀；4—转向液压缸；5—过滤器；6—单向阀；7—安全阀；8—油箱

（5）起升装置液压系统设计参数及技术要求

本设计实例所设计的叉车主要用于工厂中作业，要求能够提升 5000kg 的重物，最大垂直提升高度为 2m，叉车杆和导轨的质量约为 200kg，在任意载荷下，叉车杆最大上升（下降）速度不超过 0.2m/s，要求叉车杆上升（下降）速度可调，以实现叉车杆的缓慢移动，并且具有良好的位置控制功能。要求对叉车杆具有锁紧功能，无论在多大载荷作用下，或者甚至在液压油源无法供油，油源到液压缸之间的液压管路出现故障等情况下，要求叉车杆能够被锁紧在最后设定的位置。叉车杆在上升过程中，当液压系统出现故障时，要求安全保护装置能够使负载安全下降。

本设计实例所设计的叉车工作装置中叉车杆起升装置示意图如图 13-21 所示，由起升液压缸驱动货叉沿支架上下运动，从而提升和放下货物。

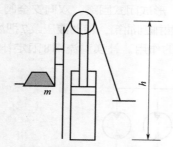

图 13-21　起升装置

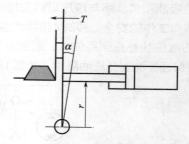

图 13-22　倾斜装置

（6）倾斜装置液压系统设计参数及技术要求

叉车工作装置中的叉车杆倾斜装置示意图如图 13-22 所示，该装置由倾斜液压缸驱动货叉及门架围绕门架上某一支点做摆动式旋转运动，从而使货叉能够在转运货物过程中向后倾斜某一角度，以防止货物在转运过程中从货叉上滑落。倾斜装置的最大倾斜角为距垂直位置 20°，最大转矩为 18000N·m，倾斜角速度应限制在 1°~2°/s。

在设计过程中，除了要满足叉车工作装置液压系统的技术参数要求外，还应注意叉车的工作条件对液压系统的结构、尺寸及工作可靠性等其他要求。综上所述，本设计实例叉车工作装置液压系统的设计要求及技术参数如表 13-12 所示。

表 13-12　技术参数

起升工作装置	额定载荷 m/kg	5000
	最大提升负载质量 m/kg	5200
	提升高度 h/m	2
	最大提升速度 v/(m/s)	0.2
倾斜工作装置	最大倾斜转矩 T/N·m	18000
	倾斜角度 α/(°)	20
	最大倾斜角速度 ω/[(°)/s]	1~2
	力臂 r/m	1

13.4.2 初步确定液压系统方案和主要技术参数

本设计实例叉车工作装置液压系统包括起升液压系统和倾斜液压系统两个子系统，因此分别确定两个子系统的设计方案和系统的主要技术参数。

（1）确定起升液压系统的设计方案和技术参数

起升液压系统的作用是提起和放下货物，因此执行元件应选择液压缸。由于起升液压缸仅在起升工作阶段承受负载，在下落过程中可在负载和活塞自重作用下自动缩回，因此可采用单作用液压缸。

如果把单作用液压缸的环形腔与活塞的另一侧连通，构成差动连接方式，则能够在提高起升速度的情况下减小液压泵的输出流量。如果忽略管路的损失，单作用液压缸的无杆腔和有杆腔的压力近似相等，则液压缸的驱动力将由活塞杆的截面积决定。单作用液压缸的差动连接，可以通过方向控制阀在外部管路上实现，如图 13-23（a）所示。为减小外部连接管路，液压缸的设计也可采用在活塞上开孔的方式，如图 13-23（b）所示。这种连接方式有杆腔所需要的流量就可以从无杆腔一侧获得，液压缸只需要在无杆腔外部连接一条油路，而有杆腔一侧不需要单独连接到回路中。

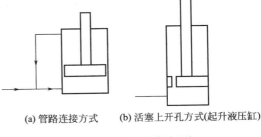

(a) 管路连接方式　　(b) 活塞上开孔方式(起升液压缸)

图 13-23　差动连接液压缸

起升液压缸在驱动货叉和叉架起升时，活塞杆处于受压状态，起支撑杆的作用，所以在设计起升液压缸时，必须考虑活塞杆的长径比，为保证受压状态下的稳定工作，应考虑活塞杆的长径比不超过 20：1。

如果采用液压缸直接驱动货叉实现起升和下落的设计方案，则为满足起升高度要求，根据表 13-12 中设计要求，液压缸活塞杆长度应为 2m。根据上述长径比设计规则，活塞杆直径至少为 0.1m。当起升液压缸使用的活塞杆直径为 100mm 时，根据差动液压缸输出力计算方法，此时液压缸提升负载的有效面积为活塞杆面积 A（在计算液压缸受力的时候，活塞上的孔可以忽略），即

$$A_r = \frac{\pi d_{rod}^2}{4} = \frac{3.14 \times 0.1^2}{4} = 7.85 \times 10^{-3} \ (m^2)$$

根据表 13-12 中设计要求，起升液压缸需承受的负载力为

$$F = mg = 5200 \times 9.8 = 50960 \ (N)$$

因此，如果忽略压力损失和摩擦力，液压系统所需提供的工作压力应为

$$p_s = \frac{F}{A_r} = \frac{50960}{0.00785} = 6.5 \ (MPa)$$

这个压力值比较低，为充分利用液压系统的传动优势，应考虑能够采用更高液压系统工作压力的设计方案。但提高压力后，液压缸活塞杆直径会相应变小。如果按活塞杆长径比的设计规则，此时活塞杆长度有可能不足以把负载提升到 2m 的高度，所以必须考虑其他设计方案。

本设计实例通过增加一个传动链条和动滑轮机构对起升装置进行改进。根据传动原理，采用液压缸与链条和动滑轮结合的机构可以使液压缸行程减小一半，但是需要对输出力和活塞杆截面积进行校核。由于传动链条固定在叉车门架的一端，液压缸活塞杆的行程可以减半，因此活塞杆的直径也可以相应地减半，但同时也要求液压缸输出的作用力为原来的 2 倍，即液压缸行程为 1m，活塞杆直径不变。

按照前面的计算，由于液压缸所需输出的功保持不变，但是液压缸移动的位移减半，所以液

压缸输出的作用力变为原来的2倍，即

$$F_L = 2mg = 2 \times 5200 \times 9.8 = 101920 \text{ （N）}$$

液压系统所需的工作压力变为

$$p_s = \frac{F_L}{A_r} = \frac{101920}{0.00785} = 12.98 \text{ （MPa）}$$

取起升液压缸的工作压力为13MPa，该工作压力对于液压系统来说属于合适的工作压力，因此起升液压缸可以采用这一设计参数。

起升液压缸所需的最大流量由起升装置的最大速度决定。在由动滑轮和链条组成的系统中，起升液压缸的最大运动速度是叉车杆最大运动速度（0.2m/s）的一半，于是有

$$q_{max} = A_r v_{max} = 0.00785 \times 10^2 \times 0.1 \times 10 \times 60 = 47.1 \text{ （L/min）}$$

此时，起升液压缸活塞杆移动1m，叉车货叉和门架移动2m，能够满足设计需求。

取起升液压缸活塞杆直径d和活塞直径（液压缸内径）D之间的关系为$d=0.7D$，计算得到起升液压缸的活塞直径为

$$D = \frac{d}{0.7} = 143 \text{ （mm）}$$

根据液压缸参数标准，取液压缸活塞直径为160mm，液压缸的行程为1m。

图13-22表明，由货物重量引起的倾斜装置负载转矩总是倾向于使货叉和支架回复到垂直位置。

（2）确定倾斜液压系统的设计方案和技术参数

叉车的货叉倾斜工作装置主要用于驱动货叉和门架围绕门架上的支点在某一个小角度范围内摆动，因此倾斜液压系统也采用液压缸作执行元件即可。倾斜液压缸与货叉门架的连接方式主要有三种，如图13-24所示。

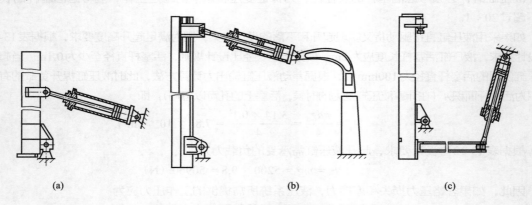

（a）　　　　　　　　　　　　　　　（b）　　　　　　　　　　　　　　　（c）

图13-24　倾斜液压缸与货叉门架的连接方式

由图13-24表明，叉车倾斜液压缸应输出的作用力不仅取决于叉车货叉门架及负载产生的倾斜力矩，而且取决于液压缸和门架的连接位置到叉车货叉门架倾斜支点的距离，因此叉车倾斜液压缸的尺寸也取决于倾斜液压缸的安装位置。液压缸安装位置越高，距离倾斜支点越远，液压缸所需的输出力越小。

已知倾斜液压缸连接位置到叉架倾斜支点的距离为$r=1$m，表13-12中倾斜力矩给定为$T=18000$N·m，因此倾斜液压缸所需输出力F_t为

$$F_t = \frac{T}{r} = 18000 \text{ （N）}$$

在叉车工作过程中，货叉叉起货物后，货叉和门架在倾斜液压缸作用下向里倾斜；放下货物后，货叉和门架复位，门架恢复垂直位置。因此，倾斜液压缸的作用是单方向的。

此外，基于减小占用空间和尺寸的考虑，倾斜液压缸应采用单作用液压缸。门架的倾斜可由一个液压缸驱动，也可采用两个并联液压缸同时驱动，如果采用两个单作用液压缸并联方式作倾斜液压系统的执行元件，则货叉和门架的受力更加合理，货叉不容易在货物的作用下产生侧翻或倾斜的现象，因此工作更加平稳。本设计实例倾斜装置采用两个单作用液压缸并联方式驱动门架动作。

如果上述倾斜作用力由两个并联的液压缸同时提供，则每个液压缸所需提供的作用力为9000N。

在前述起升液压系统的计算中，工作压力约为12.98MPa，因此假设倾斜液压缸的工作压力与之相近，为12MPa，门架和货叉向后倾斜时（见图13-22），倾斜液压缸有杆腔一侧为工作腔，则倾斜液压缸的有杆腔作用面积为

$$A_a = \frac{9000}{12 \times 10^6} = 7.54 \times 10^{-4} \text{（m}^2\text{）}$$

由于负载力矩的方向总是使叉车杆回到垂直位置，所以倾斜装置一直处于拉伸状态，活塞杆不会发生弯曲。

查液压工程手册或参考书，取倾斜液压缸活塞杆直径d和活塞直径（液压缸内径）D之间的关系为$d=0.7D$，有杆腔作用面积为$A_a = \frac{\pi}{4}(D^2 - d^2)$，则倾斜液压缸活塞直径为：

$$D = \sqrt{\frac{4A_a}{(1-0.7^2)\pi}} = 43 \text{（mm）}$$

根据国家标准，活塞直径D取圆整后的标准参数$D=40$mm，则活塞杆直径为$d=0.7D=0.7\times40=28$mm。此时倾斜液压缸有杆腔作用面积为

$$A_a = \frac{\pi}{4}(D^2 - d^2) = \frac{\pi}{4} \times (0.04^2 - 0.028^2) = 6.4 \times 10^{-4} \text{（m}^2\text{）}$$

可见，按照上述确定的活塞和活塞杆尺寸，重新计算得到的有杆腔有效作用面积小于前述按照假定工作压力计算得到的有杆腔有效作用面积，因此应减小活塞杆直径或提高倾斜液压系统的工作压力。

如果取倾斜液压缸活塞杆直径为圆整后的尺寸$d=25$mm，则有杆腔作用面积A_a为

$$A_a = \frac{\pi}{4}(D^2 - d^2) = \frac{\pi}{4} \times (0.04^2 - 0.025^2) = 7.65 \times 10^{-4} \text{（m}^2\text{）}$$

此时倾斜液压缸有杆腔作用面积大于原估算面积，因此能够满足设计要求。

如果提高倾斜液压缸的工作压力，则倾斜液压缸所需的最大工作压力为

$$p = \frac{F_t}{A_a} = \frac{9000}{7.65 \times 10^{-4}} = 11.76 \text{（MPa）}$$

倾斜液压缸无杆腔的有效作用面积为

$$A_p = \frac{\pi}{4}D^2 = \frac{\pi}{4} \times 0.04^2 = 1.26 \times 10^{-3} \text{（m}^2\text{）}$$

本设计实例采用提高工作压力的设计方案进行设计。

倾斜液压缸的最大运动速度给定为$\omega_{max}=2°/s$，转换成线速度为

$$v_{max} = \omega_{max} r = 2 \times 1 \times \frac{\pi}{180} = 0.035 \text{（m/s）}$$

因此，在货叉恢复垂直位置，两个倾斜液压缸处于活塞杆伸出的工作状态时，液压缸所需的总流量为

$$q = 2v_{max}A_p = 2 \times 0.035 \times 10 \times 60 \times 0.126 = 5.292 \text{（L/min）}$$

倾斜液压缸需要走过的行程为 $S=\alpha r=\dfrac{20}{180}\times\pi\times1=0.35$（m）

（3）计算系统工作压力

计算液压系统工作压力时要考虑系统的压力损失，其包括沿程和局部的压力损失。假设这一部分压力损失为1.5~2.0MPa，即液压系统应提供的工作压力高出执行元件所需的最大工作压力1.5~2.0MPa，即

起升液压系统 $p_{ls} = 13 + 1.5 = 14.5$（MPa）

倾斜液压系统 $p_s = 13 + 1.5 = 14.5$（MPa）

13.4.3 拟订液压系统原理图

通过选择设计压力控制回路、方向控制回路以及速度控制回路等液压系统的基本回路来满足货叉在装卸作业时对力和运动等方面要求的过程。

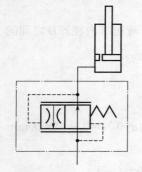

起升工作装置：起升系统采用单作用液压缸活塞上钻孔实现差动连接的方式。通过多路阀或换向阀来实现起升液压缸活塞运动方向的改变。采用特殊流量调节阀来防止液压缸因重物自由下落，设置背压元件来调速，如图13-25所示。

倾斜系统：本设计实例倾斜装置采用两个并联的液压缸作执行元件，两个液压缸的同步动作是通过两个活塞杆同时刚性连接在门架上的机械连接方式来保证的，以防止叉车杆发生扭曲变形，更好地驱动叉车门架的倾斜或复位。为防止货叉和门架在复位过程中由于货物的自重而超速复位，从而导致液压缸的动作失去控制或引起液压缸进油腔压力突然降低，因此在液压缸的回油管路中应设置一个背压阀。采用背压阀，一方面可以保证倾斜液压缸在负值负载的作用下能够平稳工作，另一方面也

图13-25 起升系统

可以防止由于进油腔压力突然降低到低于油液的空气分离压甚至饱和蒸气压而在活塞另一侧产生气穴现象，其原理图如图13-26所示。倾斜液压缸的换向也可直接采用多路阀或换向阀来实现。

方向控制回路：在行走机械液压系统中，如果有多个执行元件，通常采用中位卸荷的多路换向阀（中路通）控制多个执行元件的动作，也可以采用多个普通三位四通手动换向阀，分别对系统的多个工作装置进行方向控制。本设计实例可以采用两个多路阀加旁通阀的控制方式分别控制起升液压缸和倾斜液压缸的动作（见图13-27），也可以采用两个普通的三位四通手动换向阀分别控制起升液压缸和倾斜液压缸的动作（见图13-28）。本设计实例叉车工作装置液压系统拟采用普通的三位四通手动换向阀控制方

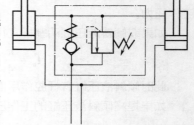

图13-26 倾斜系统原理图

式，用于控制起升和倾斜装置的两个方向。控制阀均可选用标准的四通滑阀。

应注意的是，如果起升系统中平衡回路采用图13-25所示方案，则起升液压缸只需要一条连接管路，换向阀两个连接执行元件的油口只需要用到其中一个即可。这样，当叉车杆处于下降工作状态时，可以令液压泵卸荷，而单作用起升液压缸下腔的液压油可通过手动换向阀直接流回油箱，有利于系统效率的提高。同时为了防止油液倒流或避免各个回路之间流量相互影响，应在每个进油路上增加一个单向阀。

另外，还应注意采用普通换向阀实现的换向控制方式还与液压油源的供油方式有关，如果采用单泵供油方式，则无法采用几个普通换向阀结合来进行换向控制的方式，因为只要其中一个换向阀处于中位，则液压泵卸荷，无法驱动其他工作装置。

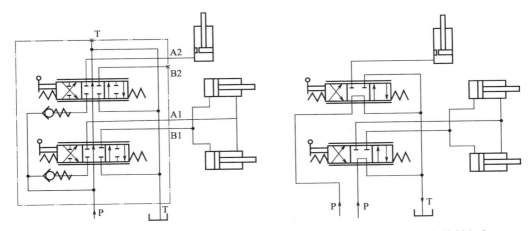

图13-27 多路换向阀控制方式　　　　　图13-28 普通换向阀控制方式

　　供油方式：由于起升和倾斜两个工作装置的流量差异很大，而且相对都比较小，因此采用两个串联齿轮泵供油比较合适。其中大齿轮泵给起升装置供油，小齿轮泵给倾斜装置供油。两个齿轮泵分别与两个三位四通手动换向阀相连，为使液压泵在工作装置不工作时处于卸荷状态，两个换向阀应采用M型中位机能，这样可以提高系统的效率。

　　根据上述起升系统、倾斜系统、换向控制方式和供油方式的设计，初步拟订叉车工作装置的液压系统原理图，如图13-29所示。

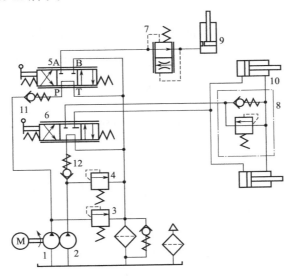

图13-29 叉车工作装置液压系统原理图

1—大流量泵；2—小流量泵；3—起升安全阀；4—倾斜安全阀；5—起升换向阀；6—倾斜换向阀；

7—流量控制阀；8—防气穴阀；9—起升液压缸；10—倾斜液压缸；11，12—单向阀

13.4.4　选择液压元件

（1）液压泵的选择

　　图13-29中采用双泵供油方式，因此在对液压泵进行选型时考虑采用结构简单、价格低廉的双联齿轮泵就能够满足设计要求。

　　假定齿轮泵的容积效率为90%，电动机转速为1500r/min，两个液压泵的排量分别为

$$D_{req1} = \frac{47100}{0.9 \times 1500} = 34.9 \ (cm^3/r)$$

$$D_{req2} = \frac{5300}{0.9 \times 1500} = 3.93 \ (\text{cm}^3/\text{r})$$

根据 Sauer-Danfoss 公司齿轮泵样本，选取与计算值相接近的 SNP2 系列中齿轮泵排量为 3.9cm³/r 和 SNP3 系列中齿轮泵排量为 33.1cm³/r。

（2）电动机的选择

在叉车工作过程中，为保证工作安全，起升装置和倾斜装置通常不会同时工作，又由于起升装置的输出功率要远大于倾斜装置的输出功率，因此虽然叉车工作装置由双联泵供油，在选择驱动电动机时，只要能够满足为起升装置供油的大流量液压泵的功率要求即可。在最高工作压力下，大流量液压泵的实际输出功率为

$$P = p_1 q_1 = \frac{14.5 \times 10^6 \times 44.7}{60 \times 1000} = 10.8 \ (\text{kW})$$

齿轮泵的总效率（包括容积效率和机械效率）通常在 80%~85%，取齿轮泵的总效率为 80%，所需的电动机功率为

$$P_t = \frac{P}{\eta} = \frac{10.8}{0.8} = 13.5 \ (\text{kW})$$

（3）阀类元件和辅助元件的选择

依据液压泵和电动机选择结果计算出系统运转中的流量。

满载工况，电动机转速为 1500r/min，容积效率为 0.9，则实际流量为

$$q_1 = \frac{33.1 \times 0.9 \times 1500}{1000} = 44.7 \ (\text{L/min})$$

半负载工况，电动机转速为 1550r/min，容积效率为 0.93，则实际流量为

$$q_1 = \frac{33.1 \times 0.93 \times 1550}{1000} = 47.7 \ (\text{L/min})$$

倾斜系统小流量液压泵，满载工况下，电动机转速为 1500r/min，容积效率为 0.9，则实际流量为

$$q_2 = \frac{3.9 \times 0.9 \times 1500}{1000} = 5.3 \ (\text{L/min})$$

液压泵的理论流量为

$$q_L = \frac{33.1 \times 1500}{1000} = 49.65 \ (\text{L/min})$$

根据液压系统的工作压力和通过各个阀类元件及辅助元件的流量。其中，需要注意的是溢流阀的选择，它作为安全阀调定压力应该高于供油压力 10% 左右，拟设起升系统为 16MPa，倾斜系统为 15MPa，具体调定值在计算压力损失核算时做进一步计算。选出元件的型号及规格，如表 13-13 所示。

表 13-13　阀类元件的选择

元件名称	型　号	规　格	
		额定流量/(L/min)	最高使用压力/MPa
溢流阀 3	DBDH6P-10/200	120	31.5
溢流阀 4	C175-02-F-10	12	21
三位四通手动换向阀 5	4WMM6T50	60	31.5
三位四通手动换向阀 6	DMG-02-3C6-W	30	25
流量调节阀 7	VCDC-H-MF(G1/2)	67	31.5
背压阀和防气穴阀 8	MH1DBN10P2-20/050M	120	31.5
单向阀 11	DT8P1-06-05-10	76	21
单向阀 12	DT8P1-06-05-10	10	21

（4）油箱的设计

油箱容积的确定：初始设计时，先按经验公式确定油箱的容量，待系统确定后，再按散热的要求进行校核。油箱容量的经验公式为

$$V_{有效} = aq_V = 2 \times (49.65 + 6) = 111.3（L）$$

$$V = \frac{V_{有效}}{0.8} = \frac{111.3}{0.8} = 139（m^3）$$

参考标准规定，取V=150L=0.15m³。

如果油箱的长宽高比例按照3∶2∶1设计，则计算得到长、宽、高分别为a=0.09m、b=0.6m、c=0.03m。

13.5 斗轮堆取料机斗轮驱动液压系统设计

13.5.1 概述

斗轮堆取料机主要由斗轮机构、回转机构、带式输送机、尾车、俯仰与运行机构、上部金属结构、中部料斗、门座、平台扶梯、电气室、司机室、除尘装置、润滑系统、电缆卷筒及电气系统等组成，其主要机构如图13-30所示。

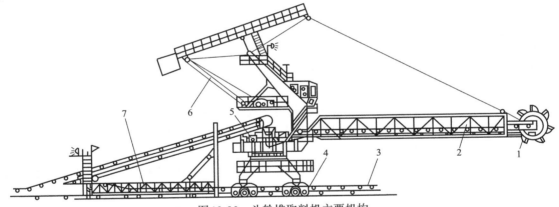

图13-30　斗轮堆取料机主要机构

1—斗轮机构；2—悬臂带式输送机；3—主带式输送机；4—行走机构；5—回转机构；6—变幅机构；7—尾车架

① 斗轮机构是取料的工作机构，包括斗轮及其驱动装置。

② 臂架带式输送机供输送物料用。在堆料、取料作业时，输送带需正反向运行。

③ 回转机构由回转支承和驱动装置两部分组成，用以使臂架左右回转。为保证臂架在任意位置时斗铲都能装满，回转速度要求在0.01~0.2r/min的范围内按一定规律实现自动无级调节。大多用直流电动机或液压驱动。

④ 尾车架将料场带式输送机与斗轮堆取料机联系在一起的机构。料场带式输送机的输送带绕过尾车机架上的两个滚筒，呈S形走向，以便在堆料时把物料由料场带式输送机转运到斗轮堆取料机上去。

进行堆料作业时，用液压缸将尾车架上的带式输送机的斗部升高，以使从主带式输送机上来的物料经该头部滚筒卸入料斗中。料斗位于堆取料机的中心，因而可在任意位置上将物料供给悬臂带式输送机，然后利用回转机构与行走机构的配合运动，便可将悬臂带式输送机抛出的物料卸到轨道两侧的整个堆场上。变幅机构用来调节堆料的高度。

进行取料作业时，首先解开挂钩装置，使尾车架脱离堆取料机并通过升降液压缸使尾部的带式输送机下降到水平位置，然后开动斗轮机构使斗轮转动，铲斗便切入料堆中挖取物料，再靠自重使物料从斗内落到固定的料槽上，进而滑到悬臂带式输送机上（此时悬臂带式输送机的运转方向与堆料时的相反），然后物料通过料斗被送入到主带式输送机上。

当不需要取料和堆料时，将尾车架与堆取料机脱开，并把在尾车架上的主带式输送机的头部滚筒降至水平位置，物料就直接由主带式输送机送至指定的地点。

斗轮堆取料机是应用于发电厂、煤矿、港码头等地对物料进行输送和堆取作业的主要工程机械。本章将介绍斗轮堆取料机斗轮驱动液压传动系统的设计，主要设计斗轮驱动主系统和斗轮驱动补油系统，包括液压系统主要参数的计算，液压系统原理图确定，液压泵、液压阀、液压马达和其他辅助装置（如过滤器、加热器、冷却器、管件）的选择以及液压油源的设计。

13.5.2　斗轮堆取料机斗轮驱动液压系统的设计要求

斗轮驱动液压系统是驱动斗轮回转，从而完成取料和堆料作业的工作装置。斗轮及其驱动装置通常安装在斗轮堆取料机的悬臂带式输送机前端，这样的结构布局会带来两个方面的问题：一是斗轮及其驱动装置的质量相对于整机质心会形成巨大的自重力矩，斗轮及驱动装置质量的大小直接影响着悬臂架的设计结构、尺寸和平衡架上的配重质量，乃至整机的质量；二是传动系统的振动和斗轮堆、取料时产生的振动会引起悬臂架及平衡架的剧烈振动，进而影响整机的工作稳定性。因此，为了尽可能地减轻这两方面的副作用，设计斗轮驱动装置时，合理布局，优化斗轮及其传动装置的结构，尽量减小该部分的质量，是改善斗轮堆取料机整机工作性质、提高整机工作稳定性的关键。

根据斗轮堆取料的工作情况，对斗轮驱动液压系统主要有如下要求。

① 为了使输送带正常工作，即输送带不能超过其额定负载，也不能使输送带某部分空载，所以斗轮的转动应为匀速运动，且每次取料时应为满斗，提高输送带的利用率，以提高堆取料效率。

② 由于斗轮机工作时，利用斗轮堆取物料，其外负载惯性力大，因此本系统采用闭式液压系统。闭式液压系统即液压泵的进出油口与液压马达的进出油口分别用管道连接，液压马达的回油不回油箱而直接进入液压泵的吸油口，形成闭合回路。

③ 液压马达与液压泵的泄油管路应单独回油箱，以避免造成其内腔油压过高，致使其轴端油封损坏而产生漏油。

④ 设置必要的过载保护装置，可采用安全阀，其回油应进入液压泵的吸油，不回到油箱。一旦斗轮驱动马达过载，安全阀开启后，该闭式回路油液应能得到及时补充；而当负载下降以后，可避免由于压力无法迅速回升，致使驱动无力。

斗轮堆取料机液压系统的设计要求为：控制部分的电控、管路及液压阀安装位置要集中，调试及维修方便，液压系统的泄漏点要少，系统的工作性能要可靠。现在国内的斗轮堆取料机液压系统多采用集成安装形式，国产斗轮机已经从最初的研究转向发展，向更高的产品质量和设计水平迈进。目前国产斗轮机在性能和可靠性方面与国外进口设备差别在缩小。

本设计实例的设计参数如下。

a. 斗轮所受到的总的圆周切割阻力 F_t=29kN。

b. 斗轮直径 D=5.2m。

13.5.3　工况分析

斗轮驱动液压系统的工况分析主要是分析斗轮驱动装置的运动和受力，计算斗轮驱动装置的最大负载力和最大速度。

（1）切割阻力矩T的确定

斗轮在实际工作过程中既要绕自身轴心在垂直平面内旋转，做圆周切割运动，又要随回转平台在水平面内做圆周运动。因此，物料作用在斗轮上的力有：在切削平面内沿斗轮外缘切线方向的圆周切割阻力F_t、沿直径方向的法向力F_n以及垂直切削面的侧向力F_m，其受力分析如图13-31所示。如果回转平台静止不动，斗轮只在垂直平面内做圆周切割运动，可以认为斗轮只受到圆周切割阻力F_t和法向力F_n的作用。假定法向力指向轴心，则作用在斗轮轴上的负载转矩就完全是由F_t引起的。这也是液压马达所需要克服的阻力矩。

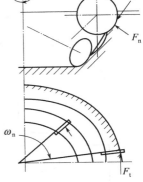

由斗轮上的圆周切割阻力引起的作用在斗轮轴上的负载转矩T可表示为

$$T = F_t \frac{D}{2} = 29 \times \frac{5.2}{2} = 75.4 \text{（kN·m）}$$

图13-31　斗轮受力图

（2）斗轮边缘切向速度v的确定

当斗轮尺寸一定、斗容确定后，增加切向速度v可以提高生产效率。但切向速度v的提高受到两个条件的限制，一是卸料过程，二是铲斗磨损程度。斗轮要实现依靠物料自身重力的作用来完成卸料，则作用在物料上的离心力必须小于或等于物料的重力以及物料之间的相互作用力和物料与铲斗壁之间摩擦力的合力。

$$F_e \leqslant F_g - F_l - F_f$$

式中　F_e——离心力，$F_e = m\frac{v^2}{r} = m\frac{2v^2}{D}$（其中$m$为物料的质量）；

$\quad\quad F_g$——物料自身的重力，$F_g = mg$（其中g为重力加速度，取$g=9.86\text{m/s}^2$）；

$\quad\quad F_l$——物料之间的相互作用力；

$\quad\quad F_f$——物料与铲斗壁之间的摩擦力。

如果用一个小于1的系数k把物料之间的相互作用力F_l和物料与铲斗壁之间摩擦力F_f归算到重力F_g，则有

$$F_e \leqslant k'F_g$$

$$m\frac{2v^2}{D} \leqslant k'mg$$

$$v \leqslant \sqrt{\frac{k'gD}{2}}$$

如果令系数$k=\sqrt{k'}$，则

$$v \leqslant 2.22k\sqrt{D}$$

取重力与离心力相等的极限情况作为设计原则，此时极限切向速度为

$$v_{\lim} = 2.22k\sqrt{D}$$

式中，k是一个小于1的修正系数，与物料特性以及工作状态等有关，一般k的取值范围为0.2~0.65，本设计实例取$k=0.5$。

当斗轮切向速度v小于极限速度$v_{\lim}$时，斗轮中在垂直上方的物料所受的离心力小于重力，这样才能保证可靠卸料。考虑到物料之间的相互作用力以及物料与铲斗壁之间的摩擦力、黏着力等因素对物料自卸时的影响，实际斗轮切向速度应比极限速度小得多。

根据已知设计参数和前述分析，计算得到斗轮边缘最大切向速度为$v_{\lim}=2.53\text{m/s}$，又

$$v_{\lim} = \omega r = 2\pi n r = 2\pi n \frac{D}{2}$$

斗轮最大转速 n 可计算为

$$n = \frac{60v_{\lim}}{\pi D} = \frac{60 \times 2.53}{3.14 \times 5.2} = 9.29 \text{（r/min）}$$

13.5.4 初步确定设计方案

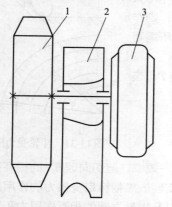

图 13-32　低速大转矩液压马达驱动方式
1—斗轮；2—斗轮臂；3—液压马达

采用低速大转矩液压马达驱动，其主要特点是排量大、体积大、输出转矩大、转速低，因此可直接驱动工作机构，不需要减速装置，从而使传动机构大大简化，如图 13-32 所示。

13.5.5 拟订液压系统原理图

采用低速大转矩液压马达直接驱动斗轮，液压马达将和斗轮一起在现场作业，斗轮堆取料机多为行走机械，为减小系统体积和重量，通常行走机械的液压系统多采用闭式回路设计方式。又考虑到斗轮驱动液压系统采用液压马达作执行元件，且斗轮堆取料机的自动化程度要求不高，因此，可以采用手动变量液压泵实现变量调节。由于斗轮的运动方向是单向的，对于斗轮驱动液压系统采用单向变量液压泵供油即可。

根据斗轮驱动液压系统的功能及设计要求，初步拟订斗轮驱动液压系统原理图，如图 13-33 所示。该液压系统为闭式回路，由主泵 11 和斗轮驱动马达 9 组成主回路，其中溢流阀 10 对主回路起安全保护作用，作为安全阀。由于主泵 11 和马达 9 的泄漏油由单独的油路排出，因此为了补充回路的泄漏，闭式回路有必要设置补油泵 1 和油箱 13 为闭式回路的正常工作补充油液。溢流阀 6 为补油溢流阀，调定补油泵 1 的补油压力。为减小自身重力，闭式回路油箱的体积远小于开式回路油箱的体积。

自闭式回路的设计、安装调试以及维护都有较高的难度和技术要求。在闭式回路的主回路上往往不安装过滤器，因此闭式回路在安装调试过程中一定要保证回路中油液的清洁，防止污染物的进入。一旦闭式回路在安装调试过程中不小心进入了污染物，如铁削或石英砂等，则很难去除，污染物会随着油液在主回路中循环流动，不断地破坏主（液压）泵和液压马达的配流盘，导致主回路的泄漏量不断增加。当泄漏流量超过补油流量时，主泵就会因吸油不足而出现汽蚀，最终导致主泵的配流盘报废。因此，闭式回路在安装完毕后，最好能对主回路进行开式冲洗，即断开主回路，采用高压大流量的液压泵对主回路进行冲洗后，更换新油，再调试系统。过滤器通常安装在补油回路和回油路上，如图 13-33 所示。应注意闭式回路对油液清洁度等级要求较高，通常达到 $10\mu m$。

图 13-33 中补油泵 1 不仅能够起到补充系统泄漏的作用，还能够对闭式循环回路起到清洗和散热的作用。补油泵 1 补充的油液与液压马达的回油汇流，进入主泵的吸油口。有些厂家生产的主泵产品也允许补油泵的油液直接补充到主泵的配流盘，从

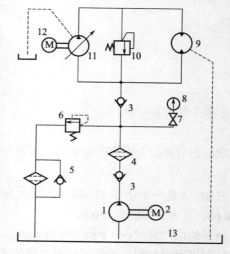

图 13-33　斗轮驱动液压系统原理图
1—补油泵；2，12—电动机；3—单向阀；4—压力油过滤器；5—回油过滤器；6—补油溢流阀；
7—截止阀；8—压力表；9—斗轮驱动马达；10—溢流阀；
11—主泵；13—油箱

而更好地起到换热作用。

在图13-33所示斗轮驱动液压系统中，补油泵把油箱中经过冷却的液压油补充到闭式回路中，主泵和液压马达的泄漏油把系统的热量带回到油箱冷却。如果闭式回路功率较小、发热较少，这一散热方式也能够满足设计要求。但为防止油液在闭式回路中循环往复引起系统发热和温升，闭式回路通常配有换油装置，补油泵同时还起到换油的作用，另外还配有换油阀和换油（冲洗）溢流阀，如图13-34所示。如果液压马达始终是单向工作的，换油阀也可以省略。

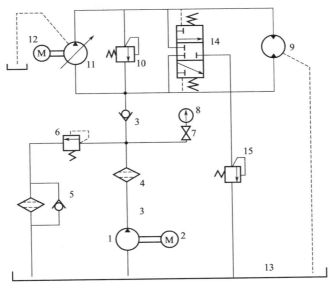

图13-34 采用换油装置的斗轮驱动液压系统原理图
1—补油泵；2，12—电动机；3—单向阀；4—压力油过滤器；5—回油过滤器；6—补油溢流阀；7—截止阀；
8—压力表；9—斗轮驱动马达；10—安全阀；11—主变量泵；13—油箱；14—换油阀；15—换油溢流阀

13.5.6 确定主要技术参数

（1）确定工作压力

对于载荷较大的液压系统，工作压力可选择稍高些，这样能够尽可能减小液压系统的体积。对于大中型工程机械、起重运输机械工作压力范围可确定为20~32MPa。同时考虑到本设计斗轮堆取料机为行走式机械，斗轮驱动液压系统的驱动方案为液压马达直接驱动斗轮，为减小斗轮的整体重量，从而减小斗臂回转液压系统的负载转动惯量，应选择较高的液压系统工作压力。但同时考虑到选择高压元件的经济性、实用性和可行性，本设计实例初步确定斗轮驱动液压系统采用16MPa工作压力。

（2）确定背压

根据图13-33中拟订的斗轮驱动液压系统原理图，本设计实例斗轮驱动闭式液压系统在回油路上存在着补油和换油背压，该背压值主要取决于回油路上补油溢流阀和换油溢流阀的调定压力。

图13-34采用换油装置的斗轮驱动液压系统原理图中三个溢流阀的调定压力各不相同。其中，10为安全阀，调定系统的最大工作压力；15为换油溢流阀，其调定压力通常为2~3MPa；6为补油溢流阀，其调定压力要略高于换油溢流阀15，通常高出0.1~0.5MPa。

本设计实例取阀10的调定压力为1.2倍的工作压力，阀15的调定压力为2.0MPa，阀6的调定压力为2.2MPa，因此斗轮驱动液压系统回油路上的背压值应为2.2MPa。

（3）计算液压马达的排量

液压马达所能够输出的实际转矩T可计算为

$$T' = \frac{V\Delta p\eta_m}{2\pi}$$

式中　Δp——液压马达进出口压力差（$\Delta p=16-2.2=13.8MPa$）；

　　　η_m——液压马达的机械效率，取$\eta_m=0.9$。

由前述计算可知，斗轮负载力矩为$T'=T=75.4kN \cdot m$，则液压马达的排量为

$$V = \frac{2\pi T'}{\Delta p\eta_m} = \frac{2 \times 3.14 \times 75.4 \times 10^3}{13.8 \times 10^6 \times 0.9} = 38.12 \ (L/r)$$

液压马达所需要的最大流量为

$$q = \frac{Vn_{max}}{\eta_{mV}} = \frac{38.12 \times 9}{0.9} = 381.2 \ (L/min)$$

式中　η_{mV}——液压马达容积效率，取$\eta_{mV}=0.9$。

13.5.7　选择液压元件

（1）液压马达的选择

本设计选用了低速大转矩液压马达驱动斗轮，已知液压马达应能够输出的实际转矩为$75.4kN \cdot m$，斗轮最大转速为9r/min，现选用符合要求的内曲线径向柱塞马达，型号为NJM-E40J，其性能参数为：排量$V=40L/r$，额定压力$p=16MPa$，最高转速$n=12r/min$，输出转矩$T=114.480kN \cdot m$。

（2）液压泵的选择

① 主液压泵的选择　额定工作压力是液压最大工作压力与从主液压泵出口到液压马达入口之间的压力损失之和，根据经验后者一般取0.5~1MPa，前者为16MPa。因此，主液压泵的额定工作压力取16.5MPa。

主液压泵的额定流量q_p可通过下式计算

$$q_p \geqslant K\sum q_{max}$$

式中　K——系统泄漏系数，取$K=1.1$；

　　　q_{max}——液压马达最大流量，L/s。

因此，主液压泵的额定流量$q_p=1.1 \times 381.2=419.3L/min$。

初选型号为400CY14-1B的液压泵，额定压力为21MPa，排量为400mL/r，转速为1000r/min，该液压马达的理论流量为400L/min；若容积效率η_{mV}取0.9，则液压泵的额定流量q_p为360L/min，该流量下液压马达的转速n为

$$n = \frac{q_p\eta_{mV}}{V} = \frac{360 \times 0.9}{40} = 8.1 \ (r/min)<9r/min$$

因此，该型号液压泵符合设计要求。

② 补油泵的选择　补油泵的额定工作压力由补油溢流阀调定，应略高于液压马达的背压2.0MPa，因此，取$p_b=2.2MPa$。

由经验可知，通常取主液压泵流量的10%~30%作为补油泵流量，取15%。补油泵理论流量q_b为

$$q_b = 15\%q = 15\% \times 400 = 60 \ (L/min)$$

初选齿轮泵CB-B50，排量50mL/r，额定压力2.5MPa，额定转速1450r/min，驱动功率2.6kW，理论流量为72.5L/min，若取容积效率为0.94，则额定流量为68.2L/min，该型号符合设计要求。

（3）驱动电动机的选择

① 主液压泵驱动电动机选择　初估电动机功率为

$$P = \frac{p_pq_{pt}}{\eta_{pm}} = \frac{16.5 \times 10^6 \times 400 \times 10^{-3}}{0.95 \times 60} \approx 116 \ (kW)$$

式中　p_p——液压泵的最高工作压力，MPa；

　　　q_{pt}——液压泵的理论流量，L/min；

　　　η_{pm}——液压泵的机械效率，取$\eta_{pm}=0.95$。

选择型号为Y315L2-6的电动机，额定功率132kW，额定转速1000r/min。

② 补油泵的电动机选择　初估电动机功率为

$$P = \frac{p_{bp}q_{bp}}{\eta_{bp}} = \frac{2.2 \times 10^6 \times 72.5 \times 10^{-3}}{0.95 \times 60} \approx 2.8 \ (kW)$$

选择型号为Y100L2-4的电动机，额定功率3kW，额定转速1500r/min。

（4）油箱的设计

该液压系统为闭式回路，主回路中液压油在液压泵和液压马达形成封闭回路中循环，设计的油箱容积只需满足补油泵的工作需要即可。油箱容积V为

$$V = aq_v = 2 \times 72.5 = 145 \ (L)$$

式中　a——经验系数（行走机构，取$a=2$）；

　　　q_v——所有液压泵的流量之和，L/min。

设油箱的体积是油箱容积的4/5，取油箱长和高分别为700mm和400mm，则宽度b为

$$b = \frac{145 \times 10^3}{0.8 \times 700 \times 400} \approx 650 \ (mm)$$

故油箱的尺寸取长700mm，宽650mm，高400mm。

（5）其他元件的选择

表13-14为其他元件型号及性能参数。

表13-14　其他元件型号及性能参数

元件名称	型号	最高使用压力/MPa	额定流量/(L/min)
安全阀	DB20-1-50/200	20	500
补油溢流阀	DBDH8P10/25	2.5	120
换油溢流阀	DBDH8P10/25	2.5	120
单向阀	CRNG-06-A1	21	125

第 14 章

电液智能控制系统设计实例

14.1 电液比例控制系统的设计

14.1.1 液压伺服与比例系统的设计步骤

　　液压伺服与比例系统的设计多采用频率特性法，其理论基础是自动控制理论。实际设计工作中，可按图14-1的流程进行设计。其中动态设计可用波德图法近似分析，也可用计算机采用各种控制策略进行系统动态仿真，仿真工具有MATLAB等软件可供选择。

　　由于不同的系统面对的问题不同，从而使得处理问题的方法和步骤有所不同，即便对同一个系统，由于设计着眼点不同、各类主机设备对系统要求的不同及设计者经验的多少，步骤也不会是单方向的，图14-1中的有些内容与步骤合并交叉进行。但对于重大工程的复杂系统，往往还需在初步设计基础上进行计算机仿真试验或进行局部实物试验并反复修复，才能确定方案。

　　设计中主要有以下几个要求。

　　① 被控制量的物理性质：位置控制、速度控制、加速度控制、力或压力控制、温度控制、功率控制等。

　　② 控制规律：恒值、恒速、等加速、阶梯状或任意变化规律的控制。

　　③ 负载特性：负载的类型主要有惯性负载、弹性负载、黏性阻尼负载、各种摩擦负载（静摩擦、

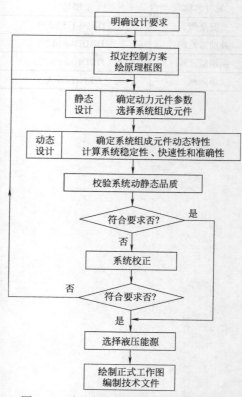

图14-1　液压伺服系统的设计流程框图

动摩擦）及重力负载和其他不随时间、位置等参数变化的恒值负载、大小及其运动规律，包括负载最大位移、最大速度、最大加速度、最大消耗功率等。

④ 动态品质要求：包括稳定性和快速性。相对稳定性可用频域指标（增益裕量、相位裕量、谐振峰值）和时域指标（超调量、振荡次数）等来规定。响应的快速性可选用穿越频率、频宽、上升时间和调整时间来规定。

⑤ 控制精度要求：由指令信号引起的稳态误差（稳态位置误差、稳态速度误差和稳态加速度误差）；由负载（力或力矩）扰动引起的稳态误差；由参数变化和元件零漂、非线性因素（执行和负载的摩擦力，放大器和伺服阀的滞环、死区，传动机构的间隙等）引起的误差（静差）；检测机构、传感器及其二次仪表误差。

⑥ 工作环境条件：室内室外、环境温度、环境湿度、周围介质、外界冲击与振动、噪声、电磁场干扰、酸碱腐蚀性、易燃性等。

⑦ 限制性条件：装置的尺寸、体积、质量、经济性（投资费用或成本、运行能耗维护保养费用等）、油温、噪声等级、电源等级、接地方式等。

⑧ 其他要求：抗污染性能或油液清洁度等级、无故障工作率、工作寿命、安全保护、工作可靠性操作和维护的方便性等。

14.1.2 负载分析与功率匹配

实际负载往往很复杂，利用典型负载的组合可以方便建立负载模型，按实际负载匹配模型参数，对其进行定量模拟。

（1）负载特性分析

在速度-负载即 F-v 平面内描述负载特性时，平面上的任一点反映了一种工况，不仅给定了该工况下的运动速度及驱动力。同时还反映了该工况下所需的功率，为伺服阀或比例阀的功率匹配提供了依据。

负载特性曲线（负载轨迹图）是根据负载的情况，以横坐标轴为负载力（可转化为负载压力）、纵坐标轴负载速度（可转化为负载流量）作为曲线，如图14-2所示，其方程为负载轨迹方程。负载特性曲线与执行元件所驱动的负载结构、负载大小以及所响应的控制信号有关。通常，采用频率法分析系统的动特性，分析系统在正弦信号作用下的位移、速度和受力情况。

如图14-2所示，负载工作的每一个工况都应在负载特性曲线内，从曲线上可观察到三个特殊点：点 C 为最大功率点；点 A 为最大速度（转速）点；点 B 为最大负载力（转矩）点。

① 典型负载

a.摩擦负载。黏性摩擦力

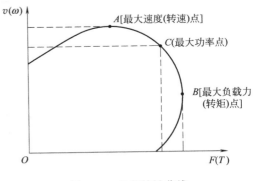

图14-2 负载特性曲线

$$F_B = \mu v \tag{14-1}$$

式中 μ——黏性摩擦因数。

库伦摩擦力：$F = \begin{cases} F_s & v = 0 \\ \left|\dfrac{v}{v_d}\right| F_d + \mu v & v \neq 0 \end{cases}$ \hfill (14-2)

式中 F_s——静摩擦力；

F_d——动摩擦力。

b.惯性负载。设负载质量 m 的正弦位移为 $x = A\sin\omega t$，其负载速度为 $v = A\omega\cos\omega t$，加速度为 $a = -A\omega^2\sin\omega t$，则：

$$F_m = -mA\omega^2\sin\omega t \tag{14-3}$$

根据三角函数关系，可得 F - v 方程：

$$\frac{v^2}{(A\omega)^2} + \frac{F_m^2}{(mA\omega^2)^2} = 1 \tag{14-4}$$

c.弹性负载

$$F_K = Kx = KA\sin\omega t \tag{14-5}$$

$$v = A\omega\cos\omega t \tag{14-6}$$

根据三角函数关系，可得 F - v 方程：

$$\frac{v^2}{(A\omega)^2} + \frac{F_K^2}{(KA)^2} = 1 \tag{14-7}$$

② 液压动力元件的输出特性　液压动力元件的输出特性可通过将伺服阀的流量-压力曲线经坐标变换［将阀的负载流量除以液压缸的面积（或液压马达的排量 D_m），负载压力乘以液压缸面积（或液压马达的排量）］得到。在速度（转速）-力（转矩）平面上，绘出的液压动力元件输出特性曲线为抛物线，图14-3所示为动力元件（阀控缸）的输出特性曲。由图14-3可看出，当伺服阀规格（空载流量 q_{0m}）和液压缸面积 A_p 不变，提高供油压力 p_s，曲线向外扩展，最大功率提高，最大功率点右移［如图14-3（a）所示］；当供油压力和液压缸面积不变，加大伺服阀规格，曲线不变，曲线的定点 $A_p p_s$ 不变，最大功率提高，最大功率点不变［如图14-3（b）所示］；当供油压力和伺服阀规格不变，加大液压缸面积，曲线变低，顶点右移，最大功率不变，最大功率点右移［如图14-3（c）所示］；通过调整 p_s、q_{0m}、A_p 这三个参数，即实现液压动力元件的负载匹配。

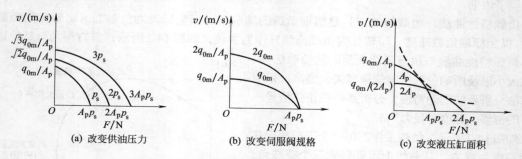

图14-3　液压动力元件（阀控缸）的输出特性曲线

F—输出力；v—活塞运动速度；p_s—供油压力；A_p—液压缸有效面积；q_{0m}—伺服阀的空载流量

（2）负载匹配

① 图解法　在速度-力坐标系内绘制出负载轨迹曲线和动力元件输出特性曲线，并使每一条输出特性曲线均与负载轨迹相切，调整参数，使动力元件输出特性曲线从外侧完全包围负载轨迹曲线，即可保证动力元件能够推动负载。如图14-4所示，曲线1、2、3代表三条动力元件的输出特性曲线。曲线3的最大输出功率点与负载轨迹最大功率点 c 重合，满足负载最佳匹配条件。曲线1和2的最大功率输出点（a 点和 b 点）大于负载的最大功率点（c 点），虽能推动负载，但是动力元件的功率未充分利用，故效率都较低。

负载匹配的图解法也可在流量-压力坐标系内进行，这时将负载力变成负载压力，负载速度变成负载流量，负载轨迹用负载压力和负载流量表示，与阀的压力-流量特性曲线匹配即可。

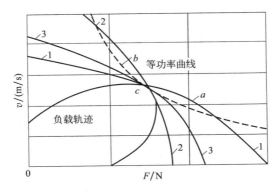

图14-4 动力元件的负载匹配

② 解析法 对于某些较为简单的负载轨迹，可以利用负载最佳匹配原则，采用解析法确定液压动力元件参数。

伺服阀输出功率为最大值时的负载压力 p_L 与供油压力 p_s 的关系为：

$$p_L = \frac{2}{3} p_s \tag{14-8}$$

故最大输出功率点的负载力为

$$F_L^* = p_L A_p = \frac{2}{3} p_s A_p \tag{14-9}$$

在供油压力 p_s 选定的情况下，可由式（14-9）求得液压缸有效面积为

$$A_p = \frac{3F_L^*}{2p_s} \tag{14-10}$$

如果要求双向输出特性相同，则应使用双杆缸；否则可采用单杆缸。选择或计算出的液压缸直径 D 和活塞杆直径 d，规定圆整到标准值，并按圆整后的参数重新计算液压缸有效面积。

由于伺服阀输出功率为最大值时对应的负载流量 q_L 与最大空载流量 q_{0m} 关系是：

$$q_L = \frac{q_{0m}}{\sqrt{3}} \tag{14-11}$$

故最大输出功率点的负载速度是

$$v_L^* = \frac{q_L}{A_p} = \frac{q_{0m}}{\sqrt{3} A_p} \tag{14-12}$$

将计算出的有效面积 A_p 带入式（14-12）可求出伺服阀的最大空载流量为

$$q_{0m} = \sqrt{3} v_L^* A_p \tag{14-13}$$

14.1.3 制定控制方案

（1）拟定控制方案

绘制系统原理图伺服系统的控制方案主要是根据设计要求，如被控物理量类型、控制功率的大小、执行元件的运动方式、各种静、动态性能指标值以及环境条件和价格等因素考虑决定的。为使所设计的系统具有先进性，应避免在设计中出现重大失误，拟定系统总体方案时要进行同主系统的情况论证和初拟几种方案进行对比分析，初步确定一个较优方案。拟定控制方案时应考虑以下主要问题。

（2）确定采用的控制方式

要求结构简单、造价低、控制精度不需很高的场合宜采用开环控制。反之，对外界干扰敏感、控制精度要求高的场合宜采用闭环控制。

（3）确定采用的控制元件

凡是要求响应快、精度高、结构简单，而不计较效率低、发热量大、参数变化范围大的小功率系统可采用阀控方式；反之，追求效率高、发热量小、温升有严格限制、参数量值比较稳定，而允许结构复杂些、价格高些、响应低些的大功率系统可采用泵控方式。

（4）确定采用的执行元件

在选择液压执行元件时，除了运动形式以外，还需考虑行程和负载。例如，直线位移式伺服系统在行程短、出力大时宜采用液压缸，行程长、出力小时宜采用液压马达。液压放大元件（伺服阀和伺服变量泵）与液压执行元件（液压缸和液压马达）的不同组合可得到不同类型的液压动力元件。液压动力元件类型不仅决定了系统的拖动特性，而且对系统的动、静态品质也有较大影响，必须根据设计要求综合考虑。各种动力元件的特点和适用工况类型如表14-1所列。

表14-1　液压动力元件类型、特点及适用工况类型

类型	特　点	适用工况类型
阀控缸	结构简单，成本较低，小行程及小惯量负载时液压固有频率高，但随行程增加固有频率降低，系统响应速度和稳定性均变坏，系统效率低	高性能要求的小惯量负载及小行程（一般小于500mm）直线运动的中小功率场合，大质量负载，但对快速性要求较低的中小功率的场合
阀控马达	液压固有频率较高，速度刚度大，可通过减速装置减小大惯量负载的影响，但效率低	中小功率且负载作回转运动或大行程大惯量负载的直线运动，且对控制性能要求较高的场合。控制直线运动时，由丝杠-螺母将转动变为直线运动
泵控马达	效率高，系统参数稳定，但液压固有频率低，响应速度慢，需配备变量操纵机构，结构复杂，造价昂贵	大功率（20kW以上），且响应速度要求不高的场合

（5）反馈形式

由于输入信号和反馈信号的形式不同，系统采用的输入元件、比较元件和放大元件也不同。采用机械形式反馈即构成机液伺服系统，其反馈元件、比较元件用杠杆、齿轮、丝杠-螺母等机构，输入装置用样件或靠模，放大元件采用机液伺服阀。机液伺服系统结构简单、工作可靠、抗污染能力强、造价低廉，但系统阻尼比小，快速性和精度较电液伺服系统差，且一旦设计确定，增益调整比较困难。另外，机械零部件相连接时出现的配合间隙、齿侧间隙是非线性因素，不但会影响系统控制精度，严重时会影响系统的稳定性。

确定了系统的控制方案后，就可以绘制控制系统原理框图，如图14-5所示。

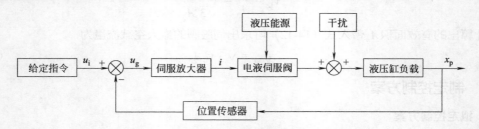

图14-5　液压伺服与比例控制系统原理框图

14.1.4　系统主要参数确定及元件选择

伺服系统的关键部件是液压动力元件。它在整个工作循环中拖动负载按要求的速度运动的同时，其主要性能参数应能满足整个系统所要求的动态特性。此外，选择动力元件参数时必须考虑与负载参数的最佳匹配，确保系统的功耗最小，效率高。

液压动力元件参数选择包括系统的供油压力 p_s，液压执行元件的主要规格尺寸（液压缸的有效面积 A_p 或液压马达的排量 D_m），伺服阀的规格（最大空载流量 q_{0m} 及额定流量 q_n）。当选择液压马达作执行元件时，还应包括液压马达至负载间的齿轮传动比 i 的选择。

（1）供油压力 p_s 的选择

适当选择较高的供油压力，在相同输出功率条件下，可减小液压动力元件、液压能源装置和连接管道等部件的重量和尺寸，可减小压缩性容积和减少油液中所含空气对体积弹性模量的影响，有利于提高液压固有频率即系统的响应速度；但液压执行元件主要规格尺寸（缸的活塞面积和马达排量）减小，又不利于液压固有频率提高。选择较低的供油压力，可降低成本及减小泄漏、能量损失和温升，噪声较低，可延长使用寿命，易于维护。在条件允许时，通常还是选用较低的供油压力。一般工业伺服阀 p_s 供油压力可在 2.5～14MPa 的范围内选取，在尺寸、重量受限制的情况下，则可在 21～32MPa 的范围内选取。

（2）伺服阀（或变量泵）规格的确定

根据所确定的供油压力 p_s 和由负载流量 q_L（即要求伺服阀输出的流量）计算得到的伺服阀空载流量 q_{0m}，即可由伺服阀产品样本确定伺服阀的规格，即额定流量。因为伺服阀输出流量是限制系统频宽的一个重要因素，因此伺服阀的额定流量应留有一定余量（流量储备），通常取该余量为负载所需流量的 15%～30%。

除了流量规格外，在选择伺服阀时，还应考虑以下因素。

① 伺服阀的流量增益线性好。在位置控制系统中，一般选用零开口的流量阀，因这类阀具有较高的压力增益，可使动力元件有较大的刚度，并可提高系统的快速性与控制精度。

② 伺服阀的频宽应满足系统频宽的要求。一般伺服阀的频宽应大于系统频宽的 5 倍，以减小伺服阀对系统响应特性的影响。

③ 伺服阀的零点漂移、温度漂移和不灵敏区应尽量小，保证由此引起的系统误差不超出设计要求。

④ 伺服阀的额定电流有 10mA、15mA、30mA 等几种，可视伺服放大器的输出电流值选取。

⑤ 其他要求，如对颤振信号、零位泄漏、抗污染能力、抗冲击振动、电功率、尺寸、重量、寿命和价格等的要求。特别值得注意的是，为了减小控制容积，以增加液压固有频率，应尽量减小伺服阀与执行元件之间的距离；如执行元件是非移动部件，伺服阀和执行元件之间应避免用软管连接；伺服阀和执行元件最好不用管道连接而直接装配在一起。同时，伺服阀应尽量处于水平状态，以免阀芯自重造成零偏。对于泵控系统，变量泵的最大流量能满足负载所需最大流量即可，系统容积效率可按 0.85 计。

（3）液压执行元件的主要参数计算

① 液压缸

中、小功率

$$A \geqslant \frac{3F_{pmax}}{2p_s} \tag{14-14}$$

中、大功率

$$A = \frac{3}{2}\left(ma + B_c v + Kx + F\right)/p_s \tag{14-15}$$

② 液压马达

中、小功率

$$V_m \geqslant \frac{3M_{pmax}}{2p_s} \tag{14-16}$$

中、大功率

$$V_m = \frac{3}{2}\left(J\frac{d^2\theta}{dt^2} + B_m\frac{d\theta}{dt} + G\theta + T\right)/p_s \tag{14-17}$$

式中　A——液压缸的有效工作面积，m^2；

　　　m——驱动质量，kg；

　　　p_s——供油压力，Pa；

　　　V_m——马达排量，m^3/rad；

x——活塞的位移，m；

θ——马达轴转角，rad；

K——弹性负载弹性系数，N/m；

F_{pmax}——负载轨迹上最大功率点外负载力，N；

M_{pmax}——负载轨迹上最大功率点外负载转矩，N·m；

F——外负载，N；

B_c——黏性阻尼，N·s/m；

B_m——马达黏性阻尼，N·s/rad；

M——外负载转矩，N·m；

G——扭转刚度系数，N·m/rad；

J——折算到马达轴的转动惯量，kg·m²。

（4）反馈传感器、放大器等其他元件的选择

对于闭环系统，反馈检测元件的精度是至关重要的，因为在低频工作区，系统特性主要与反馈元件特性相关。在前向通道中有积分环节的闭环系统，反馈元件不允许进入饱和状态，否则将成为开环控制。例如，在位置系统中，将使活塞杆失控直至撞到缸盖为止，这在工程上是不允许发生的事故，然而一般控制理论教程中都没交待这个问题，系统设计调试人员对此应予以充分注意。

反馈传感器或偏差检测器（可同时完成反馈传感与偏差比较功能）、交流误差放大器、解调器、直流功率放大器等元件的选择，要考虑系统增益和精度上的要求。根据系统总误差的分配情况，看它们的精度（如零漂、不灵敏度等）是否满足要求。反馈传感器或偏差检测器的选择特别重要，检测器的精度应高于系统所要求的精度。反馈传感器或偏差检测器的精度、线性度、测量范围、测量速度等要满足要求。为了使传感器的检测误差对系统精度的影响小到可忽略不计的程度，常使传感器精度比系统要求的精度提高一个数量级。例如，系统精度为1%，则传感器精度应为0.1%。在选择传感器时，还应考虑抗干扰能力等因素。表14-2给出了一些传感器的种类和性能。

表14-2 传感器的类型

类别	输入	名称	应用
位移传感器	直线位移	直线式电位计、差动变压器	一般位移检测
		直线式感应同步器、直线光栅、磁栅	高精度位移检测
	角位移	回转式电位计	位移给定
		旋转变压器、自整角机	一般角差检测
		旋转式感应同步器	高精度角位移检测
速度传感器	直线速度	感应式速度检测器	小行程速度检测
	回转速度	交流测速发动机、直流测速发动机	一般速度检测
		电磁脉冲发生器、广电脉冲发生器	高精度速度检测
力传感器	力	压磁式力传感器	一般力检测
		电阻应变式力传感器	高精度力检测
压力传感器	压力	电阻应变式压力传感器	一般压力检测
		压阻式压力传感器	高精度压力检测

交流误差放大器、解调器、直流功率放大器的增益应满足系统要求，而且希望增益有一个调节范围。在增益分配允许的情况下，应使交流放大器保持较高的增益，这样可以减小直流放大器漂移引起的误差。

14.1.5 系统建模、静动态仿真和校正器设计

液压比例、伺服系统往往采用闭环控制方式，以达到高的控制质量，因此往往需要进行静动

态仿真研究。在进行数字仿真之前，首先要根据动力学原理，导出系统动态方程，即建立系统数学模型。仿真既可在时域内进行，也可在频域内进行。仿真是设计校正器的重要手段，现有许多成熟的软件包可进行校正器参数的优化设计，特别推荐MATLAB软件中的Simulink。

14.1.6 开环电液比例控制系统的设计特点及注意事项

（1）开环系统的原理

以控制电量（电压或电流）为系统输入量，经电控制放大器放大转换成相应的电流信号输入给电气-机械转换器，后者输出与输入电流近似成比例的力、力矩或位移，使液压阀的可动部分移动或摆动，并按比例输出具有一定压力 p 和流量 q 的液压油以驱动执行元件，执行元件也将按比例输出力 F、速度 v 或转矩 T、角速度 ω 以驱动负载，连续调节系统输入量就可无级调节系统输出量力、速度，以及加、减速度等。

（2）开环系统的特点

开环系统结构简单，系统的输出端和输入端之间不存在反馈回路，系统输出量对系统的输入控制作用没有影响，没有自动纠正偏差的能力。其控制精度主要取决于关键元器件的特性及系统调整精度。但这种控制系统不存在稳定性问题

（3）组成结构图（见图14-6）

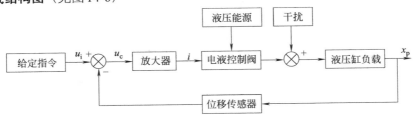

图14-6 开环系统结构图

（4）系统的设计特点及注意事项

在一个工作循环中当执行元件根据工艺要求需频繁变化推力和速度，或当负载较大运动速度又较快，为防止冲击、减小振动等，均适合采用开环比例系统，对控制精细度不太高并具有较复杂工况的设备也同样适用。在系统中采用比例方向阀后，可实现执行机构运动的匀加速和匀减速并对系统中的流量进行无级调节，使主机的运动部件运行更加平稳。另一方面采用开环比例系统可简化液压原理，减少液压元件的数量，从而提高系统的可靠性和自动化程度，使液压装置更加小巧、简单、合理。

开环电液比例控制系统的设计、分析方法和液压传动系统的设计步骤相似，只是将系统中与比例阀有关的液压阀置换下来，同时电气部分应针对比例阀控制放大器的输入控制方式进行相应改变，设计者应根据使用场合及具体要求，通过技术经济性能的比较，从手动方式、可编程序控制器（PLC）、单片机或工控计算机控制输入信号给定值等几种方式中选择。用比例电磁铁替代液压阀上的普通电磁铁及调节机构，用比例放大器所具备的功能来控制比例电磁铁的输出量，即力和位移，用该输出量来调制液压阀的输出参数，实现对液压系统压力、流量及方向的连续控制，为液压系统提供一种平滑、渐进、连续无开关阀突变的控制过程。但比例控制阀的选用原则和普通液压阀有所不同，对于开环比例系统，推荐所选比例压力阀的压力等级为系统额定压力的1.2～1.5倍。对于开环比例系统，推荐比例放大器输出的最短斜坡时间大于2倍比例阀本身的转换时间。

14.1.7 闭环电液比例系统的设计特点及注意事项

（1）闭环系统的原理及特点

系统工作原理为反馈控制或偏差调节，这种控制系统由于负反馈控制，因而具有自动纠正

偏差的能力，可获得相当高的控制精度。但系统存在稳定性问题，而且高精度和稳定性的要求是矛盾的。

（2）结构组成

开环系统结构如图14-7所示。

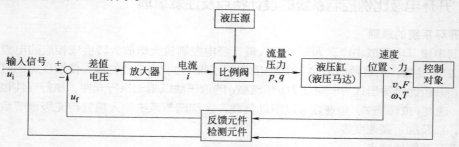

图14-7　开环系统结构框图

（3）设计特点及注意事项

当使用电液比例阀构成闭环比例控制系统时，其组成环节及工作原理与电液伺服系统基本相同。因此，有关电液伺服系统的设计步骤及计算方法等在电液比例控制系统中仍然适用。但当系统在大范围内变化且变化速度太快时，系统的动态设计采用传递函数法进行分析误差较大，只可定性分析。可列出系统的原始方程（流量方程、力平衡方程等），用数值方法（如龙格-库塔法等）求解微分方程（即进行性能仿真），模拟复杂系统的性能并分析它们的动态特性，这样比较符合实际情况。

闭环电液比例控制系统主要可分为动态应用系统（载荷高速或高频运动）和力应用系统（低速传递高负载）。

在闭环电液比例控制系统设计和应用中遇到的最主要问题是估值困难，但这又很重要。大部分故障来自忽略了接近系统固有频率的那个频率。因此需要考虑系统的液压刚度和负荷惯性这两个方面。

在电液比例控制系统的分析和设计中，因当系统有压力时，流体会像弹簧一样被压缩，故要考虑液体的压缩性，特别是在高压系统中，甚至管路也应被看作弹性的。更应注意的是有蓄能器的情况，虽然蓄能器改善了系统的部分性能，但从动力学观点分析，它也使系统变得更易发生共振。

通常，将元件（或元件组）看作一个模块（见图14-8），模块的输入与输出之间的关系为 G，可使闭环控制系统的分析加以简化。系统控制环增益 K_v（见图14-9）为各单个控制环模块增益（放大器增益 G_D、比例阀增益 G_V、液压缸增益 G_C 及反馈模块增益 G_H）之积，系统的增益越大，系统的控制精度越高，反应越快。然而，过大的增益有可能引起系统不稳定（见图14-10），在此种情况下，上下两个方向上的振荡变得发散。

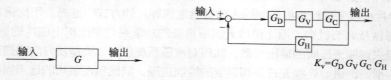

$$K_v = G_D\, G_V\, G_C\, G_H$$

图14-8　传递函数　　　　图14-9　系统控制环增益

保持系统稳定时，增益的最大值由负载质量 M、执行机构的刚度 C_H 和系统阻尼系数 ζ 等决定。质量越大，惯性越大，振荡的倾向越大；低刚度意味着振荡的倾向大，因此刚度应尽可能大；阻尼系数 ζ（典型情况 $\zeta = 0.05 \sim 0.3$），受阀的特性（如非线性特性等）影响。

系统稳定性条件为

$$K_v \leqslant 2\zeta\omega_s \tag{14-16}$$

式中　ω_s——整个闭环系统的固有频率。

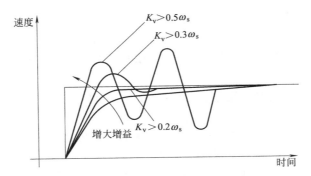

图14-10　增益增大时的阶跃输入响应曲线

14.2　基于PLC液压系统智能设计

14.2.1　液压提升机的加速度控制

液压提升机作为广泛应用在煤矿中的矿井提升机械，主要工作原理是利用液压马达直接或通过减速箱来拖动滚筒而实现提升容器升降的。其具有良好的防爆性能、良好的容积调速、恒转矩输出、体积小、结构紧凑及操作简单等特性，是在矿井井下提升煤炭和矸石，升降物料、设备和人员的主要设备。通常由提升机操纵人员操作手柄控制比例液压缸压力来控制液压提升机的提升速度及提升加速度。

（1）加速度超限产生原因及危害

提升系统工作时，提升容器在井筒中作上下往复的周期性运动，目前矿井提升机的运行速度曲线主要有6阶段速度曲线（箕斗提升）和5阶段速度曲线（罐笼提升）。图14-11为罐笼提升 5 阶段速度图，t_1、t_2、t_3、t_4、t_5 分别对应加速阶段、等速阶段、减速阶段、爬行阶段和停车休止阶段，因而，在一次提升过程中，总有加速和减速阶段。

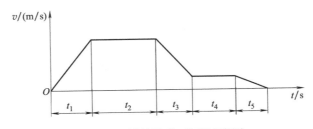

图14-11　罐笼提升5阶段速度图

提升速度控制方式如图14-12（a）所示。由操作工人手动控制减压比例阀，当将减压比例阀手柄扳向提升（下放）侧时，根据扳动手柄位移的大小，比例减压阀输出大小不同的压力油推动比例液压缸，活塞杆移动（比例液压缸活塞杆的位移与减压比例阀输出压力成线性关系），比例液压缸的活塞杆又带动伺服阀阀芯移动，液压缸根据伺服阀阀芯的位移推动主泵内的缸体摆动一定的角度，主泵的排量随之改变，由于驱动主泵的电动机转速基本恒定，从而达到改变主泵流量大小的目的。由于提升机操纵人员在操作过程中有很大的随意性，若操作减压比例阀手柄速度过快，会使得从减压比例阀出来的控制油液流量过大，主泵的排量及流量在短时间内改变较大，从而导致提升机速度变化率即加速度过大。另外，随着开采水平的加深，钢丝绳长度增加，弹性变大，在同一激励加速度作用下， 钢丝绳的弹性振荡也将越厉害。过大的钢丝绳动载和绳系弹性振荡也会激起提升机滚筒瞬间加速度突变和钢丝绳动张力的急增，导致滑绳或断绳事故。为保证提升和下放人员的安全，规定了液压提升机在斜井中，升降人员时 $a \leq 0.5\text{m/s}^2$，升降物料时 $a \leq 0.7\text{m/s}^2$。因此，为了防止加速度超限，需对现有液压提升机速度和加速度控制系统进行改进。

（2）加速度控制

在基本不改变现有提升机控制系统的前提下，改进后的液压提升机主泵排量控制液压系统如图 14-12（b）所示，其余液压元件不变，通过增加了一个旁路节流调速回路，其控制系统如图 14-13 所示。液压提升机马达的加速度由加速度变送器测得后送给 PLC。PLC 输出一路模拟信号控制双向比例节流阀。通过对双向比例节流阀开度的调节，控制变量机构的运动速度，从而控制变量泵流量的变化率，最终实现对提升机加速度的控制，具体控制过程为：加速度变送器传出的信号通过 PLC 模拟量模块转换成数字量信号并进行判断，若加速度超过设定值，则 PLC 输出控制信号使得比例节流阀开度增加一个设定值，因此通过单向阀组进入节流阀的流量加大，进入比例液压缸的流量减小，系统加速度也相应减小；若下一次采样时加速度仍然过大，比例节流阀的开度再增加一设定值，直至加速度小于设定值；若加速度小于设定值，则控制信号使得比例节流阀开度减少一个设定值，直至阀口全闭。通过实时和动态地调整，把加速度始终控制在允许范围之内。

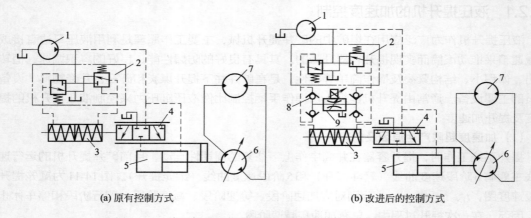

(a) 原有控制方式　　　　　　　　　　　(b) 改进后的控制方式

图 14-12　液压提升机提升速度及提升加速度控制液压系统

1—液压泵；2—光导阀；3—控制缸；4—控制阀；5—变量缸；6—变量泵；7—液压马达

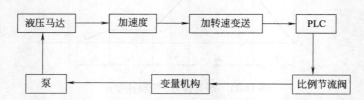

图 14-13　改进后的液压提升机提升速度及提升加速度控制系统

14.2.2　液压推土机的行驶控制

（1）全液压推土机行驶驱动系统工作原理

推土机传动系统主要由液压泵和液压马达组成，具有结构简单、易操作、控制精确、传动效率高和自适应性能好等特点，便于车辆的总体布局。根据机械对不同牵引性能的要求，可以选用不同的泵-马达组合。依据推土机正、反向行走及制动的要求，行驶液压驱动系统的泵、马达多采用闭环回路控制，其单边液压驱动回路如图 14-14 所示。

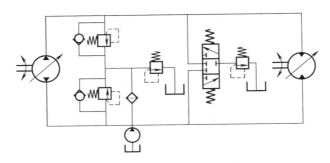

图14-14 单边液压驱动回路

（2）全液压推土机行驶驱动系统电控原理

常用的控制方式包括电控、液控和电液复合控制等几种基本方式，因控制特点不同而应用在不同的场合。电液比例控制系统主要是通过电动比例变量泵和电动比例变量马达实现液压系统流量控制，适用于对行驶速度和平稳性有一定要求的大型行驶机械上。电动比例变量泵和电动比例变量马达的工作原理相同，都是通过改变比例电磁阀的控制电流进行排量控制，它们一般联合使用，通过转速、压力和位移传感器检测马达转速、泵转速（发动机转速）、系统压力、泵排量、发动机节气门位置等参数，将机器的实时状态参数输入控制器，分析控制器对输入的状态参数，根据系统控制性能要求输出相应的控制参数，使发动机、泵和马达正常工作。全液压推土机行驶系统工作原理如图14-15所示。

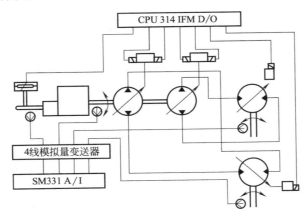

图14-15 全液压推土机行驶系统工作原理

（3）控制系统硬件配置

全液压推土机电控系统的核心器件采用SIEMENS ST-300系列PLC，其主要由启动保护系统、状态参数采集系统、电气操纵系统、行驶控制系统、故障报警以及辅助系统组成。状态参数采集系统主要由各种传感器组成，用来获取推土机工作过程中的各种实时参数，如泵转速、马达转速、系统压力、泵排量、发动机油门位置、燃油液位、冷却水温及液位、液压油液位及温度等，并将采集到的电信号送入PLC的输入过程映像区。启动保护系统、电气操纵系统、行驶控制系统和故障报警通过PLC来实现。辅助系统包括电源、照明、辅助电器等。

SIEMENS ST-300PLC系统由负载电源模块（PS）、中央处理单元（CPU）和信号模块（SM）组成。PS用于将AC220V电压转换为DC24V电源，供CPU和I/O模块使用。CPU选择CPU314IFM户外型，其有4路集成的模拟量输入，信号量程为±10V和±20mA，11位＋符号位。1路集成的模拟量输出模块的输出范围为±10V和±20mA，11位＋符号位。系统还集成了20路数字量输入和16路数字量输出。CPU314IFM还具有一个多点MPI通信接口，用于PLC和其他西门子 PLC、PG/PC（编程器或个人计算机）、OP（作员接口）通过 HP 网络的通信。SM 是数字量输入/输出模块和模拟量输入/输出模块的总称，根据系统要求选用一块 SM331 系列的 6ES7331-7KF02-OABO 模拟量输入模块，其输入点数为 8，其中 4 个输入点可用于电阻测量。由于有些传感器所测量出来的信号为非电量，所以必须将其通过模拟量变送器转化为标准的直流电流或直流电压信号，能送到 SM331 模拟量输入模块。对数字量的输入、输出，采用 CPU 自带的 DI/DO 进行全液压推土机行驶控制系统框图如图 14-16 所示。

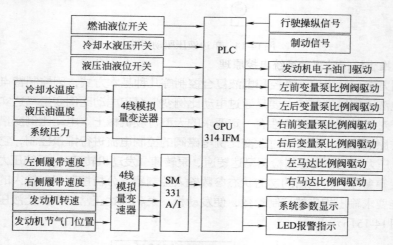

图 14-16　全液压推土机行驶控制系统框图

（4）通信配置与软件编程

① 通信配置　个人计算机和 PLC 采用上位机-下位机的通信方式，上位机控制程序采用美国 Wonderware 公司的 Intouch 软件进行可视化管理；下位机采用西门子公司最新的基于 PC 的 WINAC 系列的先进 PLC WINAC-S1ot416-2 控制器。采用 OPCL ink 与 PLC 进行通信，WINACS erver 由西门子自身提供。

② 算法设计　控制器通过控制算法完成指定的控制功能，进行控制器控制系统设计的基础是控制算法的设计。全液压推土机行驶系统的控制算法研究包括：行走操纵、无级调速、行驶纠偏以及原地转向等工况。不同工况对推土机有不同的需求，全液压推土机的行走、转向和后退是通过安装在驾驶室的一个行驶操纵手柄控制的，通过其内部电路可以为 PLC 提供前-后、左-右两组模拟信号。PLC 根据这两组信号完成推土机的行走控制。无级调速系统通过速度传感器测得推土机的行驶速度，与设定速度进行比较，通过调整液压泵和马达的排量及发动机节气门开度控制机械行驶速度，还可以根据机械负荷大小，自动调节发动机转速以使机器工作在最佳状态。速度传感器用来测量左侧履带行驶速度 v_1 和右侧履带行驶速度 v_r，送入 PLC 中进行比较。当 $v_1 \neq v_r$ 时，通过调节两个液压马达的排量从而完成行驶纠偏的问题。原地转向时要求两侧履带同时反向运动，可以通过改变两侧液压泵的高压腔从而改变马达的转速方向来完成。所以不同工况必须采用不同的控制算法，这样才能提高推土机的作业效率，减轻驾驶员的劳动强度和降低油耗。根据推土机在不同工况下的具体要求，全液压推土机行驶控制器软件流程框图如图 14-17 所示。

③ 软件开发　控制器软件编程选用 Windows2000Professiona1 操作系统 SP4 版本，采用西门子专门为 S7-300/400 系列 PLC 开发的编程语言 STE P 进行控制系统软件开发。STE P7 标准版配置了 3 种基本编程语言：梯形图（LAD），语句表（STL）和功能块图（FBD）。这 3 种语言可以在 STE P7 中相互转换，STE P7 是一款功能非常强大的 PLC 专用编程软件，可以实现数据类型检查、在线调试和监控等功能。S7-PLC SIM 是 STE P7 自带的 PLC 仿真软件，可以在计算机上对 S7-

300/400PLC的用户程序进行离线仿真与调试，仿真时不需要连接任何PLC的硬件，从而大大方便了用户应用程序的开发。

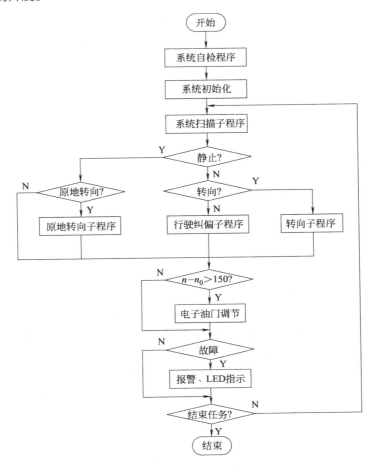

图14-17　全液压推土机行驶控制器软件流程框图

14.2.3　液压电梯的控制

液压电梯系统由泵站系统、液压系统、导向系统、轿厢、门系统、电器控制系统和安全保护系统组成。其通过液压动力源，把油压入液压缸使柱塞作直线运动，直接或通过钢丝绳间接地使轿厢运动的电梯，是机、电、电子、液压一体化的产品。

① 电梯液压系统　液压电梯的液压系统属于开环控制系统，以单级柱塞缸为驱动元件，由同步调节控制系统和加、减速系统组成。同步调节控制系统为主控制系统，通过电液换向阀来控制电梯的上行或下行，并利用电气行程开关来控制上行减速停止或下行减速停止。PLC控制系统主要用来控制电梯的上行、停止或下行、停止及加、减速。

PLC控制系统主要由信号控制系统和拖动控制系统组成，硬件包括PLC主机及扩展、机械系统、轿厢操纵盘、厅外呼梯盘、指层器、门机、调速装置和主拖动系统等。系统控制核心为 PLC主机，操纵盘、呼梯盘、井道及安全信号都是通过PLC输入接口送入PLC，存储在存储器及召唤指示灯等发出显示信号，向拖动和门机控制系统发出控制信号。

电梯信号控制系统通过PLC软件实现，其基本组成如图14-18所示。

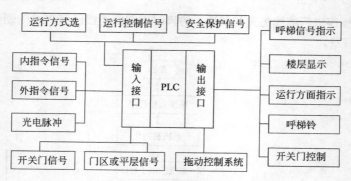

图14-18 电梯信号控制系统基本组成

现以三层站液压电梯为例介绍 PLC 在液压电梯中的应用。

a.输入信号。井道平层信号9个、中间层3个（包括上行减速、平层和下行减速）、顶层和底层3个（包括上、下行减速，平层及超程保护），特殊控制功能（自动/司机、检修/防火、开门、关门、门锁、夹人、满载、超载及开关门限位）10个，呼梯输入（上呼、下呼及内呼）7个，共计26个输入口。

b.输出信号。指层3个，方向灯2个，电磁阀及接触器6个（上升、下降、加速、减速、开门、关门），按钮灯7个，特殊状态显示7个（自动、司机、防火检修、满载、超载、超行程），报警1个，共计26个输出口。选用日本富士NB2-U56R-11型可编程序控制器，28点输入，28点继电器输出，超过电梯所需的26/26点，再根据控制系统各U0信号电压等级，分配各I/O继电器，辅助继电器，定时器的通道号和继电器号（或端子号）。

② PLC控制系统的程序流程图 集选式电梯控制较复杂，它分无司机和有司机两种操作。凡能对厅外召唤信号、轿内指令信号和其他各种专用信号，加以综合分析判断后自动决定轿厢运行方向的控制，称为集选控制。液压电梯的集选管理控制与机械电梯是基本相同的，差异只是在液压驱动的逻辑控制及各种信号的处理部分。

a.厅召唤信号定向。例如：电梯在一楼，SB1有人按下，一楼厅有上呼信号，则电梯首先开门，关门之后再根据内呼及厅上呼决定电梯上行方向；若一楼没有厅上呼信号，而二楼（或三楼）有上呼信号，SB3（或SB6）有人按下，则电梯不执行开门程序，而直接选上行方向。

b.顺向截梯。例如：三楼有轿内指令，SB7有人按下，电梯正在上行中，如果二楼厅门有上呼信号，SB3有人按下，则电梯到达二楼时减速、停车；若二楼厅门不是按下上呼按钮SB3，而是按下下呼按钮SB5，就不能截住电梯，电梯到二楼不减速，直接驶上三楼。

c.最远反向截梯。若电梯停在一楼，二楼、三楼有厅门下呼信号，SB5、SB6有人按下，电梯直接行驶到三楼，响应三楼下呼信号后，再响应二楼信号.

d.反向截梯。轿内指令优先，如二楼乘客要求往下，电梯在二楼停止时使二楼乘客进入轿内后可优先选择下行方向，而不会被三楼的外呼信号使电梯上行。

e.层站停靠。电梯在某一层停靠，例如在二楼，当电梯由下至上行驶到二楼时，首先二楼上行减速干簧感应继电器S3动作，楼层显示二楼，HL11指示灯亮，至于是否真正减速，一般应满足下列三个条件之一：二楼有内呼，SB4有人按下；二楼有同向呼梯，SB3有人按下；二楼有反向呼梯，SB5有人按下且电梯运行前方（例如三楼）没有呼梯，电梯减速后则在此层停靠，若不满足，轿厢将全速通过二楼，向下一层站驶去，电梯到达一楼（底层）或三楼（顶层）时，无论有无轿内指令都必须减速停车。

集选控制自动控制主程序和开关门子程序流程框图如图14-19、图14-20所示。

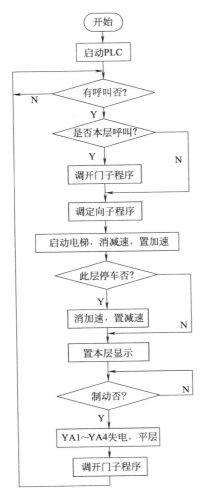

图 14-19 自动运行子程序流程框图

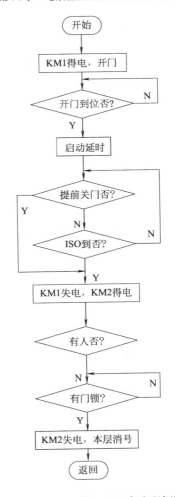

图 14-20 开关门子程序流程框图

14.3 舞台升降液压系统设计系统

（1）舞台升降结构设计

由于现在舞台布景多元化，节目多样化，所以也要求舞台功能多样化。舞台利用各块、各层之间的单动、联动和同步运动构成各种不同高度的台阶，以组成大型的立体道具，为舞台艺术充分表演提供更加完备的表现空间。

图 14-21 所示为舞台结构示意图，每块升降舞台长 6m、宽 2m，分为上下两层。上层台升高后，演员们可以在上下层之间的空间表演。升降台液压驱动方式有液压缸直顶式、液压缸-剪叉机构式、液压缸-钢丝绳式、液压马达-钢丝绳式、液压马达-丝杠螺母式等。上下层台升降的平均速度为 0.04m/s，下层台采用双面剪叉式结构，如图 14-22 所示，由一个液压缸驱动，实现下层台的水平升降。上层台采用双缸直顶结构，两缸同步驱动，实现上层台的水平升降。根据舞台表演艺术的要求，三块上层台应具有各自独立的升降运动；三块下层台可以单块升降，双块、三块同步升降及形成阶梯后同步升降，而且可以在任意设定位置停留，所以下层台是具有多种组合功能的升降台。为避免各块之间的相互干扰，该舞台采用了三套完全相同的独立液压系统驱动，每一套

液压系统控制一块升降台动作，而三块之间的协调动作，则由计算机进行实时控制。

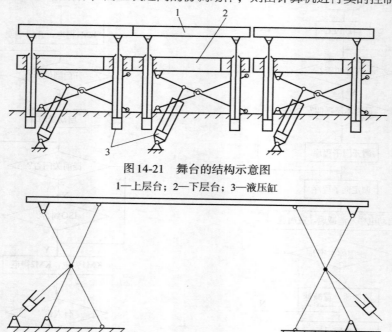

图14-21　舞台的结构示意图
1—上层台；2—下层台；3—液压缸

图14-22　双面剪叉式结构

（2）液压系统工作原理图

如图14-23所示，其为该双层舞台的液压系统原理图，采用了开式定量循环方式，油源为定量泵1，泵的出口设有精过滤器3和单向阀2；系统的压力控制分为两级，下层台的压力设定与泵的卸荷由电磁溢流阀4实现，上层台及夹紧缸回路的压力由减压阀5设定。液压系统的执行元件除了驱动下层台的液压缸15和驱动上层台的液压缸16（2个）外，还有驱动机械自锁机构的上层台夹紧液压缸17层台夹紧液压缸18（2个）。整个舞台的液压系统共有27个液压缸。液压缸15~18各为一个液压回路并分别用三位四通电磁换向阀6和7、二位四通电磁换向阀9和8控制运动方向。液压系统的电磁铁动作顺序见表14-3。

表14-3　液压系统的电磁铁动作顺序

工况	1YA	2YA	3YA	4YA	5YA	6YA	7YA
下层台升	+				+		
下层台降		+			+		
上层台升			+			+	
上层台降				+		+	
液压泵卸荷							+
停止							

① 上层台升降运动控制　　上层台升降运动的液压回路由三位四通电磁换向阀7、分流集流阀10、两个液控单向阀14和两个升降液压缸16组成。上层台升降的换向控制由电磁换向阀7完成；两个升降液压缸16要求位置同步，分流集流阀10控制两缸的升降同步运动，同步精度取决于分流集流阀元件本身的分流精度和偏载的程度。为保证各台面的严格定位，采用双液控单向阀实现液压锁紧。在台面下降时，液控单向阀处于分流集流阀之前，因此液控单向阀出口压力较大，要使单向阀达到正常开启，需使用外泄式液控单向阀。

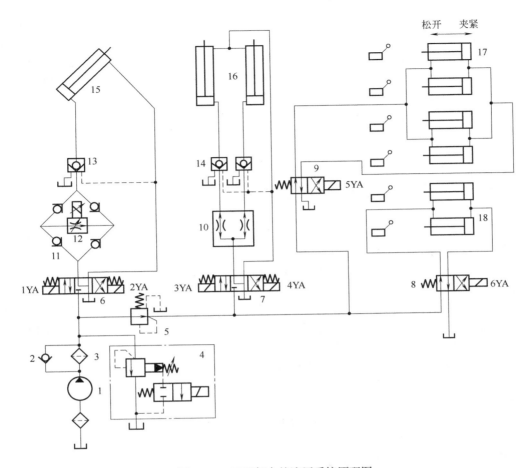

图14-23 双层舞台的液压系统原理图

1—定量泵；2，11—单向阀；3—精过滤器；4—电磁溢流阀；5—减压阀；6，7—三位四通电磁阀；8，9—二位四通电磁阀；
10—分流集流阀；12—电液比例调速阀；13，14—液控单向阀；15—下层台升降液压缸；16—上层台升降液压缸；
17—上层台夹紧液压缸；18—下层台夹紧液压缸

② 下层台升降运动与同步控制 下层台升降的液压回路由三位四通电磁换向阀、单向阀11、电液比例调速阀12、液控单向阀13和液压缸15组成。下层台倾斜放置的液压缸15在上升时负载为正值，下降时负载为负值（即超越负载）。这使得升、降工况大有不同。为使升降速度保持一致，用四个单向11和电液比例调速阀12组成的液桥实现进油节流和回油出口节流调速，在调速阀开度不变的情况下，缸的升降速度相同。直顶上层台的两个液压缸16，用分流集流阀10来控制两缸的同步运动，同步精度取决于分流集流阀的分流精度和台面偏载的程度。为保证各台面的严格定位，采用双液控单向阀14实现液压锁紧（在台面下降时，液控单向阀处于比例调速阀或集流阀之前，因此液控单向阀出口压力较高，要达到其正常开启，必须使用外泄式液控单向阀）。上、下层舞台的长时间定位则通过夹紧液压缸17、18驱动的机械自锁机构实现，上层台的四个夹紧液压缸17的油路两两并联，下层台的两个夹紧液压缸18油路并联。由表14-3所列液压系统的电磁铁动作顺序，容易了解系统在各工况的油液流动路线。

下层台同步控制下层台液压缸活塞的运动速度由电液比例调速阀来控制。将设定的电流值输入给比例调速阀，可使液压缸的活塞得到相应的运动速度。而改变输入电流的大小，可按比例地改变活塞的运动速度。计算机实时控制的同步过程和原理概括起来就是：位置误差检测→速度控制→纠正位置偏差。这是一个闭环的间接位置控制同步系统。此同步控制原理可扩展到若干个液压缸的同步，如图 14-24 所示，其为控制系统原理框图，其主控制机采用 TP-801 单板机经扩展后组成，软件固化在主机 EPROM 中。另外，为提高静态定位精度，当台面运动至接近设定位置时，可由计算机控制，将比例阀输入电流逐渐减小，从而使台面减速后到位停止，既避免了冲击和振动，又提高了定位精度。本系统还设有一套完全独立的手动操纵控制线路，一旦计算机部分出现故障，手动操作可单独实现各台面的运动，且运动速度可由操作人员任意调节。

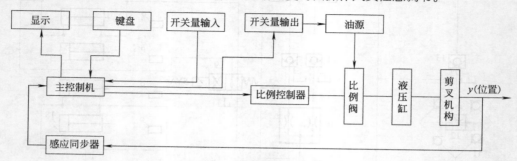

图 14-24　为控制系统原理框图

（3）技术特点

① 该双层舞台的液压系统采用定量泵供油，通过三位四通换向阀、电液比例调速阀，以完成换向调速，加以选择恰当液压缸的工作面积，实现上下层台的平均速度一致。采用电液比例和计算机控制技术，同步运动平稳，同步误差小。

② 采用单向阀与电液比例调速阀组成的液桥控制下层台液压缸的升降速度，用以消除正负负载变化对倾斜液压缸运动速度的影响，并保证缸的升降速度相同。采用分流集流阀控制下层台双缸的同步运动。

③ 利用双液控单向阀和液压控制机械锁紧机构实现台面的严格定位。

④ 由于采用了定量泵供油和调速阀节流调速方式，有溢流损失和节流损失，系统效率较低。若改变量泵为油源，则可改善此种情况。

14.4　铝箔轧机电液伺服系统设计

铝箔分为厚箔、单零箔和双零箔。厚箔指厚度为 0.1～0.2mm 的铝箔；单零箔指厚度为 0.01mm 和小于 0.1mm 的铝箔；双零箔是在其厚度以毫米为计量单位时小数点后有两个零的铝箔，通常为厚度小于 0.0075mm 的铝箔。

德国 ACHENBACH 公司的先进铝箔轧制设备铝箔粗、精轧组，机组采用了四辊不可逆恒轧制力，有辊缝和无辊缝两种轧制工艺。最终产品：宽度为 1.55m、厚度为 2×6μm 的铝箔。轧机的轧辊组件有一对工作轧辊和一对支撑辊，上、下工作轧辊辊缝的调节各靠轧辊两侧的液压缸驱动完成。轧机配备有先进的全液压及全自动化控制系统，以实现高精度、高质量的铝箔产品生产。　尤其是轧机液压上推（压上）系统采用了美国公司（SCA）的液压伺服控制技术，用电液伺服阀来控制轧机轧辊的压上结构，是在电动液压控制、机械伺服阀控制的基础上发展起来的全液压结构。

（1）电液伺服控制系统及工作原理

图 14-25 所示为该轧机液压伺服控制系统的原理图。液压系统有两个相同的执行件——上推（压上）液压缸 20，安装在下支撑轧辊的两侧（A 侧和 B 侧），各液压缸的液压回路完全相同，均采用电液伺服阀控制，轧辊两侧既可同步运动，又可单独调整。泵站采用不锈钢油箱 1，油箱上设有油温控制调节器 3 和液位计 4 等；泵站采用了两台径向柱塞变量液压泵 5 和一台专用的定量液压泵 2，独立于主系统的定量液压泵 2 用于泵站油液的离线冷却循环和过滤。柱塞泵 5 出口处的溢

流阀7是安全阀，用来设定液压系统的最高工作压力，防止油液超压导致元件损害。溢流阀13用于设置各个液压缸工作油路的额定压力。系统最低压力由压力继电器8控制，带污染报警压差继电器的精密过滤器9用来防止电液伺服阀11因油液污染而堵塞。A、B侧回路中各有一套皮囊式蓄能器16；B1~B4为A、B侧检测液压缸20驱动工作辊位移的位置传感器；A、B侧回路中的压力传感器17用以检测液压缸20在轧制工作时的压力。图14-26所示为SCA系统控制原理框图，其功能包括工作辊的位置控制、轧制力的控制、两个工作辊辊缝开合调节控制及轧辊倾斜度控制。铝箔轧制机的电液伺服系统的主要技术参数如表14-4所示。

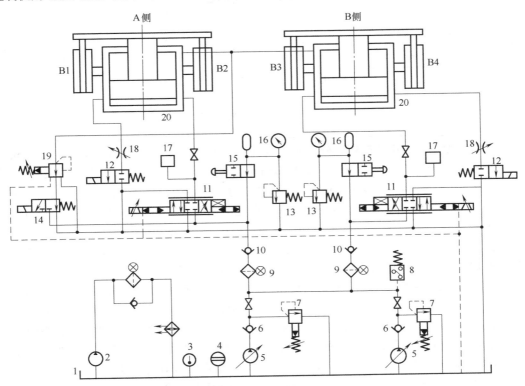

图14-25 轧机液压伺服控制系统的原理图

1—不锈钢油箱；2—定量液压泵；3—油温控制调节器；4—液位计；5—径向柱塞变量液压泵；6，10—单向阀；
7，13—溢流阀；8—压力继电器；9—精密过滤器；11—电液伺服阀；12—二位二通电磁换向阀；
14—二位三通电磁换向阀；15—二位二通手动换向阀；16—皮囊式蓄能器；
17—压力传感器；18—节流阀；19—双作用三通压力阀；
20—上推（压上）液压缸；B1~B4—位置传感器

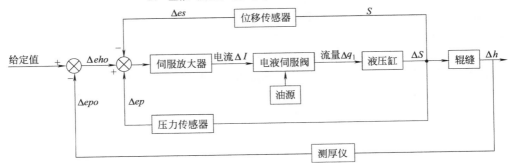

图14-26 所示为SCA系统控制原理框图

表14-4　铝箔轧制机电液伺服系统的技术参数

项目		参数	项目		参数
供油压力/MPa		23	推上液压缸/mm	缸径	400
安全保护压力/MPa	最高（溢流阀7设定）	23.5		杆径	360
	最低（压力继电器8设定）	15.4		行程	60
	卸载保护（溢流阀6）		位置传感器	测量范围	±50
工作压力		22		测量精度	0.5%
电液伺服阀	空载流量/(L/min)	19.57	精密过滤器	过滤精度/μm	3
	负载流量/(L/min)	11.3		压差继电器发信压差/MPa	0.25
	零偏	≤3%	皮囊式蓄能器	容量/L	41
响应时间/ms	伺服阀	6	A、B侧压下缸	额定压力/MPa	21
	系统最迟	30		额定流量/L·min⁻¹	20

　　根据原料厚度不同，铝箔的轧制分为两个不同的工艺：原料厚度由0.5mm轧制到0.15mm 的轧制过程采用有辊缝、恒轧制力轧制；由0.15mm轧制到12μm（两层）的轧制过程采用有辊缝、恒轧制力轧制。根据轧制工艺要求，首先需要调整辊缝，设定初始给定值，当输入一个代表初始厚度的电量Δeho后，经伺服放大器输出电流ΔI，此电流驱动电液伺服阀中的阀芯（滑阀）运动，伺服阀输出与电流ΔI成一定关系的流量Δq，至A侧和B侧液压缸20的无杆腔，推动液压缸活塞向上移动，实现对辊缝的控制，液压缸有杆腔的油液通过双作用三通压力阀19、电磁换向阀14排回油箱，阀19的功能是形成一定的背压，保证上推（压上）液压缸的运动平稳性。

　　① 当轧辊间没有原料（空载）时，安装在上推（压上）液压缸20两侧的位置传感器B1～B4发出反馈信号Δes与给定信号Δeho进行比较，两者之和等于零时，无电流信号输入伺服阀，系统输出为零，液压缸活塞保持此时位置不变，两工作辊保持设定的辊缝。当轧辊咬入铝带时，因轧制力变化引起轧机机体弹跳变化造成真实辊缝的改变，此时的初值仍然不变，液压缸20两侧的位置传感器B1～B4给出的位置反馈信号Δes破坏了平衡。给定信号电流与传感器的反馈信号电流的比较差值不等于零，有电流信号输入伺服放大器。伺服阀阀芯位置产生相应的变动，通过驱动液压缸活塞的移动自动对辊缝进行纠偏调节，以达到新的平衡轧制力的变化由安装在伺服阀输出管路上的压力传感器17检测，给出反馈信号Δep，通过与给定信号Δeho比较后差值大小，放大后由电液伺服阀驱动液压缸的活塞运动。为了消除因轧机本身受力变形、轧辊磨损、元件本身误差等因素对所轧制的铝箔厚度的影响，在上述位移反馈和压力反馈两个闭环的基础上，SCA系统出口还设有带材测厚仪反馈检测环节（外闭环），用以测出厚度差，其反馈信号和初始的给定量叠加，修正出精确的辊缝，进一步提高控制精度，使产品质量达到要求。

　　② 无辊缝控制是靠轧辊的弹性变形所形成的辊缝进行轧制。与有辊缝轧制相同的是：辊缝和轧制力的控制调节，仍然依靠位置传感器B1～B4和压力传感器所测的实际值作为反馈量，与给定值进行比较后，将产生的偏差信号经放大器放大后，驱动伺服阀阀芯运动，最终驱动液压缸活塞移动，实现对辊缝的调解和控制，以满足轧制工艺要求。轧辊出中带材的厚度不是由SCA 系统控制，而是靠改变卷曲机的张力和轧制速度来实现的。

　　在轧制过程中如果轧材发生"断带"故障，相应检测传感器会迅速发出信号，事故程序控制系统立即使电液伺服阀11和电磁换向阀12通电换向，液压缸无杆腔通油箱，迅速卸压。阀12是伺服阀的辅助阀，通过串联的节流阀18的节流阻尼作用，对有杆腔起先行卸压作用，防止因液压缸无杆腔压力大，突然换向卸压，而产生巨大冲击。同时电磁换向阀14也得通电换向，使液压泵的压力油经双作用三通压力阀19进入液压缸20的有杆腔，加速液压缸退回，以免轧辊在断带时产生摩损。

液压缸20和电液伺服阀11靠溢流阀13进行压力卸载保护。由于电液伺服阀存在着压力零位漂移，会影响电液伺服阀的控制精度，甚至引起系统共振，所以为了稳定电液伺服阀的供油压力，在系统中装有皮囊式蓄能器，并且由阀13保护。

设置在液压泵出口、电液伺服阀入口处的精过滤器9的作用是保护电液伺服阀，防止油液污染造成电液伺服阀堵塞，其附带的压差继电器还可以在过滤器进出口压差达到一定数值时，迅速发出滤芯污染报警信号，使供油系统停止工作。在对污染的油液进行处理并更新新的滤芯后，供油系统继续供油，以高清洁度的油液保证伺服阀正常工作。

（2）铝箔轧机液压伺服系统的主要特点

① 铝箔轧机采用了先进的电液伺服控制技术、传感技术和计算机控制技术。其结构形式和控制方式与电动液（压上）上推机械伺服阀控制的液压上推系统相比简单、稳定、可靠、精度高。电液伺服系统控制轧辊上推形式是一种理想的轧机辊缝控制方式，欧洲各国在铝箔轧机上基本都采用了这种结构和控制方式。

② 采用电液伺服控制系统控制轧机辊缝，由高精度的辊缝位移传感器、压力传感器和测厚仪组成闭环反馈控制，响应快、精度高，保证了铝箔产品的轧制质量。

③ 液压系统的压力、流量、温度及油液清洁度等采用了程序控制和故障保障措施，如轧制过程断带出现时的快速卸载、液压系统的油液离线冷却循环过滤等，是液压系统正常运行的可靠保证。

④ 采用模块化结构，有利于设备的安装和维护。

⑤ 油液供油压力高，利于减小液压系统的元件结构尺寸，但要选用高压泵和性能高的液压附件，同时要求系统的密封性高。

⑥ 伺服系统对油液的清洁度要求苛刻，一般为NAS4级以上，油液稍有污染，就会造成阀件堵塞；同时对环境要求苛刻，工作环境条件的变化，如温度变化会引起电液伺服阀零位漂移，使系统出现误差。

⑦ 电液伺服系统成本高，电液伺服阀的制造精度高，要求维护检修条件等比较苛刻。

14.5 机械手液压控制系统设计

工业机械手属于圆柱坐标式、全液压驱动机械手，具有手臂升降、伸缩、回转和手腕回转四个自由度。执行机构相应由手部、手腕、手臂伸缩机构、手臂升降机构、手臂回转机构和回转定位装置等组成，每一部分均由液压缸驱动控制。它完成的动作循环为：插定位销→手臂前伸→手指张开→手指夹紧抓料→手臂上升→手臂缩回→手腕回转180°→拔定位销→手臂回转95°→插定位销→手臂前伸→手臂中停（此时主机的夹头下降夹料）→手指松开（此时主机夹头夹着料上升）→手指闭合→手臂缩回→手臂下降→手腕回转复位→拔定位销→手臂回转复位→待料，泵卸载。

（1）工业机械手液压系统原理及特点

工业机械手液压系统如图14-27所示。各执行机构的动作均由电控系统发信号控制相应的电磁换向阀，按程序依次步进动作。电磁铁动作顺序见表14-5。该液压系统的特点归纳如下。

① 系统采用了双联泵供油，额定压力为6.3MPa，手臂升降及伸缩时由两个泵同时供油，流量为（35+18）L/min，手臂及手腕回转、手指松紧及定位缸工作时，只由小流量泵2供油，大流量泵1自动卸载。在定位缸支路上串联有减压阀8，确保定位缸和控制油路所需压力较低（压力稳定在1.5～1.8MPa）。

② 采用单杆双作用液压缸驱动手臂的伸缩和升降，由单向调速阀15、13和11，实现回油节流调速，调整手臂的伸出和升降速度；摆动液压缸驱动手臂及手腕的回转，其正反向运动也采用单向调速阀17和18、23和24回油节流调速。

③ 执行机构的定位和缓冲是机械手工作平稳可靠的关键。机械手正常工作速度越快，生产率越高，但工作速度越高，启动和停止时的惯性力就越大，振动和冲击就越大，这不仅会影响到机械手的定位精度，严重时还会损伤机件。因此为达到机械手的定位精度和运动平稳性的要求，一般在定位前要采取缓冲措施。

该机械手手臂伸出、手腕回转由死挡铁定位保证精度，端点到达前发信号切断油路，滑行缓冲；手臂缩回和手臂上升由行程开关适时发信号，提前切断油路滑行缓冲并定位。手臂升降缸为立式液压缸，为支承平衡手臂运动部件的自重，采用了单向顺序阀12的平衡回路。此外，手臂伸缩缸和升降缸采用了电液换向阀换向，调节换向时间，亦增加缓冲效果。由于手臂的回转部分质量较大，转速较高，运动惯性矩较大，系统的手臂回转缸除采用单向调速阀回油节流调速外，还在回油路上安装有行程节流阀19进行减速缓冲，最后由定位缸插销定位，满足定位精度要求。

④ 采用了液控单向阀21的锁紧回路，使手指夹紧缸夹紧工件后不受系统压力波动的影响，保证牢固地夹紧工件。

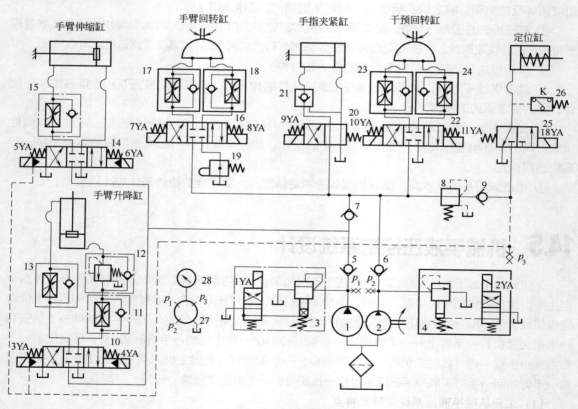

图 14-27　工业机械手液压系统

1，2—双联液压泵；3，4—电磁溢流阀；5，6，7，9—单向阀；8—减压阀；10，14—三位四通电液换向阀；

11，13，15，17，18，23，24—单向调速阀；12—单向顺序阀；16，22—三位四通电磁换向阀；

19—行程节流阀；20—二位四通电磁换向阀；21—液控单向阀；25—二位四通电磁换向阀；

26—压力继电器；27—压力表开关；28—压力表

表14-5 电磁铁动作顺序

动作顺序	1YA	2YA	3YA	4YA	5YA	6YA	7YA	8YA	9YA	10YA	11YA	12YA	K
插销定位	+											+	±
手臂前身					+							+	+
手指张开	+								+			+	+
手指抓料	+											+	+
手臂上升			+										
手臂缩回						+						+	+
手腕回转	+									+		+	+
拔销定位	+												
手臂回转	+						+						
插定销位	+											+	±
手臂前伸					+							+	+
手臂中停												+	+
手指张开	+											+	+
手指闭合												+	+
手臂缩回						+						+	+
手臂下降					+							+	+
手腕反转	+							+				+	+
拔定位销	+												
手臂反转	+												
待料卸载	+	+											

（2）工业机械手电气控制系统

工业机械手采用了液压、电气联合控制。液压负责控制各部位动作的力和速度；电气负责控制各部位动作的顺序。下面简单介绍该机械手的电气控制系统，原理图如图14-28所示。

① 因机械手工作环境存在金属粉尘，在电磁铁线圈两边各串联了一个中间继电器的常开触头，用以保证继电器断电后常开触头可靠脱开，液压缸及时停止工作。

② 机械手除能实现自动循环外，还设有调整电路，可通过手动按钮SB进行单个动作调试。

③ 液压泵的供油与卸载和每步动作之间的对应关系由控制电器保证。只有在2K、3K、4K、5K、6K、7K、8K、9K、10K九个中间继电器全部不通电（所有液压缸不动作）时中间继电器12K才通电，使电磁铁1YA、2YA通电，大、小泵同时卸载；2K~10K九个中间继电器中任意一个通电（即任一液压缸动作），12K则断电，小泵停止卸载；中间继电器2K、3K、5K、6K中任意一个通电（即手臂升降、手臂伸缩），大泵则停止卸载。

④ 控制方式为点位程序控制。程序设计采用开关预选方式，机械手的自动循环采用步进继电器控制。步进动作是由每一个动作完成后，使行程开关ST的触点闭合而发出信号，或依据每一步的动作预设停留时间。

⑤ 发信指令完成由相应的中间继电器K来实现，受发指令的完成方式为机械手相应动作结束的同时使步进继电器再动作，复位指令完成是给相应的中间继电器通电，使机械手回到工作准备状态。

⑥ 手臂定位与手臂回转由继电器互锁。在定位插销后，定位缸压力上升，压力继电器K升压发令，一方面由常开触点接通手臂升降、手臂伸缩、手指松夹、手腕回转等部分的自动循环电气线路，另一方面由常闭触点断开手臂回转的电气线路。同时，在定位缸用电磁铁12YA的线圈两边串联有中间继电器9K和10K（手臂回转）的常闭触头和11K（定位插销）的常开触头。这些互锁措施保证了任何情况下手臂回转只在拔定位销之后进行。

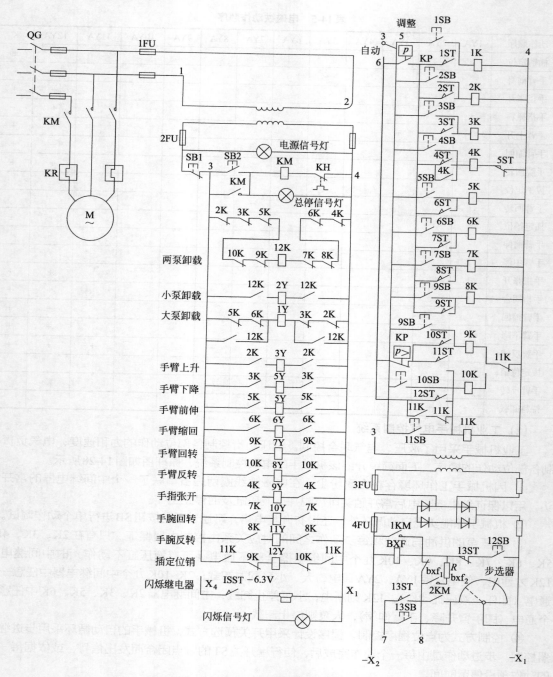

图 14-28 工业机械手电压控制系统原理图

参考文献

[1] 韩鸿鸾.数控车工（技师、高级技师）.北京：机械工业出版社，2008.

[2] 熊军.高等职业教育机电系列教材：数控机床原理与结构.北京：人民邮电出版社，2007.

[3] 姚春东.液压识图100例.北京：机械工业出版社，2011.

[4] 蒋建强，张红兵.液压气动技术与实训.北京：北京师范大学出版社，2010.

[5] 宁辰校.液压气动图形符号及识别技巧.北京：化学工业出版社，2012.

[6] 许贤良，王传礼.21世纪高等院校规划教材：液压传动.北京：国防工业出版社，2006.

[7] 张应龙.液压识图.北京：化学工业出版社，2012.

[8] 宋新萍.液压与气压传动.北京：清华大学出版社，2012.

[9] 赵怀文，陈智喜.液压与气动.北京：石油工业出版社，1988.

[10] 刘军营，李素玲等.液压传动系统设计与应用实例解析.北京：机械工程出版社，2011.

[11] 张利平.液压传动系统及设计.北京：化学工业出版社，2005.

[12] 潘楚滨.液压与气压传动.北京：机械工业出版社，2010.

[13] 王守城.液压与气压传动.北京：北京大学出版社，2008.

[14] 邓英剑.液压与气压传动.北京：国防工业出版社，2007.

[15] 李成林.液压传动.北京：石油工业出版社，1994.

[16] 《液压挖掘机》编委会.液压挖掘机 原理、结构、设计、计算：下册.武汉：华中科技大学出版社，2011.

[17] 张利平.液压传动设计指南.北京：化学工业出版社，2009.

[18] 张利平.液压传动系统设计与使用.北京：化学工业出版社，2010.

[19] 过玉卿.起重运输机械.北京：华中理工大学出版社，1992.

[20] 陈军.物流自动化设备.徐州：中国矿业大学出版社，2009.

[21] 李松晶，王清岩等.液压系统经典设计实例.北京：化工大学出版社，2012.

[22] 谢群，崔广臣，王健.液压与气压传动.北京：国防工业出版社，2011.

[23] 杨丽.液压元件操作与使用入门.北京：化学工业出版社，2009.

[24] 刘延俊.液压元件使用指南.北京：化学工业出版社，2007.

[25] 李壮云.液压元件与系统.北京：机械工业出版社，2011.

[26] 王守城，容一鸣.液压与气压传动.北京：北京大学出版社，2008.

[27] 刘延俊.液压元件及系统的原理、使用与维修.北京：化学工业出版社，2010.

[28] 李芝.液压传动.北京：机械工业出版社，2009.

[29] 王积伟，章宏甲，黄谊.液压传动，北京：机械工业出版社，2007.

[30] 王益群，高殿荣.液压工程师技术手册.北京：化学工业出版社，2010.

[31] 宋爱民.液压传动技术基础.北京：机械工业出版社，2012.

[32] 张平格.液压传动与控制，北京：冶金工业出版社，2009.

[33] 许贤良，韦文术.液压缸及其设计.北京：国防工业出版社，2011.

[34] 韩庆瑶，胡爱军.液压与气压传动.北京：中国电力出版社，2013.

[35] 谢群，崔广臣，王健.液压与气压传动.第2版.北京：国防工业出版社，2015.

[36] 黄志坚，液压伺服与比例控制实用技术.北京：中国电力出版社，2012.

[37] 杨征瑞，花克勤，电液比例与伺服控制.北京：冶金工业出版社，2009.

［38］ 黄志坚.液压伺服比例控制及PLC应用.第2版.北京：化学工业出版社，2018.

［39］ 袁帮谊.电液比例控制与电液伺服控制技术.合肥：中国科学技术大学出版社，2014.

［40］ 张利平.液压阀原理、使用与维护.第2版.北京：化学工业出版社，2009.

［41］ 黄志坚.液压伺服比例控制及PLC控制.北京：化学工业出版社，2014.

［42］ 宋锦春，陈建文.液压伺服与比例控制.北京：高等教育出版社，2013.

［43］ 贾铭新.液压传动控制.第3版.北京：国防工业出版社，2010.

［44］ 宋锦春.电液比例控制技术.北京：冶金工业出版社，2014.

［45］ 黄志坚.液压系统控制与PLC应用.北京：中国电力出版社，2012.

［46］ 田晋跃，于英.车辆液压传动基础及控制.北京：兵器工业出版社，2008.

［47］ 刘延俊.液压回路与系统.北京：化学工业出版社，2009.

［48］ 刘军营.液压传动系统设计与使用.北京：机械工业出版社，2010.

［49］ 黄志坚.液压系统控制与PLC应用.北京：中国电力出版社，2011.

［50］ 张利平.液压控制系统及设计.北京：化学工业出版社，2006.

［51］ 张利平.液压传动系统设计与应用.北京：化学工业出版社，2011.

［52］ 沈兴全，吴秀玲.液压传动与控制.北京：国防工业出版社，2005.

［53］ 汪首坤.液压控制系统.北京：北京理工大学出版社，2016.

［54］ 曹树平，刘银水，罗小辉.电液控制技术.第2版.武汉：华中科技大学出版社，2014.

［55］ 陈海泉.船舶液压设备原理及维修技术.大连：大连海事大学出版社，2016.

［56］ 赵新泽，液压传动基础.武汉：华中科技大学出版社，2012.

［57］ 张丽春，吴晓强.液压与气压传动.北京：中国林业出版社，2012.

［58］ 陆望龙.实用液压机械故障排除与修理大全.长沙：湖南科学技术出版社，2006.